战略性新兴领域"十四五"高等教育系列教材

智能数控加工技术

主　编　王志明
副主编　刘　梅　李　锦
参　编　陈　勇　李厚佳　夏　麟　安　全

机械工业出版社

本书内容以数控加工信息流为主线顺序展开，内容包括绪论、数控编程技术、数控系统控制原理及软硬件结构、智能数据感测系统、数控伺服系统、数控机床的机械结构特点等。本书重点介绍数控原理及数控系统的软硬件结构、典型的数控机床伺服系统，期间融入智能数控系统的软硬件结构、智能机床的互联通信、网络化实时通信与精确时间同步技术、机床智能误差补偿方法、智能主轴状态监测诊断与振动控制、智能刀具管控技术与智能故障自诊断系统等关键技术。

本书可作为智能制造、机械电子工程、机械工程、机械制造及其自动化、机电一体化技术等专业学生的教材，也可作为智能制造和数控专业技术人员的培训教材，以及相关技术人员的参考书。

本书配有 PPT 课件、教学视频、实验指导书和习题答案等教学资源，欢迎选用本书作教材的教师登录 www.cmpedu.com 注册后下载。

图书在版编目（CIP）数据

智能数控加工技术 / 王志明主编 . -- 北京：机械工业出版社，2024.12. -- （战略性新兴领域"十四五"高等教育系列教材）. -- ISBN 978-7-111-77680-2

Ⅰ . TG659

中国国家版本馆 CIP 数据核字第 2024PK7767 号

机械工业出版社（北京市百万庄大街 22 号　邮政编码 100037）
策划编辑：吉　玲　　　　　责任编辑：吉　玲　杜丽君
责任校对：樊钟英　宋　安　　封面设计：张　静
责任印制：刘　媛
唐山三艺印务有限公司印刷
2024 年 12 月第 1 版第 1 次印刷
184mm×260mm・18.25 印张・425 千字
标准书号：ISBN 978-7-111-77680-2
定价：65.00 元

电话服务　　　　　　　　　网络服务
客服电话：010-88361066　　机　工　官　网：www.cmpbook.com
　　　　　010-88379833　　机　工　官　博：weibo.com/cmp1952
　　　　　010-68326294　　金　书　网：www.golden-book.com
封底无防伪标均为盗版　机工教育服务网：www.cmpedu.com

前 言

第四次工业革命的核心是智能制造,先进数控技术是智能制造发展的关键。随着工业互联网、云计算和物联网技术的发展,人工智能与数控技术深度融合,形成新一代的智能数控系统。装备了智能数控系统的机床飞速发展,使得制造业向着自动感知、自主学习、科学决策、灵活执行的方向发展,实现制造业的技术体系、生产模式、产业形态的重塑。面向制造业的重大需求,在传统的数控技术基础上,学习与研发新一代的智能数控系统,不仅符合制造业网络化和智能化的总体发展趋势,更为解决当前制造业所面临的发展和转型升级问题提供智能元素与人才支撑,具有重大意义。

本书在总结编者团队20多年数控系统技术研究成果的基础上,结合国内外同行的研究成果撰写而成。全书共六章。第一章分析了智能制造与先进数控技术、数控技术与数控机床的概念及其之间的关系,介绍了其国内外发展现状、分类和典型应用。第二章介绍了数控编程的基础知识、编程工艺,叙述了数控编程技术和图形交互式编程方法。第三章从传统数控插补的原理出发,阐述了数控系统软硬件的组成及原理,内容融入了智能数控系统的软硬件结构、智能机床的互联通信、网络化实时通信与精确时间同步技术、机床智能误差补偿方法、智能主轴状态监测诊断与振动控制、智能刀具管控技术等关键技术。第四章介绍了智能机床的位置与速度检测和状态感测装置的原理与应用,并对智能机床传感器的接入及机床内部数据访问基础进行了叙述。第五章从现代数控机床对伺服系统的要求出发,论述了交流伺服电动机、直流伺服电动机及其驱动技术,并对数控进给伺服系统和主轴运动控制进行了分析。第六章介绍了数控机床典型结构的组成和工作原理,内容涵盖数控机床的总体布局、主传动系统、进给传动系统、回转工作台、分度工作台和机床换刀系统。

本书将智能数控系统的相关内容融入传统的数控知识体系,在相关章节给出应用案例,内容丰富、涉及面广,力求做到具有一定的广度和深度。本书适合机械类专业应用型本科教学使用,也可作为成人高等教育相关专业的教学用书,还可供研究生和从事智能制造研究的人员与工程技术人员阅读参考。

本书第一章、第五章由王志明编写,第二章由陈勇编写,第三章由王志明、李锦、夏麟编写,第四章由王志明、刘梅编写,第六章由李厚佳、刘梅、安全编写。本书由王志明任主编,刘梅、李锦对本书进行了统稿、审阅,郑皓月、葛舒薇、张力弓、刘泽冰、王明伟、宋佳耀、黄源东完成了本书的校核工作。在编写本书过程中，编者参阅了大量专家和学者的相关文献，还得到了华东理工大学、上海工程技术大学等高校同仁的大力协助，在此一并表示感谢。

由于编者水平有限，书中难免有不足之处，恳请各位读者批评指正。

编　者

目 录

前言

第一章　绪论 1
第一节　智能制造与先进数控技术概述 1
一、智能制造的内涵 1
二、智能制造环境下的关键先进数控技术 2
三、国内外智能化高档数控装备的发展 6
四、智能数控技术的发展趋势 7
第二节　数控技术与数控机床概述 8
一、数控技术与数控机床的定义 8
二、数控机床的基本组成及各部分的功能 9
三、数控机床的加工步骤 11
第三节　数控系统的分类 12
一、点位控制系统、点位直线控制系统与轮廓控制系统 12
二、开环控制系统、半闭环控制系统与闭环控制系统 13
第四节　数控系统的典型应用 14
一、数控车床 14
二、数控铣床 17
三、数控磨床 17
四、加工中心 18
五、数控电火花机床 19
六、数控线切割机床 19
七、智能立式加工中心 20
思考题 20

第二章　数控编程技术 21
第一节　数控编程的基础知识 21
一、数控编程的基本概念 21

二、数控机床坐标系和运动方向的规定 ……………………………………………… 21
　　三、数控编程的特征点 ……………………………………………………………… 24
　　四、直线插补、圆弧插补及刀具补偿 ……………………………………………… 25
　　五、数控编程的步骤 ………………………………………………………………… 27
　　六、数控程序编制的方法 …………………………………………………………… 28
　第二节　数控加工零件工艺性分析 …………………………………………………… 29
　　一、数控加工零件分析和审查的工艺内容 ………………………………………… 29
　　二、切削刀具的选择与切削用量的确定 …………………………………………… 30
　　三、数控加工工艺路线的确定 ……………………………………………………… 31
　第三节　数控编程技术 ………………………………………………………………… 33
　　一、数控编程的标准与代码 ………………………………………………………… 33
　　二、数控程序结构与格式 …………………………………………………………… 36
　　三、常用数控编程指令 ……………………………………………………………… 39
　　四、数控固定循环切削指令 ………………………………………………………… 43
　　五、数控程序中的子程序 …………………………………………………………… 49
　　六、零件数控加工程序编制案例分析 ……………………………………………… 51
　第四节　图形交互式编程 ……………………………………………………………… 55
　　一、图形交互式编程概述 …………………………………………………………… 55
　　二、Fusion 360 软件简介 …………………………………………………………… 55
　　三、型腔零件数控加工编程实例 …………………………………………………… 56
　思考题 …………………………………………………………………………………… 70

第三章　数控系统控制原理及软硬件结构 …………………………………………… 72
　第一节　计算机数控系统的控制基础——插补 ……………………………………… 72
　　一、插补的基本概念 ………………………………………………………………… 72
　　二、逐点比较插补法 ………………………………………………………………… 74
　　三、数字积分插补法 ………………………………………………………………… 84
　　四、数据采样插补法 ………………………………………………………………… 91
　第二节　数控系统的硬件架构 ………………………………………………………… 94
　　一、计算机数控（CNC）系统的硬件结构 ………………………………………… 95
　　二、智能数控（iNC）系统的硬件结构 …………………………………………… 97
　　三、开放式数控（ONC）系统的硬件结构 ………………………………………… 98
　第三节　数控系统数据的输入输出与互联 …………………………………………… 103
　　一、数控机床与外部设备间的数据传送要求 ……………………………………… 103
　　二、数控系统的数据通信接口 ……………………………………………………… 104
　　三、智能机床的互联通信 …………………………………………………………… 107
　第四节　数控系统用可编程逻辑控制器 ……………………………………………… 109

一、可编程控制器与数控机床的关系 … 109
　　二、数控机床用可编程控制器 … 109
　第五节　数控系统的软件结构 … 113
　　一、典型 CNC 系统的软件结构特点 … 114
　　二、CNC 系统的软件结构模式 … 117
　　三、开放式 CNC 系统的软件结构 … 120
　　四、可重构 iNC 系统的软件结构 … 121
　第六节　智能数控系统的关键技术基础 … 122
　　一、网络化实时通信与精确时间同步技术 … 122
　　二、机床智能误差补偿方法 … 125
　　三、智能主轴状态监测诊断与振动控制 … 128
　　四、智能刀具管控技术 … 131
　　五、智能故障自诊断技术 … 135
　思考题 … 140

第四章　智能数据感测系统 … 142
　第一节　位置与速度检测装置 … 142
　　一、光电编码器 … 143
　　二、光栅尺 … 145
　　三、旋转变压器 … 148
　　四、感应同步器 … 151
　　五、磁尺 … 155
　第二节　数控机床状态感测装置 … 158
　　一、数控机床常见故障及采集信号分类 … 159
　　二、压力传感器 … 160
　　三、扭矩传感器 … 164
　　四、温度传感器 … 167
　　五、振动传感器 … 169
　第三节　智能机床传感器的接入及机床内部数据访问基础 … 175
　　一、智能机床传感器的接入与内部数据访问 … 175
　　二、AI 芯片及 AI 算法库 … 176
　思考题 … 178

第五章　数控伺服系统 … 179
　第一节　伺服系统基本知识 … 179
　　一、伺服系统静态性能指标 … 179
　　二、伺服系统动态性能指标 … 180

三、伺服系统的基本要求 …… 182
四、伺服驱动系统的分类与组成 …… 182
五、常用伺服执行部件 …… 183

第二节 直流伺服电动机及其驱动技术 …… 184
一、永磁式直流伺服电动机结构和工作原理 …… 184
二、直流伺服电动机的基本特性 …… 186
三、直流伺服电动机的调速方法 …… 188
四、直流伺服电动机的特性曲线 …… 188
五、直流伺服电动机的驱动单元结构和工作原理 …… 189
六、直流伺服电动机脉宽调制调速技术 …… 191
七、直流驱动装置应用实例 …… 193

第三节 交流伺服电动机及其驱动技术 …… 194
一、交流同步伺服电动机 …… 194
二、交流异步伺服电动机 …… 195
三、交流电动机调速方法 …… 196
四、交流伺服电动机的矢量控制技术 …… 197
五、同步交流伺服电动机的驱动控制 …… 200
六、异步交流伺服电动机的驱动控制 …… 203
七、交流伺服驱动控制系统的主电路 …… 205
八、交流驱动装置应用 …… 207

第四节 步进电动机 …… 208
一、步进电动机结构与工作原理 …… 209
二、步进电动机的控制方法 …… 210
三、步进电动机的运行性能 …… 210
四、步进电动机的驱动装置 …… 213
五、步进电动机驱动装置应用实例 …… 217

第五节 数控进给伺服系统 …… 218
一、数控机床对进给伺服系统的要求 …… 218
二、数控进给伺服系统的结构 …… 219
三、数控进给伺服系统的工作原理 …… 221
四、数控进给伺服系统的位置控制方法 …… 222

第六节 主轴运动控制 …… 228
一、主轴运动控制的基本知识 …… 228
二、数控机床主轴电动机的驱动控制方法 …… 230
三、主轴分段无级变速原理 …… 233
四、主轴准停控制 …… 233

第七节 数控伺服系统的应用 …… 236

一、伺服系统与数控系统的信号连接 ……………………………………………………… 236
　　二、伺服系统与市电电源的连接 …………………………………………………………… 240
　　三、伺服系统的运动控制要求和动力输出要求分析 …………………………………… 241
　思考题 …………………………………………………………………………………………… 243

第六章　数控机床的机械结构特点 …………………………………………………………… 245
　第一节　数控机床对机械结构的要求 …………………………………………………………… 245
　第二节　数控机床的总体布局 …………………………………………………………………… 247
　　一、满足多刀加工的布局 …………………………………………………………………… 247
　　二、满足快速换刀要求的布局 ……………………………………………………………… 247
　　三、满足多坐标联动要求的布局 …………………………………………………………… 248
　　四、满足快速换刀要求的布局 ……………………………………………………………… 248
　　五、满足多工位加工要求的布局 …………………………………………………………… 248
　　六、满足工作台自动交换要求的布局 ……………………………………………………… 249
　　七、满足加工零件不移动的布局 …………………………………………………………… 250
　　八、满足提高刚度减小热变形要求的布局 ………………………………………………… 250
　　九、并联机床的布局 ………………………………………………………………………… 250
　第三节　数控机床主传动系统 …………………………………………………………………… 251
　　一、数控机床对主传动系统的要求 ………………………………………………………… 251
　　二、数控机床主传动系统的配置方式 ……………………………………………………… 252
　　三、主轴部件 ………………………………………………………………………………… 253
　第四节　数控机床进给传动系统 ………………………………………………………………… 259
　　一、数控机床进给传动系统的要求 ………………………………………………………… 259
　　二、数控机床进给传动系统的结构 ………………………………………………………… 259
　第五节　数控回转工作台与分度工作台 ………………………………………………………… 265
　　一、数控回转工作台 ………………………………………………………………………… 266
　　二、数控分度工作台 ………………………………………………………………………… 267
　第六节　数控机床换刀系统 ……………………………………………………………………… 268
　　一、自动换刀系统概述 ……………………………………………………………………… 268
　　二、刀库类型与选刀方式 …………………………………………………………………… 271
　　三、换刀机械手类型与结构 ………………………………………………………………… 273
　　四、数控机床刀具交换方式 ………………………………………………………………… 276
　思考题 …………………………………………………………………………………………… 277

参考文献 …………………………………………………………………………………………… 278

第一章　绪论

新一轮工业革命的核心是智能制造，即制造业的数字化、网络化和智能化。美国提出的"重振制造业计划"和"先进制造业伙伴计划"，使得数控机床产业大受裨益。德国提出的"国家工业4.0"和"国家工业战略2030"等战略发展计划，通过政府对数控领域产业的大力扶持来维持其先进性地位。日本提出"产业重振计划"和"超智能社会"将数控机床产业发展纳入国家智能制造计划，突出发展数控系统和数控核心产品。此外，"中国制造2025"、欧盟"IMS 2020计划"等都提出重点发展数控机床，均将数控机床和机器人作为重点突破领域。数控技术是智能制造的核心元素，在全球性智能制造的大环境影响下，数控技术也逐渐从专用封闭式开环控制模式向通用开放式全闭环控制模式发展，硬软件系统及控制方式也日趋智能化。因此，智能制造影响下的先进数控技术发展已成为现代智能化高端装备领域的一大研究热点。

纵观整个机械制造行业，单件小批量生产约占加工总量的80%。这些产品具有加工批量小、改型频繁、零件形状复杂、精度要求高等特点，运用了现代数控技术的数控机床在这些领域中很好地解决了上述问题，在造船、航天、航空、机床、重型机械等领域有广阔的发展前景，成为现代智能制造业的主流。现代数控技术不仅应用于数控机床，同时还用于其他多种机械设备，如机器人、三坐标测量机等。

第一节　智能制造与先进数控技术概述

一、智能制造的内涵

智能制造（intelligent manufacturing，IM）是一种由智能机器和人类专家共同组成的人机一体化智能系统，它在制造过程中能进行智能活动，如分析、推理、判断、构思和决策等。通过人与智能机器的合作共事，去扩大、延伸和部分地取代人类专家在制造过程中的脑力劳动。它把制造自动化的概念更新，扩展到柔性化、智能化和高度集成化。智能制造是在现代传感技术、网络技术、自动化技术和人工智能（artificial intelligence，AI）基础上，通过感知、人机交互、建模仿真形成决策，再执行和反馈，实现设计、生产、管理、服务等制造活动的智能化。它是"中国制造2025"的主攻方向。图1-1所示为智能制造的主要内容，包括五类关键技术装备、智能制造三大基础、模式要素条件和重点应用领域。

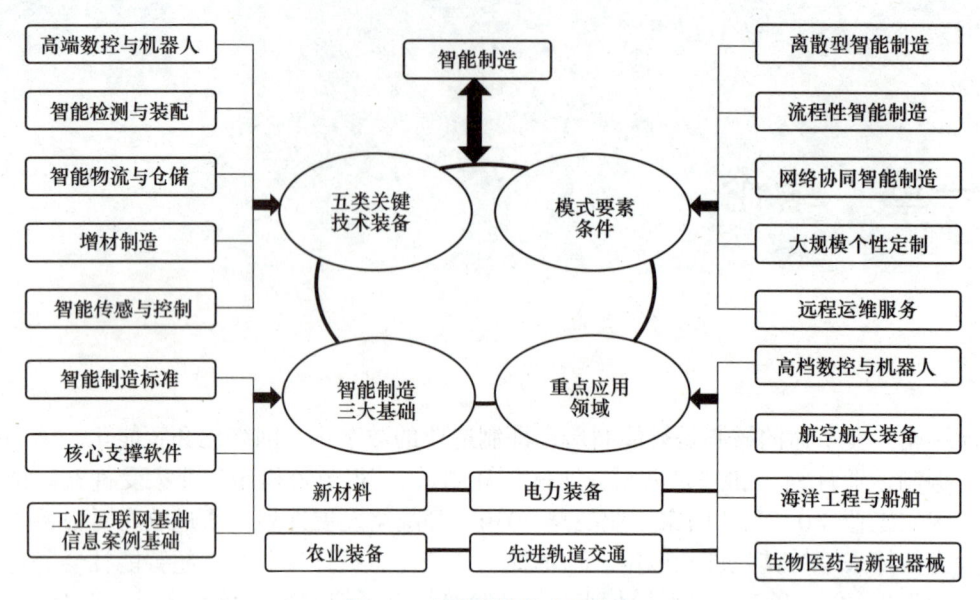

图 1-1 智能制造的主要内容

智能制造的本质是将信息技术、制造技术与先进制造深度融合的网络化、智能化制造。智能制造实现的前提是高端制造装备及控制的智能化，主要包括高端数控机床、工业机器人、增材制造设备、柔性制造系统（flexible manufacturing system，FMS）等。"中国制造 2025"将高端数控机床和基础制造装备行业列为中国制造业的战略必争领域之一，高端数控机床的核心就是数控技术。在新一代人工智能引领下的智能数控系统和智能化技术，已成为智能制造领域的重要发展方向，随着世界领先企业加快推进新技术向数控产业融合，网络化技术和智能化技术加快向数控产品集成应用，其创新与突破已然成为完成智能制造工程的重要保障。

二、智能制造环境下的关键先进数控技术

在智能制造环境的影响下，先进数控技术朝着开放化、智能化方向发展。数控系统的智能化主要表现形式就是其众多的智能化功能，总的来说可分为质量提高、工艺优化、健康保障和生产管理这四大类。作为数控技术物质载体的高档数控机床，将数控系统的智能化演化成为机床的智能化功能，一般包括智能测量、实时补偿、加工优化、工具管理、远程监控与诊断等。智能制造与先进数控技术的基本逻辑关系如图 1-2 所示。

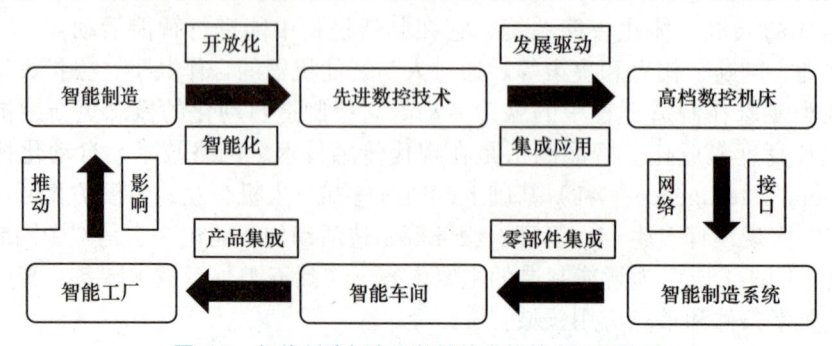

图 1-2 智能制造与先进数控技术的基本逻辑关系

高档数控机床的核心就是先进数控技术，主要具备网络化、开放化和智能化的典型特征，此外还包括功能复合化、绿色化、集成化、数字化等重要特征。网络化主要是指将数控系统和网络技术在网络环境下集成，使得计算机辅助设计与制造、计算机辅助物料管理和调度、生产计划和控制等各个系统有机联系起来，有效利用网络技术、数据库共享系统使得生产经营、管理和制造无缝结合。开放化主要指两个方面，一为时间开放，二为空间开放。时间开放是针对软硬件平台和规范而言的，保证软硬件平台具有适应新技术的发展和接收新设备的能力。可移植性、可扩展性属于时间开放。空间开放是针对系统接口和规范化而言的，可互换性和可操作性属于空间开放。开放的数控系统具备强大的适应性和灵活的配置功能，可顺应计算机技术、信息技术等的高速发展和更新换代。智能化主要指数控机床与数控系统具备智能编程、智能加工、智能监测、智能维护、智能管理、智能决策等智能功能。高档数控机床是数控技术的重要集成应用装备，相关先进数控技术主要涉及智能编程、高速高精控制、机床误差补偿、自适应控制、在线诊断和远程维护、智能生产管理、机床联网群控管理等。图 1-3 所示为智能数控系统研究的先进技术，主要包括高速高精联动控制技术、机床多源误差补偿技术以及智能化控制技术三大方面。

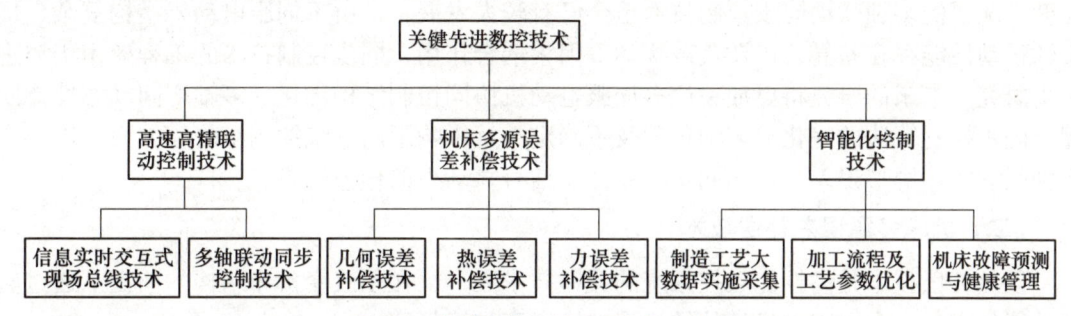

图 1-3 智能数控系统研究的先进技术

（一）高速高精联动控制技术

在航天、能源、军工等高端领域，产品的复杂程度越来越高，多轴加工技术成为高性能零件加工必不可少的核心技术。在高速高加速度的多轴联动工况下，由于各轴运动性能和运动状态存在固有差异，且各伺服轴处于频繁加减速状态，使得过程实时精确控制变得困难，导致加工实际轮廓轨迹与理想轮廓轨迹存在偏差，偏差超出一定范围将不满足加工要求。高速高精联动控制技术主要包括信息实时交互式现场总线技术与多轴联动同步控制技术。

1. 信息实时交互式现场总线技术

对于高速高精运动控制，数控设备和数控系统间必须实现实时同步、高效可靠的通信。国内外的数控公司纷纷采用数字通信的方式（即现场总线技术）代替传统的"脉冲式"或"模拟式"接口通信，以实现信息的实时交互。采用现场总线的数字化控制接口，是伺服驱动装置实现高速高精度控制的必要条件。现在国际上的做法是将现场总线和工业以太网、无线网集成到伺服驱动器中。目前现役的现场总线技术多种并存，主要有基金会现场总线 FF（foundation fieldbus）、美国 Echelon 公司的 LonWorks 总线、日本 FANUC 公司的 FSSB 总线、德国 SIEMENS 公司的 PROFIBUS、RoberBosch 的 CANBUS、Drive-CliQ 总线，德国 Beckhoff 公司的 EtherCAT，B&R 的 PowerLink 等。国内总线技术较为成熟的主要有武汉华中数控股份有限公司（以下简称华中数控）的 NCUC-Bus 总线以及大连光洋科技工程有限公司的 Glink 总线等。上述的通信协议被部分高端的伺服驱动器所集成，为实现高端多轴控制提供多种可能。

2. 多轴联动同步控制技术

在实现数控设备与数控系统信息实时交互的前提下，影响最终运动轮廓误差的主要是多轴联动同步误差，因此保证伺服控制的精确同步至关重要。针对单伺服轴的精确运动较易实现，多伺服轴的高速高精同步控制仍存在较大偏差等问题，目前主要通过控制策略和控制算法两方面的研究来解决。在控制策略方面，主要聚焦在基于网络的同步控制方案设计方面，目的是提高联动的实时同步性能与稳定控制精度。在控制算法方面，主要采用基于智能算法的 PID 反馈控制，实现多轴高速高精同步控制，且系统具有强鲁棒性和强抗干扰能力等优点。智能算法使得同步控制的稳定性和抗干扰能力显著增强，但它具有算法计算量大、运行时间长、实时性不强等缺点，目前还处于实验室研究阶段。现在比较成熟的有网络化实时通信与精确时间同步技术，在第三章内容中有所涉及。总之，高速高加速度工况下的多轴联动同步控制技术至今已有较大发展，但由于伺服电动机结构复杂、伺服轴运动性能存在差异，以及负载扰动等因素耦合作用，同步控制技术的工程应用仍需进一步研究。未来的研究将更加关注多伺服电动机协同控制结构优化、多轴之间动态性能匹配、同步控制算法的优化、多轴负载及不确定干扰影响下的系统控制策略等方面，以减小多轴联动实际廓形误差，达到同步误差低、信号抖动少的理想效果。

（二）机床多源误差补偿技术

误差补偿技术是高性能数控系统的关键技术之一，在不改变机床结构的前提下通过软件补偿的方法，大幅减少机床的结构误差，提高加工精度。

数控机床多轴联动加工精度受多方面因素耦合影响，误差来源主要包括机床各零部件原始制造及安装或磨损引起的几何误差、相对运动部件间的运动误差、各运动轴的伺服控制误差、机床部件或旋转主轴热误差、切削力导致的变形误差、运动部件或整机振动误差、检测系统的测试误差、刀具和夹具误差及随机误差等。目前广泛采用的方法是机床多源误差补偿技术。机床多源误差补偿技术是指通过测量、分析、统计等方法分析机床多源误差的特点和规律，通过建立误差数学模型，预设新误差量来抵消或减小加工误差的技术，包括几何误差补偿技术、热误差补偿技术、力误差补偿技术、振动主动抑制技术等。

1. 几何误差补偿技术

几何误差主要来源于数控机床的零部件制造和装配误差，是与机床零部件形状和位置精度相关的一类误差。在机床部件移动或转动时，这些位置和形状误差会叠加到机床运动部件上。

几何误差补偿技术分为硬件补偿和软件补偿。其中，硬件补偿主要是通过机床结构调整，减少机械上的误差，硬件补偿不适合于随机误差，且缺乏柔性；软件补偿是通过计算机对所建立的数学模型进行运算后发出运动补偿指令，由数控系统完成补偿动作。一般现代数控机床几何误差的补偿采用软件补偿。软件补偿方法主要包括解耦分离补偿法以及轮廓精度反馈控制补偿法。解耦分离补偿法根据机床几何误差模型将空间误差解耦分离到各运动轴，求得相应的补偿量，然后采用在实际运动后再叠加补偿或在实际运动前直接修改数控代码实现精确运动的方式进行几何误差补偿。解耦分离补偿法具有高精度但低效的特征，而轮廓精度反馈控制补偿法具有实时补偿的优点，但控制参数难整定，系统抗扰动能力较弱。上述两种方法一般只停留在完全离线或在加工间隙补偿的层面。几何误差补偿的一般步骤包括四个主要阶段：误差检测、误差建模、补偿控制和补偿执行。

2. 热误差补偿技术

因机床的温度变化导致机床的结构发生变形，从而产生误差称为热变形误差（以下简称热误差）。影响机床的热源一般可分为机床内部热源和机床外部热源。机床内部的主轴转动、电动机、轴承等产生的热量远远大于外部热源，因此影响机床结构热变形的主要因素是内部热源。这些热源产生的热量引起的零部件相对位置和形状变化，一般认为占总误差源的 40%～70%，成为制约精密数控机床加工精度的关键因素。热误差具有时滞时变、多向耦合以及复杂非线性等特征，有效补偿的前提是建立准确的热误差模型。一般通过热误差测量、热误差建模、热误差补偿方法确立和实施补偿。首先通过热误差测量，获取机床温度场和热变形位移场的信息，筛选出温度敏感点试验数据和相对应的热位移数据，建立一定的数学关系。目前最常用的热误差建模方法是通过大量的试验数据，对机床各部件热变形和敏感点的温度变量进行拟合建模。常用的模型有多元线性回归模型、分布滞后回归模型、自回归分布滞后模型等，其他的建模方法还有灰色理论、人工神经网络、模糊逻辑、有限元、传递函数等。

基于可靠的热误差模型，热误差补偿技术的实施一般采用反馈拦截积分法和原点平移法。反馈拦截积分法通过采集位置传感元件反馈信号，由外部补偿装置叠加热误差的补偿量后再返回给数控系统，将其视为当前机床的实际位置与指令位置的偏差进行校正，实现对热误差的补偿。原点平移法是将热误差模型修正后的数控指令值通过 I/O 口送至计算机数控（CNC）控制器，平移控制器中的参考原点来实现热误差补偿的。反馈拦截积分法不改变 CNC 控制软件，但需要添加特定的外部电子位置叠加装置，补偿信号易与原信号发生干涉；原点平移法补偿过程对 CNC 程序执行无影响，但需要修改可编程逻辑控制器（PLC）单元以便接入热误差补偿值。两种热误差补偿方法都能实现热误差的实时补偿，但均需要增添外部补偿器，既影响机床整机性能，又容易干扰或迟滞数控加工任务。因此，无需硬件修改的热误差补偿模块系统的嵌入式集成仍需深入研究。同时新型热误差补偿技术，如基于传递函数的热误差补偿技术、基于人工神经网络的热误差补偿技术、基于大数据思维的热误差补偿技术等，也成为热误差补偿技术的发展方向。

3. 力误差补偿技术

数控机床在切削力、夹紧力、重力和惯性力等作用下产生的附加几何变形，破坏了机床各组成部分原有的相互位置关系而产生的附加误差，简称力误差。力误差与机床的刚度等有关，属于加工时变误差。

零件切削补偿的基本方法是计算切削变形量，采用反向变形补偿法，通过修改或调整数控程序实现补偿。主轴振动也是一个引起切削力导致变形的重要因素，现代数控机床的力误差补偿法利用神经网络、模糊逻辑等智能方法监测主轴、丝杠、轴承等关键部件的振动信号，进行高速主轴颤振抑制。

（三）智能化控制技术

数控机床在生产加工过程中会产生大量由指令控制信号和反馈信号构成的数据，以及各类传感器感知的振动、温度、图像、音频等外部数据。这些数据构成了机床大数据的主体部分，与工件加工状态、刀具寿命、加工质量等密切相关。在智能化控制技术中，机床故障预测与健康管理（prognostics and health management，PHM）是一种在制造大数据实时采集的基础上，借助数据挖掘、机器学习等分析技术对机床状态信息进行评估与诊断，并在必要时发出指令控制机床行为的技术。PHM 是一种广泛应用于各个领域的健康状态管理方法，通常包括故障诊断与预测、故障隔离和检测、部件寿命追踪、健康管理等功能。PHM 实际运用时包含设备状态监控、设备数据采集、设备信息处理、设备健康评估、设备故障预测及设备保修的策略六大部分。

设备状态评估的理论大体分为基于解析模型的方法、基于信号处理的方法、基于退化分析的方法、基于知识的方法和基于数据驱动的方法。

在监测与诊断系统架构方面，一般构建信息物理系统（cyber physical systems，CPS）基本结构框架以实现实时监控与诊断。在智能诊断方法方面，大多将智能算法与故障诊断结合，以增强故障诊断的可靠性和高效性。此外，机床故障自修复则是在故障精确诊断的基础上，判断故障原因并准确定位故障产生位置，采用相应手段进行自修复的技术。例如，通过对加工时的噪声和实际位置偏移判断出刀具的磨损情况，若磨损严重则自动换刀，否则可根据刀具误差模型进行误差插补运动，以达到理想加工精度。

三、国内外智能化高档数控装备的发展

由于数控技术是在高度市场化条件下竞争发展起来的，其前沿数控技术的研究与开发主要集中在日本、德国、美国等工业发达的国家。当前随着新一代信息技术和新一代人工智能技术的发展，智能传感、物联网、大数据、数字孪生、赛博物理系统、云计算和人工智能等新技术与数控技术深度结合，数控技术将迎来一个新的拐点甚至可能是新跨越——走向赛博物理融合的新一代智能数控，而装备智能数控系统的机床，也将进入智能机床时代。

2006 年，日本 Mazak 公司首次提出"智能机床"的概念；OKUMA 公司发布了"Thinc"的智能数字控制系统。在世界范围内相继出现了许多智能化产品，其中代表性的产品包括：德国的 DMG 公司和日本 Mori 公司研制的基于 CELOS 智能化数控系统的数控机床，该机床具有防碰撞、自适应控制、五轴自动标定/补偿、主轴监控/诊断等功能；日本 Mazak 公司出品的 Intelligent Machine 智能机床，该智能机床具有振动抑制、主轴监控、热位移控制以及防碰撞等功能；德国 HAIDENHAN 公司的智能化数控系统，该系统具有智能防碰撞、虚拟机床、动态高效、动态高精、自动校准和优化机床精度等功能。

国内高档数控企业以华中数控为代表。2018 年，华中数控推出搭载 AI 芯片（嵌入式神经网络处理器）的华中 9 型智能数控系统，配备在 BM8i 加工中心上。除华中数控外，沈阳机床股份有限公司（以下简称沈阳机床）出品了基于 i5 数控系统的智能化机床，该机床具有智能化编程、智能化操作、智能化维护、智能化管理等功能；北京精雕科技集团

有限公司的 JD50 数控系统，在 CAD/CAM 的集成和功能复合化方面取得了较大进展。虽然国产的机床数控系统在多轴联动控制、功能复合化、开放性、网络化和智能化等领域取得了一系列技术突破，但是和欧美国家相比，在功能、性能、可靠性等方面还有一定的差距。

四、智能数控技术的发展趋势

作为"智能+"和"互联网+"典范的智能数控技术未来的发展趋势如下：

（一）智能化数控技术

随着数控机床高度精密化及日益复杂化，对数控系统智能化的要求也越来越高。目前日本、德国在数控系统的智能化方面取得了一定的进展。例如，日本马扎克的第六代数控系统 MAZATROL MATRIX 实现了主轴监控、自主反馈、车削工作台动态平衡等 7 项智能化的功能。基于 Smooth 技术的第七代数控系统 MAZATROL Smooth X，具有防振动、热补偿、智能校正、智能送料等 12 项智能化功能。又如，HEIDENHAI 530 系统具有自适应进给控制（AFC）功能，能根据机械加工的工艺需求自适应优化进给速率、基于动力学模型的误差补偿等功能。

（二）技术融合数控技术

随着智能化数控系统的发展，网络化技术将持续、深度地与数控系统融合。视频技术等开始在国外一些高档数控系统中应用。以 OKUMA 的数控系统为例，视频显示技术开始用于其操作界面上，以便于加工过程的监视；在 SIEMENS 系统中，SMS 技术已用于其远程维护功能；在 FANUC 系统中，基于多传感器的智能故障诊断技术已开始得到应用；其他如 DMG 公司、WISCONSIN 机床厂、HEIDENHAIN 公司等将 IT 应用于数控系统的开发。

（三）网络化数控技术

计算机技术、信息通信技术和数控技术日趋融合，促进数控技术向网络化发展。数控技术网络化的基础是统一标准的接口。美国机械制造协会（AMT）提出 MT-connect 协议，用于机床数控设备的互联互通。德国机床制造商协会（VDW）提出了基于通信规范 OPC（open platform communication）统一架构的信息模型，制定德国版的数控机床互联互通协议 Umati。中国机床工具协会（CMTBA）提出的 NC-Link 协议，实现数控机床及其他智能制造设备的互联互通。MAZATROL Smooth 系列数控机床采用标准的网络接口，使单机与柔性制造系统（FMS）可进行信息共享。FANUC 30 系列数控系统，提供远程桌面功能，支持工业网络和现场网络，可实现工程级机床及数据的集中管理。德玛吉 CELOS 系统可将数控系统接入企业信息化网络，连接 CAD/CAM、MES/ERP 及 PDM 等信息化软件。国内华中数控研发的数控系统云平台（iNC-Cloud）是一个网络化、智能化的平台。

（四）高精度数控系统

为了满足数控系统对控制精度等性能指标的需求，目前，高档数控系统已具有基于程序段前瞻的加工速度规划技术，以实现数控系统的高速、高精等加工需求。此外，数控系统已采用纳米加工技术，以使系统具有微米与纳米精度级别的高控制精度。

（五）与 CAD/CAM 日趋融合的数控系统

早期的数控系统编程方式是基于 G/M 代码标准（ISO：6983），只有简单的运动指令和辅助指令。CNC 和 CAD/CAM 之间缺乏相应的信息沟通渠道。随着 STEP-NC 标准（ISO：14694）的应用，打通了 CNC 和 CAD/CAM 之间的信息交换通道。实现了 CAD/CAM 与 CNC 数据的双向流动。系统开发商一方面提供一些便利编程功能，以完善系统自身的编程功能；另一方面，将 CAD/CAM 等功能集成到数控系统中，实现 CNC 与 CAD/CAM 融合。例如，SINUMREIK 840 Dsl 系统在全新硬件体系基础上，推出了 Mdynamics 软件包，可实现数控系统在曲面造型、配置、编程、测量、高速高精控制等功能的集成，提供了覆盖复杂工件加工的整体解决方案。

（六）数控技术与机器人技术集成的数控系统

数控技术的典型载体数控机床和机器人技术的典型载体工业机器人日趋融合，工业机器人参与生产制造得到了广泛的认可和应用。在数控机床加工应用领域，数控机床上下料机器人与数控机床的集成一直处于发展的前沿，一般应用于工作岛、柔性制造系统、数字化车间和智能工厂，有助于推动机床制造业的发展。例如，自动化、数字化和网络化生产方式，可以实现智能化控制、信息化管理，提高生产效率和产品质量，提高工艺管理水平，促进制造设备整体水平的提升。数控机床与机器人的融合其关键是数控系统，如 SINUMERIK 840 Dsl 系统，可同时运行工件程序与机器人控制程序，实现了数控技术与机器人技术的融合。

第二节　数控技术与数控机床概述

一、数控技术与数控机床的定义

按照 ISO 标准的定义，数控技术是指用数字化信息对机床运动及其加工过程进行自动控制的一种方法，简称数控（numerical control，NC）。由于现代数控均采用计算机进行控制，也称为计算机数控（computerized numerical control，CNC）。

数控系统（numerical control system）是指进行数字化信息控制所具备的软件、硬件。也就是说，实现机床运动及加工过程自动控制所需的硬件与软件称为数控系统，数控系统的核心是数控装置（numerical controller）。

智能数控系统（intelligent numerical control system，iNC）在国际上尚没有统一的定义，但一般认为它应具有类人的智能，包括感知、分析、适应、维护、学习等功能，并能实现加工过程的智能优化，从而完成加工过程的智能控制。从系统组成看，智能化数控系统主要包括智能化控制系统硬件平台、智能化控制系统软件二次开发平台和智能化数据检测单元三部分。

数控机床（NC machine）是采用了数控技术进行控制的机床。装备了智能数控系统（iNC）的机床称为智能机床（intelligent machine tool，iMT）。

数控机床又称数字控制机床，是将机床加工过程中的各种运动、工件的形状、尺寸等各种零件信息以及机床的其他辅助功能，用由字母、数字、符号构成的代码来表示，通过控制介质把这些代码输入到数控装置，数控装置经过译码、运算等处理，发出相应的动作指令，经伺服系统自动控制刀具与工件的相对运动，加工出所需要的零件。数控机床和机器人被称为当今世界上最典型的机电一体化产品，是现代制造业的基础。

二、数控机床的基本组成及各部分的功能

虽然数控技术的应用非常广泛，但最为典型的还是数控机床，所以本书主要讲述数控机床的相关内容。数控机床由控制介质、数控系统（包括数控装置、伺服驱动系统、辅助控制装置、检测装置）及机床本体组成。组成框图如图1-4所示。图中，点画线部分就是数控系统。各部分的功能如下。

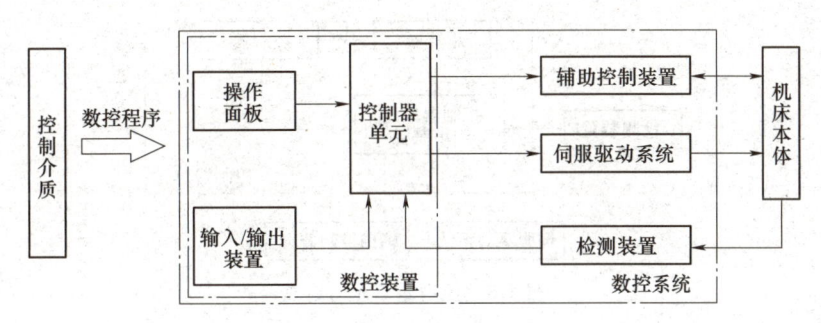

图1-4 数控机床的组成

（一）控制介质

控制介质又称信息载体，是用来确定人与机床之间某种联系的中间媒介物，在它上面记载了数控机床全部的加工信息，如零件加工的工艺参数、工艺过程、位移数据、切削速度等。控制介质因数控装置类型而异，可以有多种形式，常用的有CF卡、SD卡、U盘、硬盘等。除了这些之外，还有些数控系统采用RS232C、RS422A、RS485、网口等通信接口，即可通过计算机直接将程序输入数控装置中。在CAD/CAM集成系统中，零件的加工程序通过CAD/CAM软件上自带的通信程序，通过通信接口将数控程序直接输入数控系统中。

（二）数控系统

数控机床的核心是数控系统。数控系统主要控制各坐标轴的运动，包括方向、位置与速度，其控制信息主要来源于数控程序。根据其控制对象与控制内容，数控系统应具备数控装置、伺服驱动系统、检测装置和辅助控制装置等部分。

1. 数控装置

数控装置是数控系统的核心，也是人机交互单元（HMI），主要包括操作面板、输入/输出装置、控制器单元。

（1）操作面板　操作面板是操作人员与数控机床（系统）进行交互的工具，操作人员可以通过它对数控机床（系统）进行操作、编程、调试，对机床参数进行设定和修改，也

可以通过它了解和查询数控机床（系统）的运行状态。

（2）输入/输出装置　数控机床的输入/输出功能较多，包括数控加工程序、切削参数及坐标轴位置、检测开关的状态等的输入/输出。键盘与输入按钮是最基本的输入装置，打印机、显示器、状态灯是最基本的输出装置。除此之外，还有网口读写控制电路、USB读写控制电路、硬盘驱动器等。

（3）控制器单元　控制器单元是数控装置的核心，由控制器、运算器和控制器单元输出装置组成，如图1-5所示。

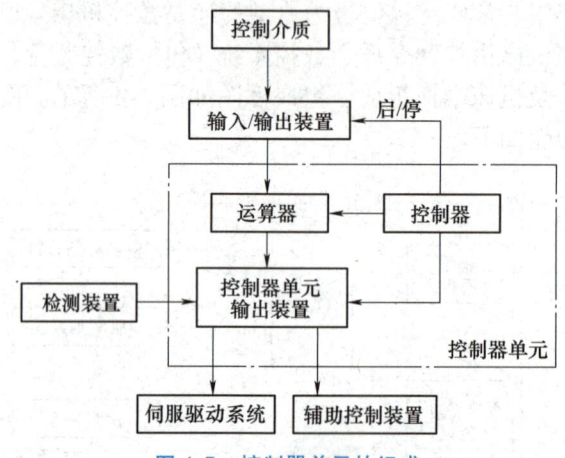

图1-5　控制器单元的组成

1）控制器。接收输入装置的指令，根据指令要求来控制运算器与输出装置，以实现对机床的各种操作及控制整机的工作循环。

2）运算器。接收控制器的指令，将输入装置送入的数据进行各种运算，并不断向输出装置输出结果，使伺服系统执行所要求的运动。对复杂零件的轮廓控制系统，运算器的主要功能是插补运算。

3）控制器单元输出装置。根据控制器的指令将运算器输出的计算结果传输到伺服驱动系统。

总之，数控装置是将输入/输出装置传输的信息转换成伺服驱动系统所能接收信息的一种装置，是实现机床自动化的重要环节。数控装置分专用数控装置与通用数控装置。

2. 伺服驱动系统

伺服驱动系统由伺服电动机与伺服驱动装置组成，它的任务是接收来自数控装置的指令信息，将其转化为相应坐标轴的进给运动与精确定位运动，使执行机构的进给速度、方向和位移量严格按指令信息要求执行，以加工出符合图样要求的零件。

一般来说指令脉冲数量决定机床移动的距离，指令脉冲频率决定机床移动的速度。发送指令脉冲信号的数控装置能够以很高的速度与精度进行计算，关键在于伺服驱动系统能以多高的速度与精度去执行。数控机床的精度与快速响应性主要取决于伺服驱动系统，伺服精度和动态响应是影响数控机床加工精度、表面质量与生产率的重要因素之一。因此，数控机床的伺服驱动系统应具备较好的快速响应性，能灵敏而准确地跟踪指令信号。现在常用的有直流伺服驱动系统与交流伺服驱动系统。

3. 检测装置

闭环控制的数控机床是利用检测元件来实现位置与速度的精确控制的。检测装置的作用是将被检测对象的实际参数（位置、速度等）经信号变换后反馈给控制系统的比较环节。现常用的速度控制检测元件有直流测速发电机与光电编码器，位置检测元件有旋转变压器、感应同步器和磁尺等。相关内容在第四章中有所涉及。

4. 辅助控制装置

数控系统的指令中有专用的辅助指令，分别控制着刀具交换、冷却润滑装置启停、工件的夹紧与放松等，除了上述功能外，通过机床上检测开关的状态，将其译码、逻辑运算和放大后驱动相应单元或执行机构，带动机床机械部件及液压气动等辅助装置完成规定指令的动作。这些功能一般通过数控系统的底层PLC控制完成。

（三）机床本体

机床本体包括主轴运动部件、进给运动执行部件（如工作台与刀架）及传动部件和机床床身、立柱等部件。由于数控机床是自动加工机床，中间无需人工干预，其机械部件的精度、刚度、抗振性等方面比普通机床有更高的的要求。同时，要求机床运动表面的摩擦力要小，传动部件间的间隙要小，传动误差的自动消除性好，传动变速系统易于实现自动化，同时还要考虑床身变形、排屑等方面的要求。

总之，数控机床与普通机床相比，其外部造型、整体布局、传动系统、刀具系统、操作系统和结构等均发生了很大变化。这种变化既能满足数控加工的要求，也能充分发挥数控机床的特点。

三、数控机床的加工步骤

1. 零件图的工艺处理

根据图样对工件的形状、尺寸和位置关系、技术要求进行分析，确定合理的加工方案、加工路线、装夹方式、选用刀具及切削参数、对刀点、换刀点，同时考虑所用数控机床的指令功能。

2. 数控编程

依据加工路线、工艺参数、刀位数据、数控系统规定的功能指令代码及程序格式，编写数控加工程序。程序编制完成后，进行模拟加工，再将程序制备到控制介质上。

3. 程序输入

数控加工程序通过输入装置输入到数控系统中。输入的方式有USB接口、RS232C和RS485接口、MDI手动输入、分布式数字控制（direct numeric control，DNC）网络接口等。数控系统一般有两种不同的输入工作方式，一种是边输入边加工，如DNC系统；另外一种是将零件数控加工程序输入到CNC中，加工时由存储器往外读出，如USB接口等。

4. 插补运算

数控加工程序明确了刀具运动的起点、终点和运动轨迹，而刀具从起点沿直线或圆弧运动轨迹走向终点，过程则要通过数控插补软件完成。插补的任务就是通过插补计算程序，依据数控程序规定的位置和进给速度要求，完成在轮廓起点和终点之间点的坐标值计算。

5. 伺服控制与加工

伺服驱动系统接收到插补运算后的脉冲指令或插补周期内的位置增量信号，经过放大后，驱动伺服电动机带动机床的执行部件运动，加工出要求的零件。

数控机床的加工流程如图 1-6 所示。

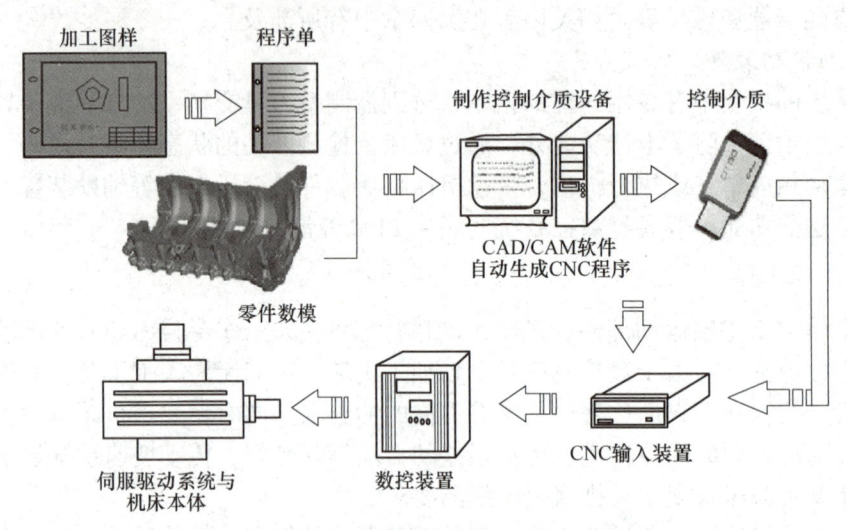

图 1-6 数控机床的加工流程图

第三节　数控系统的分类

数控机床上的数控系统形式较多，根据控制系统的特点，可分为点位控制系统、点位直线控制系统与轮廓控制系统；按控制方式，可分为开环控制系统、半闭环控制系统与闭环控制系统；根据功能的多少，又可分为多功能数控系统和经济型数控系统。在数控系统发展的基础上，又出现了较为先进的适应性控制系统和直接数控系统等。

一、点位控制系统、点位直线控制系统与轮廓控制系统

（一）点位控制系统

点位控制系统仅控制刀具相对于工件的位置，即从一点移动到另一点的准确位置，而点与点之间的路径轨迹不受控制。在移动过程中，刀具与工件不接触，不进行切削。图 1-7 所示为点位控制加工示意图。

（二）点位直线控制系统

点位直线控制系统除控制点与点之间的准确位置外，还要求从一点到另一点之间的运动按直线移动，并能控制位移的速度。这类系统与点位控制系统之间的区别是，它从一个点到另一个点的过程中需要进行切削加工。图 1-8 所示为点位直线控制加工示意图。

（三）轮廓控制系统

轮廓控制系统能够同时对两个或两个以上的坐标联动进行连续控制，不仅要控制起点

和终点的准确位置,而且对瞬时的位移与速度进行严格的不间断控制,具有这种控制系统的机床可以加工曲线和曲面,例如具有2轴、2.5轴或更多坐标轴联动的数控铣床,车削中心等。图1-9所示为轮廓加工示意图。

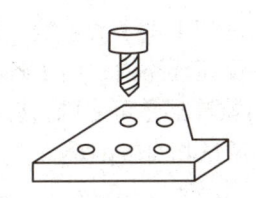

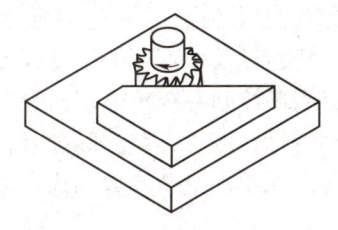

图1-7 点位控制加工示意图　　图1-8 点位直线控制加工示意图　　图1-9 轮廓加工示意图

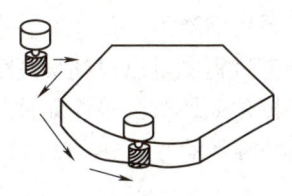

二、开环控制系统、半闭环控制系统与闭环控制系统

(一)开环控制系统

开环控制系统是指不带反馈装置的控制系统。通常使用功率步进电动机或电液脉冲马达作为驱动机构。图1-10所示为开环控制系统。开环控制系统结构简单、成本低,但由于没有反馈,其精度受步进电动机的步距误差、机械传动链误差等影响。

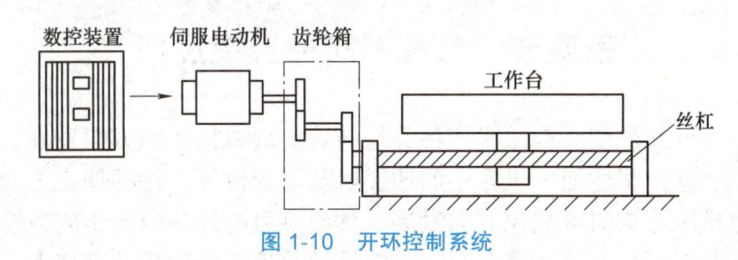

图1-10 开环控制系统

(二)半闭环控制系统

半闭环控制系统有反馈系统,检测元件安装在丝杠或伺服电动机端部。如图1-11所示,用安装在丝杠上的检测元件来检测伺服电动机或丝杠的回转角,间接测出机床最终运动部件(工作台)的位移,经反馈装置输入到伺服放大器,与输入指令位移量进行比较,用两者的差值来控制机床运动部件的运动。由于惯性较大的机床移动部件不包括在闭环之内,系统的调试比较方便,并有很好的稳定性。虽然机械传动链的误差无法得到校正与消除,但随着现代传动元件与新结构的出现,能保证传动部件有较好精度与精度保持性,所以半闭环系统被广泛地应用。

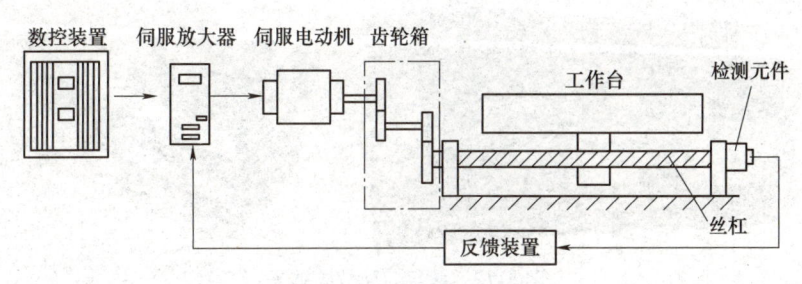

图1-11 半闭环控制系统

(三)闭环控制系统

闭环控制系统的工作原理与半闭环系统相同,但检测元件装在最终运动部件的相应位置(如工作台)上,可直接测出最终运动部件的实际位置,如图1-12所示。闭环控制系统的优点是将机械传动链的全部环节包含在控制环内,其控制精度要高于半闭环控制系统。这种系统可以消除由于传动部件在制造、装配过程中存在的精度误差等给工件加工带来的影响,在加工过程中可以得到很高精度。但闭环控制系统价格较昂贵,同时在反馈环路内,由于各种机械传动环节的组成元件间的摩擦特性、刚性、装配间隙及传动链间隙等都是可变的(有的是非线性的),这些直接影响伺服驱动系统的细节参数和稳定性,所以调试相对较困难。

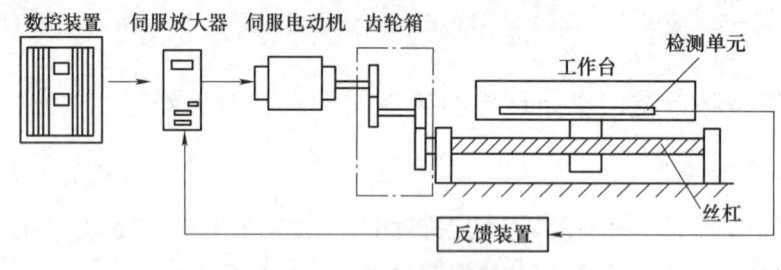

图1-12 闭环控制系统

第四节 数控系统的典型应用

数控技术的发展几乎使所有的机床种类均向着实现数控化的方向发展。例如,机加工中的车、铣、钻、磨,塑性加工机床中的冲、剪及弯管机等,特种加工方面的电火花、线切割、激光加工机床等均向着数控方向发展。其他方面的设备也大步向数控化迈进,如电机行业的数控缠绕机等。本节主要介绍一些常见的数控机床形式及其特点。

一、数控车床

数控车床与普通机床一样,主要用于加工旋转体表面,其应用非常广泛。按刀架位置及功能可分为以下几种。

(一)水平刀架数控车床

如图1-13所示,水平刀架数控车床的床身是水平放置的,与普通机床类似,刀架也与普通机床类似,为水平刀架。刀架的主要形式有:四方刀架与六角刀架。

图1-13 水平刀架数控车床

（二）倾斜刀架数控车床

如图 1-14 所示，倾斜刀架数控车床的特点是尾架轴线可以与主轴轴线一致，操作性也很好。刀架倾斜安装，床身的形状呈倾斜状，易于排屑。

图 1-14　倾斜刀架数控车床

（三）梳齿状刀架数控车床

如图 1-15 所示，梳齿状刀架数控车床的特点是刀架装在 X、Z 轴溜板上。

图 1-15　梳齿状刀架数控车床

可做 X 轴和 Z 轴两个方向的运动。刀架上刀具的安装呈梳齿状，可按加工中所需刀具的先后顺序来安装，换刀时，只需移动 X、Z 轴溜板即可。此种车床装刀数量少，适宜批量生产。

（四）高精度车床

高精度车床主要用于加工重要的、对精度要求很高的、类似镜面的零件，可代替磨削加工。高精度车床主轴采用超精密空气轴承，进给系统采用超精密空气静压导向面，主轴与驱动电动机采用磁性联轴器，床身采用高刚性厚壁铸铁，中间填砂处理，支承采用空气弹簧三点支承等。图 1-16 所示为 CKG-250 型高精度数控车床，其主要参数指标如下：主轴回转精度为 0.1μm，溜板直线度为 1.5μm/200mm；定位精度为 ±2μm。

（五）车削加工中心

车削加工中心除可以车削外，还可以进行铣、钻、攻螺纹等多种加工。转盘式刀架上安装动力刀具，可进行单独驱动。主轴（C 轴）回转位置可控制。车削加工中心可进行四轴（X 轴、Y 轴、Z 轴、C 轴）控制，而一般的数控车床只可进行两轴（X 轴、Z 轴）控制。同时它还可装备副主轴，与主轴同步运动。零件切断后可进行工件的背面加工，节省了手动装卸及对刀时间。图 1-17 所示为 CHD6126 车削加工中心。

图 1-16　CKG-250 型高精度数控车床

图 1-17　CHD6126 车削加工中心

（六）柔性制造单元车床

如图 1-18 所示，柔性制造单元（FMC）车床是由数控车床与机器人等构成的一个柔性加工单元，可实现工件搬运、装卸的自动化和加工调整准备的自动化。

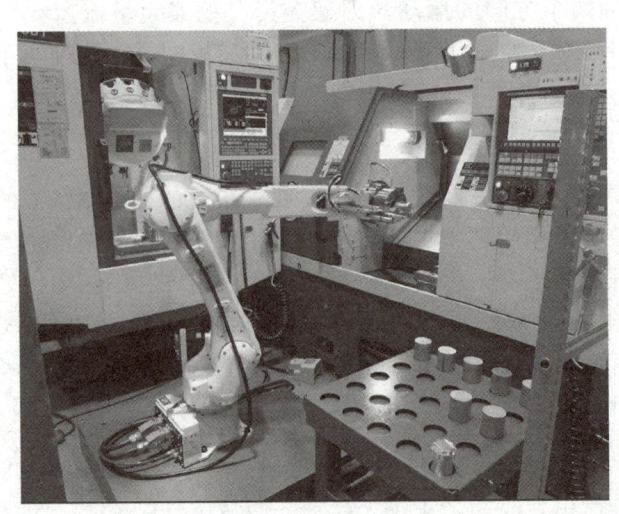

图 1-18　FMC 车床

二、数控铣床

数控铣床与普通的机床一样,主要用铣刀在工件上加工各种形状,除了铣削平面外,还可以加工各种沟槽、齿形面、螺旋面及复杂的曲面。它是首先实现数控化的机床种类,但随着加工中心的兴起,数控铣床已逐渐减少。它在构造上可分为工作台升降式和主轴头升降式两种,现代数控铣床一般为主轴头升降式,如图 1-19 所示。

a) 工作台升降式数控铣床　　b) 主轴头升降式数控铣床

图 1-19　两种型号的数控铣床

主轴头升降式数控铣床在精度保持、承载重量、系统构成等方向有许多优点,已成为数控铣床的主流。另外,数控仿形铣床在复杂曲面加工中起着很重要的作用。

三、数控磨床

数控磨床主要用于高精度、高硬度零件的加工,砂轮修整装置装在工作台两端,通过工作台和主轴的二轴控制,可将砂轮修整成所需的形状,由此可进行各种成形加工。

图 1-20 所示为五轴数控工具磨床。图 1-21 所示为 Walter 刀具磨削中心,它通过 5 轴联动对端铣刀、锥铣刀、球头铣刀、铰刀、丝锥等多种刀具进行修磨。

图 1-20　五轴数控工具磨床 　　图 1-21　Walter 刀具磨削中心

四、加工中心

加工中心一般是指具有自动换刀功能的数控机床。它可以在一次装夹中同时进行钻削、镗削、铣削等多种加工。加工中心是数控机床中应用最广、数量最多的机床，也是构成 FMS 和工厂自动化所不可缺少的机床种类之一。

加工中心按主轴的安装方向可分为立式和卧式两种，立式加工中心的主轴是竖直的（图 1-22），卧式加工中心的主轴是水平的（图 1-23），一般具有回转工作台，可进行四面或五面加工，特别适合于箱体零件的加工。

a) 立式加工中心　　　　b) 立式加工中心内部结构图

图 1-22　立式加工中心形式

a) 卧式加工中心　　　　b) 卧式加工中心内部结构图

图 1-23　卧式加工中心形式

为了进行复杂轮廓的加工，加工中心一般采用多轴联动控制，实现如螺旋桨等零件的加工。

在计算机多轴联动技术和复杂坐标快速变换运算方法发展的基础上，20 世纪 60 年代出现了 Stewart 平台概念，即同时改变 6 根杆子长度，实现 6 自由度运动。20 世纪 90 年代初，将该平台概念运用于数控机床。6 杆数控机床由基座、运动平台及其间的 6 根伸缩杆件组成，每根杆件的两端通过球面支承分别将运动平台与基座相连，并通过伺服电动机驱动滚珠丝杠带动主轴部件按数控指令要求的轨迹运动。工作时，工件固定在基座上，刀具相对于工件做 6 个自由度的运动，实现所要求的空间加工轨迹。图 1-24 所示为 G 系列 6 杆加工中心示意图，图 1-25 所示为运动平台与主轴部件示意图。

图 1-24　G 系列 6 杆加工中心示意图 　　　　图 1-25　运动平台与主轴部件示意图

五、数控电火花机床

数控电火花机床如图 1-26 所示。电火花是一种特殊的加工方法，它利用两种不同极性的电极在绝缘液体中产生放电现象，去除材料以达到加工目的。

用数控电火花机床加工时，不但可以用成形电极进行成形加工，也可以同时进行 X、Y、Z 任意方向的三轴加工，并且可利用 C 轴跳跃进行斜齿轮及螺纹型腔的加工。在具有自动换刀（automatic tool changer，ATC）装置的机床上还可以进行不同电极的自动交换，实现组合加工。数控电火花机床一般用于加工盲孔件。图 1-27 所示为数控电火花加工件示例。

图 1-26　数控电火花机床 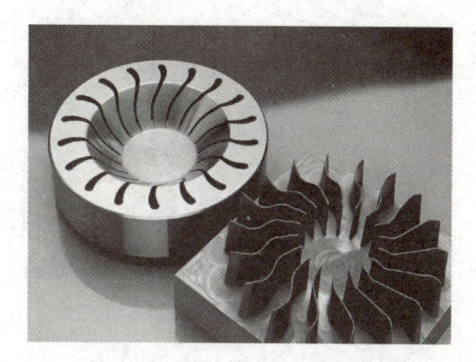　　　　图 1-27　数控电火花加工件示例

六、数控线切割机床

数控线切割机床（低速走丝）如图 1-28 所示。它的加工原理与数控电火花机床一致，其切削工具为 $\phi0.03 \sim \phi0.3$mm 钼丝或铜丝，切削液一般采用去离子水。数控线切割机床加工时，一般钼丝或铜丝做旋转运动，而相对于机床本体的位置不动，工件随工作台做 X、Y 方向移动。相对于数控电火花机床而言，数控线切割机床加工的零件多为通孔件，如图 1-29 所示。

图 1-28 数控线切割机床

图 1-29 数控线切割机床加工件示例

七、智能立式加工中心

i5M4.5 智能立式加工中心（图 1-30）搭载着由沈阳机床股份有限公司自行研发的、具有自主知识产权的 i5 智能数控系统。它基于先进的运动控制底层技术和互联网的智能终端，实现了智能补偿、智能诊断、智能控制、智能管理等功能，具有网络智能功能，能够实现远程操控和互联网实时传输加工数据。其控制系统误差补偿达到了纳米级别，产品精度在不用光栅尺测量的情况下达到了微米级别。i5M4.5 智能立式加工中心主要用于加工板类、盘类件、壳体件、模具等精度高、工序多、形状复杂的零件，可在一次装夹中连续完成铣、钻、扩、铰、镗、攻丝，及二维、三维曲面和斜面的程序化加工。

智能机床还有很多种类，如智能铣削加工中心、智能车削加工中心、智能齿轮加工机床等。图 1-31 所示为 i5T3.3 智能车床。

图 1-30 i5M4.5 智能立式加工中心

图 1-31 i5T3.3 智能车床

思考题

1-1 简述智能制造的内涵和主要内容。
1-2 面向智能制造的关键先进数控技术有哪些？
1-3 简述数控机床的组成与基本原理。
1-4 简述数控机床和智能机床的区别。
1-5 智能数控系统的含义是什么，与传统的数控系统相比有什么差异？
1-6 开环数控与闭环数控的主要区别是什么，各适用于什么场合？

第二章 数控编程技术

第一节 数控编程的基础知识

一、数控编程的基本概念

数控机床是按照预先编制的程序自动进行加工的高效自动化设备。在数控机床上加工零件时,要把加工零件的工艺过程、工艺参数、刀具运动轨迹、位移量、切削参数(如主轴转速、刀具进给量、背吃刀量等)以及辅助功能(如换刀、主轴正反转、切削液开关等),按照数控机床规定的指令代码格式编写程序单,然后通过一定的方式输入到数控机床的数控装置中,从而实现零件的自动加工。从零件图的分析到数控程序生成的全过程称为数控编程。

数控编程是数控加工的一项重要工作,合理的加工程序不仅能保证加工出符合图样要求的合格零件,而且能使数控机床的功能得到合理的应用及充分的发挥,从而使数控机床能安全可靠、高效地工作。

二、数控机床坐标系和运动方向的规定

在数控机床加工过程中,刀具与工件的相对运动必须在确定的坐标系中进行,因此编程人员必须熟悉数控机床坐标系。为了所编的程序对同类型机床有互换性,国际上已采用统一的标准坐标系,我国也制定了 GB/T 19660—2005《工业自动化系统与集成 机床数值控制 坐标系和运动命名》,其中规定了数控机床轴的名称及其运动的正负方向。

(一)坐标轴的命名

数控机床上的坐标系是采用笛卡儿坐标系确定的。它规定了直角坐标系中 X、Y、Z 三轴的关系及其正方向的判定。如图 2-1 所示,大拇指的方向为 X 轴的正方向;食指的方向为 Y 轴的正方向;中指的方向为 Z 轴的正方向;围绕 X、Y、Z 各轴(或与 X、Y、Z 各轴相平行的直线)回转的运动分别用 A、B、C 表示,其正方向 $+A$、$+B$、$+C$ 分别用右手螺旋定则确定。

对于直线运动,除了用 X、Y、Z 表示的坐标系外,还有另外一组平行于它们的坐标系,分别用 U、V、W 来表示,如果有第三组平行的坐标系则用 P、Q、R 来表示。

图 2-1　笛卡儿坐标系

在数控加工中有的机床是刀具移动,也有的是被加工工件移动。在对坐标命名或编程时,一般假定被加工工件相对静止不动,而刀具在移动,并同时规定刀具远离工件的方向为坐标轴的正方向。在坐标轴命名时,如果把刀具看作相对静止不动,而工件运动,那么在坐标轴的符号上应加注标记"′",如 X'、Y'、Z'、A'、B'、C' 等。其运动方向与不带"′"的方向正好相反。

(二)机床坐标轴的确定方法

确定机床坐标轴时,一般是先确定 Z 轴,再确定 X 轴和 Y 轴。

1. Z 坐标轴

规定平行于机床主轴(传递切削力)的刀具运动的坐标轴为 Z 轴,取刀具远离工件的方向为 $+Z$ 方向。当机床有几个主轴时,选一个垂直于工件装夹面的主轴为主要的主轴,取平行于该主轴的刀具运动坐标轴为 Z 轴,如龙门铣床。

2. X 坐标轴

X 坐标轴是水平的,它平行于工件的装夹面并垂直于 Z 轴。对于没有旋转刀具或旋转工件的机床,X 坐标轴平行于主要的切削方向,且以该方向为正方向,如牛头刨床。对于工件旋转的机床(如车床),X 坐标轴的方向沿工件的径向,且平行于横向滑座。对于安装在横向滑座的刀架上的刀具,离开工件旋转中心的方向是正方向,如图 2-2 所示。对于刀具旋转的机床(如铣床、钻床、镗床),若 Z 坐标轴是水平的,观察者沿刀具主轴向工件看时,$+X$ 运动方向指向右方。若 Z 坐标轴是垂直的,观察者面对刀具主轴向立柱看时,$+X$ 运动的方向指向右方,图例如图 2-3~图 2-5 所示。

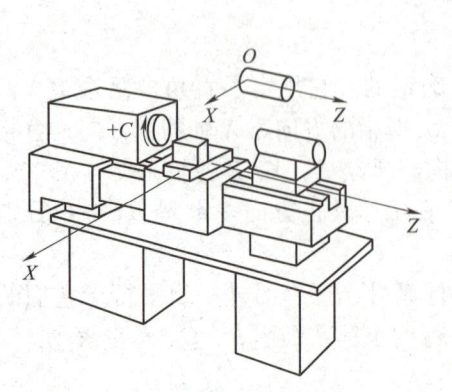

图 2-2　数控车床坐标系　　　　图 2-3　数控镗床坐标系

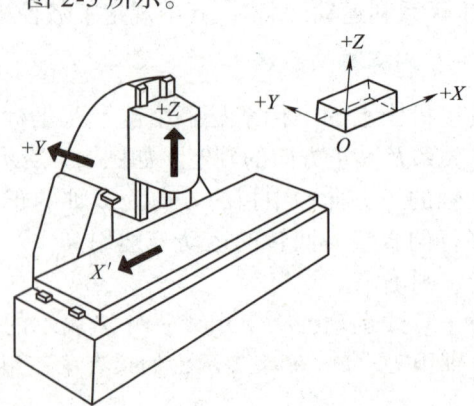

图 2-4　数控卧式镗铣床坐标系　　　　　图 2-5　数控龙门铣床坐标系

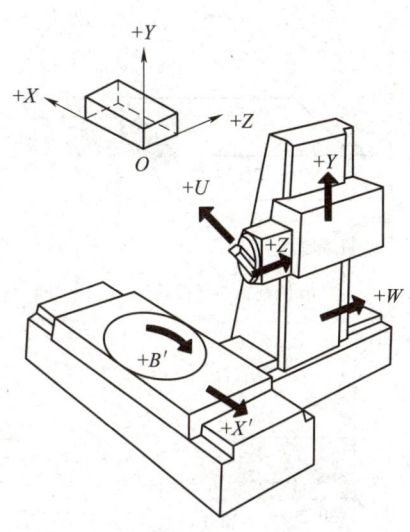

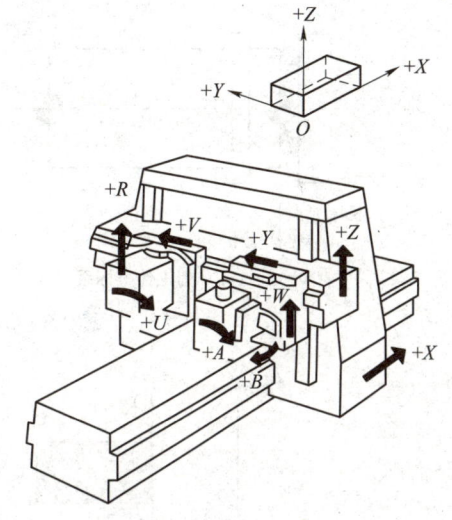

3．Y 坐标轴

+Y 的运动方向，依据 X 和 Z 坐标轴的正方向，采用右手直角笛卡儿坐标系来判定。

（三）机床坐标系

机床坐标系指的是在机床出厂时，机床制造厂家在机床上设置了一个固定的点，以这一点为坐标原点而建立起来的直角坐标系。而这一个固定的点称为机床原点。它不仅是设置工作坐标系的依据，而且机床在安装、调整的过程中也以这一点为基础。机床坐标系一旦调整好，一般情况下是不允许用户随意改动的。

在数控车床上，机床原点一般取在主轴端面与主轴中心线的交点处；在数控铣床上，一般取在 X、Y、Z 三个坐标轴正方向的极限位置上。

（四）工件坐标系

工件坐标系也称编程坐标系，是编程人员编程时设定的坐标系。从理论上讲，工件坐标系的原点选在工件上任何一点都可以，但在实际编程过程中并非如此，须根据实际情况，按计算简单的原则来确定工件坐标系。例如，车床工件原点一般设在主轴中心线与工件的右端面的交点处；铣床工件原点，X、Y 方向坐标原点一般设在工件外轮廓的某一个角或工件中心，Z 方向坐标原点大多设在工件表面。值得指出的一点是在实际加工中，当工件装夹到工作台上以后，要测量出工件坐标系的原点在机床坐标系中的位置，并将测出的 X、Y、Z 值在数控系统中预先设定，这个步骤称为工件的零点偏置。所以在设定工件坐标系原点时便于测量也是一个主要的选择因素。图 2-6 所示为工件坐标系图例。

在数控机床上，根据编程的需要，可以设置多个工件坐标系的，编程语言中 G54、G55、G56、G57、G58、G59 都是设置工件坐标系的。它们是同一组模态指令，也就是说，同时存在时只能有一个有效。在同一机床坐标系中可设定几个工件坐标系，用 G54~G59 区分，使用它们以前，应将各工件坐标系的原点偏置值事先存储于偏置表中。图 2-7 所示为多工件坐标系图例。G54、G55、G56、G57 的工件坐标系与机床坐标系的偏置值存放于数控系统的偏置表中。

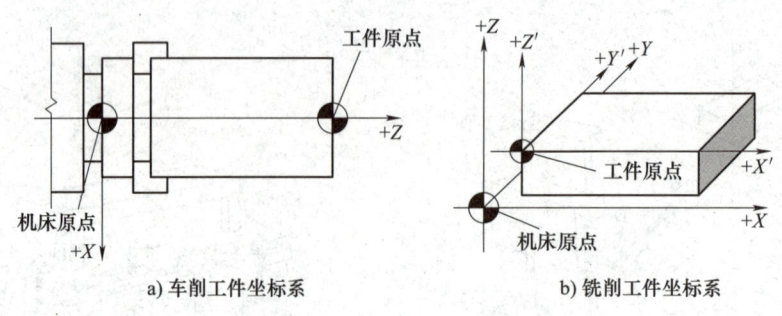

a) 车削工件坐标系　　b) 铣削工件坐标系

图 2-6　工件坐标系图例

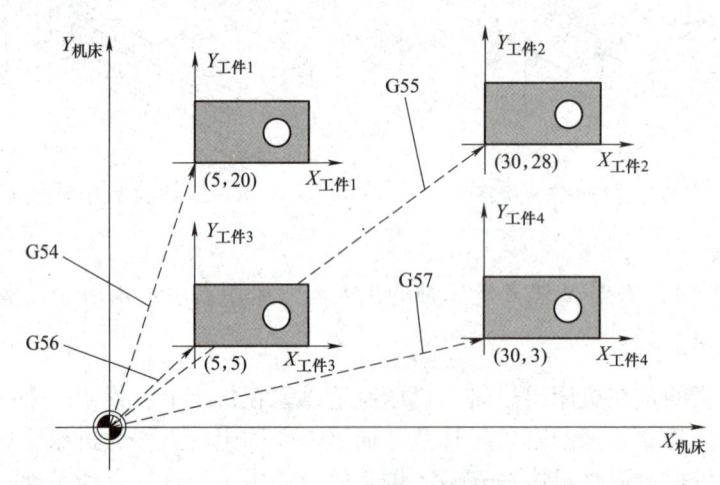

图 2-7　多工件坐标系图例

三、数控编程的特征点

（一）机床原点与机床参考点

机床原点是指机床坐标系的原点，即 $X=0$，$Y=0$，$Z=0$ 的点。机床原点是数控机床上一个固有的点，也是工件坐标系以及机床参考点的基准点。机床原点一般由厂家在出厂时设定，不同的机床有不同的机床原点，如数控车床的机床原点一般设在主轴前端的中心。数控铣床的机床原点位置各生产厂家不一致，有的设在机床工作台中心，有的设在进给行程范围的终点。

机床参考点是用于对机床工作台、滑板以及刀具相对运动的测量系统进行标定和控制的点，有时也称机床零点。它是在加工之前，用控制面板上的回零按钮使移动部件退离到机床坐标系中的一个固定不变的极限点。机床参考点相对机床原点来讲是一个固定值，回机床参考点的作用是确定机床坐标系。

数控机床在工作前，移动部件必须先返回机床参考点。这样就可以以机床参考点作为基准，随时可在操作面板上反映出测量运动部件的所在位置。随着技术的进步，现在生产的数控机床大部分不需要回机床参考点。

（二）编程原点

编制程序时，需要在图样上选择一个适当的位置作为编程原点，即程序原点或程序零点。

一般对于简单的零件，工件原点就是编程原点。而对于形状复杂的零件，需要编制几个程序。为了编程方便和减少许多坐标值的计算，编程原点不一定设在工件原点上，而设在便于程序编制的位置上。这时编程原点就不一定是工件原点，并且在一个零件的程序编制中，编程原点不一定只有一个。

数控机床上各坐标系及相关点的关系如图2-8所示。

（三）对刀点与换刀点

对刀点一般就是零件上的编程原点，对刀就是确定零件在机床坐标系中的位置。在编制程序时，应首先考虑对刀点的位置选择。对刀点的设定如图2-9所示。

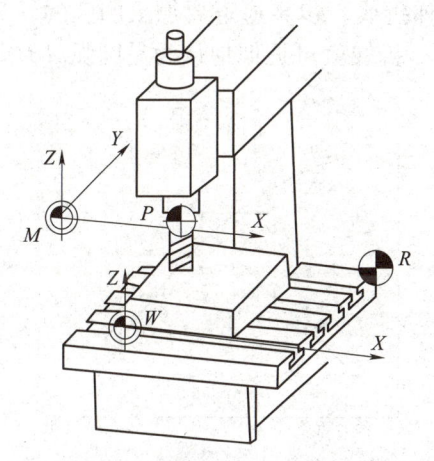

图2-8 机床上各坐标系及相关点的关系
M—机床原点　R—机床参考点
W—工件原点　P—编程原点

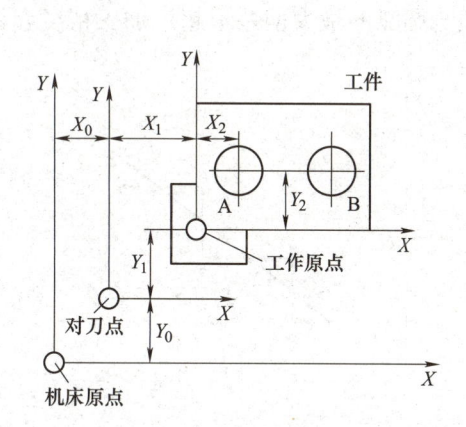

图2-9 对刀点的设定

对刀时，应使刀位点与对刀点重合。所谓刀位点，对于立铣刀，是指刀具轴线与刀具底面的交点；对于球头铣刀，是指它的球心；对于车刀或镗刀，是指它的刀尖。

数控车床、数控镗床、数控铣床或加工中心等机床常需要换刀，故编程时要设置一个换刀点。换刀点应设在工件的外部，为避免换刀时碰伤工件，一般换刀点选择在远离零件的某一点上。

四、直线插补、圆弧插补及刀具补偿

插补（interpolation）是机床数控系统依照一定的方法确定刀具运动轨迹的过程。刀具补偿（tool compensation）是用来补偿刀具安装位置（或实际刀尖圆弧半径）与理论编程位置（或刀具圆弧半径）之差的一种功能。随着数控技术的发展，现代数控机床均有直线插补、圆弧插补和刀具补偿功能，给编程带来很大的方便。

（一）直线插补

使用数控机床加工图2-10所示的直线轮廓OA时，并不是只需O点、A点坐标就能加工完OA轮廓的，而是根据速度要求，在起点O与终点A之间计算出若干个中间点的坐标值，并借此坐标信息按一定比例向X轴和Y轴分配进给脉冲，控制刀具的运动，这就是直线插补。

从图 2-10 中可以看出，刀具加工时，不是沿 OA 直线进给的，而是沿阶梯折线进给的，因为数控系统只能分别向各坐标轴进给脉冲。当各进给坐标脉冲当量足够小时，曲线就会逼近直线，要得到不同斜率的直线，只需适当改变向 X、Y 轴分配进给脉冲的比例即可。

（二）圆弧插补

加工圆弧也是如此，例如要加工图 2-11 所示的圆弧 AB，数控系统也是根据给定的速度，在起点 A 和终点 B 之间计算出若干个坐标点的值，并借此坐标信息按一定比例向 X、Y 轴分配进给脉冲，控制刀具的运动，这就是圆弧插补。圆弧插补同直线插补一样，刀具运动轨迹也不是完全严格地走圆弧 AB，而是走阶梯折线，步步逼近要加工圆弧的。只要折线与圆弧的最大偏差不超过加工精度允许的范围，折线就可近似地认为是圆弧 AB。

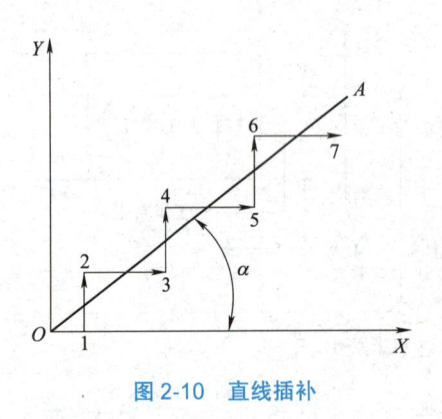

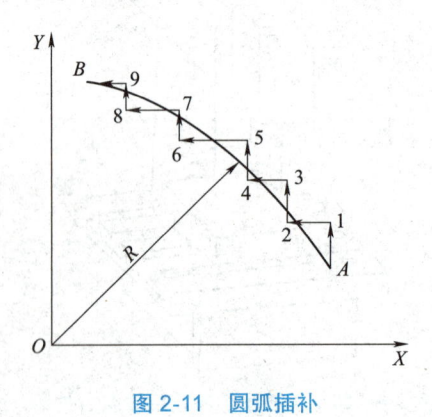

图 2-10　直线插补

图 2-11　圆弧插补

（三）刀具补偿

刀具补偿包括刀具半径补偿和刀具长度补偿。

1. 刀具半径补偿

在数控编程过程中，一般以刀具的中心和零件的轮廓轨迹进行程序编制，但由于刀具有半径，在轮廓加工过程中，刀具中心轨迹必须在 X 和 Y 方向上偏移一个刀具半径值才能加工出需要的零件轮廓。如图 2-12 所示的图形，在加工过程中，图中双点画线为刀具中心的走刀轨迹，它与实线（编程轨迹即实际加工轨迹）偏置一个半径 R，通常将这种偏置称为刀具半径补偿。

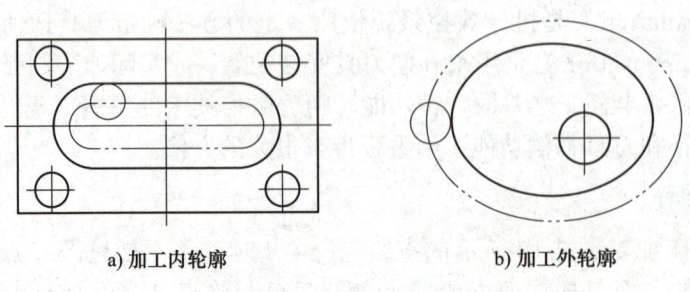

a）加工内轮廓　　b）加工外轮廓

图 2-12　刀具半径补偿

2. 刀具长度补偿

刀具长度补偿一般应用在数控铣床和加工中心上。在实际生产中，被加工零件可能需要多把刀具才能完成对零件的加工，如需要用中心钻、钻头、铣刀、镗刀等多种刀具，而各个刀具的长度又不同，这时需要将每一把刀具在高度 Z 方向进行补偿，也就是将刀具装在主轴上，然后测量出每把刀具和工件原点 Z 方向的距离，并将数据输入到每把刀具对应的数据存储器中供调用，这个过程称为刀具长度补偿。

五、数控编程的步骤

数控机床程序编制（又称数控编程）是指编程者依据零件图样和工艺文件要求，编制出可在数控机床上运行以完成规定加工任务的一系列指令过程。具体来说，数控编程是从分析零件图样开始到程序检验合格为止的全部过程。数控编程的步骤如图 2-13 所示。

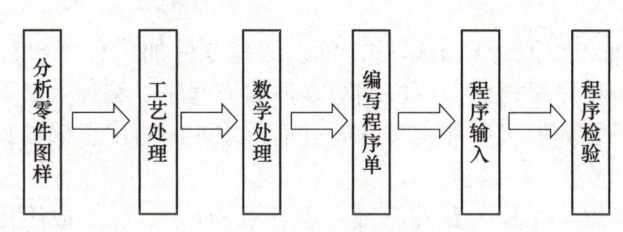

图 2-13　数控编程的步骤

1. 分析零件图样

先要分析零件图样，根据零件的材料、形状、尺寸、精度、毛坯形状和热处理要求等确定加工方案，选择合适的数控机床。

2. 工艺处理

（1）确定加工方案　应按照能充分发挥数控机床功能的原则，使用合适的数控机床，确定合理的加工方案。

（2）刀具和夹具的设计和选择　数控加工用刀具由加工方法、切削用量及其他与加工有关的因素来确定。数控机床具有刀具补偿功能和自动换刀功能。

数控加工一般不需要专用的复杂的夹具。在设计和选择夹具时，应特别注意要迅速完成工件的定位和夹紧过程，以减少辅助时间。使用组合夹具时，应选择生产准备周期短，可以反复使用，经济效益好的。此外，所用夹具应便于安装，便于协调工件和机床坐标系的尺寸关系。

（3）选择对刀点　程序编制时正确地选择对刀点是很重要的。对刀点的选择原则是：所选对刀点应使程序编制简单；对刀点应选在容易找正、在加工过程中便于检查的位置；引起的加工误差小。

对刀点可以设置在被加工零件上，也可以设置在夹具或机床上。为了提高零件的加工精度，对刀点应尽量设置在零件的设计基准或工艺基准上。

（4）确定加工路线　加工路线的选择主要应该考虑：尽量缩短走刀路线，减少空走刀行程，提高生产率；保证加工零件的精度和表面粗糙度的要求；有利于简化数值计算，减少程序段的数目和编程工作量。

（5）确定切削用量　切削用量包括切削深度和宽度、主轴转速及进给速度等。切削用量的具体数值应根据数控机床使用说明书的规定、被加工工件材料、加工工序以及其他的工艺要求，并结合实际经验来确定。

3. 数学处理

在工艺处理工作完成后，根据零件的几何尺寸，加工路线，计算数控机床所需的输入数据。一般数控系统都具有直线插补、圆弧插补和刀具补偿功能。对于加工由直线和圆弧组成的较简单的平面零件，只需计算出零件轮廓的相邻几何元素的交点或切点（称为基点）的坐标值。对于较复杂的零件或零件的几何形状与数控系统的插补功能不一致时，就需要进行较复杂的数值计算。例如，非圆曲线需要用直线段或圆弧段来逼近，在满足精度的条件下，计算出相邻逼近直线或圆弧的交点或切点（称为节点）的坐标值；对于自由曲线、自由曲面和组合曲面的程序编制，其数学处理更为复杂，一般需计算机辅助计算。

4. 编写程序单

在完成工艺处理和数值计算工作后，可以编写零件加工程序单，编程人员根据所使用数控系统的指令、程序段格式，逐段编写零件加工程序。编程人员要了解数控机床的性能、程序指令代码以及数控机床加工零件的过程，才能编写出正确的加工程序。

5. 程序输入

程序编好后，可以手工输入数控系统，也可用 SD 卡、U 盘或用传输软件直接用计算机传输至机床数控系统。

6. 程序检验

编写好的程序，一般采用空走刀检测、在机床上模拟加工过程的轨迹和图形显示检测，以及采用试切等方法检验程序。

六、数控程序编制的方法

程序编制的方法有手工编程、自动编程与图形交互式自动编程三种。

（一）手工编程

用人工完成程序编制的全部工作（包括用通用计算机辅助进行数值计算）称为手工程序编制。

对于点位加工或几何形状较为简单的零件，数值计算较简单，程序段不多，用手工编程即可实现，比较经济。对于零件轮廓形状不是由直线、圆弧组成的，特别是空间曲面零件，以及虽然组成零件轮廓的几何元素不复杂，但程序量很大的，使用手工编程既烦琐又费时，而且容易出错，常会出现编程工作跟不上数控加工的情况。据统计采用手工编程一个零件的编程时间与数控机床加工时间之比，平均约为 30∶1。因此，为了缩短编程时间，提高数控机床的利用率，应采用自动编程方法。

（二）自动编程

自动编程是用计算机代替手工进行数控机床的程序编制工作，如自动进行数值计算、编写零件加工程序单、输出打印加工程序单和制备控制介质等。

自动编程要有数控语言和数控程序系统。数控语言是一套规定好的基本符号和由这些符号构造输入计算机的零件源程序规则。编程人员使用数控语言来描述零件图样上的几何元素、工艺参数、切削加工时刀具和工件的相对运动轨迹和加工过程等形成零件源程序。当零件源程序输入计算机后，由存于计算机内的数控程序系统软件自动完成机床刀具运动轨迹的计算、加工程序的编制和控制介质的制备等工作，所编程序还可通过屏幕进行检查。有错误时可在计算机上进行编辑、修改，直至程序正确为止。自动编程减轻了编程人员的劳动强度，缩短了编程时间，提高了编程质量，同时解决了手工编程无法解决的许多复杂零件的编程难题。

按程序编制系统与数控系统紧密程度不同，自动编程又可分为离线程序编制和在线程序编制。离线程序编制可脱离数控系统单独进行编程工作。在线程序编制是指将数控程序的编写和执行过程同时进行的编程方式。它是一种集编程、调试和加工于一体的高效加工方式。此外，有的数控装置还具有人机交互型编程功能。

（三）图形交互式自动编程

图形交互式编程是集成化 CAD/CAM/CAE 系统，通过 CAD 生成的零件的二维和三维图形，采用专用软件用窗口对话的方式生成加工程序，可大幅减少编程错误，提高编程效率和可靠性，对于复杂曲面加工更为方便。

第二节　数控加工零件工艺性分析

零件工艺性分析是数控规划的第一步，在此基础上方可确定零件数控加工所需的数控机床、加工刀具、工艺装备、切削用量、数控加工工艺路线，从而获得最佳的加工工艺方案，最终满足零件工程图样和有关技术文件的要求。

一、数控加工零件分析和审查的工艺内容

数控加工的工艺性分析涉及面很广，在此仅从数控加工的可能性和方便性两方面提出一些必须分析和审查的内容。

（1）尺寸的标注应符合数控加工的特点　在数控加工零件图样上，尺寸的标注要合理、全面，应以同一基准标注尺寸或者直接给出坐标尺寸。这种标注方法既便于编程，又便于尺寸之间的相互协调，特别是在保证设计基准、工艺基准、检测基准与编程原点设置一致性方面可带来很大方便。

（2）构成零件轮廓的几何元素的条件要充分　在编程时，要分析几何元素给定的条件是否充分，因为手工编程时要计算每个节点坐标，在自动编程时，要对构件轮廓的所有几何元素进行定义。

（3）零件各加工部位的结构工艺性应符合数控加工的特点　零件设计时应使零件的内腔和外形最好采用统一的几何类型和尺寸。这样可以减少刀具的规格和换刀次数，便于程序编制，提高生产率。例如铣削的零件，内槽圆角的大小决定着刀具直径的大小，因此内槽圆角半径不应太小，零件槽的底部的圆角半径 R 过大影响底部铣削。被加工零件工艺性的好坏与被加工轮廓精度的高低、连接圆弧半径的大小等有关。

（4）定位应采用统一的基准　如果没有统一的定位基准，那么工件在重新安装时，就会使两个面上轮廓位置及尺寸不精确。因此为了保证二次装夹后其相对位置的准确性，应尽量符合基准统一的原则。

二、切削刀具的选择与切削用量的确定

(一) 切削刀具的选择

数控机床在加工过程中,对刀具的要求要比普通机床高得多,它不仅要求精度高、刚度好、耐用度高,而且要求尺寸稳定、安装调整方便。因为刀具的选择不仅影响加工质量,而且影响加工效率,所以选择刀具时,一定要根据制订的工艺参数及加工材料合理选择,并优选刀具参数。

在实际加工过程中应注意:在选取刀具时,应使刀具的尺寸与被加工工件的表面尺寸和形状相适应。在铣削生产中,平面零件周边轮廓的加工,应采用硬质合金立铣刀。铣削平面时,应选硬质合金端铣刀;加工毛坯表面或粗加工孔时,可选用硬质合金铣刀。

下面以立铣刀为例,介绍立铣刀加工时的选刀要求。图 2-14 所示为立铣刀示意图,其中 L 为刀具总长。

1) 零件周边轮廓的最小曲率半径为 $\rho_{\min}$,立铣刀的刀具半径一般取 $r=(0.8\sim 0.9)\rho_{\min}$。

2) 加工盲孔或深槽时,选取 $l=H+(5\sim 10)$mm,l 为刀具切削刃长度,H 为零件高度。

3) 加工外形轮廓与通槽时,选取 $l=H+r_r+(5\sim 10)$mm,l 为刀具切削刃长度,H 为零件高度,r_r 为刀尖角半径。

4) 如图 2-15 所示,如果加工情况为粗加工内轮廓面,则铣刀最大直径的计算公式为

$$D_{粗}=\frac{2\left(\delta\sin\frac{\varphi}{2}-\delta_1\right)}{1-\sin\frac{\varphi}{2}}+D \tag{2-1}$$

式中,$D_{粗}$ 是铣刀最大直径,单位为 mm;D 是轮廓的最小凹圆角直径,单位为 mm;δ 是圆角邻边夹角等分线上的精加工余量,单位为 mm;δ_1 是精加工余量,单位为 mm;φ 是圆角两邻边的最小夹角,单位为 (°)。

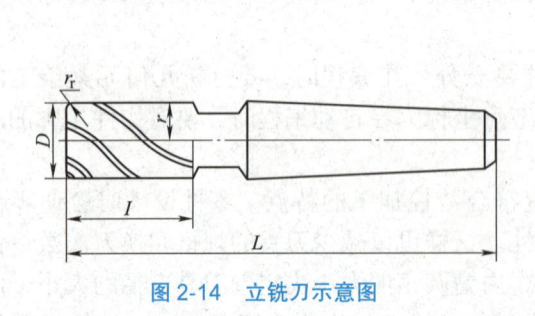

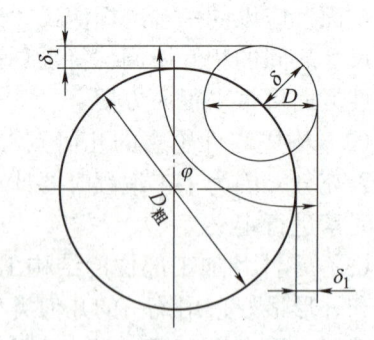

图 2-14 立铣刀示意图   图 2-15 粗加工铣刀直径估算法

5) 如果加工肋时,刀具直径应按 $D=(5\sim 10)b$(其中 b 为肋的厚度)来计算。

(二) 切削用量的确定

合理的切削用量不仅能保证数控机床的加工精度,还能提高表面加工质量和生产率。对于不同的加工方法,需要选择不同的切削用量,并应编入程序单内。

选择切削用量的原则是:粗加工时,一般以提高生产率为主,但也应考虑经济性和加工成本;半精加工和精加工时,应在保证质量的前提下,兼顾切削效率、经济性和加工成本。具体数值应根据机床说明书和切削用量手册,并结合经验而定。

(1) 背吃刀量 a_p 应根据机床、夹具、工件和刀具的刚度,在允许的条件下,应以最少的进给次数的原则进行选择。在数控机床上,精加工余量可小于普通机床,一般取 $0.2 \sim 0.5$ mm。

(2) 主轴转速 在允许的切削速度下,主轴转速的计算公式为

$$n = \frac{1000 v_c}{\pi D} \quad (2-2)$$

式中,n 是主轴转速,单位为 r/min;v_c 是切削速度,单位为 m/min;D 是工件或刀具直径,单位为 mm。

主轴转速 n 要根据计算值在机床说明书中选取标准值,并编入程序单中。

(3) 进给量或进给速度(mm/min 或 mm/r) 进给量是数控机床切削用量中的重要参数,主要是根据零件的加工精度和表面粗糙度的要求以及刀具、工件的材料选取的。当加工精度、表面质量的要求高时,进给量应选小些。

三、数控加工工艺路线的确定

在数控加工中,加工路线指的是刀具刀位点相对于工件运动的轨迹。在实际编程时,加工路线的确定应遵循路线最短、数字计算简单和保证零件的精度和表面粗糙度的原则。

此外,确定加工路线时,还应考虑零件的精度、表面粗糙度和机床、刀具的刚度等情况,以确定用一次走刀,还是多次走刀完成零件的加工。

(一) 点位控制的数控机床

对于点位控制的数控机床确定加工路线原则是:空行程最短。因为点位控制的数控机床在加工过程中的特点是定位精度较高,所以空行程要求尽可能的短。当然除点与点的位置控制外,还应考虑刀具的轴向移动路线。刀具轴向钻削盲孔的示意图如图 2-16 所示。

图 2-16 中,Z_2 是刀具底部到 O 点的距离,单位为 mm;Z 是被加工孔的尺寸,单位为 mm;ΔZ 是刀具的轴向引入距离,单位为 mm。

$$Z_2 = D \cos \frac{\theta}{2} \approx 0.3 D \quad (2-3)$$

Z_1 是刀具轴向位移量,即程序中的 Z_1 坐标尺寸,单位为 mm。Z_1 的计算公式为

$$Z_1 = Z + \Delta Z + Z_2 \quad (2-4)$$

刀具轴同向引入距离 ΔZ 的经验数据为:在已加工表面上钻、镗、铰孔时,$\Delta Z = 1 \sim 3$ mm;在未加工表面上钻、镗、铰孔时,$\Delta Z = 5 \sim 8$ mm;在攻螺纹铣削时,$\Delta Z = 5 \sim 10$ mm。

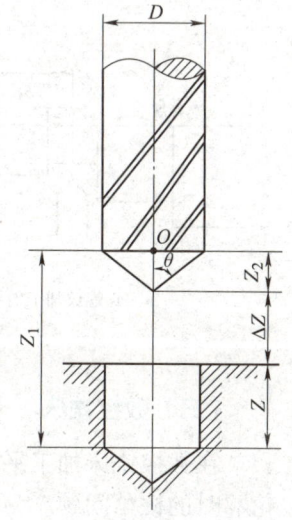

图 2-16 刀具轴向钻削盲孔的示意图

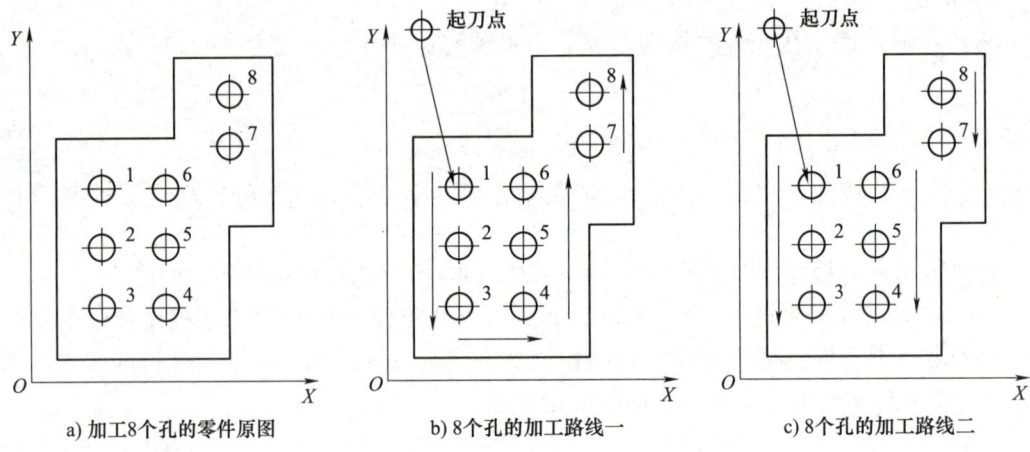

对于位置精度要求较高的孔系加工，特别要注意孔的加工顺序的安排，图 2-17a 为所要加工的 8 个孔，孔号分别为 1、2、3、4、5、6、7、8，一种加工的路线为按图 2-17b 箭头所示的 1→2→3→4→5→6→7→8 加工，另一种加工路线为按图 2-17c 箭头所示的 1→2→3→6→5→4→8→7 加工。相比之下图 2-17c 方案更好，因为图 2-17b 方案在加工时会因安排不当而产生坐标轴的反向间隙，直接影响位置精度。

a) 加工8个孔的零件原图　　b) 8个孔的加工路线一　　c) 8个孔的加工路线二

图 2-17　镗孔加工路线示意图

（二）数控车床

在数控车床上切削螺纹时，应保证主轴转速与刀具的进给量保持严格的比例关系，应避免在进给机构加速或减速过程中的切削。所以在数控车床上切削螺纹时，需要引入距离 δ_1 和切出距离 δ_2，如图 2-18a 所示。δ_1 和 δ_2 的数值与数控车床进给系统的动态特性有关，与螺纹的螺距和螺纹的精度有关。一般 δ_1 为 2~5mm，对大螺距和高精度的螺纹取大值，δ_2 一般取 δ_1 的 1/4 左右。若螺纹收尾处没有退刀槽，一般按 45° 退刀收尾，如图 2-18b 所示。

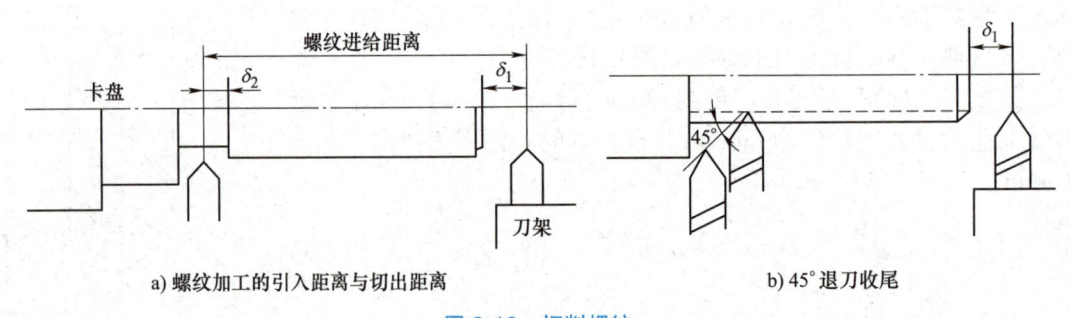

a) 螺纹加工的引入距离与切出距离　　b) 45°退刀收尾

图 2-18　切削螺纹

（三）数控铣床

在数控铣床加工平面时会出现两个问题：一个问题是接刀痕问题，另一个是加工外形轮廓时的棱角问题。为此，提出了切入轨迹与切出轨迹的概念，以解决加工过程中的接刀痕和外轮廓的棱角问题。

图 2-19a 中弧 AB 与弧 BC 为加工轨迹起点与终点的延伸线，称为切入曲线与切出曲线，它很好地解决了外形棱角问题。同样，图 2-19b 中切入线 AB、EC、GF、JI、ML 及切出线 BP、CD、FH、IK、LN 很好地解决了五边形的棱角问题。

a) 凸轮加工的切入轨迹与切出轨迹　　b) 五边形加工的切入轨迹与切出轨迹

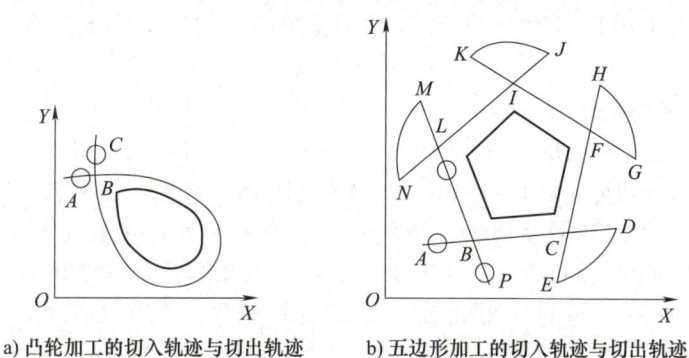

图 2-19　切入切出方式

在铣削内轮廓时，切入与切出也可以外延，这时可沿零件轮廓法向方向切入和切出。如图 2-20 所示，加工零件的 ϕd 的内圆，切入线 $\overset{\frown}{AB}$ 和切出线 $\overset{\frown}{BC}$ 有效地消除了接刀痕。

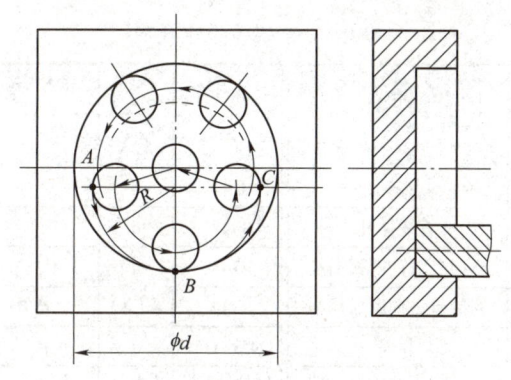

图 2-20　内圆弧加工路线

在加工过程中，工件、刀具、夹具、机床等组成的工艺系统与切削力、传动力、惯性力、夹紧力和重力形成一个平衡的弹性系统。当进给暂停后，切削力减小，这时会改变系统的平衡状态，刀具将在进给暂停处的零件表面留下凸凹痕迹，因此在轮廓加工中应避免进给暂停。

综上所述，确定加工路线的总原则是：在保证零件加工精度和表面粗糙度的条件下，尽量缩短加工路线，以提高生产率。

第三节　数控编程技术

一、数控编程的标准与代码

数控编程就是将加工零件的全部工艺过程、工艺参数、刀具运动轨迹、位移量、切削参数以及辅助功能，按照数控机床规定的指令代码格式编写程序单，然后将程序输入到数控系统，经过处理输出相应的控制信号

讲课：
数控编程指令

驱动数控机床各坐标轴按程序要求的轨迹运动，完成工件的切削加工。这些指令代码在国际上已经形成了两个通用的标准，即国际标准化组织（international standard organization，ISO）标准和美国电子工业学会（electronic industries association，EIA）标准。我国也积极推行标准化，如 GB/T 8870.1—2012《自动化系统与集成　机床数值控制程序格式和地址字定义　第 1 部分：点位、直线运动和轮廓　控制系统的数据格式》。表 2-1 所列为准备功能 G 代码，包含使机床建立起某种工作方式的指令，如车直线、圆弧等。G 代码由地址 G 及其后的 2 位数字组成，序号 G00～G99 共 100 种。在表中，可以看到 a、c、d、e、f、g、i、j、k、m 所对应的 G 代码称为续效代码，它表示在程序中，除非同组 G 代码出现它才失效，不出现同组代码，该代码一直有效，如在 a 组代码对应的 G 代码中有 G00、G01、G02、G03、G06、G33、G34、G35。如果程序段为 N001 G00 X_Y_，N002 G01 X_Y_F_，则前一句的 G00 自动失效，而转到下一句的 G01 指令上。表 2-1 中的"不指定"项，有可能定义新的标准或由厂家自己设定功能。"永不指定"项是留给厂家设计时自己定义新功能。表 2-2 所列为辅助功能 M 代码。从表中可以看出一个问题，ISO 标准定义的只是局部的代码定义，有很多未定义的代码数控厂家可根据功能要求自行定义，因此在编程时还必须按所用数控机床的编程手册的规定进行编程。

表 2-1　准备功能 G 代码

代码 （1）	模态 指令 （2）	非模态 指令 （3）	功能 （4）	代码 （1）	模态 指令 （2）	非模态 指令 （3）	功能 （4）
G00	a		点定位	G41	d		刀具补偿（左）
G01	a		直线插补	G42	d		刀具补偿（右）
G02	a		顺时针方向圆弧插补	G43	d		刀具偏置（正）
G03	a		逆时针方向圆弧插补	G44	#（d）	#	刀具偏置（负）
G04		*	暂停	G45～G52	#	#	不指定
G05	#	#	不指定	G53	f		取消尺寸偏移
G06	a		抛物线插补	G54～G59	f		零点偏移
G07	#	#	不指定	G60	g		精确停
G08	#	#	不指定	G61～G62	#	#	未定义
G09		*	减速（精确停）	G63		*	攻螺纹
G10～G16	#	#	不指定	G64	g		连续路径方式
G17	c		XY 平面选择	G65～G69	#	#	不指定
G18	c		XZ 平面选择	G70	m		米制输入格式
G19	c		YZ 平面选择	G71	m		英制输入格式
G20～G32	#	#	不指定	G72～G73	#	#	未指定
G33	a		螺纹切削，等导程	G74		*	回参考点
G34	a		螺纹切削，增导程	G75～G79	#	#	不指定
G35	a		螺纹切削，减导程	G80	e		固定循环注销
G36～G39	#	#	永不指定	G81～G89	e		固定循环
G40	d		刀具补偿/刀具偏置 注销	G90	j		绝对尺寸

（续）

代码 （1）	模态指令 （2）	非模态指令 （3）	功能 （4）	代码 （1）	模态指令 （2）	非模态指令 （3）	功能 （4）
G91	j		增量尺寸	G95	k		主轴每转进给
G92		*	预置寄存，不运动	G96	i		主轴恒线速度
G93	k		时间倒数，进给率	G97	i		主轴每分钟转数（注销G96）
G94	k		每分钟进给	G98～G99	#	#	不指定

注：1. *号表示功能仅在所出现的程序段内有用。
　　2. #号表示如选作特殊用途，必须在程序格式中说明。

表2-2　辅助功能 M 代码

代码 （1）	功能开始时间		功能保持到被注销或被适当程序指令代替 （4）	功能仅在所出现的程序段内有作用 （5）	功能 （6）
	与程序段指令运动同时开始 （2）	在程序段指令运动完成后开始 （3）			
M00		*		*	程序停止
M01		*		*	计划停止
M02		*		*	程序结束
M03	*		*		主轴顺时针方向运转
M04	*		*		主轴逆时针方向运转
M05		*	*		主轴停止
M06	#	#		*	换刀
M07	*		*		1号切削液开
M08	*		*		2号切削液开
M09		*	*		切削液关
M10	#	#	*		夹紧（滑座、工件、夹具、主轴等）
M11	#	#	*		松开（滑座、工件、夹具、主轴等）
M12	#	#	#	#	不指定
M13	*		*		主轴顺时针方向，切削液开
M14	*		*		主轴逆时针方向，切削液开
M15	*			*	正运动
M16	*			*	负运动
M17～M18	#	#	#	#	不指定
M19		*	*		主轴定向停止
M20～M29	#	#	#	#	永不指定
M30		*		*	纸带结束
M31	#	#		*	互锁旁路

（续）

代码 (1)	功能开始时间		功能保持到被注销或被适当程序指令代替 (4)	功能仅在所出现的程序段内有作用 (5)	功能 (6)
	与程序段指令运动同时开始 (2)	在程序段指令运动完成后开始 (3)			
M32～M35	#	#	#	#	不指定
M36	*		*		进给范围1
M37	*		*		进给范围2
M38	*		*		主轴速度范围1
M39	*		*		主轴速度范围2
M40～M45	#	#	#	#	如有需要作为齿轮换挡，此外不指定
M46～M47	#	#	#	#	不指定
M48		*	*		注销M49
M49	*		*		进给率修正旁路
M50	*		*		3号切削液开
M51	*		*		4号切削液开
M52～M54	#	#	#	#	不指定
M55	*		*		刀具直线位移，位置1
M56	*		*		刀具直线位移，位置2
M57～M59	#	#	#	#	不指定
M60		*		*	更换工件
M61	*		*		工件直线位移，位置1
M62	*		*		工件直线位移，位置2
M63～M70	#	#	#	#	不指定
M71	*		*		刀具角度位移，位置1
M72	*		*		刀具角度位移，位置2
M73～M89	#	#	#	#	不指定
M90～M99	#	#	#	#	永不指定

注：1. #号表示如选作特殊用途，必须在程序格式中说明。
   2. *号表示该指令具备这一列的功能。
   3. M90～M99可指定为特殊用途。

二、数控程序结构与格式

数控机床每完成一个零件的加工，需执行一个完整的程序，每个程序由若干个程序段组成。为了说明加工程序的组成，用下面的加工图例来加以说明。被加工的零件图如图2-21所示，其上a、b、c、d、e点处需钻孔，孔加工程序单见表2-3。

图 2-21 点位加工零件图

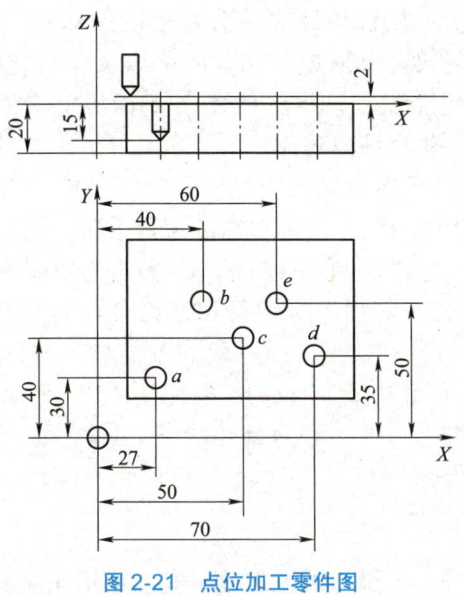

表 2-3 孔加工程序单（程序号：%1000）

N	G	X	Y	Z	F	M	EOB	说 明
N001	G90 G00	X27.	Y30.	Z150.		M03	LF	快进到 a 点之上 150mm 的位置，主轴正转
N002	G00			Z2.			LF	快进到 a 点之上 2mm 的位置
N003	G01			Z-15.	F200.		LF	以 200mm/min 的速度切削 a 点的孔
N004	G00			Z2.			LF	快进，工具向上
N005	G01	X40.	Y50.				LF	
N006	G00			Z2.			LF	b 点之上 2mm 快进定位
N007	G01			Z-15.			LF	以 F200 在 b 点上钻孔
N008				Z2.			LF	
N009	G00	X50.	Y40.				LF	c 点定位
N010	G01			Z-15.			LF	c 点钻孔
N011				Z2.			LF	
N012	G00	X70.	Y35.				LF	d 点定位
N013	G01			Z-15.			LF	d 点钻孔
N014				Z2.			LF	
N015	G01	X60.	Y50.				LF	e 点定位
N016				Z-15.			LF	e 点钻孔
N017	G00			Z150.		M05	LF	至原点上 150mm，主轴停止

由表 2-3 不难归纳出零件加工程序的一般结构与格式。一段程序要包含如下三部分：

（1）程序标识符（N）　用以识别和区分程序段的标号。一般来说，程序段号用 N 开头，后面跟 2～3 位数字如 N006 或 N06，但是如果在 N 之前有"/"符号，即 /N*** 表示该段程序段为可跳转程序段，只要在 CNC 控制面板上将"跳过任一选程序段"开关事先合上，则运行程序时将跳过该段程序。

（2）程序段的结束符　程序段结束符由"；""*""LF""NL""CR"等表示，不同的系统有不同的表示法，编程时可参见具体机床的编程手册。任何一个程序段都必须有结束符号，没有结束符号的语句是错误的。计算机不执行含有错误的程序段。

（3）程序段的主体部分　除程序标识符和结束符外的其余部分，是程序主体部分。主体部分包含了各种控制信息和数据，是一段完整的加工过程，它由一个以上功能字组成，这些功能字主要有：准备功能字（G）、坐标字（X、Y、Z 等）、辅助功能字（M）、进给功能字（F）、主轴功能字（S）和刀具功能字（T）等。准备功能字参见表 2-1。下面对其他的功能字进行介绍。

（一）坐标字

坐标字由坐标名、带 +、- 符号的绝对坐标值（或增量坐标值）构成。坐标名有 X、Y、Z、U、V、W、P、Q、R、A、B、C、I、J、K 等。

例如："N005 G90 G01 X50 Y-20 F100 LF"语句中的 X 与 Y 坐标。符号"+"在语句中可以省略。

表示坐标名的英文字母的含义如下所示：

X、Y、Z：坐标系的主坐标字符。

U、V、W：分别对应平行于 X、Y、Z 坐标轴的第二坐标字符。

P、Q、R：分别对应平行于 X、Y、Z 坐标轴的第三坐标字符。

A、B、C：分别对应绕 X、Y、Z 坐标轴的转动坐标字符。

I、J、K：圆弧中心坐标字符，是圆弧的圆心对起点的增量坐标，分别对应平行于 X、Y 和 Z 轴的坐标。

（二）进给功能字

进给功能字用来规定机床的进给速度，由地址码 F 和后面表示进给速度值的若干位数字构成。用它规定直线插补 G01 和圆弧插补 G02/G03 方式下刀具中心的进给运动速度。它可用 G94 或 G95 来表示，即用 G94 来表示每分钟进给量，单位为 mm/min；用 G95 来表示每转进给量，单位为 mm/r。

（三）主轴功能字

功能字 S 用来指定主轴转速，一般情况下在更换刀具时指定，它为续效指令，它由 S 字母和后面的若干位数字组成。它可用 G96 或 G97 来表示，即用 G96 来表示主轴恒线速度，单位为 m/min；用 G97 来表示主轴每分钟转速，单位 r/min。

现在大多数机床数控系统使用主轴每分钟转速来表示。例如，S300 表示主轴的转速为 300r/min。

（四）刀具功能字

T 表示换刀具功能，在进行多道工序加工时，必须选取合适的刀具。每把刀具应安排一个刀号，刀号在程序中指定。刀具功能用字母 T 及其后面的两位数字来表示，即 T00～T99，因此，最多可换 100 把刀具。例如，T03 表示第 3 号刀具。当换第二把刀之前，应先取消刀补，在某些系统（如 FANUC）中，T 后是四位数（如 T0301），后两位是刀补号。若要取消刀补，则后两位为 00，如 T0300。

（五）辅助功能字

M 代码的功能参见表 2-2，从表中可以看出：M 代码和 G 代码一样，也分成模态和非模态两种。模态 M 代码是指该代码一旦执行就一直保持有效，直到同一模态组的另一个 M 代码执行为止；非模态 M 代码是指该代码只在它所在的程序段内有效。在表 2-2 中，M 代码大多表述比较清晰，对有混淆的内容稍作解释。

1. 程序停止指令 M00

当程序执行到含有 M00 程序段时，先执行该程序段的其他指令，最后执行 M00 指令，但不返回程序开始处，再启动后，接着执行后面的程序。

2. 可选择程序停止指令 M01

M01 和 M00 相同，只不过 M01 要求外部有一个控制开关。如果这个外部可选择停止开关处于关的位置，控制系统就忽略该程序段中的 M01。

3. 程序结束指令 M02 与 M30

M02 指令在现代数控机床中与 M30 的功能一样，即执行到 M02（或 M30）时程序执行停止，指针重新设置到第一个程序段。再启动时，从第一句再次执行该零件程序。但在早期的数控系统中程序从纸带上输入，M02 功能与 M30 的功能是有区别的，M02 只是程序结束，但不倒带，而 M30 程序结束并倒带。

（六）刀具偏置字

刀具的长度补偿一般用字母 H 及其后面的两位数字来表示刀具长度偏置代号，存放在刀具补偿量的寄存器中，当刀具使用激活码 G43、G44 时，就从刀补寄存器中调出补偿值。如 H17 就表示刀具补偿量用第 17 号。

数控铣床编程一般用字母 D 及后面的两位数字来表示，如 D01 中的 01 是半径偏置值的地址。当使刀具半径补偿激活时（G41、G42），就可调出刀具半径的补偿值。但数控车床的刀具功能代码由 T 字母及后面 4 位数字组成，前两位数字表示刀具代码，后两位数字表示刀具的半径补偿量代码（刀具补偿号）。

三、常用数控编程指令

表 2-1 中列出了 100 种 G 指令的功能，比较常用的是：与坐标有关的 G 指令、与刀具运动方式有关的 G 指令及与刀具补偿有关的 G 指令。

（一）与坐标系有关的 G 指令

1. 绝对尺寸指令 G90 与相对尺寸指令 G91

G90 表示程序句中的尺寸为绝对坐标值，即从编程零点开始的坐标值；G91 表示程序句中的尺寸为增量坐标值，即刀具运动的终点（目标点）相对于起始点的坐标增量值。图 2-22 所示为刀具由 A 点直线插补到 B 点的示意图。

分别用 G90 和 G91 进行编程，指令格式如下：
用 G90 编程，指令格式为 N20 G90 G01 X40 Y30 F150 LF；
用 G91 编程，指令格式为 N20 G91 G01 X30 Y-10 F150 LF；

2. 工件坐标系设定及注销指令 G50、G53～G59

在数控机床上加工零件时，必须确定零件在机床坐标系中的位置，即零件原点的位置。一般数控机床开机后，先返回参考点，再使刀具中心或刀尖移到零件原点，并将该位置设为零，程序即按零件坐标系进行加工。

零件原点相对机床原点的坐标值称为原点设置值，G54～G59 称为原点设置选择指令。在用 G54～G59 设定工件坐标系时，必须通过偏置页面，预先将 G54～G59 设置在寄存器中，编程中再用程序指定。所以用 G54～G59 设定工件坐标系，也称工件坐标系的偏置。在一个原点设置指令使用完毕后，可以用 G50、G53 将其注销，此时的坐标尺寸立即回到机床原点的坐标系中。

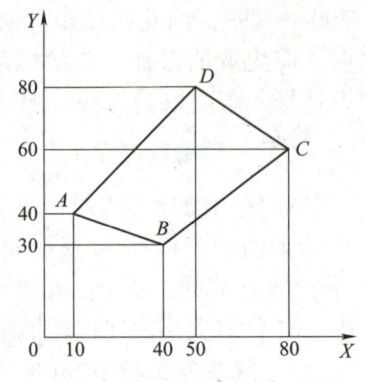

图 2-22 刀具由 A 点直线插补到 B 点的示意图

3. 坐标平面设定指令 G17、G18、G19

笛卡儿直角坐标系的三个互相垂直的轴（X、Y、Z）构成三个平面，XY 平面、XZ 平面和 YZ 平面。对于三坐标运动的铣床和加工中心，常用这些指令确定机床在哪一个平面内进行插补（加工）运动；由于铣床大多是在 XY 平面工作的，所以在书写程序段时 XY 可省略。由于数控车床总是在 XZ 平面内运动，故无须设定平面指令。G17 表示在 XY 平面内加工，G18 表示在 XZ 平面内加工，G19 表示在 YZ 平面内加工，如图 2-23 所示。

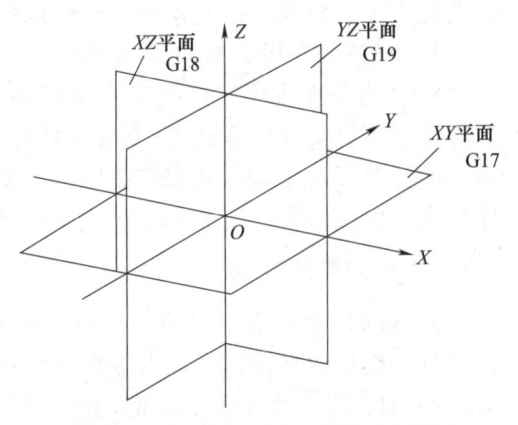

图 2-23 数控机床的坐标轴和坐标平面

（二）与刀具运动方式有关的 G 指令

1. 快速点定位 G00

G00 指令表示刀具以点位控制方式，从刀具所在位置以最快速度运动到下一个目标位置。最快速度的大小由系统预先给定，所以进给速度 F 对 G00 无效。指令格式：

G90 G00＿X＿Y＿Z＿LF＿；
G91 G00＿X＿Y＿Z＿LF＿；

X、Y、Z 为目标点坐标值，数控系统两轴联动时只有 X、Z 轴，三轴联动时增加 Y 轴。

2. 直线插补指令 G01

G01 指令用于产生直线或斜线运动。可使机床沿着 X、Y、Z 方向执行单轴运动，或在各坐标平面内执行具有任意斜率的直线运动；也可使机床三轴联动，沿着任意空间直线运动。G01 后面必须含有 F 指令，否则系统不动作或不能正确动作，G01 与 F 是续效的。指令格式：

```
G90 G01 X__ Y__ Z__ F__ LF;
G91 G01 X__ Y__ Z__ F__ LF;
```

X、Y、Z 为目标点坐标值,数控系统两轴联动时只有 X、Z 轴,三轴联动时增加 Y 轴。

3. 圆弧插补指令 G02、G03

G02 为顺时针圆弧插补,G03 为逆时针圆弧插补。圆弧的顺、逆时针方向,可以按圆弧所在平面(如 XY 平面)的另一坐标轴的负方向(即 -Z)看去,运动方向为顺时针用 G02 表示,运动方向为逆时针用 G03 表示,如图 2-24 所示。

圆弧插补指令格式主要有两种形式。

(1) 指令格式一

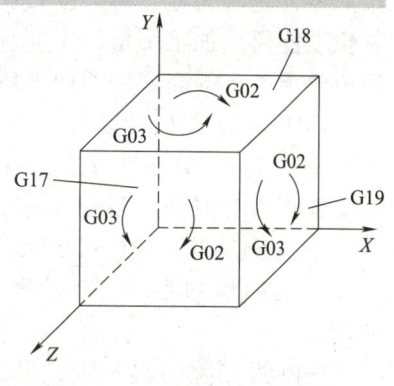

```
G02 X__ Y__ Z__ I__ J__ K__ F__ LF;
G03 X__ Y__ Z__ I__ J__ K__ F__ LF;
```

图 2-24　G02 和 G03 的确定

格式中,X、Y、Z 为圆弧终点坐标值;I、J、K 为圆心增量坐标值,即圆心坐标减去圆弧起点坐标的值;F 为进给速度。

(2) 指令格式二

```
G02 X__ Y__ Z__ R__ F__ LF;
G03 X__ Y__ Z__ R__ F__ LF;
```

格式中,X、Y、Z 为圆弧终点坐标;R 为圆弧半径值。当圆心角 $\alpha \leqslant 180°$ 时,R 为正值;当圆心角 $\alpha > 180°$ 时,R 为负值;对于整圆,不能用 R 参数描述。

(三) 与刀具补偿有关的 G 指令

1. 刀具半径补偿指令 G41、G42、G40

当加工如图 2-25 所示的零件时,由于刀具具有一定半径,因此刀具中心轨迹应与零件轮廓始终保持等距。由于现代数控机床均有刀具半径补偿功能,所以编程只需按零件轮廓编程即可。

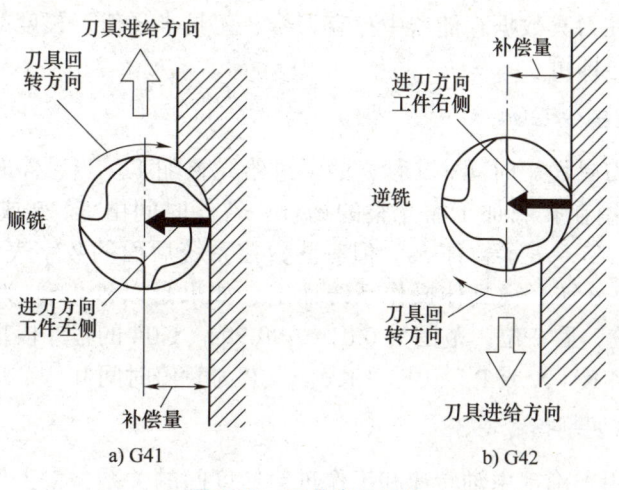

图 2-25　刀具半径补偿

刀具半径补偿功能的作用：①当用圆头刀具（如圆头铣刀、圆头车刀）加工时，只需按照零件轮廓编程，不必按刀具中心轨迹编程，大大简化了程序编制；②可通过刀具半径补偿功能留出加工余量，先进行粗加工，再进行精加工；③可以补偿由于刀具磨损等因素造成的误差，提高零件的加工精度。

G41 为左刀补，即沿刀具进刀方向看去，刀具中心向零件轮廓的左侧偏移。

例：G41 G01 X10 Y20 D01 LF；（D01 表示刀具半径补偿的位置号 01）

G42 为右刀补，即沿刀具进刀方向看去，刀具中心向零件轮廓的右侧偏移。

例：G42 G01 X10 Y20 D03 LF；（D03 表示刀具半径补偿的位置号 03）

刀具偏移的距离（半径值）由操作者根据需要用操作键盘输入到数控装置中，供调用。

G40 为删除刀具补偿，即取消 G41 或 G42 指令。注意使用 G40 时，刀具必须离开工件。

2. 刀具长度补偿指令 G43、G44、G49

刀具长度补偿指令一般用于刀具轴向（Z 方向）的补偿。当所选用的刀具长度不同或者需进行刀具轴向进刀补偿时，可使用该指令。它可以使刀具在 Z 方向上的实际位移量大于或小于程序给定值，即实际位移量 = 程序给定值 + 补偿值。

G43 为正偏置，即刀具在 +Z 方向进行补偿。

例：G43 G01 Z10 H01；（H01 表示刀具长度补偿的位置号 01）

G44 为负偏置，即刀具在 -Z 方向进行补偿，如图 2-26 所示。

例：G44 G01 Z10 H02；（H02 表示刀具长度补偿的位置号 02）

G49 为删除刀具补偿，即取消 G43 或 G44 指令。

通常设定一个基准刀具为零刀具，其他刀具长度与零刀具之差为偏置值，并存储在刀具数据存储器中，供调用。

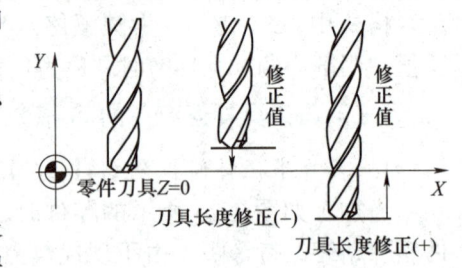

图 2-26 刀具长度补偿

有的数控机床在刀具数据存储器中存有刀号、刀具半径值、长度补偿值，使用时，只需从程序中调出刀号即可。

（四）暂停延迟指令 G04

G04 指令能使刀具做短时间（几秒）的无进给光整加工。当暂停时间一到，继续执行下一段程序。一般用在孔底加工需光整的场合。暂停时间由 X、P 或 K 后面限 2 位数字表示，如 N01 G04 X5；表示暂停 5s。但有些数控系统后面的数字表示的是刀具的转数，如 G04 X6；表示停 6 转。视具体操作系统而定，如果是以秒（s）为单位的，则一般为 4 位，小数点前 2 位，后 2 位，范围为 0.01～99.99s。G04 的程序段里不能有其他指令。

指令格式：G04 K（X 或 P）LF；（K、X、P 为暂停时间）

（五）等距螺纹切削指令 G33

G33 指令主要用来确定主轴转速和工作进给速度间的关系，使工作进给与转速具备严格的比例关系。指令格式如下：

```
G00 X__ Z__ LF;         （X、Z 为螺纹起点坐标值）
G33 X__ Z__ F__ LF;     （X 为螺纹直径，Z 为螺纹长度，F 为螺距）
```

使用指令 G92 可以进行单线或多线螺距固定的普通螺纹、平面螺纹和锥螺纹的加工，如图 2-27 所示。

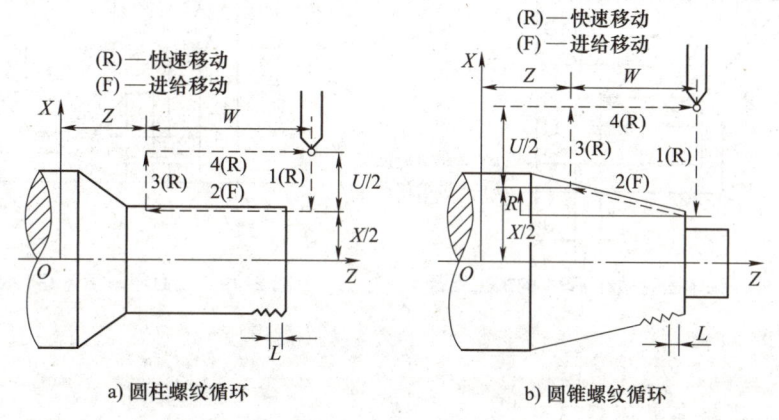

a) 圆柱螺纹循环　　　　　　b) 圆锥螺纹循环

图 2-27　螺纹循环 G92

四、数控固定循环切削指令

（一）数控车床复合固定循环指令

G70～G76 是数控车床复合固定循环指令，与单一形状固定循环指令一样，它可以用于必须重复多次加工才能加工到规定尺寸的典型工序，主要用于铸、锻毛坯的粗车和棒料车阶梯较大的轴及螺纹加工。利用复合固定循环功能，只要给出最终精加工路径、循环次数和每次加工余量，数控机床就能自动决定粗加工时的刀具路径。在这一组复合固定循环指令中，G70 是 G71、G72、G73 粗加工后的精加工指令，G74 是深孔钻削固定循环指令，G75 是切槽固定循环指令，G76 是螺纹加工固定循环指令。

1. 外径粗车固定循环 G71

外径粗车固定循环 G71 指令适用于毛坯料粗车外径和粗车内径。图 2-28 所示为外径粗车固定循环 G71 的加工路径。图中，C' 是粗加工循环的起点，A 是毛坯外径与端面轮廓的交点。以直径编程方式的粗车外径循环编程指令格式为

```
G71 U₁__ R__ LF;
G71 P__ Q__ U₂__ W__ F__ LF;
```

格式中，U_1 为粗切削深度；R 为 45°退刀量（e）；P 为轨迹开始的程序段号；Q 为轨迹结束的程序段号；U_2 为径向（X 向）精车余量（直径值）；W 为轴向（Z 向）精车余量；F 为进给量。

2. 端面粗车循环 G72

如图 2-29 所示，G72 指令的含义与 G71 大体相同，不同之处是 G71 刀具平行于 X 轴方向切削，G72 是从外径方向往轴心方向切削端面的粗车循环，该循环方式适于圆柱棒料

毛坯端面方向粗车。G72 端面粗车循环编程指令格式为

图 2-28　外径粗车固定循环 G71 的加工路径

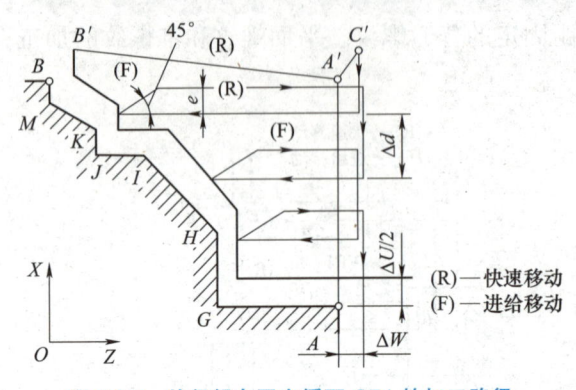

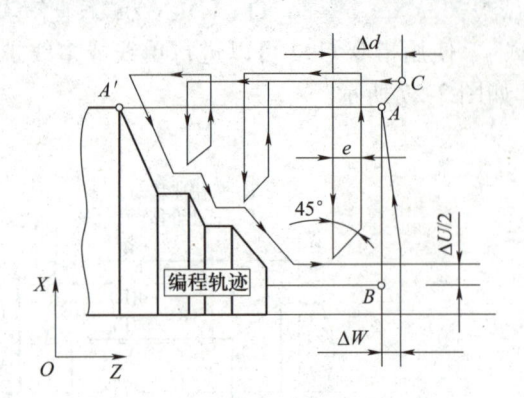

图 2-29　端面粗车循环 G72 的加工路径

G72 U₁__ R__ LF;
G72 P__ Q__ U₂__ W__ F__ LF;

3. 固定形状粗车循环 G73

固定形状粗车循环是适用于铸、锻件毛坯零件的一种循环切削方式。由于铸、锻件毛坯的形状与零件的形状基本接近，只是外径、长度较成品大一些，形状较为固定，故称之为固定形状粗车循环。这种循环方式的加工路径如图 2-30 所示。G73 固定形状粗车循环编程指令格式为

G73 U₁__ R__ LF;
G73 P__ Q__ U₂__ W__ F__ LF;

格式中，U_1 为径向切除余量（半径值）；R 为径向加工次数；P 为轨迹开始的程序段号；Q 为轨迹结束的程序段号；U_2 为径向（X 向）精车余量（直径值）；W 为轴向（Z 向）精车余量；F 为进给量。

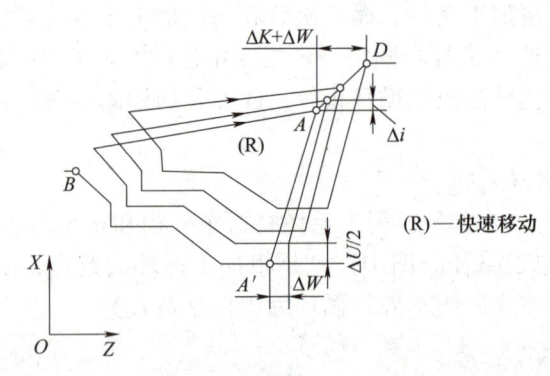

图 2-30　固定形状粗车循环 G73 的加工路径

4. 精车固定循环 G70

在用 G71、G72、G73 粗车工件后，用 G70 来指定精车循环，切除粗加工中留下的余量。G70 精车循环编程指令格式为

G70 P__ Q__ LF;

在编程时 G70 中的 P、Q 数值必须跟 G71、G72 或 G73 中的 P、Q 相同。

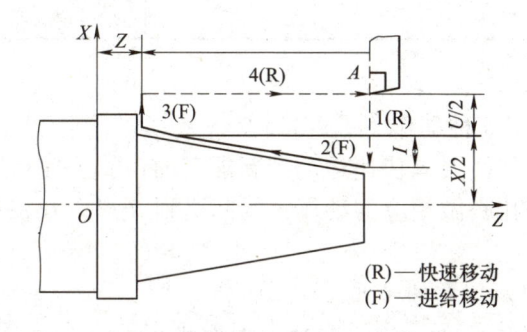

5. 矩形、锥度切削循环 G77

锥度切削循环 G77 的加工路径如图 2-31 所示。矩形、锥度切削循环 G77 指令格式为

矩形切削　G77 X(U)__ Z(W)__ F__ LF;
锥度切削　G77 X(U)__ Z(W)__ I__ F__ LF;

格式中，X、Z 为终点坐标；F 为进给速度；I 为大径与小径之差的一半。

图 2-31　锥度切削循环 G77 的加工路径

6. 螺纹简单固定循环 G92

螺纹简单固定循环 G92 指令格式为

直螺纹　G92 X(U)__ Z(W)__ F__ LF;

格式中，X 为螺纹外径；Z 为加工螺纹长度；F 为螺距。

（二）数控铣床循环功能

在具有点位直线控制功能的数控机床上进行加工的工序主要有：钻孔、锪孔、镗孔、铰孔、攻螺纹等。编制固定循环程序可以完成通常需要许多段加工程序才能完成的动作，使加工程序简化、方便。固定循环功能见表 2-4。

表 2-4　固定循环功能

G 代码	孔加工动作（-Z 方向）	在孔底的动作	刀具返回方式（+Z 方向）	用　途
G73	间歇进给	—	快速运动	高速深孔往复排屑钻
G74	切削进给	暂停、主轴正转	切削进给	攻左旋螺纹
G76	切削进给	主轴定向停止、刀具移位	快速运动	精镗孔
G80	—	—	—	取消固定循环
G81	切削进给	—	快速运动	钻孔
G82	切削进给	暂停	快速运动	锪孔、镗阶梯孔
G83	间歇进给	—	快速运动	深孔往复排屑钻
G84	切削进给	暂停、主轴反转	切削进给	攻右旋螺纹
G85	切削进给	—	切削进给	精镗孔
G86	切削进给	主轴停止	快速运动	镗孔

(续)

G 代码	孔加工动作 (-Z 方向)	在孔底的动作	刀具返回方式 (+Z 方向)	用 途
G87	切削进给	主轴停止	快速返回	反镗孔
G88	切削进给	暂停、主轴停止	手动操作	镗孔
G89	切削进给	暂停	切削进给	精镗阶梯孔

1. 固定循环的动作

通常固定循环有如下 6 种动作（图 2-32）：

① X 轴和 Y 轴的定位，刀具快速运动到新加工面；② 快速运动到 R 点；③ 钻孔；④ 在孔底做相应的动作；⑤ 回退到 R 点；⑥ 快速运动到初始点位置。

2. 使用固定循环时应注意的平面

（1）初始平面 初始平面是为了安全下刀而规定的一个平面。可用 G98 指令使刀具返回到初始平面的初始点，如图 2-33a 所示。

（2）R 点平面 R 点平面又称 R 参考平面，这个平面是刀具下刀时从快进转为工进的高度平面，距工件表面的距离，主要考虑工件表面尺寸的变化，一般可取 2～5mm。用 G99 可将刀具返回到该平面上的 R 点，如图 2-33b 所示。

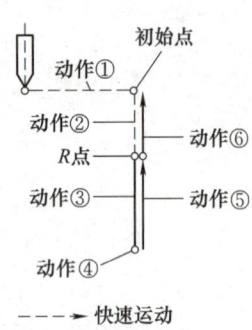

图 2-32 固定循环的 6 种动作

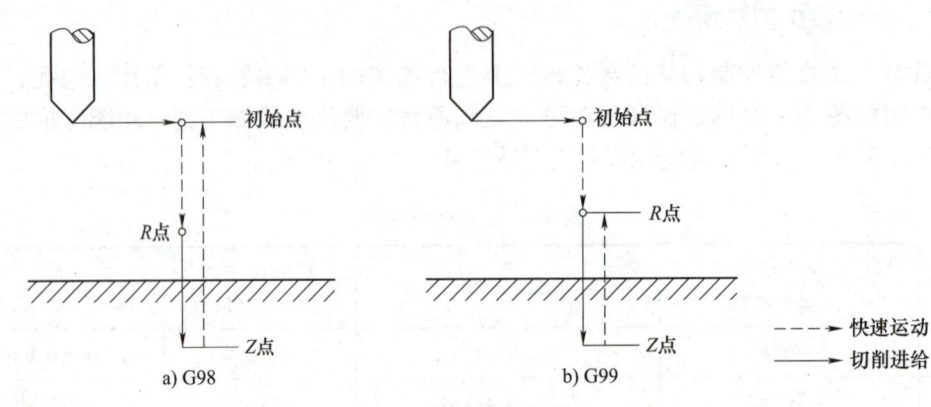

图 2-33 G98 和 G99 的用法

（3）孔底平面 加工盲孔时，孔底平面就是孔底的 Z 轴高度，加工通孔时，一般刀具还要伸出工件底平面一段距离，主要是保证全部的孔深都要加工到尺寸，钻削加工时还要考虑钻头钻尖对孔深的影响。

3. 固定循环指令格式

```
G91 G98 G__ X__ Y__ Z__ R__ Q__ P__ F__ L__ LF;
G90 G99 G__ X__ Y__ Z__ R__ Q__ P__ F__ L__ LF;
```

格式中，G 为固定循环代码，主要有 G73、G74、G76、G81~G89 等；X、Y 为指定要加工孔的位置（与 G90、G91 的选择有关）；Z 为孔底位置（与 G90、G91 的选择有关）；R 为 R 点平面位置（与 G90、G91 的选择有关）；P 为在孔底的暂停时间，G76、G82、G89 时有效，单位为 ms；Q 为在 G73 或 G83 方式中用来指定每次的加工深度，在

G76 或 G87 方式中指定位移量，Q 值的使用一律用增量值，与 G90、G91 的选择无关；F 为加工切削进给时的进给速度，这个指令是模态的，即使取消了固定循环，在其后的加工中仍然有效；L 为循环次数，如果程序中选择了 G90 方式，那么刀具在原来孔的位置重复加工，如果选择 G91 方式，那么用一个程序段就能实现分布在一条直线上的若干个等距孔的加工，L 这个指令仅在被指定的程序段中才有效。

上述孔加工数据，不一定全部都写，根据需要可省去若干地址和数据。

固定循环结束时，需要用 G80 指令取消固定循环（G00、G01、G02、G03 也起撤销固定循环指令的作用），否则固定循环将继续下去。

例如，要钻出孔位在（40,20）、（50,10）、（-12,12）的孔，孔深为 10mm。程序如下：

N10 G90 G99 G81 X40 Y20 Z-10 R5 F80 LF;
N20 X50 Y10 LF;
N30 X-12 Y12 LF;
N40 G80 LF;

4. 固定循环的代码

（1）高速深孔加工 G73　该指令用于 Z 轴的间歇进给，使深孔加工时容易排屑，减少退刀量，可以进行高效率的加工。该指令格式为

G98 G73 X__ Y__ Z__ R__ Q__ L__ LF;
G99 G73 X__ Y__ Z__ R__ Q__ L__ LF;

G73 指令的动作如图 2-34 和图 2-35 所示，其中每次的切削深度 q 一般为 2~3mm，图中的 d 为退刀量。

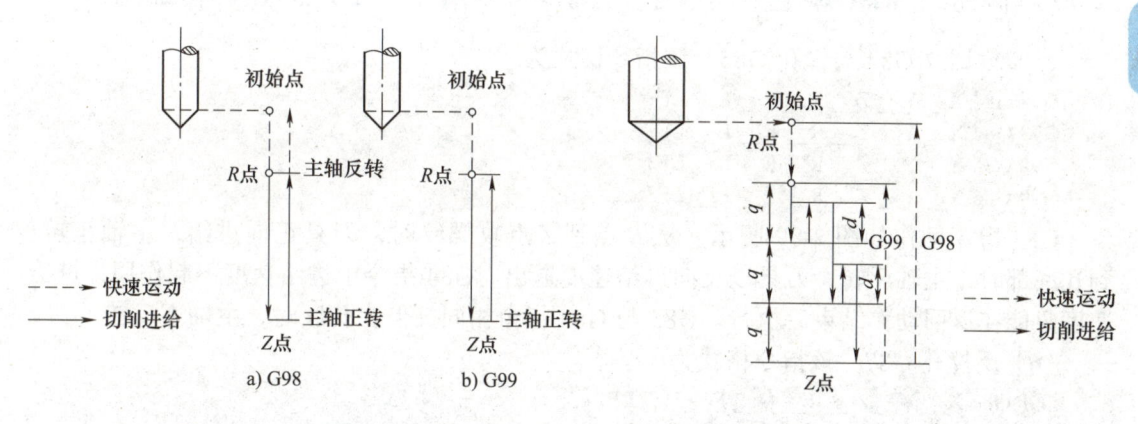

图 2-34　G73 指令动作图　　　图 2-35　G73 指令动作分解图

（2）精镗 G76　该指令格式为

G98 G76 X__ Y__ Z__ R__ Q__ P__ F__ LF;
G99 G76 X__ Y__ Z__ R__ Q__ P__ F__ LF;

G76 指令动作如图 2-36 所示。在使用 G76 指令精镗时，主轴在孔底有暂停 P，然后向刀尖反向方向移动 q，其值 q 只能为增量，最后快速退刀，退刀的位置由指令 G98 或 G99 来决定。采用这种方式镗孔可以保证退刀时不至于划伤已加工平面，保证镗孔精度。

（3）钻孔和镗孔 G81 与钻、扩、镗阶梯孔 G82　该指令格式为

G98 G81 X__ Y__ Z__ R__ F__ L__ LF;
G99 G81 X__ Y__ Z__ R__ F__ L__ LF;

```
G98 G82 X__ Y__ Z__ R__ P__ F__ L__ LF;
G99 G82 X__ Y__ Z__ R__ P__ F__ L__ LF;
```

G81 指令动作如图 2-37 所示，G82 和 G81 指令比较，唯一不同之处是 G82 在孔底增加了暂停，因此常用于锪孔或镗阶梯孔。

（4）深孔加工 G83 该指令格式为

```
G98 G83 X__ Y__ Z__ R__ Q__ F__ L__ LF;
G99 G83 X__ Y__ Z__ R__ Q__ F__ L__ LF;
```

G83 指令动作如图 2-38 所示，在深孔加工循环中，每次进刀是用地址 Q 给出，其值 q 为增值。每次进给时，应在距已加工面 d（mm）处将快速进给转换为切削进给。d 是由参数定的。

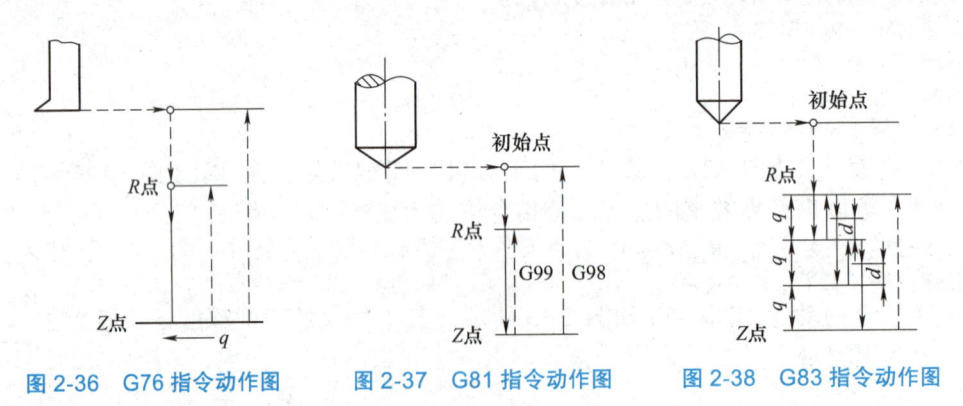

图 2-36 G76 指令动作图　　图 2-37 G81 指令动作图　　图 2-38 G83 指令动作图

（5）攻螺纹 G84 与镗孔 G85 该指令格式为

```
G98 G84 X__ Y__ Z__ R__ F__ L__ LF;
G99 G84 X__ Y__ Z__ R__ F__ L__ LF;
G98 G85 X__ Y__ Z__ R__ F__ L__ LF;
G99 G85 X__ Y__ Z__ R__ F__ L__ LF;
```

G84 指令动作如图 2-39 所示。从 R 点到 Z 点攻螺纹时，刀具正向进给，主轴正转。到孔底部时，主轴反转，刀具以反向进给速度退出。G84 指令中进给速度不起作用，进给速度只能在返回动作结束后执行。G85 与 G84 指令相同，但在孔底时，主轴不反转。

（6）反镗孔 G87 该指令格式为

```
G98 G87 X__ Y__ Z__ R__ Q__ F__ L__ LF;
G99 G87 X__ Y__ Z__ R__ Q__ F__ L__ LF;
```

G87 指令动作如图 2-40 所示，在 X 轴和 Y 轴定位后，主轴定向停止，然后向刀具刀尖反方向移动 Q 给定偏移量 q 值，再快速进给到孔底（R 点）定位，在此位置，刀具向刀尖方向移动 q 值，然后主轴正转，在 Z 轴正方向上加工至 Z 点。这时主轴又定向停止，向刀尖反方向移动，再从孔中退出刀具。最后返回到初始点后，退回一个位移值，主轴正转，进行下一个程序段的动作，在此指令中，刀尖位移量及方向与 G76 指令相同。

（7）镗孔 G88 该指令格式为

```
G98 G88 X__ Y__ Z__ R__ P__ F__ L__ LF;
G99 G88 X__ Y__ Z__ R__ P__ F__ L__ LF;
```

G88 指令动作如图 2-41 所示。刀具到孔底后暂停，主轴停止后，变成停机状态。此时转换为手动状态，可用手动把刀具从孔中退出，到返回 R 点平面后，主轴正转，再转入下一个程序段进行自动加工。

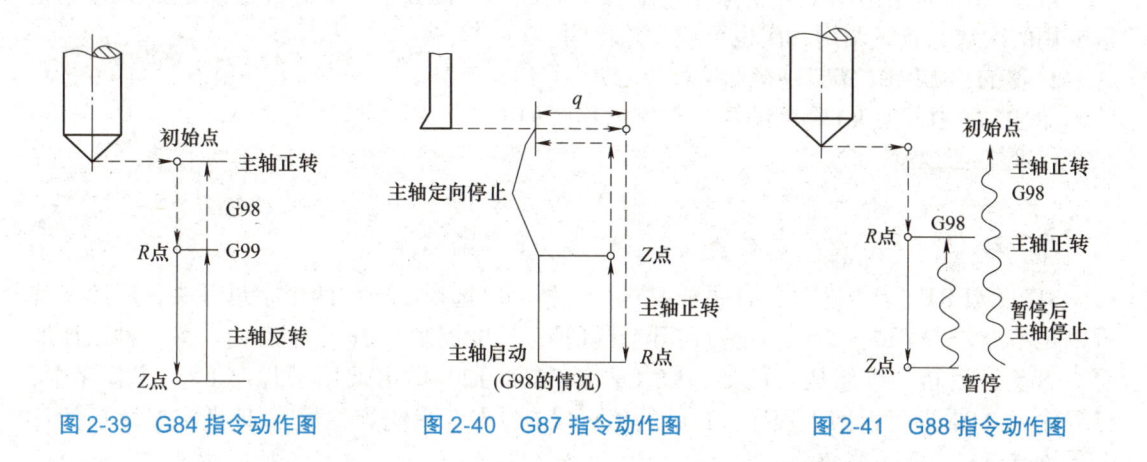

图 2-39　G84 指令动作图　　图 2-40　G87 指令动作图　　图 2-41　G88 指令动作图

五、数控程序中的子程序

（一）子程序的概念

当被加工的零件上有若干处具有相同的轮廓形状或加工中出现具有相同轨迹走刀路线时，可以把这些相同的顺序或重复模式按一定的格式编成一段程序，并将它存储到程序存储器中，这一段程序称为子程序。

原则上讲主程序和子程序之间并没有区别。子程序的结构与主程序的结构一样，主程序在执行过程中如果需要某一子程序，可以通过一定格式的指令来调用子程序，子程序执行后又可以返回到主程序，继续执行后面的程序段。子程序既可以用纸带指令方式调用，也可以用存储指令方式调用。一个子程序也可以调用另一个子程序。当主程序调用一个子程序时，可以认为是一重子程序调用。子程序调用和返回用指令 M98、M99 执行。在 SINUMERIK 系统中子程序结束除了用 M02 指令外，还可以用 RET 指令结束子程序。RET 要求占用一个独立的程序段。用 RET 指令结束子程序、返回主程序时不会中断连续路径运行方式，用 M02 指令则会中断运行方式，并进入停止状态。

（二）子程序的格式和调用

子程序有子程序名、子程序主体和子程序结束三部分组成。子程序名，FANUC 系统以 O 作为程序名的开始，后面跟 4 个自然数，SINUMERIK 以 % 作为程序名的开始。

1. FANUC 子程序的格式

FANUC 子程序的格式如下：

O□□□□
_ _ _ _ _ _LF；
_ _ _ _ _ _LF；
M99；

在子程序开头，"O"之后规定子程序号，由 4 位数字组成，M99 为子程序结束指令。

调用子程序使用如下格式：

M98 P □□□□ L □□□□ LF；

格式中 M98 是调用子程序指令，地址 P 后面的 4 位数字为子程序号。地址 L 指令是重复用的次数，若只调用一次也可以省略不写。

2. SINUMERIK 子程序的格式

在 SINUMERIK 802S 系统中子程序的格式如下：

L □□□□□□□；
— — — — — —；
— — — — — —；
M02；或 M17 或 RET；

SINUMERIK 子程序命名有两种方式：一种可以选择以连续两个字母开头，后续字符可以是字母、数字或下划线（记得避开分隔符），长度控制在 16 个字符内。另一种以地址符 L 开头，后接数字组成。例如，L8（或者 SS08_12）即可调用子程序 L8。子程序中，只需输入 RET 即可返回主程序。L 后的值可以有 7 位（只能为整数）。地址字 L 之后的每个零均有意义，不可省略。

如果要求多次连续地执行某一子程序，则在编程时必须在所调用子程序的程序名后地址 P 后写入调用次数，最大次数可以为 9999（P1～P9999），如 L8 P5 表示调用 L8 子程序 5 次。

（三）子程序的嵌套深度

子程序不仅可以从主程序中调用，也可以从其他子程序中调用，这个过程称为子程序的嵌套。子程序的嵌套深度可以为 3，也就是四级程序界面（包括主程序界面），如图 2-42 所示。

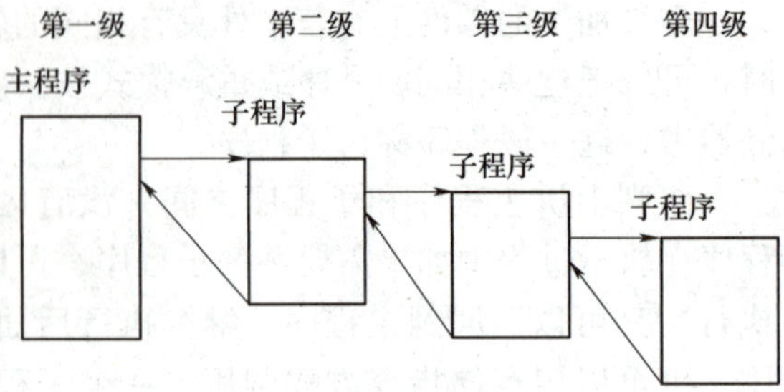

图 2-42 四级程序界面运行过程

（四）子程序内容参数的格式

1. 常用格式

数据为编程给定的常数，即由 0～9 构成的实数。

2. 变量格式

变量的值在主程序中给出，用 Ri 表示。在给变量 Ri 赋值时，该值写在 Ri 后，如 R2 的值是 1125，写为 R21125；R5 的值是 -56，写为 R5-56。SINUMERIK 系统的变量赋值直接用等号，如 R2=1125，也就是将 1125 赋值给 R2，R5=-35.6，也就是将 -35.6 赋值给 R5。SINUMERIK840D 系统，一共有 250 个变量，为 R0～R249。其中，R0～R99 自由使用，R100～R249 用于循环参数传递。

（五）子程序应注意的问题

1. 子程序中用 P 指令返回地址

如果在子程序的返主指令程序段中加 P □□□□，（即格式为 M99 P □□□□；□□□□ 为主程序中的顺序号），则子程序在返回时将返回到主程序中，顺序号为 □□□□ 的那个程序段，但这种情况只用于存储器工作方式而不能用于纸带方式。

2. 自动返回到程序头

如果在主程序（或子程序）中执行 M99，则程序将返回到程序开头的位置并继续执行程序。为了让程序能够停止或继续执行后面的程序，这种情况下通常是写成 M99，以使在不需要重复执行时，跳过这段程序段。也可以在主程序中插入 /M99 P□□□□，其执行过程如前所述。还可以在使用 M99 的程序段前写入 /M02 或 /M03 以结束程序的调用。

3. 用 M99 L□□□□；强制改变子程序重复执行的次数

地址 L 中用□□□□表示该子程序被调用的次数，它将强制改变子程序中对该子程序的调用次数，如果在主程序中用 M98 P□□□□ L18；执行该子程序时遇到 /M99 L0；此时若任选程序段开关位于"OFF"的位置，则重复执行次数将变成 0 次。

六、零件数控加工程序编制案例分析

例 2-1 在 FANUC 数控系统数控机床上加工图 2-43a 所示零件。毛坯为 $\phi 25\text{mm} \times 60\text{mm}$ 棒材，材料为 45 钢。

a) 零件图 b) 刀具布置图

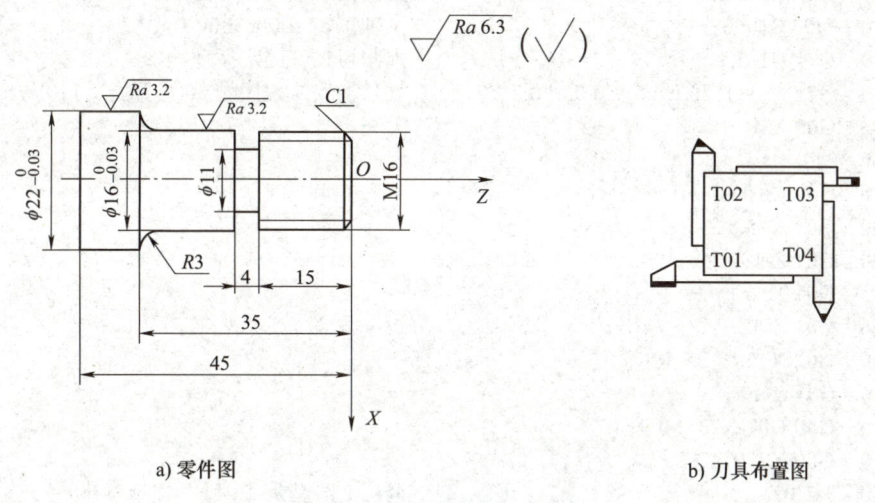

图 2-43 加工零件图及刀具布置图

1. 根据零件图样要求、毛坯情况确定工艺方案及加工路线

对于短轴类零件，以轴心线为工艺基准，用自定心卡盘夹持 $\phi 25\text{mm}$ 外圆，一次装夹完成粗、精加工。

工步顺序：粗车外圆，自右向左精车右端面及各外圆面，切槽，车螺纹，切断。

2. 选择机床设备

根据零件图样要求，经济型数控车床可以满足加工需求，故选用 CK6136 型数控卧式车床。

3. 选择刀具

根据加工要求，选用四把刀具：T01 为粗加工刀，选 90°外圆车刀；T02 为精加工刀，选尖头车刀；T03 为切槽刀，刀宽为 4mm；T04 为 60°螺纹刀。刀具布置如图 2-43b 所示。把四把刀安装在四工位自动换刀刀架上并对刀，把它们的刀偏值输入相应的刀具参数中。

4. 确定切削用量

切削用量的具体数值应根据该机床性能、相关的手册并结合实际经验确定,详见加工程序。

5. 确定工件坐标系、对刀点和换刀点

确定以工件右端面与轴心线的交点 O 为工件原点,建立 XOZ 工件坐标系。采用手动试切对刀方法(操作与前面介绍的数控车床对刀方法相同),以点 O 为参考,进行对刀操作。换刀点设置在工件坐标系 X200. 和 Z200. 处。

注:FANUC 系统中的结束符为";"。

6. 编写程序

按该机床规定的指令代码和程序段格式,把加工零件的全部工艺过程编写成程序清单。

该工件的加工程序如下:

```
O0001;                              程序名
N0005   T0101;                      调用1号粗加工刀具(1号刀补)
N0010   G00 X23. Z2.;               刀具快速移动至 X23. Z2. 的位置
N0020   M03 S1000;                  主轴正转 1000r/min
N0030   G71 U1. R1.5;               外圆粗加工固定循环
N0040   G71 P50 Q120 U0.5 W0.05 F0.2;  循环指令从程序号 50 号开始,120 号结束
N0050   G00 X16.;
N0060   M08;
N0070   G42 G01 Z0. F0.1;
N0080   G01 X15.8 Z-1.;
N0090   G01 Z-19.;
N0095   G01 X16.;
N0096   G01 Z-32.;
N0100   G02 X22. Z-35. R3.;
N0110   G01 Z-49.;
N0120   G40 G01 X23. M09;
N0130   G00 X200.Z200.;
N0140   T0202;                      调用2号精加工刀具(2号刀补)
N0150   G00 X23. Z2.;
N0160   M03 S1500;
N0170   G70 P50 Q120;
N0180   G00 X200. Z200.;
N0190   T0303;                      调用切槽刀
N0200   M03 S400;
N0210   G00 X20. Z-19. M08;
N0220   G01 X11. F0. 06;
N0230   G01 X20.;
N0240   M09;
N0250   G00 X200. Z200.;
N0260   T0404;                      调用60°螺纹刀
N0270   G00 X20. Z10.;
N0280   G92 X15.5 Z-17. F2.;        螺纹循环
N0290   X15.2;
N0300   X14.9;
```

```
N0310    X14.6;
N0315    X14.3;
N0320    X14.1;
N0325    X14.;
N0330    G00 X200. Z200.;
N0340    T0303;                          切断
N0345    M03 S400;
N0350    G00 X30. Z-49.M08;
N0360    G01 X0. F0.08;
N0365    G01 X30. M09;
N0370    G00 X200. Z200.;
N0380    M30;
```

例 2-2 在 FANUC 数控系统数控机床上加工如图 2-44 所示零件。工件为 60mm×90mm×15mm，材料为 45 钢，加工图示的凸台部分，但不加工外部轮廓。

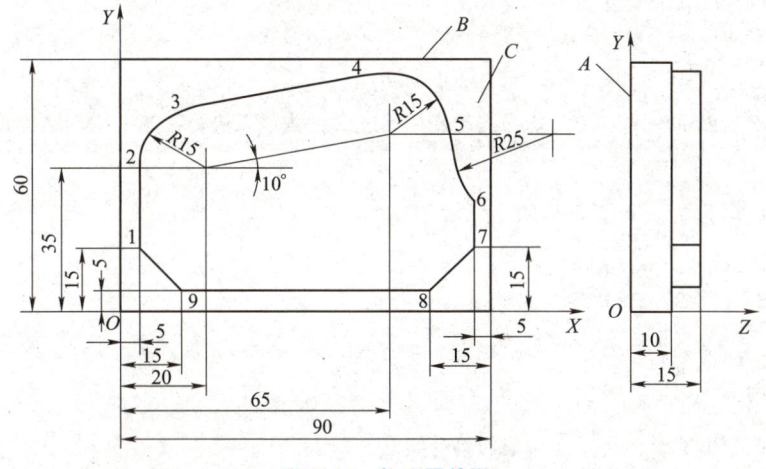

图 2-44 加工零件图

1. 根据零件图样要求、毛坯情况确定工艺方案及加工路线

对该工件，选取 A、B、C 面为定位基准，采用螺钉压板机构夹紧。

加工路线：以图 2-44 中轨迹点 1→2→3→4→5→6→7→8→9→1 的顺序进行外轮廓加工。设每次切深为 3mm，刀具补偿 D01 粗加工时可取 5.1mm。全部深度切削完成后，修改刀具补偿 D01 的数值进行精加工。ϕ10mm 立铣刀，加工余量取 0.2mm。

2. 选择机床设备

根据零件图样要求选择经济型的立式铣床。

3. 选择刀具

根据加工要求选择 ϕ10mm 立式铣刀（T01）。

4. 确定切削用量

切削用量的具体数值应根据该机床性能、相关的手册并结合实际经验确定，详见加工程序。

5. 确定工件坐标系

建立工件坐标系 XOY。

6. 轨迹点计算（表2-5）

表2-5 加工零件的轨迹点坐标

轨迹点	X	Y	轨迹点	X	Y
1	5	15	6	85	27.935
2	5	35	7	85	15
3	17.395	49.772	8	75	5
4	62.395	57.707	9	15	5
5	80	42.935			

7. 编写程序

该工件的加工程序如下：

```
P0005              子程序名
N10   G54;         设定工件坐标系
N20   G90;         初始化绝对坐标系
N30   M03 S1000;
N40   G00 Z10;
N50   X-20 Y-20;
N60   Z3;
N70   G01 Z-5 F100;  切深的改变用修改Z的数值来进行，第一次为Z-2，第二次为Z-5
N80   G41 X5 Y5D01;  建立左刀补
N90   Y35;
N100  G02 X17.395 Y49.772 R15;
N110  G01 X62.395 Y57.707;
N120  G02 X80 Y42.935 R15;
N130  G03 X85 Y27.935 R25;
N140  G01 Y15;
N150  X75 Y5;
N160  X15;
N170  X0 Y20;
N180  G40 X-20 Y-20;   撤消刀具补偿
N190  G00 Z10;         回刀
N200  M05;             主轴停止
N210  M30;             程序结束
```

例2-3 钻削加工图2-45所示零件上的8个φ6mm、深20mm孔。

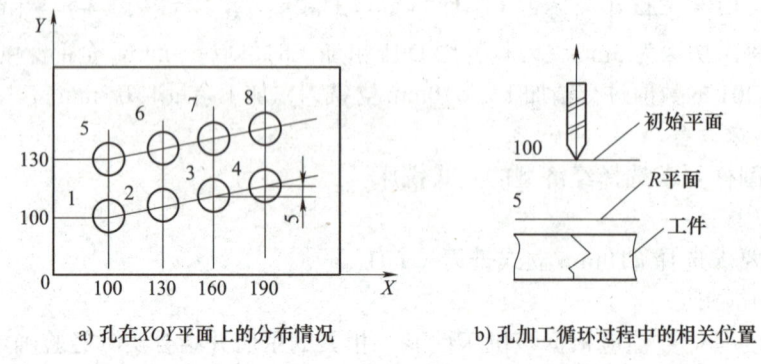

图2-45 加工零件图

a) 孔在XOY平面上的分布情况　　b) 孔加工循环过程中的相关位置

工件坐标系设置如图2-45a所示，对刀点选在工件坐标系的原点上。孔加工顺序为：1→2→3→4→5→6→7→8。

子程序：

```
P8000                                子程序编号 8000
N50 G91 G99 G81 X0 Y0 Z-10 R5 F80;   加工孔 1 的循环指令
N60 X30 Y5;                          加工孔 2
N70 X30 Y5;                          加工孔 3
N80 X30 Y5;                          加工孔 4
N90 G80 M99;                         取消固定循环指令 G80，子程序结束
```

主程序：

```
O1235
N100 G92 X0 Y0;                      设定工件坐标系
N110 G91 G00 G43 H01 Z20;            建立 1 号刀具长度补偿
N120 S700 M03;                       主轴正转设定速度
N130 G00 X100 Y100;                  移到孔 1 的位置
N130 M98 P8000 L1;                   调用子程序，加工孔 1、2、3、4
N140 G90 G00 X100 Y130;              移到孔 5 的位置
N150 M98 P8000 L1;                   调用子程序，加工孔 5、6、7、8
N160 G00 X0 Y0 Z120 H0;              刀具移出工件，取消刀补
N170 M05;                            主轴停止
N180 M02;                            程序结束
```

说明：在 SINUMERIK 型数控铣床编程过程中，除使用循环指令不同外，还需要参数赋值，其他跟 FANUC 一样。

第四节　图形交互式编程

一、图形交互式编程概述

在自动编程系统中，APT 编程语言最早产生，经过不断扩充形成了诸如 APT Ⅱ、APT Ⅲ、APT-AC 等版本，但是采用 APT 语言描述零件的几何形状时没有图形显示，不直观，尤其在描述几何形状复杂的零件时容易出错。从 20 世纪 70 年代开始出现并迅速发展起来的图形交互数控编程技术有效地解决了几何造型、零件几何形状的显示、交互设计、修改及刀具轨迹生成、走刀过程的仿真显示、验证等问题，从而推动了 CAD/CAM 向一体化方向发展。应用较为广泛的 CAD/CAM 系统有 CATIA、UG、MASTERCAM 等，这些系统的功能都比较强，各具特色。

图形交互式自动编程技术就是应用计算机图形交互技术开发出来的数控加工程序自动编程系统，使用者利用计算机键盘、鼠标等输入设备以及屏幕显示设备，通过交互操作，建立、编辑零件轮廓的几何模型，选择加工工艺策略，生成刀具运动轨迹，利用屏幕动态模拟显示数控加工过程，最后生成数控加工程序。下面采用 Fusion 360 系统对具体型腔零件 CAD/CAM 集成功能进行演示，包括实体建模、刀具选择、刀具路径的自动生成、加工过程的仿真演示、CNC 程序的输出等过程。

二、Fusion 360 软件简介

Fusion 360 软件是美国 Autodesk 公司研制开发的第一款基于云端的 CAD/CAE/CAM 集成系统，具有灵活而丰富的三维建模和设计，2D 和 3D 电子 PCB 设计，集成的 CAD

+ CAM 工作流程，远程协同设计和数据管理，创新型衍生式设计和仿真解决方案，真实的照片级渲染和文档编制，是业界广泛采用的先进系统代表。

Fusion 360 主界面如图 2-46 所示。

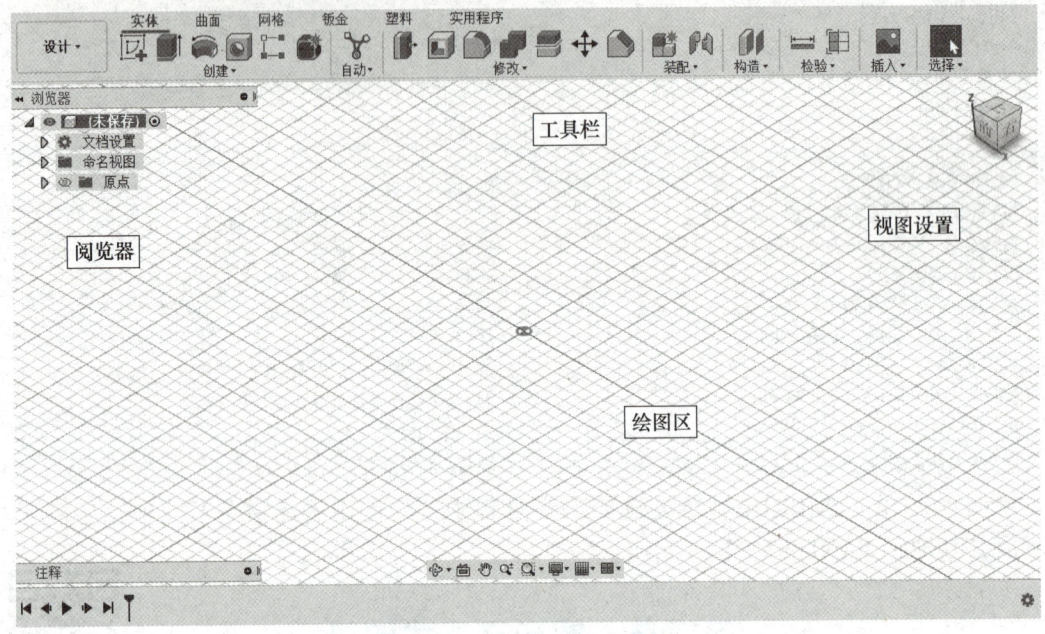

图 2-46　Fusion 360 主界面

三、型腔零件数控加工编程实例

（一）型腔零件建模

1）双击 Fusion 360 图标，进入 Fusion 360 "设计"界面（图 2-47）。

图 2-47　Fusion 360 "设计"界面

2）创建草图，选择 XY 平面后，在"创建"选项卡中选择"矩形"命令，进行矩形图形绘制（图 2-48）。

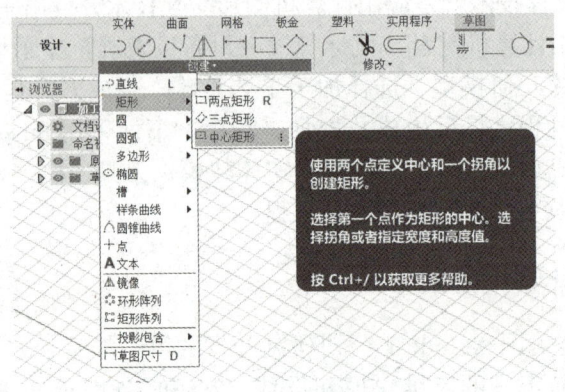

图 2-48　选择"矩形"命令

3）放置矩形后，设置矩形长为150mm、宽为120mm（图2-49）。

图2-49 绘制矩形

4）单击界面右上角"完成草图"按钮并退出草图模式；对草图使用"创建"选项卡中的"拉伸"命令，输入拉伸"距离"为"20mm"，单击"确定"按钮完成拉伸（图2-50）。

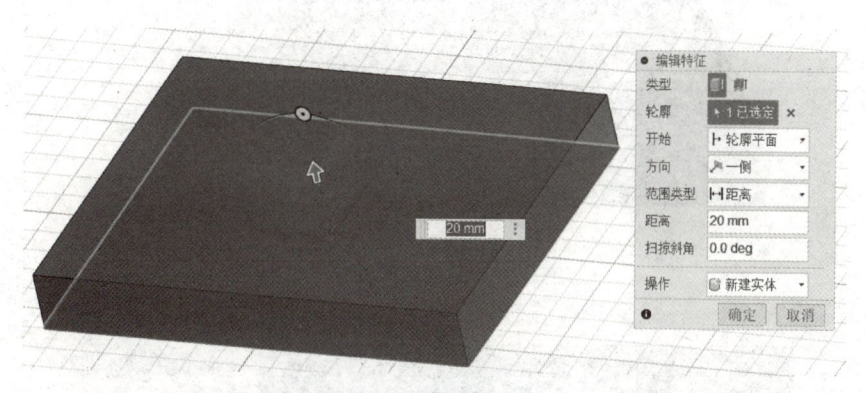

图2-50 草图实体拉伸1

5）在长方体上表面继续创建草图，绘制矩形图形，其长为120mm、宽为100mm，并作半径为12mm的圆角（图2-51）。

6）单击界面右上角"完成草图"按钮并退出草图模式，对矩形进行拉伸操作，拉伸"距离"为"20mm"（图2-52）。

7）在上表面继续创建草图，利用偏移工具，将外轮廓向内偏移5mm形成新的草图（图2-53）。

8）单击界面右上角"完成草图"按钮并退出草图模式，对新草图进行拉伸操作，拉伸"距离"为"-10mm"，"操作"选择为"剪切"。

9）在剪切拉伸的空腔底面创建草图，草图为两个十字相交的矩形，横置矩形长为80mm、宽为35mm，竖置矩形长为70mm、宽为40mm，圆角为6mm（图2-54）。

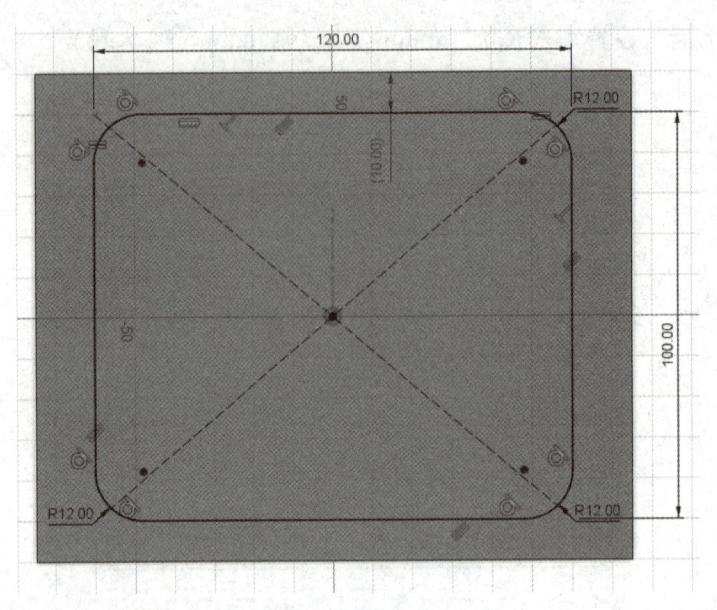

图 2-51　矩形草图绘制 1

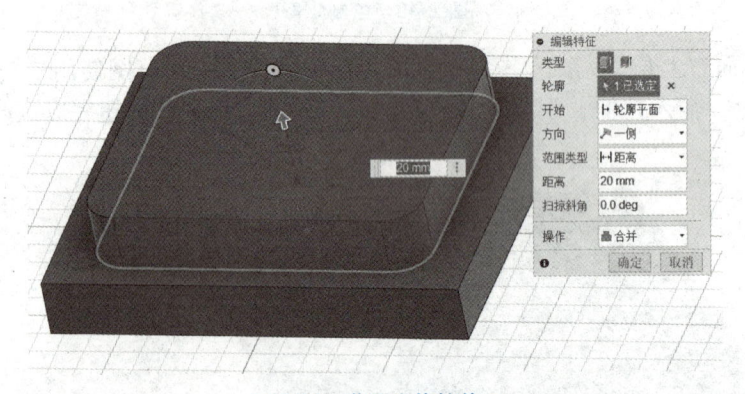

图 2-52　草图实体拉伸 2

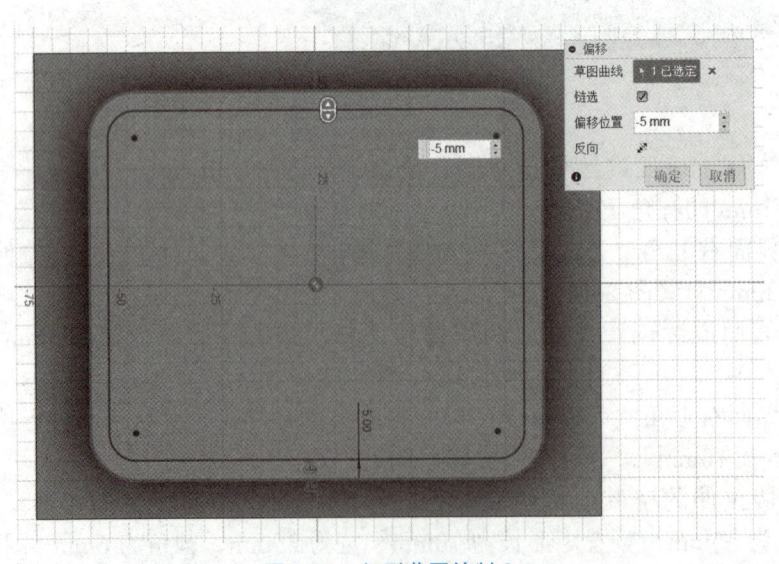

图 2-53　矩形草图绘制 2

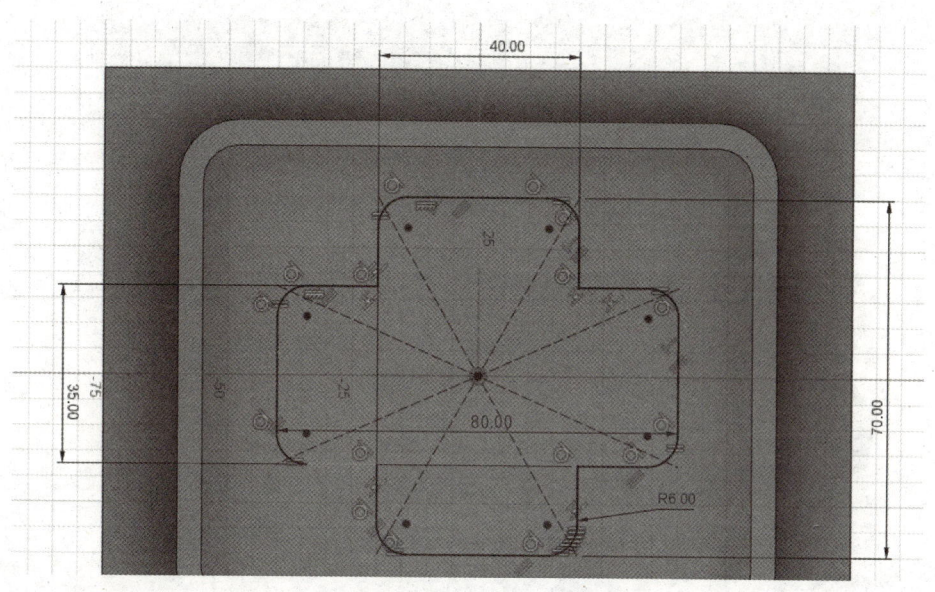

图 2-54 十字相交矩形草图绘制

10）单击界面右上角"完成草图"按钮并退出草图模式，对两个圆角矩形的并集进行拉伸操作，拉伸"距离"为"-10mm"，"操作"选择为"剪切"。

11）在图 2-55 所示的草图平面再次创建草图，使用"创建"选项卡中的"点"命令放置一个点，该点与坐标原点的 X 方向距离为 37mm，Y 方向距离为 30mm。

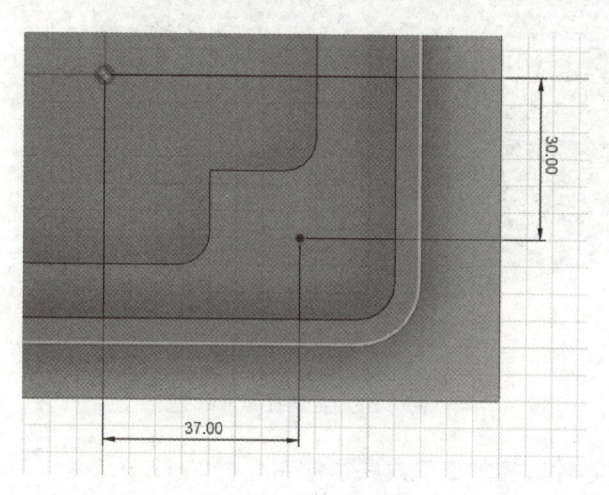

图 2-55 放置草图点

12）退出草图模式后，在"创建"选项卡中选择"孔"命令，孔类型、孔攻螺纹类型、孔底的选择如图 2-56 所示，孔直径为 12mm、孔深为 20mm、孔底角度为 118°（图 2-56）。

13）对孔特征进行矩形阵列，阵列两个方向的"距离"分别为 60mm、74mm（图 2-57）。

14）单击左上角"保存"按钮将文件保存在 Fusion 360 云服务器中，名称为"铣削加工"。

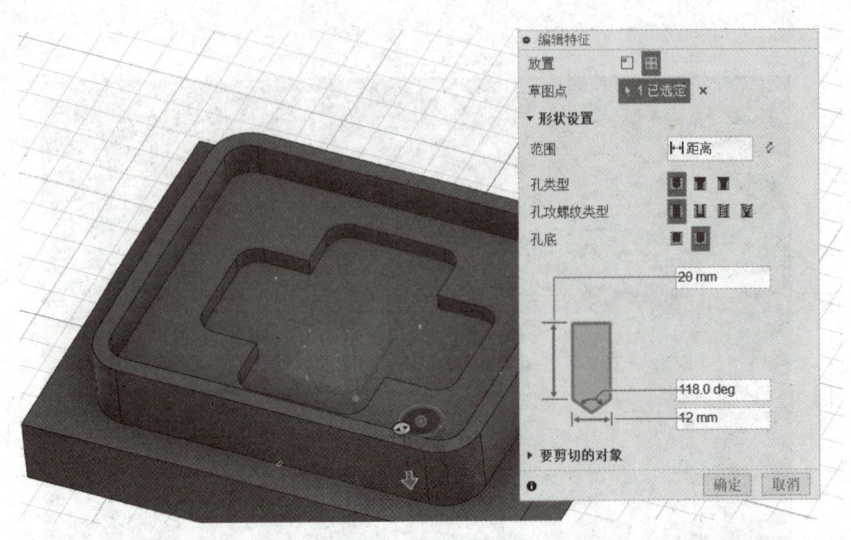

图 2-56 创建孔特征

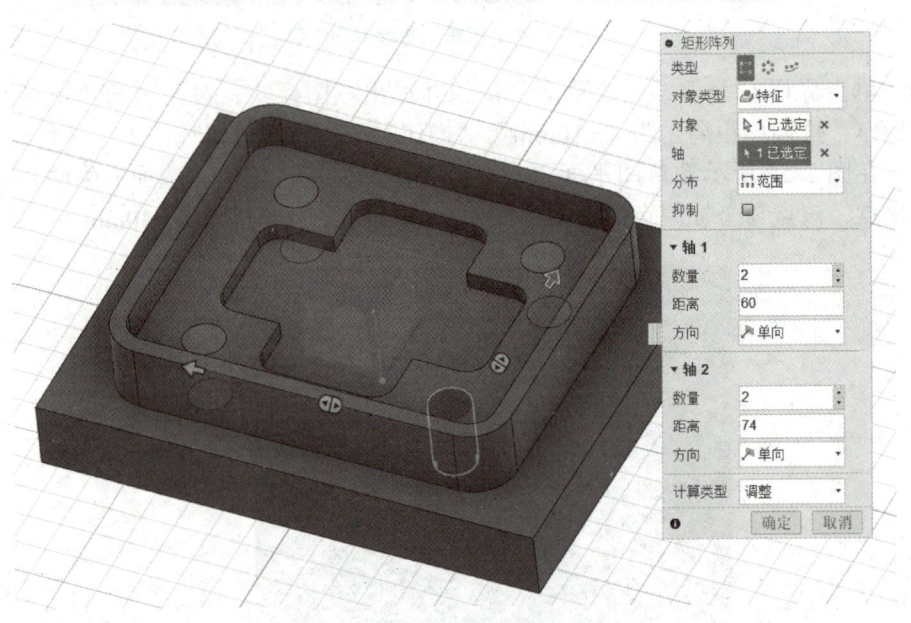

图 2-57 孔特征矩形阵列

（二）铣削加工零件数控加工刀具路径编制

1. 加工工艺分析

图 2-57 所示的型腔零件结构比较典型，材料采用模具钢。根据型腔的几何形状，首先采用 φ50mm 面铣刀进行顶端面加工，再采用曲面挖槽粗加工功能进行开粗，加工余量为 0.5mm，再采用曲面精加工环绕等距功能对型腔进行精加工，最后使用 φ12mm 点钻加工 4 个孔。此外还有切削方式、工件零点等的设置。

2. 在 Fusion 360 软件上操作步骤

（1）进入"制造"工作空间及新建设置　打开"铣削加工"文件，选择"制造"工作空间，在"设置"选项卡中选择"新建设置"选项（图 2-58）。

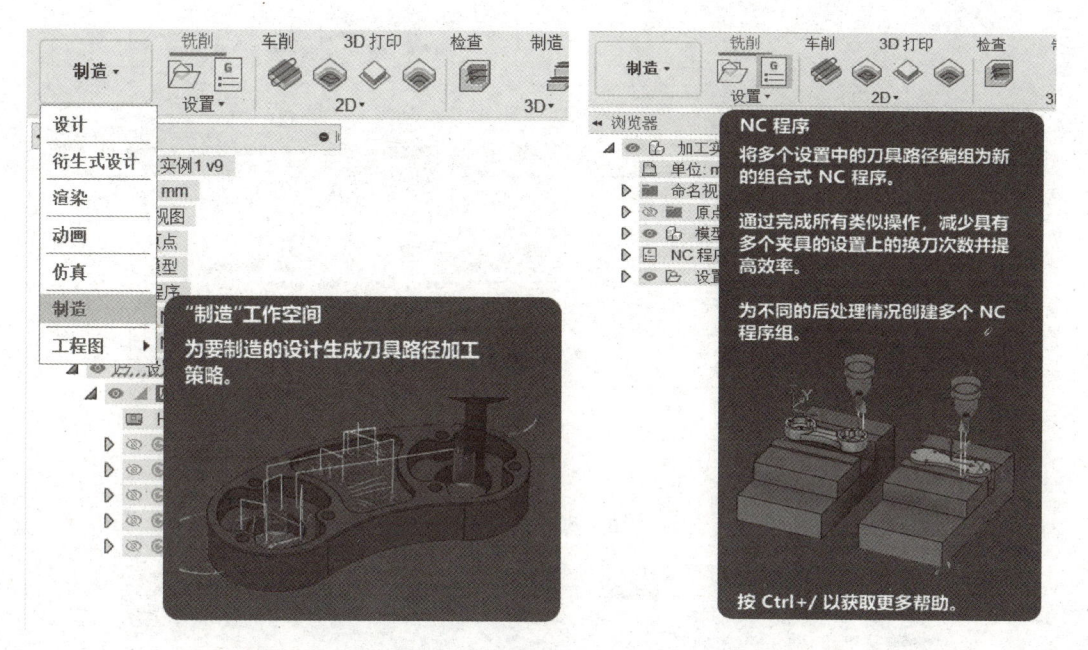

图 2-58 进入"制造"工作空间及新建设置

（2）设置加工机床及加工坐标系 在新建设置的弹出窗口中，"设置"选项卡中设定加工机床及设置加工坐标系，"机床"选择"HASS A-axis"，"操作类型"选择"铣削"，"朝向"选择"Z 轴/平面和 X 轴"，"原点"选择"毛坯边界盒点"（图 2-59）。

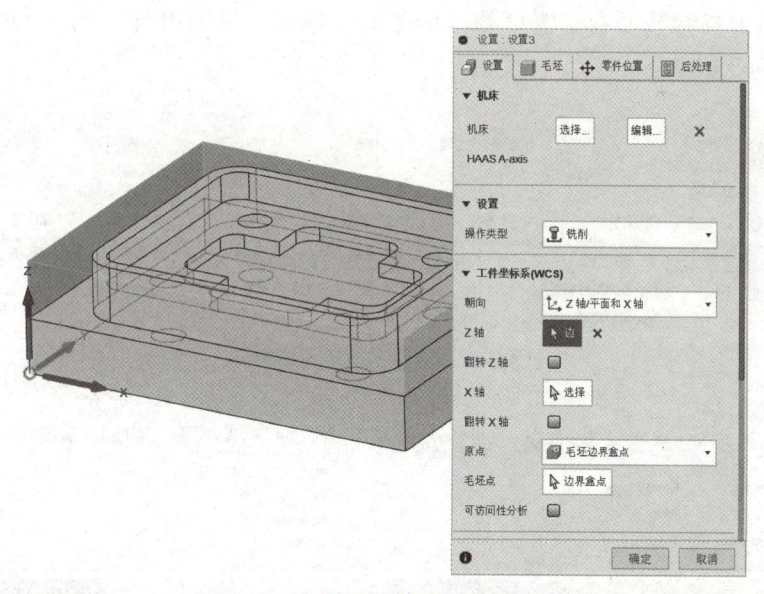

图 2-59 设置加工机床及加工坐标系

（3）定义毛坯 在"毛坯"选项卡中定义毛坯，"模式"选择"相对尺寸方体"，"毛坯顶部偏移"选择 1mm，其余偏移为 0mm（图 2-60）。

（4）打开刀具库选择刀具 在工具栏的"管理"选项卡中选择"刀具库"选项，搜索需要使用的加工刀具，选择平头立铣刀、面铣刀、点钻各一把（图 2-61）。

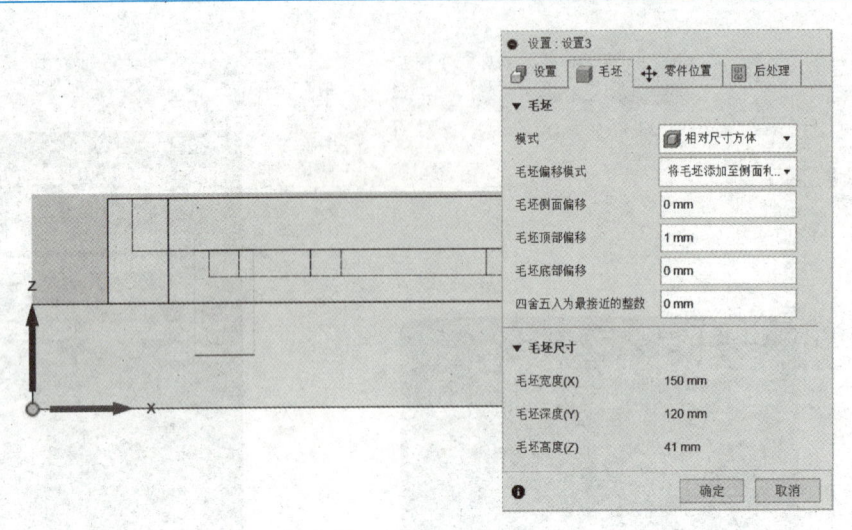

图 2-60 定义毛坯

图 2-61 打开刀具库选择刀具

（5）调整刀具参数　右击需要修改的刀具，选择"编辑刀具"选项（图 2-62），其具体参数如图 2-63 所示。

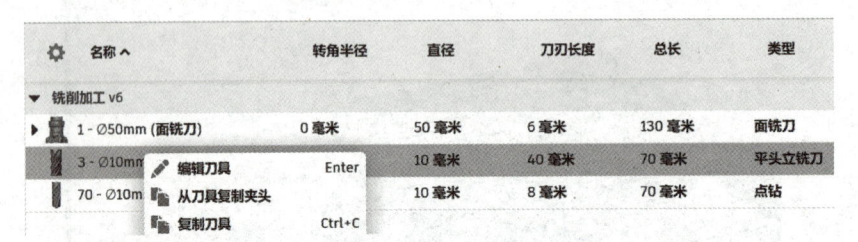

图 2-62 选择需要编辑的刀具

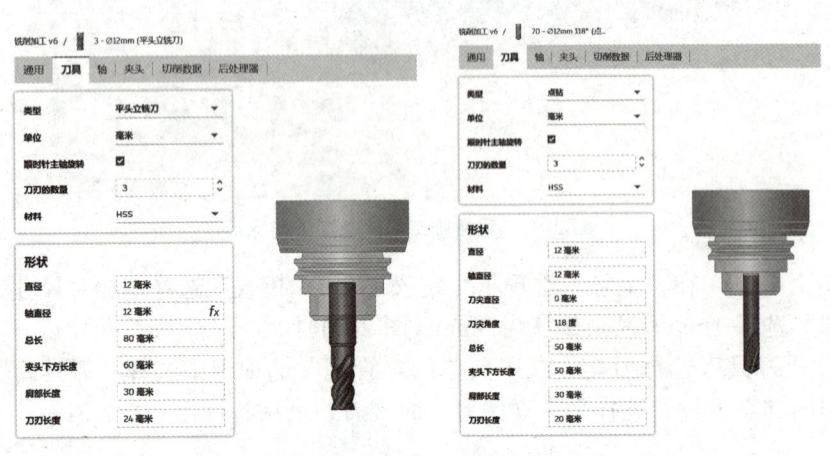

图 2-63 平头立铣刀与点钻的刀具参数

（6）顶部面加工

1）在"制造"工具栏的"铣削"选项卡中，选择"2D"→"面"选项（图2-64），会打开一个面窗口。

图2-64 选择"面"进行面加工操作

2）在"面"窗口的"刀具"选项卡中，单击"选择"按钮，选择在之前步骤中添加的"1-ϕ50mm（面铣刀）"。

3）单击"形状"选项卡，如果没有要指定的对象，"面"假定毛坯区域与加工区域相同，毛坯的尺寸显示为绕零件的一条轮廓线（图2-65）。

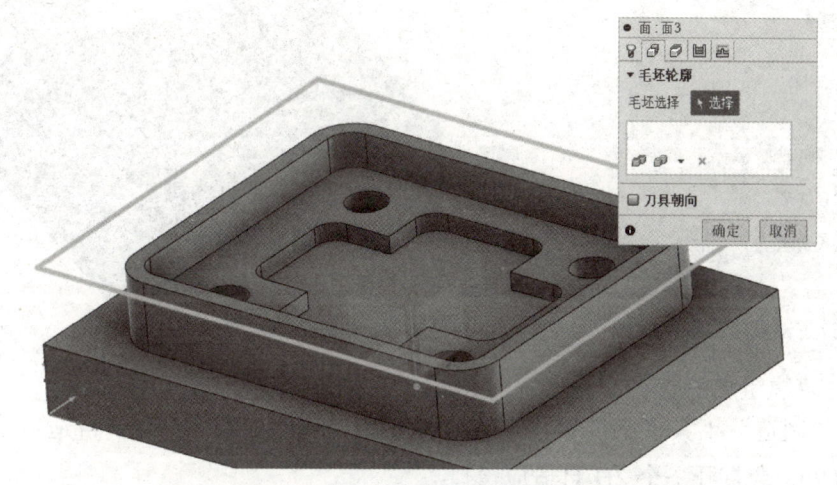

图2-65 选择毛坯

4）单击"高度"选项卡，设置刀具加工高度，安全高度为50mm，退刀高度为10mm，进给高度为10mm，顶部高度为0mm，底部高度为0mm（图2-66）。

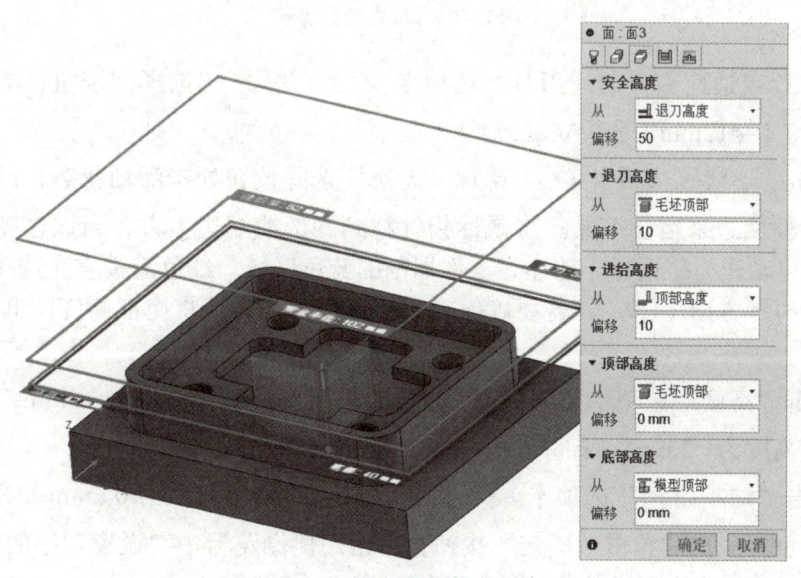

图2-66 设置刀具高度

5）单击"加工路径"选项卡，设置"加工路径延伸"为5mm（图2-67），完成后单击"确定"按钮；单击左侧浏览器中"设置"中的"面加工"命令，获得加工路径预览（图2-68）。

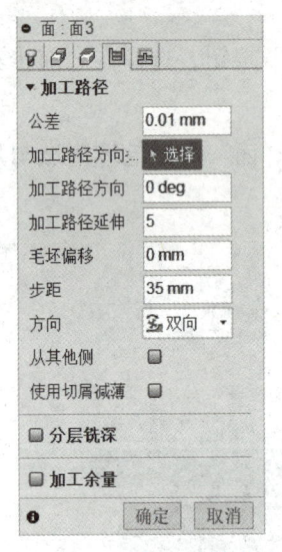

图 2-67　设置加工路径参数

图 2-68　加工路径预览

（7）外轮廓粗加工

1）在"制造"工具栏的"铣削"选项卡中，选择"2D"→"2D自适应清洁"选项（图2-69），会打开一个2D自适应窗口。

图 2-69　2D自适应清洁

2）在2D自适应窗口的"刀具"选项卡中，单击"选择"按钮，选择在之前步骤中添加的"1-ϕ12mm（平头立铣刀）"。

3）单击"形状"选项卡，确保"轮廓"选择按钮处于活动状态，以便选择零件几何图元的外侧边来运行刀具。将鼠标指针移到底部前端边上方，当该边亮显时，单击它。该边将自动作为链选择。请注意零件周围的蓝色区域。红色箭头应在选择轮廓外侧绕零件指向顺时针方向（CW）。若要确保刀具能穿过毛坯，请将底部高度降低1mm，然后开始计算。

4）单击"高度"选项卡，设置刀具加工高度，安全高度为10mm，退刀高度为5mm，顶部高度为-2mm，底部高度为0mm（图2-70）。

5）单击"加工路径"选项卡，设置"最小切削半径"为0.6mm（图2-71）取消勾选加工余量，完成后单击"确定"按钮；单击左侧浏览器中"设置"中的"2D自适应加工"命令，获得加工路径预览（图2-72）。

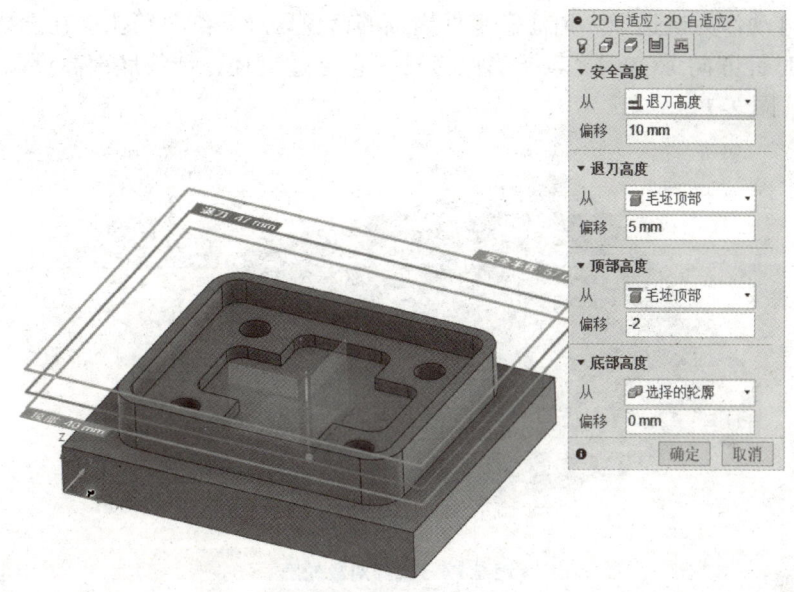

图 2-70 设置高度参数

图 2-71 设置加工路径参数

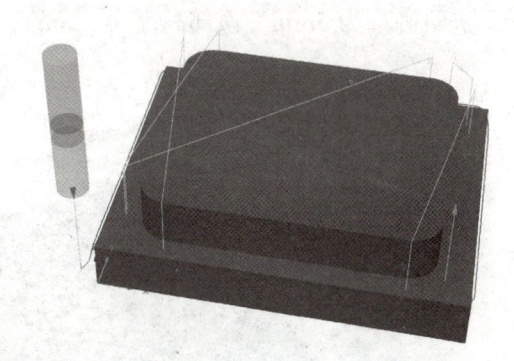

图 2-72 2D 自适应加工路径预览

(8) 外轮廓精加工

1) 在"制造"工具栏的"铣削"选项卡中,选择"2D"→"2D 轮廓"选项 （图 2-73),会打开一个 2D 轮廓命令窗口。

图 2-73 2D 轮廓

2) 在轮廓窗口的"刀具"选项卡 中,单击"选择"按钮,选择在之前步骤中添加的"1-φ12mm（平头立铣刀）";在"进给和速度"组中,将"主轴速度"减小为 3000r/min。将"切割进给率"减小到 800mm/min。

3) 单击"形状"选项卡 ,确保"轮廓选择"按钮处于活动状态,以便选择零件几何图元的外侧边来运行刀具。将鼠标指针移到底部前端边上方,当该边亮显时,单击它。该边将自动作为链选择。请注意零件周围的蓝色区域。红色箭头应在选择轮廓外侧绕零件指向顺时针方向（CW）。若要确保刀具一直穿过毛坯，请将底部高度降低 1mm，然后开始计算（图 2-74）。

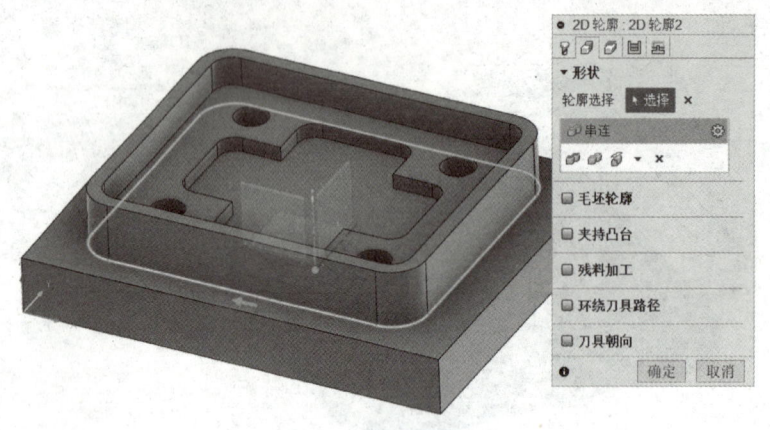

图 2-74 选择对象轮廓

4）单击"高度"选项卡，设置刀具加工高度，安全高度为 10mm，退刀高度为 5mm，进给高度为 5mm，顶部高度为 -2mm，底部高度为 0mm（图 2-75）。

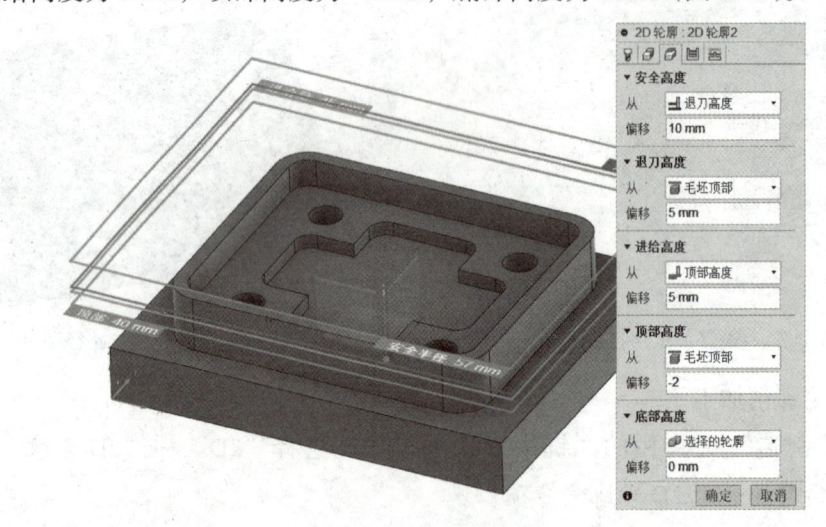

图 2-75 设置加工高度

（9）加工挖槽

1）在"制造"工具栏的"铣削"选项卡中，选择"2D"→"2D 挖槽"选项（图 2-76），会打开一个 2D 挖槽窗口。

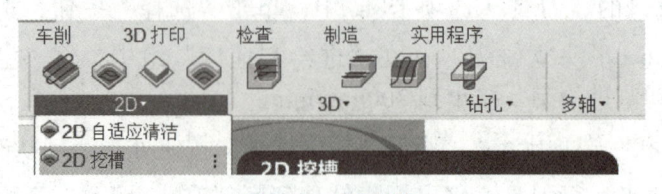

图 2-76 2D 挖槽

2）在挖槽窗口的"刀具"选项卡 中，确保刀具仍然为"1-ϕ12mm（平头立铣刀）"。

3）单击"形状"选项卡 ，选择挖槽加工区域形状，轮廓模式选择"挖槽识别"选项。识别出的槽底面会用蓝色表示（图2-77）。

4）单击"高度"选项卡 ，设置刀具加工高度，设置顶部高度为-2mm。

5）单击"加工路径"选项卡 ，为了清洁挖槽，将从毛坯的顶部开始，以2mm步进向下移至挖槽的底部，在多个Z层生成刀具路径。勾选"分层铣深"复选框，设置最大步距为5mm，设置最大粗加工下刀步距为2mm，设置精加工下刀步距为1mm，禁用加工余量复选框。单击"确定"按钮，开始计算（图2-78）。

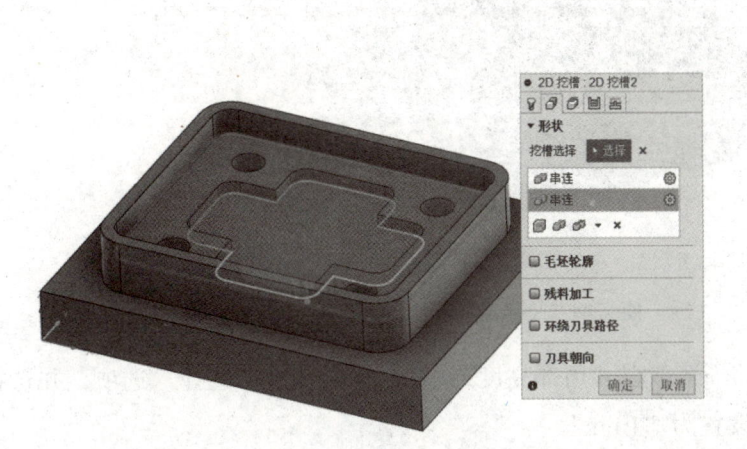

图2-77 选择挖槽加工区域形状　　　　　　图2-78 设置挖槽加工路径

6）单击左侧浏览器中的相应设置下的挖槽操作，预览挖槽的加工路径（图2-79）。

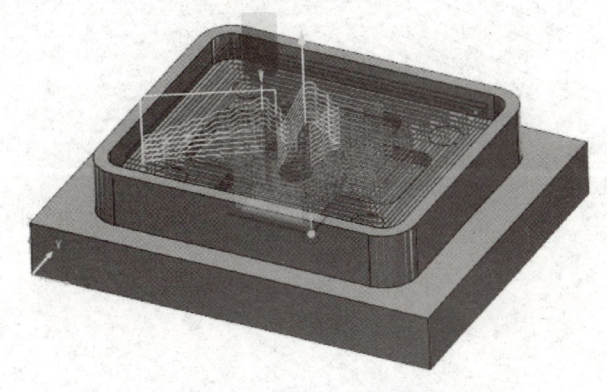

图2-79 挖槽加工路径预览

（10）钻孔

1）在"制造"工具栏的"铣削"选项卡中，选择"钻孔"→"钻孔"选项（图 2-80），会打开一个钻孔窗口。

图 2-80　钻孔

2）在钻孔窗口的"刀具"选项卡中，选择刀具为"1-ϕ12mm（点钻）"。

3）单击"形状"选项卡，选择钻孔加工区域形状。设置"选择模式"为"选择的面"，"孔面"选择模型上的 4 个孔特征的圆柱面。勾选"选择相同直径"复选框（图 2-81）。

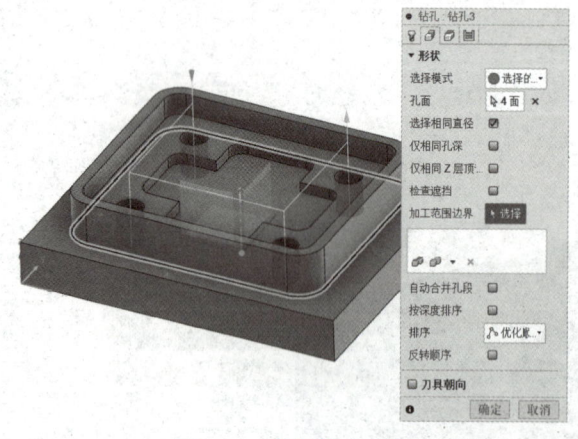

图 2-81　设置钻孔形状

4）单击"高度"选项卡。在"顶部高度"中，"从"选择"选择"选项，并选择图 2-82 的面。将"偏移"设置为"1mm"。

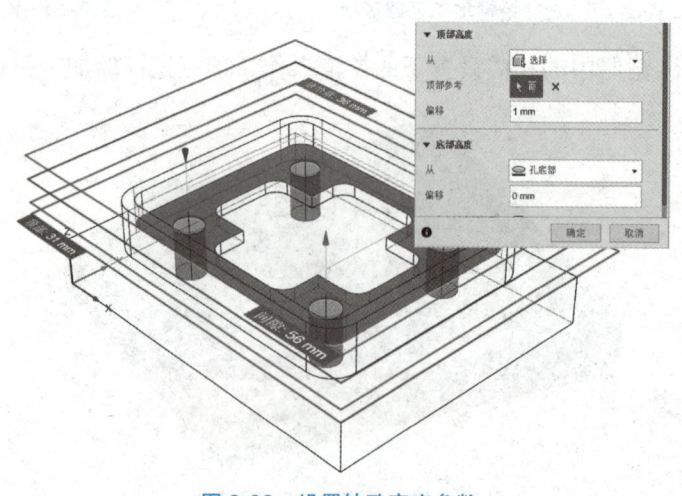

图 2-82　设置钻孔高度参数

5）单击"循环"选项卡 ![icon]，将"循环类型"更改为"断屑 – 局部退刀"。单击"确定"按钮开始计算。

（11）仿真刀具路径 在"制造"工具栏中单击"动作"选项卡中的"仿真"选项，打开"仿真"命令选项卡（图 2-83）。仿真播放器将显示在画布上（图 2-84）。若要显示定义的刀具路径，请单击"开始仿真"按钮。当仿真完成后，在"仿真"命令选项卡中，单击"退出仿真"按钮。

图 2-83 打开"仿真"命令选项卡

图 2-84 仿真播放器

（12）生成 G 代码（图 2-85） 在"制造"工具栏上单击"设置"→"NC 程序"选项，打开"NC 程序"对话框。也可以在浏览器中的"设置 1"节点上单击鼠标右键，然后选择"创建 NC 程序"选项。

```
 1  %
 2  O01001
 3  (Using high feed G1 F500. instead of G0.)
 4  (Machine)
 5  (  vendor: HAAS)
 6  (  model: A-axis)
 7  (  description: Haas with A-axis)
 8  (T1 D=50. CR=0. - ZMIN=40. - face mill)
 9  (T3 D=12. CR=0. - ZMIN=10. - flat end mill)
10  N10 G90 G17
11  N15 G21
12  N20 G53 G0 Z0.
13
14  (3)
15  N25 T1 M6
16  N30 S955 M3
17  N35 G17 G90
18  N40 G54
19  N45 M11
20  N50 G0 A0.
21  N55 M10
22  N60 M8
23  N65 G1 X182.5 Y5.488 F500.
24  N70 G0 G43 Z102. H1
25  N75 T3
26  N80 G0 Z52.
27  N85 G1 Z45. F460.
```

图 2-85 NC 程序内容摘要

在"机床和后处理"组中，从"后处理"下拉列表选择"从库中选择"以拾取后处理器。将"过滤器"中的"功能"设置为"铣削"，将"供应商"下拉菜单设置为"Haas Automation"。选择"HAAS-A-axis (pre-NGC)"后处理器，将其拖动到"本地"文件夹，然后按"选择"按钮。

小贴士:

1)将后处理下载并移至"本地"文件夹后,就无须再执行以下操作:

① 在"程序"组中,接受默认的程序名称/编号或提供其他名称/编号。

② 接受 NC 代码文件的默认"输出文件夹",或选择其他文件夹。

2)选择"在编辑器中打开 NC 文件"后,后处理的 NC 代码文件将在默认 NC 编辑器中打开。若要对文件进行后处理,请单击"后处理"按钮。处理完成后单击右下角弹窗的"显示代码"按钮,代码将使用计算机默认的编辑程序打开。

思考题

2-1 程序编制中的工艺和数据处理主要包括哪些内容?

2-2 什么是手工编程和自动编程?各自适用于什么场合?

2-3 G 代码的模态和非模态有什么区别?

2-4 M00、M01、M02 和 M30 功能上有什么不同?

2-5 工件坐标系和机床坐标系有何区别?

2-6 说明 G92 和 G54~G59 的作用和相互区别。

2-7 数控机床的加工工序应考虑哪些原则?

2-8 确定零件加工的进给路线的原则是什么?

2-9 什么是刀具半径补偿?如何建立和取消刀具半径补偿?

2-10 什么是刀具长度补偿?如何建立和取消刀具长度补偿?

2-11 精加工图 2-86 所示的零件的外形轮廓,上、下两个面和中间的孔已经加工完成,刀具在对刀点位置。要求:选择刀具、确定工艺路线、切削参数后编制程序单。

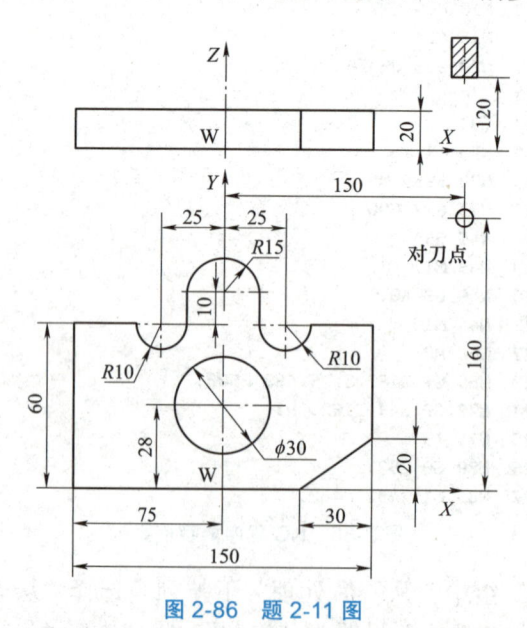

图 2-86 题 2-11 图

2-12 精加工图 2-87 所示零件的轮廓,左侧为夹持端,已知毛坯为 $\phi 40mm \times 90mm$ 棒料,材料为 45 钢。要求:根据已知条件选择加工机床、装夹方式,确定工艺路线、切削参数，根据图样轮廓编程。

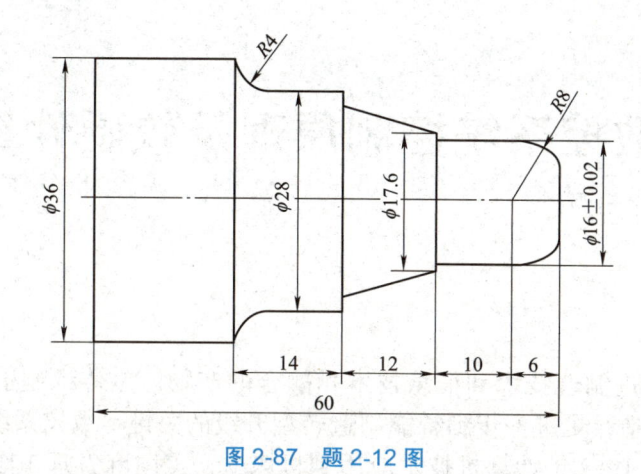

图 2-87 题 2-12 图

2-13 简述 Fusion 360 软件的功能及其特点。

2-14 用 Fusion 360 软件对图 2-86 所示零件进行建模和仿真加工。

第三章　数控系统控制原理及软硬件结构

数控系统是先进制造技术和信息技术相融合的产物,是传统制造业从数字化制造到"互联网+"制造,更进一步到智能制造转型升级的关键。数控系统的发展始终与计算机发展同步。从1952年计算机技术应用到机床上,美国麻省理工学院和美国帕森斯(Parsons)公司合作发明第一台数控机床开始,经过多半个世纪的发展,数控系统经历了三个阶段:数控(NC)阶段、计算机数控(CNC)阶段和智能数控(iNC)阶段。由早期的硬件连接NC系统,逐渐形成以PC系统为基础的CNC系统,再发展成为与大数据、人工智能技术相融合的iNC系统。尽管在不同发展阶段,数控系统有各自的时代特征,相应的组成和特征也发生很大的变化,但仍有一些万变不离其宗的元素。本章除了对数控的基本原理和软硬件基本结构进行叙述外,还对智能数控系统的相关内容进行介绍。

第一节　计算机数控系统的控制基础——插补

一、插补的基本概念

对于数控机床而言,数字控制的核心问题之一就是控制刀具与工件的相对运动。一个连续切削控制的数控系统,除了使工作台准确定位之外,还必须控制刀具相对于工件以给定的速度,沿着指定的路径运动来切削出被加工的零件,并且要保证切削过程中每一切削点的精度和表面粗糙度。这些功能由插补器和伺服装置两大部分来完成,伺服装置的控制将在第五章中说明,本节主要叙述插补功能的实现。

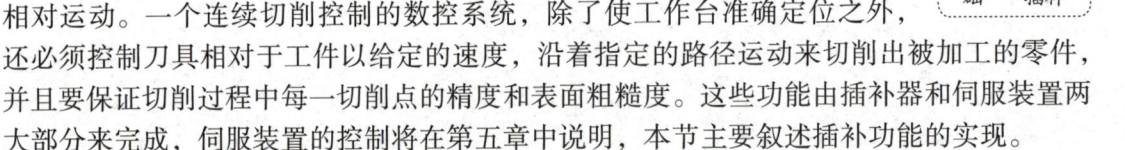

在普通NC系统中,插补器是由一个专门的硬件组成的数字电路装置,而在CNC系统中,插补器的硬件功能全部或部分地由计算机软件来实现。

构成工件轮廓的基本线条是直线和圆弧,因此大多数CNC系统都具有直线和圆弧插补功能,只有在某些要求较高的系统中,才具有抛物线、螺旋线等插补功能。程序员编制的零件程序,一般都包括直线的起点和终点,圆弧的起点、终点、逆顺圆心相对于起点的偏移量、圆弧半径,以及所要求的轮廓进给速度、刀具参数和辅助功能。插补软件的任务是要完成其轮廓起点和终点之间的中间点的坐标值计算。轮廓控制系统的主要任务称为插补计算,并且相对机床控制必须是实时的,即必须在有限的时间内完成计算任务并对各坐标轴分配速度和位置信息。插补程序的运行时间和计算精度影响着整个CNC系统的性能指标。

加工平面直线或曲线需要两个坐标协调运动，加工空间曲线或曲面则需要三个或三个以上坐标协调完成。协调实质上是决定联动过程中各坐标轴的运动顺序、位移、方向和速度。这种协调称为插补。插补计算的实质是通过给定的基点坐标，以一定的速度连续走出一系列中间点，而这些中间点的坐标值是以一定的精度逼近给定的线段获得。

从理论上说，插补可以用任意函数形式，但为了简化插补运算过程和加快插补速度，通常采用直线插补和二次曲线插补两种形式。所谓直线插补是指在给定的两个基点之间用一条近似直线来逼近，但这并不是真正的直线，而是由此定出的中间点连接起来的折线而近似的一条直线。所谓二次曲线插补是指在给定的两个基点之间用一条近似曲线来逼近，也就是实际的中间点连线，是一条近似于曲线的折线弧。常用的二次曲线有圆弧、抛物线和双曲线等。把插补运算过程中输出的各中间点，以脉冲信号形式去控制 X、Y 方向上的伺服电动机，带动刀具运动，加工出符合要求的轮廓来。这里的每一个脉冲信号代表刀具在 X 方向或 Y 方向移动一个位置。把对应于每个脉冲移动的相对位置称为脉冲当量，也称步长，常用 ΔX 和 ΔY 来表示，并且总是取 $\Delta X = \Delta Y$。

图 3-1 中 AB 是用折线逼近直线的直线插补，以 (X_0, Y_0) 代表该线段的起点坐标值，(X_e, Y_e) 代表终点坐标值，则 X 方向和 Y 方向应移动的总步数 N_X 和 N_Y 为

$$N_X = \frac{X_e - X_0}{\Delta X} \tag{3-1}$$

$$N_Y = \frac{Y_e - Y_0}{\Delta Y} \tag{3-2}$$

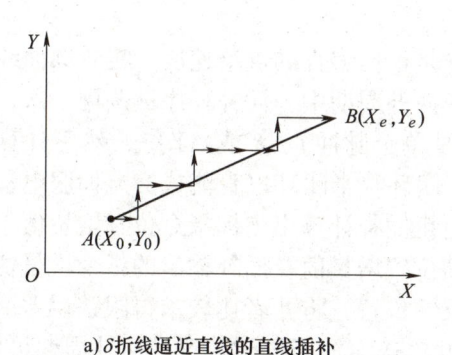

a) δ 折线逼近直线的直线插补　　　　b) 2δ 折线逼近直线的直线插补

图 3-1　直线插补示意图

如果取 ΔX 和 ΔY 为单位坐标增量值，即 X_0、Y_0、X_e、Y_e 均是以脉冲当量定义的坐标值，则

$$N_x = X_e - X_0 \tag{3-3}$$

$$N_y = Y_e - Y_0 \tag{3-4}$$

因此，插补运算的作用就是分配这两个方向上的脉冲数，使实际的中间点轨迹尽可能地逼近理想轨迹。由图 3-1 可见，实际的中间点连接线是一条由 ΔX 和 ΔY 增量值组成的折线，只是由于实际的 ΔX 和 ΔY 的值很小，人眼难以分辨，因此看起来似乎是一条直线。显然，ΔX 和 ΔY 的值越小，就越逼近于理想的直线段，图 3-1 中均以"→"代表 ΔX 或 ΔY，图 3-1b 的增量值长度是图 3-1a 的 2 倍。

在数控技术发展的过程中出现了很多插补方法。一般可把插补算法归纳为两大类,即脉冲增量插补和数字增量插补。

脉冲增量插补又称为基准脉冲插补,适用于以步进电动机驱动的开环数控系统。在控制过程中通过不断向各坐标轴驱动电动机发出互相协调的进给脉冲,每个脉冲通过步进电动机驱动器使步进电动机转过一个固定的角度(称为步距角),并使机床工作台产生相应的位移。该位移称为脉冲当量,即最小指令位移。

脉冲增量插补的特点是每次插补结果仅产生一个行程增量,行程增量是以一个一个脉冲方式输送给伺服系统。脉冲增量插补方法实现比较简单,通常仅用加法和移位即可完成,这种方法不仅可以用硬件来完成,也可用软件来完成。其中,硬件电路完成这类简单运算的速度是很快的,早期NC系统大多采用此类方法,但它只能适用一些中等精度(0.01mm)或中等速度(1~3m/min)要求的CNC系统。而用软件模拟这种插补方法的最高速度受限于插补程序执行时间。以软件模拟一个坐标轴的数字积分器(DDA)为例,完成一步插补运算,计算机一般要以20条指令来完成,时间约40μs。当脉冲当量为0.001mm时,可以达到的极限速度是1.5m/min。而当计算机控制两个以上坐标轴和采用双精度运算,且承担其他必要数据功能时,能形成的轮廓速度将进一步降低,如果要保证一定的进给速度,只好增加脉冲当量,使精度降低。因此它仅适用于中等精度和中等速度场合。总之,插补速度与插补精度之间是相互制约、相互矛盾的,必须进行折中选择。脉冲增量插补算法很多,有数字脉冲乘法器插补法、逐点比较法、数字积分法、矢量判别法、比较积分法、最小偏差法、目标点跟踪法、单步追踪法、直接函数法、加密判别和双判别插补法、时差法等。

数字增量插补方法也称数据采样插补,它是根据编程的进给速度,将轮廓曲线分割为插补采样周期的进给段,即轮廓步长。在每一插补周期中,插补程序被调用一次,为下一周期计算出坐标轴应该行进的增长段(而不是单个脉冲)ΔX或ΔY等,然后计算出相应插补点(动点)位置的坐标值。本方法适用于闭环与半闭环以直流或交流伺服电动机为驱动装置的位置采样控制系统。在每个周期内由粗插补计算出坐标指令位置增量值,而精插补则在每个采样周期内采样闭环或半闭环反馈位置增量值及插补输出的指令增量值,然后计算出各坐标轴相应的插补指令位置和实际反馈位置,将两者比较求得跟踪误差。根据所求得的跟随误差得出相应轴的进给速度指令并输送给伺服驱动装置。插补周期可以相等,也可以不等,通常插补周期是采样周期的整数倍。数据采样的插补方法很多,其中时间分割插补法、扩展数字积分法、二阶递归扩展数字插补法、双数字积分插补法、角度逼近圆弧插补法等是几种较常用的数字增量插补方法。

二、逐点比较插补法

逐点比较法属于脉冲增量插补。该方法又称为区域判别法、代数运算法、醉步式近似法。其基本原理是:每走一步都要将加工点的瞬时坐标与规定的加工轨迹相比较判断偏差,然后决定下一步的走向。这样就能一步一步、非常接近地按规定加工的轨迹行走,起到步步逼近的效果。因为是一点一比较,步步逼近的,所以被命名为逐点比较法。

一般来讲,在逐点比较法插补过程中,每走一步都要经过,四个工作节拍,如图3-2

所示。

偏差判别。判别刀具当前位置相对于给定轮廓的偏差情况，即通过判别偏差符号，确定加工点是处在理想轮廓的哪一侧，或在图形的外面还是图形里面，以此决定刀具进给方向。

坐标进给。根据偏差判别结果，控制 X 坐标或 Y 坐标进给一步，使加工点向理想轮廓或规定图形靠拢，从而缩小偏差。

偏差计算。刀具进给一步后，针对新的加工点计算出能反映其偏离理想轮廓的新偏差，作为下一步偏差判别的依据。

终点判别。根据当前步的进给结果，判别终点是否到达。如未到达则继续插补，若终点已到则停止插补。

（一）四方向平面直线插补

对于四方向平面直线插补来说，如果把直线段的起点坐标放在坐标原点，则任何一条直线总落在这四个象限的某一个象限，除非这条直线与坐标轴重合。

1. 第Ⅰ象限直线插补

下面以第Ⅰ象限的直线插补为例进行分析。在第Ⅰ象限中，若想加工出图 3-3 所示的直线段 OP，可取起点 O 为坐标原点，则 OP 线段把第Ⅰ象限平面划分成两个区域，并形成三个点集：第一个点集是重合于直线段 OP 上的所有点，第二个点集是位于 A_+ 区域内的所有点，第三个点集是位于 A_- 区域内的所有点。

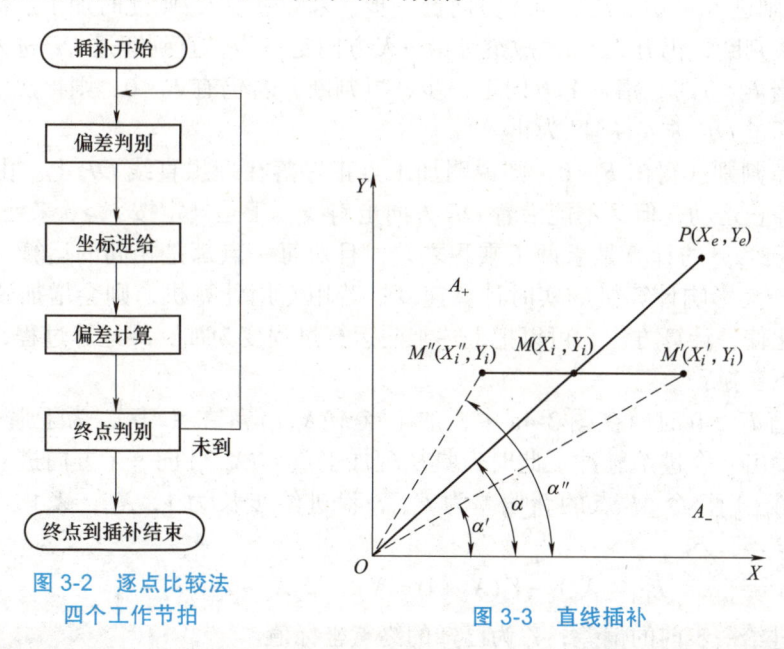

图 3-2 逐点比较法四个工作节拍

图 3-3 直线插补

在 OP 直线上任取一点 $M(X_i,Y_i)$，在与 M 点等高位置上，在 A_- 区内取一点 $M'(X_i',Y_i)$，在 A_+ 区内取一点 $M''(X_i'',Y_i)$，连接 OM'' 与 OM'，则得 OM、OM''、OM' 三条直线，它们与 X 轴正方向夹角分别为 α、α''、α'，并有

$$\alpha' < \alpha < \alpha''$$

于是它们的斜率也不一样，即

$$\tan\alpha' < \tan\alpha < \tan\alpha''$$

由于理想直线段 OP 的斜率为

$$\tan\alpha = \frac{Y_e}{X_e} = \frac{Y_i}{X_i} \tag{3-5}$$

从而可得 OP 直线的方程为

$$X_e Y_i - Y_e X_i = 0 \tag{3-6}$$

由于 $\tan\alpha'' > \tan\alpha$，即 $\dfrac{Y_i}{X_i''} > \dfrac{Y_e}{X_e}$，所以

$$X_e Y_i - Y_e X_i'' > 0 \tag{3-7}$$

又由于 $\tan\alpha' < \tan\alpha$，即 $\dfrac{Y_i}{X_t'} < \dfrac{Y_e}{X_e}$，所以

$$X_e Y_i - Y_e X_i' < 0 \tag{3-8}$$

现在，用 F_i 表示 M 点的偏差值，并定义为

$$F_i = X_e Y_i - Y_e X_i \tag{3-9}$$

式（3-9）称为直线插补的偏差判别式。为方便起见，将 F_i 记为 $F_i = X_e Y_i - Y_e X_i$。当 $F_i > 0$ 时，加工点在 A_+ 区，在 OP 上方，为了逼近理想直线 OP，必须沿 $+X$ 方向走一步，若穿过 OP，则进入 A_- 区；若沿 $+X$ 方向走一步，未穿过 OP，则此时加工点仍在 A_+ 区内，因此经判别式判断，仍有 $F_i > 0$，故继续沿 $+X$ 方向走一步，直到穿过 OP 进入 A_- 区为止。同理可得，当 $F_i < 0$ 时，沿 $+Y$ 方向走一步，再判断，若仍有 $F_i < 0$，则再次沿 $+Y$ 方向走一步，直到穿过 OP 进入 A_+ 区为止。

若由偏差判别式得出 $F_i = 0$，则说明加工点正好落在理想直线 OP 上。由于未到终点前刀尖不能停止运动，但又不能沿着 OP 方向走斜线，于是规定按 $F_i > 0$ 来处理。

由于式（3-9）的计算是求两组乘积之差，且对每一点都是相同的运算。当计算的插补点较密时，会影响计算机的实时计算速度；若用专用计算机，则会增加硬件设备。因此，为了简化偏差计算方法，可以把上述乘法运算过程变为加、减运算过程，即对原始判别式进行如下变换：

当偏差值 $F_i \geq 0$ 时，在图 3-4a 中，加工点 $M(X_i, Y_i)$ 落在 A_+ 区，为了逼近理想曲线，在 $+X$ 方向发出一个进给脉冲。此时刀具从现加工点 $M(X_i, Y_i)$ 向 $+X$ 方向进一步，到达新加工点 $M'(X_{i+1}, Y_i)$，令 M' 点的新偏差为 F_{i+1}，设进给步长为 1，$X_{i+1} = X_i + 1$，由式（3-9）可得

$$F_{i+1} = X_e Y_i - Y_e(X_i + 1) = X_e Y_i - Y_e X_i - Y_e = F_i - Y_e \tag{3-10}$$

式中，F_i 为进给一步前的偏差；Y_e 为已知的终点坐标值。

所以，当 $F_i > 0$ 时，刀具应向 $+X$ 方向进给一步到达新的一点，而该点的新偏差 F_{i+1} 等于前一点的老偏差 F_i 减去终点坐标值 Y_e。

当偏差值 $F_i < 0$ 时，在图 3-4b 中，加工点 $M(X_i, Y_i)$ 落在 A_- 区，应向 $+Y$ 方向发出一个进给脉冲。此时刀具从现加工点 $M(X_i, Y_i)$ 向 $+Y$ 方向前进一步，设进给步长为 1，$Y_{i+1} = Y_i + 1$，则到达新加工点 $M'(X_i, Y_i + 1)$ 的偏差值为

$$F_{i+1} = X_e(Y_i+1) - X_i Y_e = X_e Y_i + X_e - X_i Y_e = F_i + X_e \tag{3-11}$$

即到达 M' 点时，新偏差 F_{i+1} 等于前一点的老偏差 F_i 加上终点坐标值 X_e。

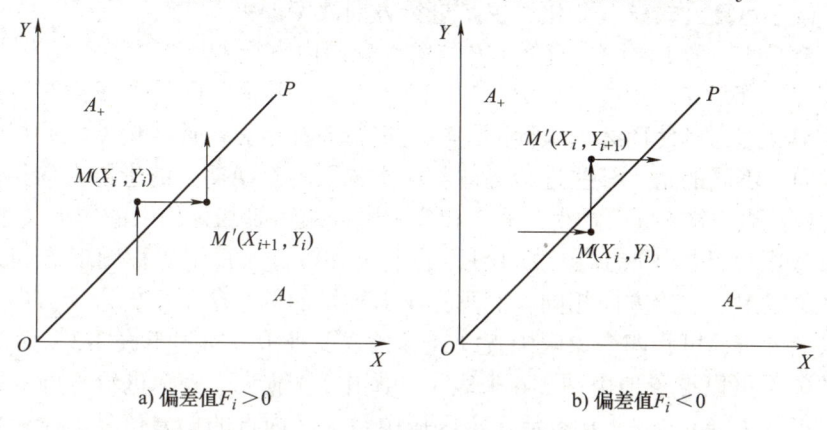

a) 偏差值 $F_i > 0$

b) 偏差值 $F_i < 0$

图 3-4 直线插补的进给方向

可见，利用进给前的偏差值 F_i 和终点坐标 (X_e, Y_e) 之一进行加/减运算求得进给一步后的新偏差 F_{i+1}，作为确定下一步进给方向的判别依据，使偏差运算过程大大简化了。并且，对于新偏差的点仍然有：当 $F_{i+1} \geq 0$ 时，刀具沿 $+X$ 方向进给一步；当 $F_{i+1} < 0$ 时，刀具沿 $+Y$ 方向进给一步。当进给完成以后，F_{i+1} 就是下一步的 F_i 值。

由式（3-10）和式（3-11）可以得知，后一点的偏差可由前一点的偏差和 X_e 或 Y_e 递推出来，具体结果见表 3-1。

表 3-1 直线插补运算表（第Ⅰ象限）

若 $F_i \geq 0$，则进行如下运算 （简称 PRS 计算），坐标进给 $+\Delta X$	若 $F_i < 0$，则进行如下运算 （简称 NRS 计算），坐标进给 $+\Delta Y$
$F_{i+1} = F_i - Y_e$ $X_{i+1} = X_i + 1$	$F_{i+1} = F_i + X_e$ $Y_{i+1} = Y_i + 1$

下面以实例来验证。设预加工直线 OA，其终点坐标为 $X_e=5$，$Y_e=3$，则 Σ 为终点判别值，这里可取 $\Sigma = X_e + Y_e = 5+3 = 8$，开始时偏差 $F_i=0$，加工过程的运算节拍见表 3-2。

表 3-2 直线插补运算加工过程的运算节拍

序号	运算节拍			
	偏差判别	坐标进给	偏差计算	终点判别
1	$F_0 = 0$	$+\Delta X$	$F_1 = F_0 - Y_e = 0 - 3 = -3$	$\Sigma_7 = \Sigma_8 - 1 = 7$
2	$F_1 = -3 < 0$	$+\Delta Y$	$F_2 = F_1 + X_e = -3 + 5 = 2$	$\Sigma_6 = \Sigma_7 - 1 = 6$
3	$F_2 = 2 > 0$	$+\Delta X$	$F_3 = F_2 - Y_e = 2 - 3 = -1$	$\Sigma_5 = \Sigma_6 - 1 = 5$
4	$F_3 = -1 < 0$	$+\Delta Y$	$F_4 = F_3 + X_e = -1 + 5 = 4$	$\Sigma_4 = \Sigma_5 - 1 = 4$
5	$F_4 = 4 > 0$	$+\Delta X$	$F_5 = F_4 - Y_e = 4 - 3 = 1$	$\Sigma_3 = \Sigma_4 - 1 = 3$
6	$F_5 = 1 > 0$	$+\Delta X$	$F_6 = F_5 - Y_e = 1 - 3 = -2$	$\Sigma_2 = \Sigma_3 - 1 = 2$
7	$F_6 = -2 < 0$	$+\Delta Y$	$F_7 = F_6 + X_e = -2 + 5 = 3$	$\Sigma_1 = \Sigma_2 - 1 = 1$
8	$F_7 = 3 > 0$	$+\Delta X$	$F_8 = F_7 - Y_e = 3 - 3 = 0$	$\Sigma_0 = \Sigma_1 - 1 = 0$ 达到终点

2. 其他象限直线插补

如果需要在其他三个象限内加工直线，只要将它化作第Ⅰ象限的插补处理即可。因为这样处理，偏差运算公式没有变化，仅是进给方向改变即可。

由图 3-5 可见，第Ⅰ象限内直线 OP 与第Ⅳ象限内直线 OP''' 是对称于 X 轴的，OP 的终点为 $P(X_e, Y_e)$，而 OP''' 的终点为 $P'''(X_e, -Y_e)$。为了将其他象限的直线插补视为第Ⅰ象限的直线插补来处理，可使用终点坐标的绝对值进行插补运算，计算偏差，并根据偏差大小决定进给方向。不同的是，某些进给方向与第Ⅰ象限的直线插补的进给方向相反。

以轴对称法则看图 3-5，显然，第Ⅰ和Ⅱ象限以及第Ⅲ和Ⅳ象限的图形关于 Y 轴对称，而第Ⅱ和Ⅲ象限以及第Ⅰ和Ⅳ象限的图形关于 X 轴对称。每组对称图形之间，平行于对称轴的两个象限中的进给方向相同，而垂直于对称轴的两个象限中的进给方向相反。

根据以上分析，可将四个象限中直线插补公式及进给方向列于表 3-3，而偏差值 F_i 与进给方向的关系可以形象地由图 3-6 来表示。图中，"箭头"表示进给方向，F_i 代表偏差值，箭头附近的 $F_i \geq 0$ 或 $F_i < 0$ 表示八个区域中每个区内点的偏差值是大于、等于零还是小于零。

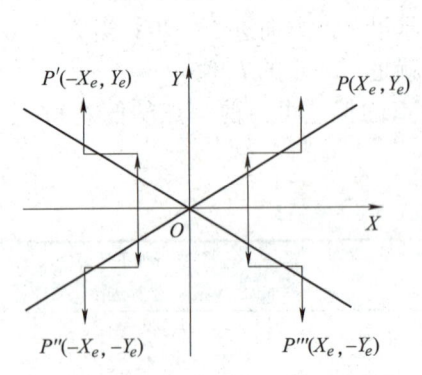

图 3-5　四个象限进给方向的规律示意

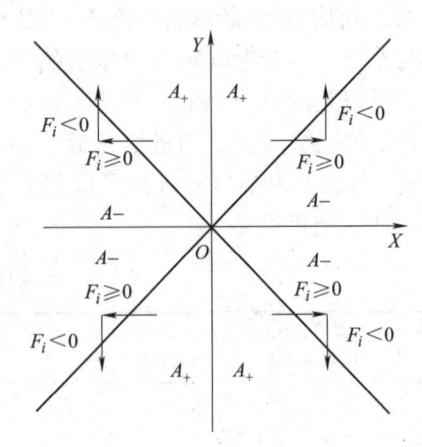

图 3-6　四个象限的步进方向

表 3-3　直线插补公式及进给方向

直线所在象限	当 $F_i \geq 0$ 时的进给方向	当 $F_i < 0$ 时的进给方向
Ⅰ	$+\Delta X$	$+\Delta Y$
Ⅱ	$-\Delta X$	$+\Delta Y$
Ⅲ	$-\Delta X$	$-\Delta Y$
Ⅳ	$+\Delta X$	$-\Delta Y$
偏差计算公式	$F_{i+1} = F_i - Y_e$	$F_{i+1} = F_i + X_e$

3. 终点判断

加工点到达终点 (X_e, Y_e) 时必须自动停止进给，因此在插补过程中，每走一步就要和终点坐标比较。如果没有到达终点，就继续插补运算；如果已到达终点，就必须自动停止插补运算。如何判断插补是否到终点呢？一般有以下两种方法：

1）利用刀具所走过的总步数是否等于终点坐标值之和判断。为此，可比较每一个插

值点的坐标值之和 (X_i+Y_i) 是否等于终点坐标值之和 (X_e+Y_e)，若相等则终点已到，否则终点未到，继续插补。

2）是取终点坐标 X_e 和 Y_e 中的较大者作为终判计数器的初值，称较大者为长轴，另一为短轴。在插补过程中，只要沿长轴方向上有进给脉冲，终判计数器就减 1，而沿短轴方向的进给脉冲不影响终判计数器。由于插补过程中长轴的进给脉冲数一定多于短轴的进给脉冲数，长轴总是最后到达终点值，因此这种终点判断方法是可行的。

4. 直线插补程序的流程图

逐点比较法直线插补工作过程可归纳为以下四步：

1）偏差判别，即判断上一步进给后的偏差值是 $F_i \geq 0$，还是 $F_i < 0$。

2）坐标进给，即根据偏差判别的结果和插补所在象限决定在什么方向上进给一步。

3）偏差计算，即计算出进给一步后的新偏差值，作为下一步进给的判别依据。

4）终点判别，即判断是否已到终点，若已到达终点，就停止插补，若未到达终点，则重复以上步骤。

逐点比较法在第 I 象限的直线插补程序流程图如图 3-7 所示。图中，初始化包括取终点值 (X_e, Y_e)、确定插补所在象限、预置终判计数器初值以及置偏差为零等；"走一步"这两框由偏差值 F_i 的大小决定应进给方向，而进给方向取决于所在象限；"计算偏差值"这两框不论在任何象限均和第 I 象限一样，但要把其他象限的终点坐标值取绝对值代入计算式中的 X_e 和 Y_e；菱形框为终点判别，此处选用 X_e 和 Y_e 中的较大值作为终判计数器初值，然后每当在长轴上走一步时终判计数器减 1，但当走短轴时终判计数值不变，只要终判计数值不为零，则重复插补过程，直到终判计数值为零时，插补过程才停止。

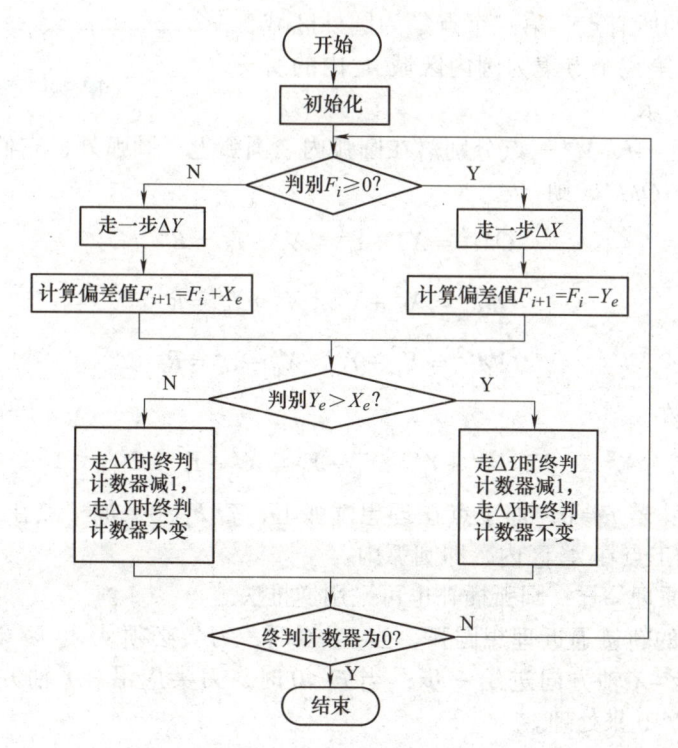

图 3-7　逐点比较法直线插补程序流程图

(二) 四方向平面圆弧插补

要加工一段圆弧,需要知道圆心坐标、半径大小,以及圆弧的起始点和终止点的坐标。因此,当圆心作为笛卡儿坐标的原点时,已知圆弧的起始坐标 (X_0,Y_0) 就可以算出半径值 $R=\sqrt{X_0^2+Y_0^2}$,即可以画出圆弧,直到终点为止。

所要画的圆弧可以在四个不同的象限中,可以按顺时针方向来绘制,也可按逆时针方向来绘制。为便于表示圆弧所在的象限及刀具进给方向,用SR1、SR2、SR3、SR4依次表示第Ⅰ、Ⅱ、Ⅲ、Ⅳ象限中的顺圆弧,用NR1、NR2、NR3、NR4分别表示第Ⅰ、Ⅱ、Ⅲ、Ⅳ象限中的逆圆弧。

1. 第Ⅰ象限圆弧插补原理

用逐点比较法进行圆弧插补时,若圆弧以坐标原点为圆心,并设圆弧起点 P 的坐标值为 (X_0,Y_0),终点 Q 的坐标值为 (X_e,Y_e),则根据圆弧上任一点到圆心的距离等于半径 R 的原理可得

$$R^2 = X_0^2 + Y_0^2 = X_e^2 + Y_e^2 \quad (3\text{-}12)$$

对于圆内的点,到圆心的距离小于半径 R;而对于圆外的点,到圆心的距离大于半径 R。因此,可以定义任一点到圆心的距离与半径 R 之差作为偏差判别式。

对于第Ⅰ象限的逆圆弧来说,圆弧 PQ 把第Ⅰ象限划分成两个区,构成三个点集:第一个点集为理想圆弧 PQ 上的所有点,第二个点集为圆外区域 A_+ 内的所有点,第三个点集为圆内区域 A_- 内的所有点,如图3-8所示。

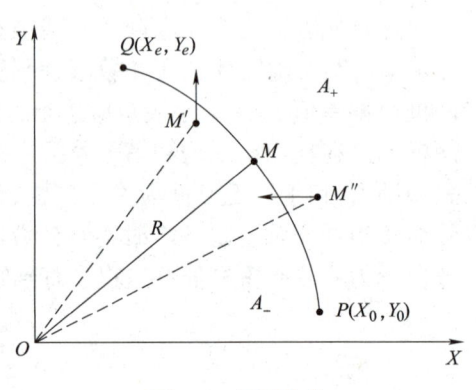

图3-8 圆弧差补

图3-8中 M'、M、M'' 三点分别落在圆弧内、圆弧上、圆弧外,它们与圆心的连线分别为 OM'、OM、OM'',则

$$OM^2 = X_i^2 + Y_i^2 = X_0^2 + Y_0^2 = R^2 \quad (3\text{-}13)$$

$$OM'^2 = X_i^2 + Y_i^2 < X_0^2 + Y_0^2 = R^2 \quad (3\text{-}14)$$

$$OM''^2 = X_i^2 + Y_i^2 > X_0^2 + Y_0^2 = R^2 \quad (3\text{-}15)$$

若令偏差函数

$$F_i = X_i^2 + Y_i^2 - X_0^2 - Y_0^2 = X_i^2 + Y_i^2 - R^2 \quad (3\text{-}16)$$

于是有结论:若 $F_i=0$,加工点在理想圆弧上;若 $F_i>0$,加工点在 A_+ 区内,即圆弧外,若 $F_i<0$,加工点在 A_- 区内,即圆弧内。

和直线插补原理一样,圆弧插补也可采用逆推法。

为了使刀尖的轨迹逼近理想圆弧,当 $F_i>0$ 时,刀尖必须从 A_+ 区穿过理想圆弧走入 A_- 区,因此应沿 $-X$ 轴方向进给一步;当 $F_i<0$ 时,刀尖应沿 $+Y$ 轴方向进给一步;当 $F_i=0$ 时,也按 $F_i>0$ 来处理。

偏差判别式(3-16)的缺点是先要逐点进行平方计算,然后做加减运算,既麻烦又费

时。为此希望找到和直线插补同样简便的偏差计算方法。

如图 3-9 所示，由于 M_1 点在 A_+ 区内，故 $F_i=X_i^2+Y_i^2-R^2>0$，因此向 $-\Delta X$ 进给一步，到达新的一点 M_1'，其坐标值为 (X_i-1,Y_i)，根据式（3-16）可求得到达 M_1' 点处的新偏差值 F_{i+1} 为

$$F_{i+1}=(X_i-1)^2+Y_i^2-R^2=X_i^2+Y_i^2-2X_i+1=F_i-2X_i+1 \tag{3-17}$$

因为 M_2 在 A_- 区内，故 $F_i<0$，因此应向 $+\Delta Y$ 进给一步，到达 M_2' 点，如果 M_2 点的坐标值为 (X_i,Y_i) 设步长为 1，则 $Y_{i+1}=Y_i+1$，，则 M_2' 的坐标值为 (X_i,Y_i+1)，所以在 M_2' 点处的新偏差值 F_{i+1} 为

$$F_{i+1}=X_i^2+(Y_i+1)^2-R^2=X_i^2+Y_i^2-R^2+2Y_i+1=F_i+2Y_i+1 \tag{3-18}$$

综上可得，要画出 NR1 圆弧，对于在 A_+ 区内的点应沿 $-X$ 方向进给一步，到达新点的偏差值为 $F_{i+1}=F_i-2X_i+1$；对于在 A_- 区内的点应沿 $+Y$ 轴方向进给一步，到达新点的偏差值为 $F_{i+1}=F_i+2Y_i+1$。其中，F_i 为进给前的偏差，X_i 和 Y_i 为进给前那点的坐标值，因此新偏差值可以通过老偏差值来求得。注意，此时还应及时修正中间点的坐标值（即 $X_{i+1}=X_i-1$ 和 $Y_{i+1}=Y_i+1$），用于计算下一点偏差值使用，即 F_{i+1}、X_{i+1}、Y_{i+1} 依次作为下一点偏差计算的 F_i、X_i、Y_i。

同理，可以推导出 SR1 圆弧的插补规律，由图 3-10 可得：

对于在 A_+ 区内的 $M_1(X_i,Y_i)$ 点，其偏差 $F_i=X_i^2+Y_i^2-R^2>0$ 应沿 $-Y$ 方向进给一步，设步长为 1，到达新点 $M_1'(X_i,Y_i-1)$，新偏差值为 $F_{i+1}=F_i-2Y_i+1$。对于在 A_- 区内的 $M_2(X_i,Y_i)$ 点，其偏差 $F_i<0$，应沿 $+X$ 轴方向进给一步，到达新点 $M_2'(X_i+1,Y_i)$，新偏差值 $F_{i+1}=F_i+2X_i+1$。同样，在完成偏差值运算时，还应完成坐标修正运算即 $X_{i+1}=X_i+1$ 和 $Y_{i+1}=Y_i-1$。

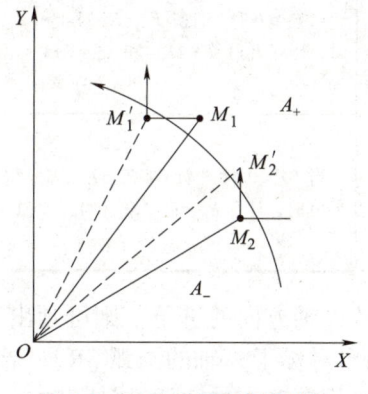

图 3-9　NR1 逆圆插补的进给

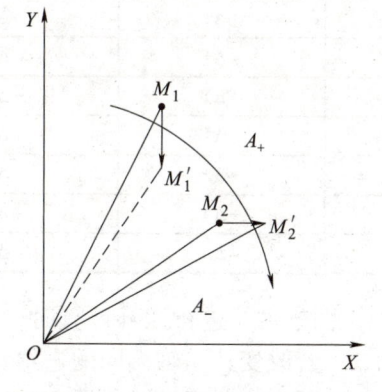

图 3-10　SR1 顺圆插补的进给

2. 其他象限圆弧插补

在其他各象限中，顺、逆圆弧都可以通过与第Ⅰ象限比较而得出各自的偏差计算公式及其进给脉冲的方向，因为其他象限的所有圆弧总是与第Ⅰ象限中的 NR1 或 SR1 互为对称，如图 3-11 所示。

对于图 3-11a，SR4 与 NR1 对称于 X 轴，SR2 与 NR1 对称于 Y 轴，NR3 与 SR2 对称于 X 轴，NR3 与 SR4 对称于 Y 轴。对于图 3-11b，SR1 与 NR2 对称于 Y 轴，SR1 与 NR4 对称于 X 轴，SR3 与 NR2 对称于 X 轴，SR3 与 NR4 对称于 Y 轴。

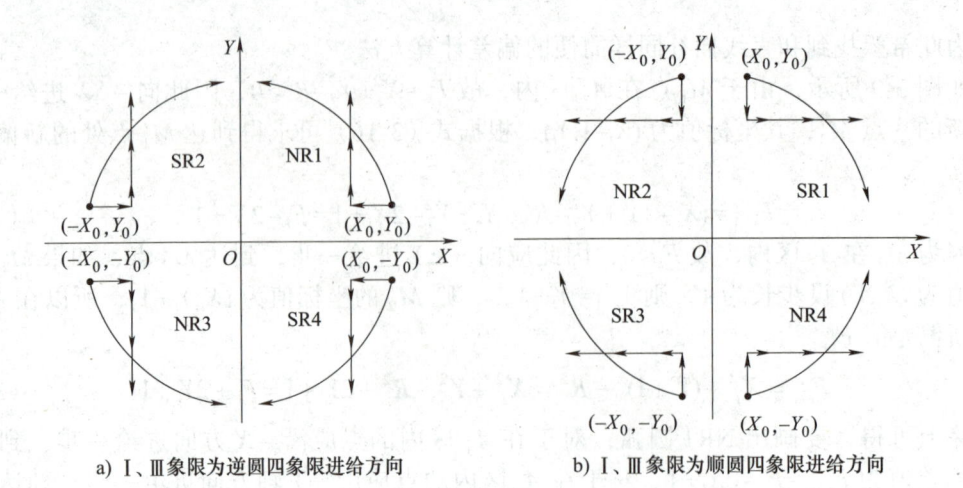

a) Ⅰ、Ⅲ象限为逆圆四象限进给方向　　　　b) Ⅰ、Ⅲ象限为顺圆四象限进给方向

图 3-11　四个象限圆弧插补的进给方向

对称于 X 轴的一对圆弧沿 X 轴的进给方向相同，而沿 Y 轴的进给方向相反；对称于 Y 轴的一对圆弧沿 Y 轴的进给方向相同，而沿 X 轴的进给方向相反。所以，在圆弧插补中，沿对称轴的进给方向相同，沿非对称轮的进给方向相反；所有对称圆弧的偏差计算公式，只要取起点坐标的绝对值，均与第Ⅰ象限中 NR1 或 SR1 的偏差计算公式相同。因此，八种圆弧的插补计算公式及进给方向见表 3-4。

表 3-4　八种圆弧的插补计算公式及进给方向

圆弧类型	$F_i \geq 0$ 时的进给	$F_i < 0$ 时的进给	计算公式
SR1	$-\Delta Y$	$+\Delta X$	当 $F_i \geq 0$ 时，计算 $F_{i+1}=F_i-2Y_{i+1}$ 和 $Y_{i+1}=Y_i-1$；当 $F_i < 0$ 时，计算 $F_{i+1}=F_i+2X_{i+1}$ 和 $X_{i+1}=X_i+1$
SR3	$+\Delta Y$	$-\Delta X$	
NR2	$-\Delta Y$	$-\Delta X$	
NR4	$+\Delta Y$	$+\Delta X$	
NR1	$-\Delta X$	$+\Delta Y$	当 $F_i \geq 0$ 时，计算 $F_{i+1}=F_i-2X_{i+1}$ 和 $X_{i+1}=X_i-1$；当 $F_i < 0$ 时，计算 $F_{i+1}=F_i+2Y_{i+1}$ 和 $Y_{i+1}=Y_i+1$
NR3	$+\Delta X$	$-\Delta Y$	
SR2	$+\Delta X$	$+\Delta Y$	
SR4	$-\Delta X$	$-\Delta Y$	

因此，当按 NR1 进行插补计算时，若改变其 X 轴方向的进给，则可画出对称于 Y 轴的圆弧 SR2；若改变其 Y 轴方向的进给，则可画出对称于 X 轴的圆弧 SR4；若将 X、Y 方向的进给同时反向，就可画出圆弧 NR3。同理，当按 SR1 进行插补计算时，若沿 X 轴方向的进给反向，就画出对称于 Y 轴的圆弧 NR2；若沿 Y 轴方向的进给反向，就可画出对称于 X 轴的圆弧 NR4；若同时改变 X、Y 轴上的进给方向，就画出圆弧 SR3。

3. 终点判别

圆弧插补的终点判断方法和直线插补的终判原理一样，常取 X 方向的总步数和 Y 方向总步数中的最大步数作为终点判断的依据。这里，X 方向或 Y 方向的总步数是圆弧终点坐标值（对圆心的坐标值）与圆弧起点坐标值之差的绝对值。

例如，圆弧的起点为 $P(50,10)$ 和终点为 $Q(30,40)$，即 $X_0=50$，$Y_0=10$，$X_e=30$，$Y_e=40$，则 X 方向的总步数为 $|X_e-X_0|=|30-50|=20$，而 Y 方向的总步数为 $|Y_e-Y_0|=|40-10|=30$，故

应取 Y 方向的总步数作为终判计数器的初值。在插补过程中，只要沿长轴方向有进给脉冲，终判计数器 Σ 就减 1；只要终判计数器不为零，就重复插补过程，直到终判计数器为零。圆弧的终点判别也可以用 X 方向总步数和 Y 方向总步数的和作为终判计数器的初值。插补过程无论是 X 方向还是 Y 方向进给脉冲，终判计数器 Σ 就减 1，直到该计数器数值为零。

4. 圆弧插补程序的流程图

根据逐点比较法的特点和圆弧插补的规律，可概括出圆弧插补程序的流程图，如图 3-12 所示。实际的程序，随着处理方法的不同可能有较大的差别，但总是以处理方便、结构简单、程序执行速度快等原则来考虑的。例如，设预加工第Ⅰ象限逆时针定向的圆弧 AE（图 3-13），起点 A 的坐标是 $X_0=4$，$Y_0=3$；终点 E 的坐标是 $X_e=0$，$Y_e=5$；终点判别值 $\Sigma=|X_e-X_0|+|Y_e-Y_0|=|0-4|+|5-3|=6$；加工过程的运算节拍见表 3-5，插补后获得的实际逼近曲线如图 3-13 折线所示。

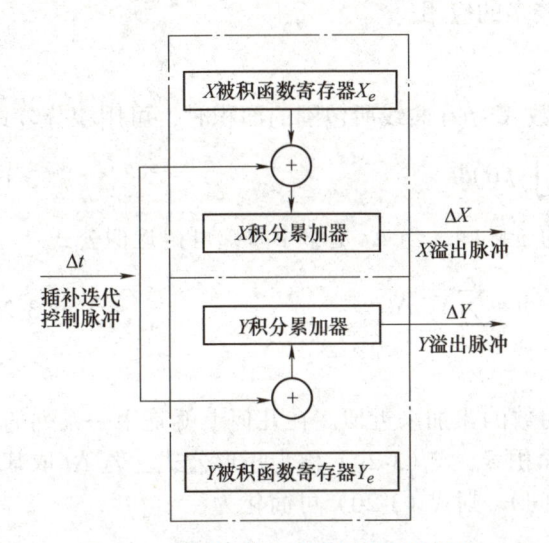

图 3-12 逐点比较法圆弧插补程序流程

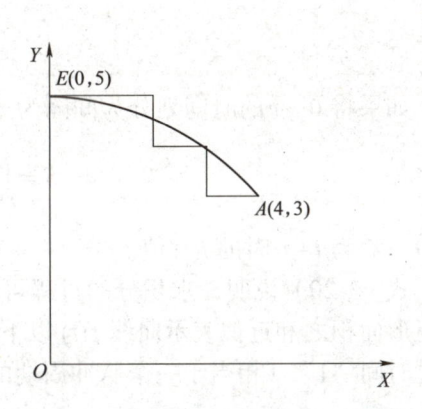

图 3-13 第Ⅰ象限逆时针走向的圆弧

表 3-5 圆弧插补加工过程中的运算节拍

序号	运算节拍			
	偏差判别	进给判别	偏差运算	终点判别
1	$F_0=0$	$-\Delta X$	$F_1=0-2\times4+1=-7$ $X=4-1=3$，$Y=3$	$\Sigma_5=\Sigma_6-1=6-1=5$
2	$F_1=-7<0$	$+\Delta Y$	$F_2=-7+2\times3+1=0$ $X=3$，$Y=3+1=4$	$\Sigma_4=\Sigma_5-1=5-1=4$
3	$F_2=0$	$-\Delta X$	$F_3=0-2\times3+1=-5$ $X=3-1=2$，$Y=4$	$\Sigma_3=\Sigma_4-1=4-1=3$
4	$F_3=-5<0$	$+\Delta Y$	$F_4=-5+2\times4+1=4$ $X=2$，$Y=4+1=5$	$\Sigma_2=\Sigma_3-1=3-1=2$
5	$F_4=4>0$	$-\Delta X$	$F_5=4-2\times2+1=1$ $X=2-1=1$，$Y=5$	$\Sigma_1=\Sigma_2-1=2-1=1$
6	$F_5=1>0$	$-\Delta X$	$F_6=1-2\times1+1=0$ $X=1-1=0$，$Y=5$	$\Sigma_0=\Sigma_1-1=1-1=0$

三、数字积分插补法

数字积分插补法是用数字逻辑电路实现积分运算,从而保证在编程规定的进给速度下获得所需要的轮廓轨迹的一种插补方法。利用数字积分原理构成的插补装置称为数字积分器,又称数字积分分析器(digital differential analyzer,DDA)。数字积分电路的优点是运算速度快,脉冲分配均匀,容易实现多坐标联动和二次曲线,甚至高次曲线的插补。它的最大特点是易实现坐标扩展,每一坐标就是一个模块,几个相同模块的组合既可获得多坐标联动数控系统;其缺点是速度调节不便,插补精度需要采取一定的措施才能满足要求。由于计算机计算功能越来越强大,其灵活性越来越好,采用软件插补时所用的时间越来越短,因此近年来,数字积分法在轮廓控制数控系统中得到了较多的应用。

(一)数字积分插补的原理

如图 3-14 所示,从 $t=0$ 时刻到 t 求函数 $X=f(t)$ 曲线所包围的面积时,可用积分公式

$$S = \int_0^t f(t)\mathrm{d}t \tag{3-19}$$

如果将 $0 \sim t$ 的时间划分为间隔为 Δt 的子区间,当 Δt 足够小时,可得近似公式

$$S = \int_0^t f(t)\mathrm{d}t \approx \sum_{i=1}^n X_{i-1}\Delta t \tag{3-20}$$

式中,X_i 为 $t=t_i$ 时的 $f(t)$ 值。

式(3-20)说明,求积分的过程可以用数的累加来近似。在几何上就是用一系列的微小矩形面积之和近似表示曲线 $f(t)$ 以下的面积 S,式(3-20)称为矩形公式。若 Δt 取基本单位时间"1"(相当于一个脉冲周期的时间),则式(3-20)可简化为

$$S \approx \sum_{i=1}^n X_{i-1} \tag{3-21}$$

(二)平面直线插补

设在 XOY 平面上有一直线 OA,如图 3-15 所示,直线起点在原点,终点 A 的坐标为 (X_e, Y_e)。现要对直线 OA 进行插补。

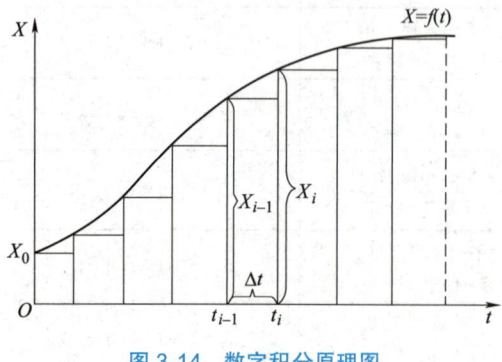

图 3-14 数字积分原理图

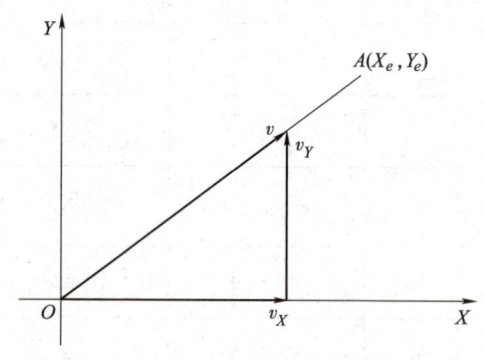

图 3-15 数字积分直线插补

设动点沿直线 OA 方向的速度为 v，利用数字积分插补原理，v_X、v_Y 分别表示其在 X 轴和 Y 轴方向的速度，由于位移是速度对时间的积分，根据积分公式，在 X 轴和 Y 轴方向上的微小位移增量 ΔX、ΔY 应为

$$\Delta X = v_X \Delta t, \quad \Delta Y = v_Y \Delta t \tag{3-22}$$

令直线 OA 的长度为 L，对直线 OA 而言，v_X、v_Y 是常数，根据图 3-15 的几何关系可知

$$L = (X_e^2 + Y_e^2)^{\frac{1}{2}} \tag{3-23}$$

v_X、v_Y，v 和 L 应满足下列关系

$$\frac{v_Y}{v} = \frac{Y_e}{L} \tag{3-24}$$

$$\frac{v_X}{v} = \frac{X_e}{L} \tag{3-25}$$

所以

$$v_Y = \frac{Y_e v}{L}, \quad v_X = \frac{X_e v}{L} \tag{3-26}$$

因为上式中速度是匀速的，所以 v/L 为常数，令

$$\frac{v}{L} = k \tag{3-27}$$

因此，坐标轴的位移增量可表示为

$$\Delta X = k X_e \Delta t, \quad \Delta Y = k Y_e \Delta t \tag{3-28}$$

可见，刀具从原点向终点 A 的过程可以看作是各坐标轴每经过一个单位时间间隔 Δt 就分别以 kX_e、kY_e 同时累加的结果。经过 m 次累加后，X 和 Y 分别都到达终点，即

$$X = \sum_{i=1}^{m} k X_e \Delta t = m k X_e \Delta t = m k X_e = X_e \tag{3-29}$$

$$Y = \sum_{i=1}^{m} k Y_e \Delta t = m k Y_e \Delta t = m k Y_e = Y_e \tag{3-30}$$

则

$$mk = 1$$

或

$$m = \frac{1}{k} \tag{3-31}$$

式（3-31）表明，比例系数 k 和累加次数 m 的关系是互为倒数。因为 m 必须是整数，所以 k 一定是小数。在选取 k 时主要考虑每次增量 ΔX 或 ΔY 应小于 1，以保证坐标轴上每次分配进给脉冲不超过一个单位步距，即

$$\Delta X = k X_e < 1, \quad \Delta Y = k Y_e < 1 \tag{3-32}$$

式中，X_e 和 Y_e 的最大容许值受数控系统存储器的位数限制。如果存储器的位数为 n，则 X_e 和 Y_e 的最大存储容量为 $2^n - 1$；如果取 $k = 1/2^n$，则

$$\Delta X = kX_e = \frac{2^n - 1}{2^n} < 1$$

$$\Delta Y = kY_e = \frac{2^n - 1}{2^n} < 1$$

若满足要求，则累加次数 m 为

$$m = \frac{1}{2^n} \qquad (3\text{-}33)$$

对二进制数来说，kX_e 与 X_e 的差别只在于小数点的位置不同，将 X_e 的小数点左移 n 位即为 kX_e。因此在 n 位的内存中存放 X_e（X_e 为整数）和存放 kX_e 的数字是相同的，只是认为后者的小数点出现在最高位数 n 的前面。

当用软件来实现数字积分法直线插补时，只要在内存中设定几个单元，分别用于存放 X_e 及其累加值 $\sum X_e$ 和 Y_e 及其累加值 $\sum Y_e$。将初始值赋予 $\sum X_e$ 和 $\sum Y_e$，在每次插补循环过程中，进行以下求和运算

$$\sum X_e + X_e \to \sum X_e, \quad \sum Y_e + Y_e \to \sum Y_e \qquad (3\text{-}34)$$

用运算结果的溢出脉冲 ΔX（或 ΔY）来控制机床进给，就可走出所需的直线轨迹。

据此，可以做出 X、Y 数字积分法直线插补流程图，如图 3-16 所示。

图 3-16 中，插补运算由两个数字积分器进行，每个坐标轴的积分器由累加器和被积函数寄存器组成。被积函数寄存器存放终点坐标值，每来一个 Δt 脉冲，被积函数寄存器里的函数值送往相应的累加器中相加一次。当累加器超过累加器的容量时，便溢出脉冲，作为驱动相应坐标轴的送给脉冲 ΔX（或 ΔY），而余数仍存在积分累加器中。

设积分累加器为 n 位，则累加器的容量为 2^n，其最大存数为 2^n-1，当计至 2^n 时，必然发生溢出。若将 2^n 规定为单位 1（相当于一个输出脉冲），那么积分累加器中的存数总是小于 2^n，即为小于 1 的数，该数称为积分余数。

积分值的整数部分表示溢出的脉冲数，而余数部分存放在累加器中，即积分值 = 溢出脉冲数 + 余数，当两个坐标轴同步插补时，用溢出脉冲控制机床的进给运动，实现直线轨迹控制。由积分值计算式可知，当插补叠加次数 $m=2^n$ 时，有

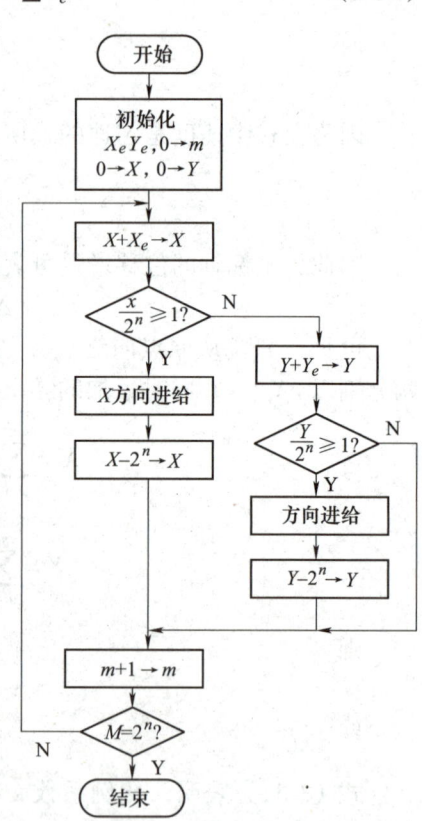

图 3-16 数字积分法直线插补流程图

$$X = X_e, \quad Y = Y_e \qquad (3\text{-}35)$$

此时两个坐标轴同时到达终点。由此可知，数字积分法直线插补的终点判别条件应是 $m=2^n$。换言之，直线插补只需完成 $m=2^n$ 次累加运算，即可到达直线终点。所以，只要

设置一个位数亦为 n 位的终点计数器（即终点计数器与积分累加器的位数相同），用以记录累加次数，当计数器记满 2^n 数时，插补结束，停止运算。

对于不同象限的直线插补，通常对终点坐标 X_e、Y_e 取绝对值。插补运算过程与逐点比较法相同，把符号与数据分开，取数据的绝对值作为被积函数，而以正负符号做进给方向控制信号处理，即可通过象限判别标志（终点坐标正负号）来决定伺服电动机的相应转向（见表 3-6），从而能对所有不同象限的直线进行插补。

表 3-6 象限与伺服电动机转向的关系

象限	Ⅰ	Ⅱ	Ⅲ	Ⅳ
X 向电动机	正	反	反	正
Y 向电动机	正	正	反	反

例 3-1 直线 OA 位于第 Ⅰ 象限。O 点坐标为 $(0,0)$，A 点坐标为 $(10,6)$，用 DDA 插补法列出其插补过程。积分累加器为 4 位二进制寄存器。

解： 插补过程见表 3-7。

表 3-7 第 Ⅰ 象限直线 DDA 插补计算

序号	X 坐标			Y 坐标		
	J_X	$J_{X\Sigma}$	ΔX	J_Y	$J_{Y\Sigma}$	ΔY
0	1010	0	0	0110	0	0
1	1010	1010	0	0110	0110	0
2	1010	10100	1	0110	1100	0
3	1010	1110	0	0110	10010	1
4	1010	11000	1	0110	1000	0
5	1010	10010	1	0110	1110	0
6	1010	1100	0	0110	10100	1
7	1010	10110	1	0110	1010	0
8	1010	10000	1	0110	10000	1
9	1010	1010	0	0110	0110	0
10	1010	10100	1	0110	1100	0
11	1010	1110	0	0110	10010	1
12	1010	11000	1	0110	1000	0
13	1010	10010	1	0110	1110	0
14	1010	1100	0	0110	10100	1
15	1010	10110	1	0110	1010	0
16	1010	10000	1	0110	10000	1

（三）平面圆弧插补

平面圆弧的 DDA 插补以第 Ⅰ 象限逆圆为例进行分析，如图 3-17 所示。

设刀具沿圆弧 AB 移动,圆弧起点为 $A(X_0,Y_0)$,终点为 $B(X_e,Y_e)$,半径为 R,刀具的切向速度为 v,点 $P(X,Y)$ 为动点,由相似三角形的关系可得

$$\frac{v}{R}=\frac{v_X}{Y}=\frac{v_Y}{X}=k \tag{3-36}$$

式中,半径 R 为常数,若速度 v 为匀速,则 k 为常数。

由式(3-36)可得

$$v_X=kY,\quad v_Y=kX \tag{3-37}$$

设在 Δt 时间间隔内,X、Y 坐标轴方向的位移量分别为 ΔX 和 ΔY,并考虑到在第Ⅰ象限逆圆情况下,ΔX 为负值,ΔY 为正值,因此位移增量的计算公式应为

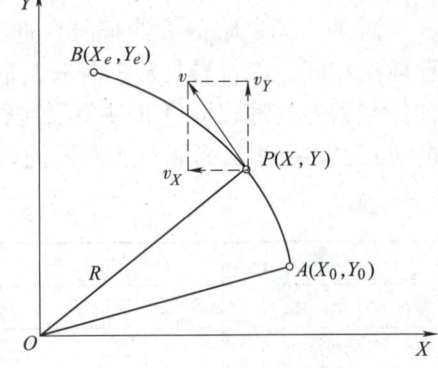

图 3-17 数字积分逆圆弧插补

$$\Delta X = -kY\Delta t,\quad \Delta Y = kX\Delta t \tag{3-38}$$

若为第Ⅰ象限顺圆弧时,则式(3-38)变为

$$\Delta X = kY\Delta t,\quad \Delta Y = -kX\Delta t \tag{3-39}$$

令式中系数 $k=\frac{1}{2^n}$,其中,2^n 为 n 位积分累加器的容量,即可写出第Ⅰ象限逆圆弧的插补公式为

$$X=-\int_0^t kY\mathrm{d}t=-\frac{1}{2^n}\sum_{i=1}^n Y_i\Delta t \tag{3-40}$$

$$Y=\int_0^t kX\mathrm{d}t=\frac{1}{2^n}\sum_{i=1}^n X_i\Delta t \tag{3-41}$$

显然,圆弧插补时是对动点坐标的累加,数字积分法圆弧插补的原理框图如图 3-18 所示。

图 3-18 插补的过程如下:

1)运算开始时,X 轴和 Y 轴被积函数寄存器 J_X、J_Y 中分别存放 Y 和 X 的起点坐标值 Y_0 和 X_0。

2)X 轴被积函数寄存器的数与其累加器的数累加得出的溢出脉冲发到 $-X$ 方向,而 Y 轴被积函数寄存器的数与其累加器的数累加得出的溢出脉冲则发到 $+Y$ 方向。

3)每发出一个进给脉冲后,必须将被积函数寄存器内的坐标值加以修正,即当 X 方向发出进给脉冲时,使 Y 轴被积函数寄存器内容减 1;当 Y 方向发出进给脉冲时,使 X 轴被积函数寄存器内容加 1。

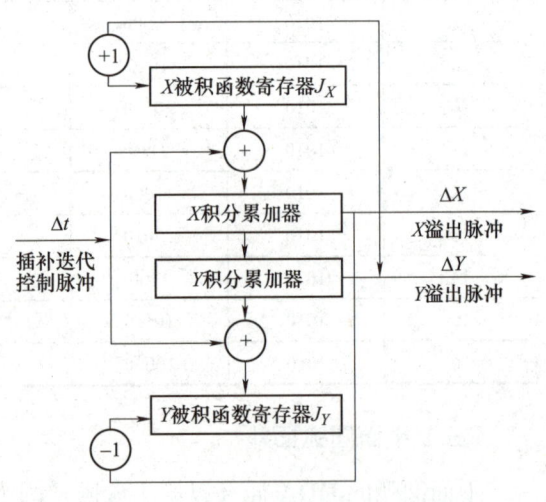

图 3-18 数字积分法圆弧插补的原理框图

由以上讨论可知，圆弧插补时被积函数寄存器内随时存放着坐标的瞬时值，而直线插补时，被积函数寄存器内存放的是不变的终点坐标值 X_e、Y_e。

其他象限的圆弧插补（包括顺圆和逆圆）运算过程基本上与第Ⅰ象限逆圆是一致的，其区别在于控制各坐标轴进给脉冲 ΔX、ΔY 的进给方向不同（用符号 +、- 表示），以及修改被积函数寄存器内容时是加 1（用符号 + 表示），还是减 1（用符号 - 表示）。数字积分法圆弧插补进给方向和被积函数的修正关系，见表 3-8。

表 3-8　圆弧插补进给方向与被积函数修正关系

项目	顺圆				逆圆			
	Ⅰ	Ⅱ	Ⅲ	Ⅳ	Ⅰ	Ⅱ	Ⅲ	Ⅳ
J_X 存储器	-	+	-	+	+	-	+	-
J_Y 存储器	+	-	+	-	-	+	-	+
X 轴进给方向	+	-	-	+	+	+	-	-
Y 轴进给方向	-	+	+	-	+	-	-	+

圆弧插补的终点判别，由随时计算出的坐标轴进给步数 $\sum\Delta X$、$\sum\Delta Y$ 值与圆弧的终点和起点坐标之差的绝对值做比较，当某个坐标轴进给的步数与终点和起点坐标之差的绝对值相等时，说明到达该轴终点，不再有脉冲输出。当两坐标都到达终点后，则运算结束，插补完成。数字积分法第Ⅰ象限逆圆插补程序流程图如图 3-19 所示。

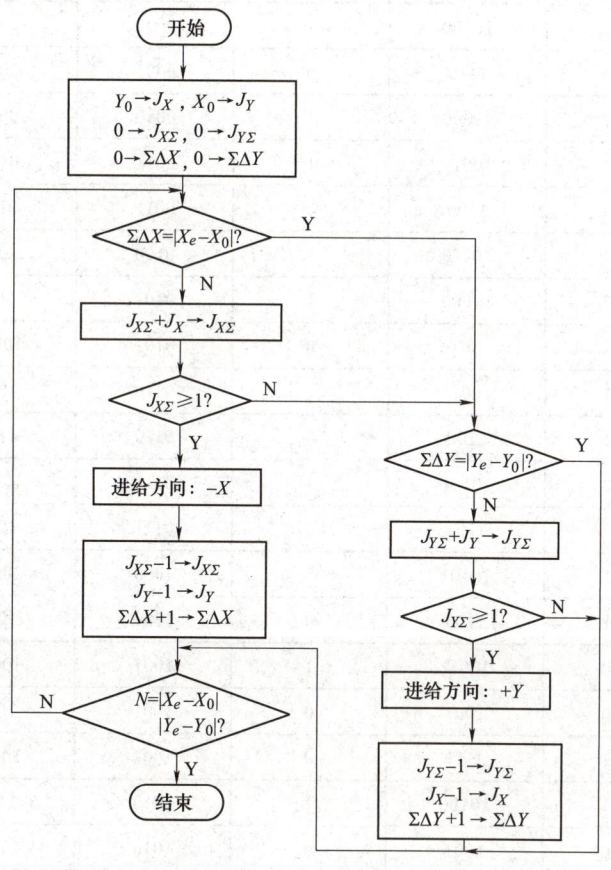

图 3-19　数字积分法第Ⅰ象限逆圆插补程序流程图

流程图中 X_0, Y_0 为圆弧的起点坐标；X_e, Y_e 为圆弧的终点坐标；$\sum \Delta X$ 和 $\sum \Delta Y$ 分别为 X 方向和 Y 方向进给的步数；N 为 X 方向和 Y 方向进给的总步数；J_X, J_Y 分别为 X 轴和 Y 轴被积函数寄存器；$J_{X\Sigma}$, $J_{Y\Sigma}$ 分别为 X 轴和 Y 轴的积分累加器。

数字积分圆弧插补器和直线插补器有以下不同：

第一，坐标 X_0, Y_0 存入寄存器 J_X, J_Y 的对应关系与直线不同，恰好位置互调即把 Y_0 存入 J_X，将 X_0 存入 J_Y。

第二，J_X, J_Y 寄存器中的寄存数值与直线插补时有一个本质不同：直线插补时 J_X 或 J_Y 寄存的是终点坐标 (X_e, Y_e)，是个常数；而在圆弧插补时寄存的是动点坐标，是个变量。因此，在刀具移动过程中，必须根据刀具位置的变化来更改速度寄存器 J_X, J_Y 中的内容，是个实时变化的值。

例 3-2 圆弧 AB 为第 Ⅰ 象限圆弧，A 点坐标为 $(1010, 0)$，B 点坐标为 $(0, 1010)$。试写出用 DDA 插补的计算过程。积分累加器为 4 位二进制累加器。

解： 圆弧 AB 插补过程如表 3-9 所示。

表 3-9 圆弧 AB 插补过程

Δt	J_Y	$J_{Y\Sigma}$	ΔY	J_X	$J_{X\Sigma}$	ΔX
0	1010	0	0	0	0	0
1	1010	1010	0	0	0	0
2	1010	10100	1	0001	0	0
3	1010	1110	0	0001	0001	0
4	1010	11000	1	0010	0010	0
5	1010	10010	1	0011	0100	0
6	1010	1100	0	0011	0111	0
7	1010	10110	1	0100	1010	0
8	1010	10000	1	0101	1110	0
9	1001	1010	0	0101	10011	1
10	1001	10011	1	0110	1000	0
11	1001	1100	0	0110	1110	0
12	1000	10101	1	0111	10100	1
13	1000	1101	0	0111	1011	0
14	0111	10101	1	1000	10010	1
15	0111	1100	0	1000	1010	0
16	0110	10011	1	1001	10010	1
17	0110	1001	0	1001	1011	0
18	0101	1111	0	1001	10100	1
19	0101	10100	1	1010	1101	0
20	0100	1001	0	1010	10111	1

Δt	J_Y	$J_{Y\Sigma}$	ΔY	J_X	$J_{X\Sigma}$	ΔX
21	0011		0	1010	10001	1
22	0011		0	1010	1011	0
23	0010		0	1010	10101	1
24	0010		0	1010	1111	0
25	0001		0	1010	11001	1
26	0000		0	1010	10011	1

四、数据采样插补法

随着数控系统中计算机的引入,大大缓解了插补运算时间和计算复杂性之间的矛盾,特别是高性能直流伺服系统和交流伺服系统的研制成功,为提高现代数控系统的综合性能创造了充分条件。相应地,在这些系统中,插补原理一般都采用不同类型的数据采样方法。数据采样插补实质就是用一系列首尾相连的微小直线段来逼近给定的曲线,由于这些线段是按加工时间进行分割的,也称时间分割法。分割后得到的这些小线段相对于系统精度仍然是比较大的。为此,必须进一步密化。所以,也称微小直线段的分割过程是粗插补,后续的密化过程是精插补,通过两者的紧密配合实现高性能的轮廓插补。这种时间分割法,可根据程序中的进给速度将轮廓曲线分割成插补采样周期的进给段,即轮廓长度,在每个插补周期中,插补程序被调用一次,为下一周期计算出各坐标轴行进的增量值 ΔX 或 ΔY,然后计算出相应插补点(动点)位置的坐标值。它的特点是每次插补结果是一定时间内加工动点移动的距离,插补运算分两步进行。

第一步为粗插补。它的任务就是计算出一个插补周期内各坐标位置的增量值。它是在给定起点与终点曲线之间插入若干个点,即用若干条微小的直线段来逼近终点的曲线段。每一微小直线段 ΔL 相等,且与给定速度有关。粗插补在每个插补运算周期中运算一次。因此每一微小直线段的长度 ΔL 与进给速度 F 和插补周期 T 有关。

第二步为精插补。它的任务是在粗插补算出的每一条微小直线段上再做数据点的密化工作。这一步是对 ΔL 进行基准脉冲插补。在实际数控系统中,粗插补通常用硬件来实现,精插补可以用软件,也可以用硬件来完成。

数据采样插补是根据用户程序的进给速度,将给定轮廓曲线分割为每一插补周期的进给段,即轮廓步长。每一个插补周期,执行一次插补运算,计算出下一个插补点(动点)坐标,从而计算出下一个周期各个坐标的进给量,如 ΔX、ΔY 等(而不是脉冲),然后计算出相应插补点(动点)位置的坐标值。数据采样插补的核心是计算出插补周期的瞬时进给量。

对于直线插补,用插补所形成的步长子线段逼近给定直线,与给定直线重合。在圆弧插补时,用切线、弦线和割线逼近圆弧,常用的是弦线或割线。

在数据采样插补法中要着重解决两个问题:第一,如何选择插补周期;第二,如何计算在一个周期内各坐标增量。

（一）插补周期和位置控制周期

插补周期 T_S 是相邻两个微小直线段之间的插补时间间隔。位置控制周期 T_C 是数控系统伺服位置环采样控制周期。对某个给定的数控系统而言，插补周期和位置控制周期是两个不同的时间参数。

假设编程进给速度为 F，插补周期为 T_S，则插补分割后的微小直线段长度 ΔL（不考虑单位）为

$$\Delta L = FT_S \tag{3-42}$$

式中，ΔL 是微小直线段长度；F 是进给速度；T_S 是插补周期。

插补周期对系统稳定性没有影响，但对被加工轮廓的轨迹精度有影响，而控制周期对系统稳定性和轮廓误差均有影响，选择 T_S 时应注意这些问题。

（二）数据采样法直线插补

假设刀具在 XOY 平面内加工直线轮廓 OE，起点为 $O(0,0)$，终点为 $E(X_e, Y_e)$，动点为 $N_{i-1}(X_{i-1}, Y_{i-1})$ 且编程进给速度为 F，插补周期为 T_S，如图 3-20 所示。

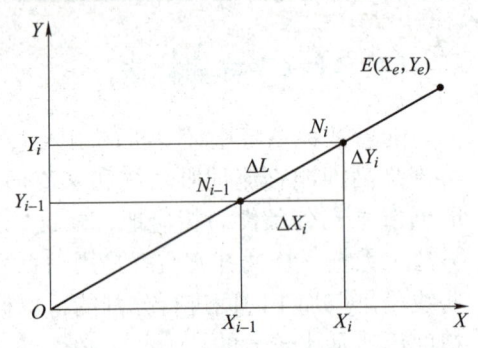

图 3-20　数据采样法直线插补

在一个插补周期内进给直线的长度为 $\Delta L = FT_S$，根据图 3-20 中的几何关系，很容易求得插补周期内坐标轴相应的位置增量。

$$\Delta X_e = \frac{\Delta L}{L} X_e = k X_e \tag{3-43}$$

$$\Delta Y_e = \frac{\Delta L}{L} Y_e = k Y_e \tag{3-44}$$

式中，L 为被插补直线长度，$L = \sqrt{X_e^2 + Y_e^2}$，单位为 mm；k 为每个插补周期内的进给速率数，$k = \dfrac{\Delta L}{L} = \dfrac{FT_S}{L}$。

从而很容易写出下一个动点 N_i 的坐标值为

$$X_i = X_{i-1} + \Delta X_i = X_{i-1} + \frac{\Delta L}{L} X_e \tag{3-45}$$

$$Y_i = Y_{i-1} + \Delta Y_i = Y_{i-1} + \frac{\Delta L}{L} Y_e \tag{3-46}$$

显然，利用数据采样法直线插补时，算法相当简单，在 CNC 装置中分两步完成。第一步插补准备，完成一些常量的计算，如 L、k 的计算等，一般对每个零件轮廓仅执行一次；第二步插补计算，每个插补周期执行一次，求出该周期对应的坐标增量值 $(\Delta X_i, \Delta Y_i)$ 及动点坐标值 (X_i, Y_i)。数据采样法直线插补流程图如图 3-21 所示。

```
                    ┌──────┐
                    │ 开始 │
                    └──┬───┘
                       ↓
              ┌─────────────────────┐
              │ 初始化：$X_e Y_e X_0 = Y_0 = 0$ │
              └──────────┬──────────┘
                         ↓
              ┌─────────────────────┐
              │ 插补准备：          │
              │ $\Delta L = FT_S$    │
              │ $L=\sqrt{X_e^2+Y_e^2}$│
              │ $k=\Delta L/L$       │
              └──────────┬──────────┘
                         ↓
              ┌─────────────────────┐
              │ 求坐标轴增量：       │
              │ $\Delta X_e = kX_e$  │
              │ $\Delta Y_e = kY_e$  │
              └──────────┬──────────┘
                         ↓
              ┌─────────────────────┐
              │ 求动点坐标：          │
              │ $X_i = X_{i-1}+\Delta X_i$│
              │ $Y_i = Y_{i-1}+\Delta Y_i$│
              └──────────┬──────────┘
                         ↓
                  ◇是否到达终点?◇──N──┐
                         │Y           │
                         ↓            │(返回求坐标轴增量)
                    ┌──────┐
                    │ 结束 │
                    └──────┘
```

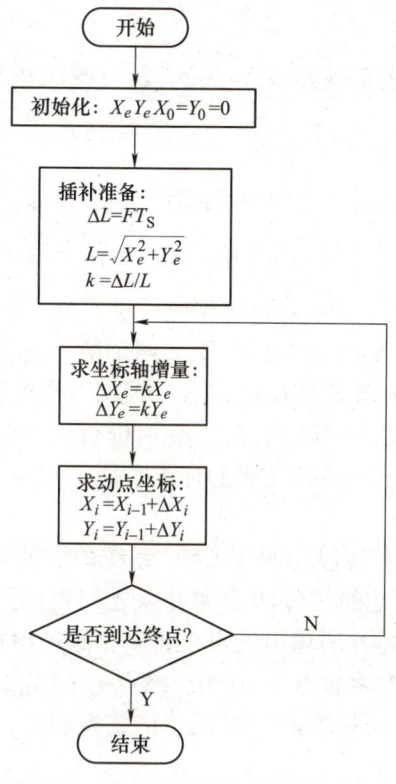

图 3-21 数据采样法直线插补流程图

数据采样法插补过程中使用的起点坐标、终点坐标及插补所得的动点坐标都是代数值，而且这些坐标值也不一定能转换成以脉冲当量为单位的整数值。但这些坐标均为带符号的真实坐标值。

上述求取坐标增量值和动点坐标的算法并非唯一，也可利用轮廓的切线与 x 轴夹角 α 的三角函数关系来求。

终点判别的方法如下：由于插补点坐标和位置坐标增量均采用带符号的代数值进行运算，所以利用当前插补点 (X_i, Y_i) 与该零件轮廓的终点 (X_e, Y_e) 之间的距离 S_i 来进行终点判别最简单，即判断条件为

$$S_i = (X_i - X_e)^2 + (Y_i - Y_e)^2 \leqslant \left(\frac{FT_S}{2}\right)^2 \qquad (3-47)$$

当动点一旦到达轮廓曲线终点时，就设置相应标志，并取出下一段轮廓曲线进行处理。另外，如果在程序段中还要减速，则还需检查当前插补点是否已经到达减速区域，如果到达还需进行减速处理。

（三）数据采样法圆弧插补

基本思路是在满足加工精度的前提下，用弦线或割线来代替弧线实现进给，即用直线逼近圆弧。有直接函数法（内接弦线法）、一阶近似 DDA 法（切线法）、二阶近似 DDA 法（割线法）等几种常用的算法，具体算法不再详述。

(四）粗插补与精插补

粗插补与精插补是将给定轮廓曲线按一定算法分割成一系列微小直线段，经粗插补和精插补完成数据采样插补。

1. 粗插补

（1）**插补准备** 预先计算插补过程中可能用到的一些常量，为后面的插补运算做准备。例如，$\Delta L = FT_s$、$L = \sqrt{X_e^2 + Y_e^2}$ 等，这些量对某一个给定程序段来说，只要计算一次。

（2）**插补计算** 根据零件轮廓类型的相应插补算法，插补出一系列动点坐标值和相应的位置增加值，主要包括 ΔX_i、ΔY_i、X_i 和 Y_i 四个值。这个计算在每一个插补周期都要执行一次，并输出给位置控制环软件使用，然后控制刀具进给到该插补点处。

（3）**终点判别** 每次插补计算完成后，必须进行终点判别，并且到达终点后必须在相应单元设置该数控加工程序段插补完成的标志，便于 CNC 系统软件做相应的处理。

2. 精插补

粗插补出的一系列微小直线段相对于 CNC 系统的脉冲当量来讲仍然很大，因此有必要进一步细化，即在粗插补处的相邻两个插补点之间再插入一些中间点，使轮廓误差减小。最直观的思路是，在粗插补的输出处再设置一个脉冲增量式插补器，它将每次粗插补得到的位置增量 ΔX 和 ΔY 作为起点为 (0,0)、终点为 $(\Delta X_i, \Delta Y_i)$ 的微小直线段进行脉冲增量插补，然后将此插补结果以脉冲形式提供给位置控制环，作为给定量来控制刀具完成进给。

数据采样法插补控制原理框图如图 3-22 所示。

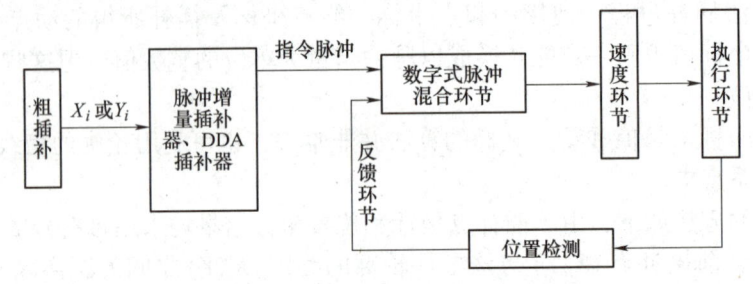

图 3-22 数据采样法插补控制原理框图

第二节 数控系统的硬件架构

数控系统的硬件由数控装置、输入/输出装置、驱动装置和机床电器逻辑控制装置等组成，这四部分之间通过 I/O 接口互连。

数控装置是数控系统的核心，其软件和硬件控制各种数控功能的实现。数控系统到目前为止共发展了六代，第一代是电子管数控系统，第二代是晶体管数控系统，第三代是集成电路数控系统，第四代是小型计算机数控系统，第五代是微型计算机数控系统，第六代是 PC 数控系统。

PC 数控系统是目前最先进的结构体系，PC 数控系统发展形成了两大主要流派，分别是 PC 嵌入 NC 的"NC+PC"结构和 NC 嵌入 PC 的"PC+NC"结构，后者又正在演变成"PC+I/O"的"软件化"结构。

在"NC+PC"系统方面，起主导作用的是一些老数控系统生产大厂。因为它们在数控系统方面有着深厚的基础，为使所掌握的技术优势与新的 PC 化潮流相融合，从而走出了一条以传统数控平台为基础（完成实时控制任务），以流行 PC 为前端（完成非实时任务）的 PC 数控系统发展道路，并在商品化方面取得了显著成绩。"NC+PC"系统的典型代表有日本 FANUC 公司的 18i、16i 系统、德国 SIEMENS 公司的 840D 系统、法国 NUM 公司的 1060 系统、美国 AB 公司的 7360 系统等。

在"PC+NC"系统方面，起主导作用的是一些新兴公司。由于它们没有历史包袱，因此彻底摆脱了传统 NC 的约束，直接在 PC 平台基础上，通过增扩 NC 控制板卡（如基于 DSP 的运动控制卡等）来发展 PC 数控系统。典型代表有美国 DELTA TAU 公司用 PMAC 多轴运动控制卡构造的 PMAC-NC 系统，日本 MAZAK 公司用三菱公司的 MELDASMAGIC 64 构造的 MAZATROL 640 系统，中国华中数控系列产品、航天数控系列产品、广州数控部分产品等。

从目前的情况看，新推出的 PC 数控系统已越来越多地采用 PC+NC 结构，NC+PC 结构的发展已呈下降趋势。

随着 PC 技术水平和数控软件设计水平的提高，PC+NC 结构正逐渐发展成 PC+I/O 的软件化结构和 PC+实时网络的分布式结构。典型代表有美国 MDSI 公司的 OPEN CNC，德国 POWER AUTOMATION 公司的 PA8000 NT，以及中国大连光洋公司、陕西华拓科技公司等系列产品。

数控装置的硬件结构按数控装置中的印制电路板的插接方式可以分为大板结构和功能模块（小板）结构；按数控装置硬件的制造方式，可以分为专用型结构和个人计算机型结构；按数控装置中微处理器的个数可以分为单微处理器结构和多微处理器结构。

大板结构数控装置由主电路板、位置控制板、PC 板、图形控制板、附加 I/O 板和电源单元等组成。主电路板是大印制电路板，其他电路板是小板，插在大印制电路板上的插槽内。这种结构类似于微型计算机的结构。功能模块结构数控装置按功能化为若干个模块，硬件与软件设计均采用模块化设计。常用的功能模块由数控控制板、位置控制板、PC 板、存储器板、图形板等组成。FANUC 系统的 15 系列就采用了功能模块式结构。

单微处理器结构数控装置中，只有一个微处理器，以集中控制、分时处理数控装置的各个任务。而在多微处理器结构中，数控装置具有两个或两个以上的微处理器，每个微处理器通过数据总线或通信方式进行连接，共享系统的公用存储器与 I/O 接口，每个微处理器分担系统的一部分工作。多微处理器结构是为了适应数控系统功能不断增加和加工速度不断提高的需要而产生的。

一、计算机数控（CNC）系统的硬件结构

以 PC 操作系统为基础开发的数控系统，也称 CNC 系统，从功能实现方式上可以分为基于运动控制卡的结构和基于 PC 的全软件的数控系统。按软件来分可以分为集中式和分布式数控系统。下面就按照软件的分类方法来介绍集中式数控系统和分布式数控系统的结构。

（一）集中式数控系统的硬件结构

集中式数控系统有多种类型，但其典型的结构一般有内核运动控制（NCK）功能、人机交互（HMI）功能和 PLC 功能。G 代码的解释、插补、位置控制、加减速控制、补偿控制等均由内核运动控制功能完成。操作、编辑程序与外部的系统通信和机床状态的监控均由 HMI 完成。机床更换刀具、主轴控制、I/O 点等均由 PLC 控制。这种系统，伺服模块只负责对系统的输出信号进行放大和以模拟量的方式输入，所有的运动控制均有 CNC 系统完成。

这种系统由于结构的原因，不易扩展更多的轴数，同时，传输信号是以模拟量的方式传输的，易受干扰。面对现阶段的多轴多通道控制，这种系统就显出了其劣势。典型集中式数控系统硬件结构如图 3-23 所示。

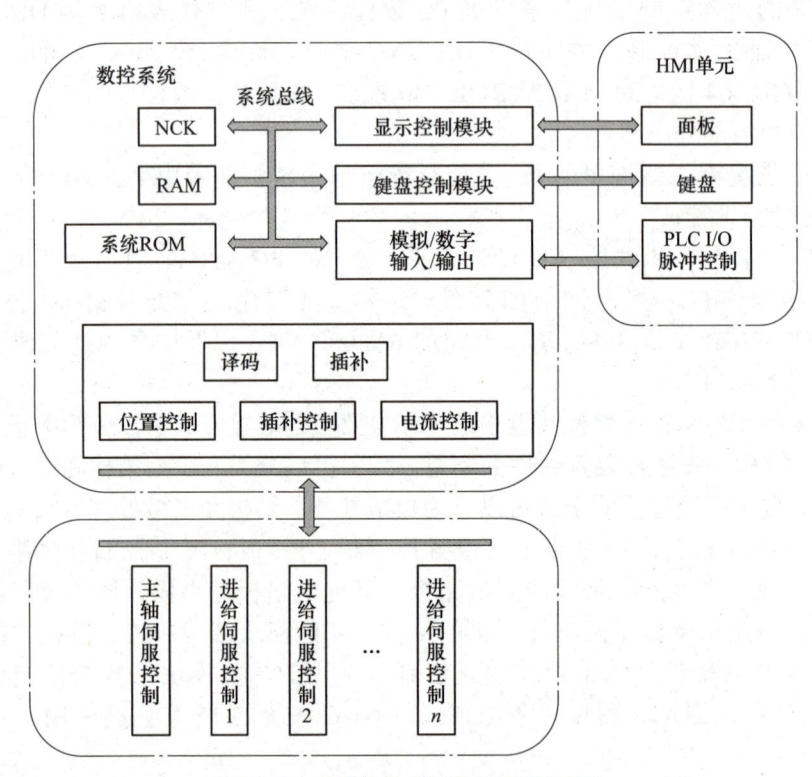

图 3-23　典型集中式数控系统硬件结构

（二）分布式数控系统的硬件结构

分布式数控系统是为了改进集中式数控系统轴数不能扩展的缺点而产生的。在分布式数控系统中，数控系统只负责译码与插补，位置、速度、电流等控制功能都由伺服驱动器来完成。同时数控系统与驱动器之间通过总线传输，更容易实现高速高精度、多轴多通道的运动控制。分布式数控系统还包括边缘计算模块、雾计算模块等。通过网口/USB/蓝牙的方式与数控系统通信，实现数据传输与交互。典型分布式数控系统硬件结构如图 3-24 所示。

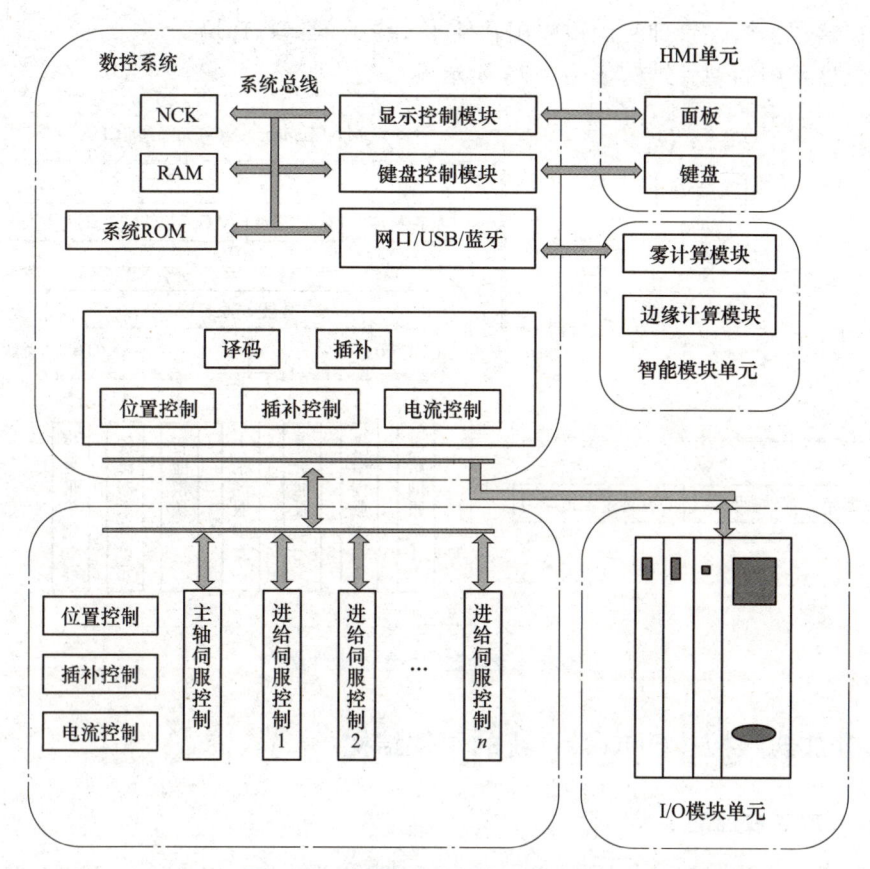

图 3-24　典型分布式数控系统硬件结构

二、智能数控（iNC）系统的硬件结构

数控系统从 CNC 发展到 iNC，不仅是硬件结构上的变化，而且是理念上的变化。iNC 系统具备自主感知、自学习、自决策和自执行的能力，由于其强大的网络互连功能，实现了多机床云端与移动端的监管等管理功能。从其功能角度来看，iNC 系统具备数字化、网络化和平台化三大特征。

智能数控系统的数字化指的是通过数控机床的传感器系统对机床整体状态进行感知，通过融合计算建立物理空间机床与 Cyber 空间数字机床的闭环，实现机床运行状态的监控、机床状态的预测、机床故障的识别。

智能数控系统的网络化有两部分的含义，包括机床内部通信网络化和机床与机床之间、机床与控制中心之间通信的网络化。

机床内部的现场总线（NCUC-bus）可实现伺服驱动系统、传感系统和 I/O 从站之间的毫秒级数据采集与传输。机床与机床之间、机床与控制中心之间通过 NC-Link、MT-Connect 或 OPCUA 将数控的内部的电控数据和传感器系统采集到的数据传送至大数据中心，实现工厂运行、生产、管理等数据的共享。

智能数控系统的平台化是指系统提供的硬件与软件平台。硬件平台包括数控装置、智能计算模块等，软件平台包括远程控制、数控装置、智能算法、移动终端二次开发模块、大数据的存储、分析、管理和用户应用软件（APP）的运行环境。

智能数控系统的硬件结构如图 3-25 所示。

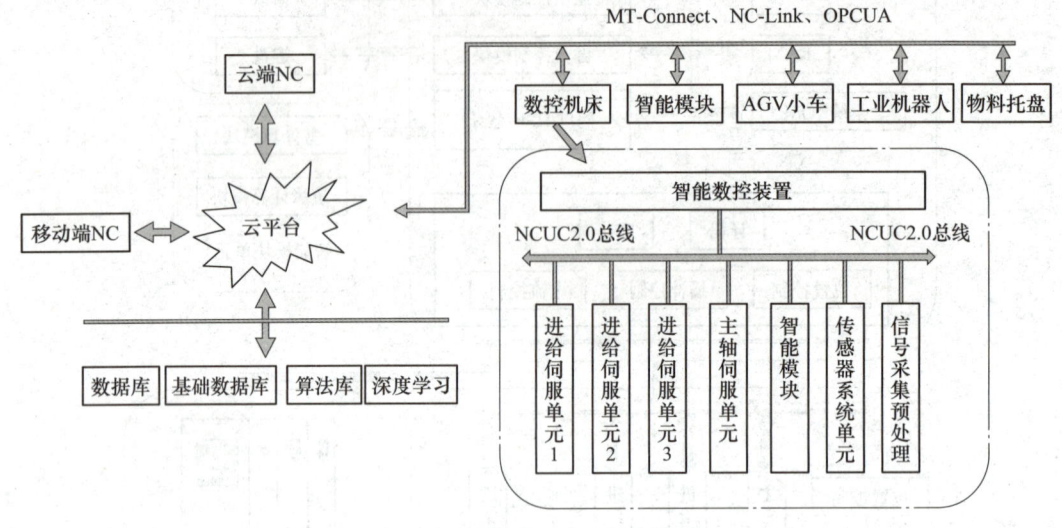

图 3-25　智能数控系统的硬件结构

三、开放式数控（ONC）系统的硬件结构

（一）开放式数控的定义

电气与电子工程师协会（IEEE）对开放式数控系统（open CNC system，ONC）的定义如下：一个真正意义上的开放式数控系统，必须具备不同应用程序，能协调地运行于系统平台上的能力，提供面向功能的动态重构模块，同时提供一个标准化的应用程序用户界面。从定义可以看出，开放式数控系统具备 4 个方面的特征，可互操作性、可移植性、可缩放性和可相互替代性。即开放式控制系统是从全新的角度分析与实现数控的功能，强调系统对控制要求的可重构和透明性。

（二）开放式数控系统的类型

随着计算机技术的飞速发展，采用通用的 PC 发展开放式数控系统已成为数控系统技术发展的最新潮流。长期以来开放式数控系统产生了三种结构类型。

1. PC 嵌入 NC 型（NC+PC）

这种系统的基本结构为 NC+PC 主板，即把一块 PC 主板插入传统的 CNC 控制器中。CNC 控制器完成插补、位置控制、PLC 时序逻辑控制等实时控制任务。PC 主板负责完成一些非实时控制的任务，如网络通信等。作为用户与控制器的人机接口平台，利用 PC 主板可以享用到 PC 的丰富软件资源。典型系统有 FANUC18i 及 16i 系统、SIEMENS840 系统、NUM1060 系统、AB9/360 系统。这种体系结构的数控系统虽然也具有一定的开放性，但由于它的 NC 部分依然是传统的数控系统，其体系结构仍然是封闭的。用户并不能够介入到数控系统的核心。这类数控系统的结构复杂、功能强大，但价格昂贵。

2. PC+运动控制卡型

数控系统中的 PC 用于实现用户接口、文件管理以及通信等功能，而数控系统的实时控制功能则由运动控制卡来实现。运动控制卡可以通过标准的 ISA 接口、PCI 接口插入到 PC 的主板上。运动控制卡通常选用高速 DSP 作为 CPU，具有很强的运动控制和 PLC 控制能力，它本身就是一个数控系统，可以单独使用，用以完成机床的运动控制和时序逻辑控制。运动控制卡有开放的函数库，可供用户在 Windows 平台下自行开发，构造所需的控制系统。目前这种结构的数控系统已经成为开放式数控系统的主流结构，应用十分广泛。例如，美国 DELTA TAU 公司用 PMAC 多轴运动控制卡构造的 PMAC-NC 数控系统；日本 MAZAK 公司用三菱电机的 MELDASMAGIC 64 构造的 MAZATROL 640 数控系统等。

3. 全软件型

全软件型开放式数控系统是一种最新的开放式体系结构的数控系统。它提供给用户最大的选择和灵活性。它的 CNC 软件全部装在 PC 中，而硬件部分仅是 PC 与伺服驱动、外部 I/O 之间的接口板卡。在这种数控系统中，PC 不仅能够完成文件管理、人机接口、网络通信等非实时任务，同时在实时操作系统的管理下，还可以以软件控制的方式完成插补运算、伺服进给控制以及 PLC 控制等实时性任务。用户可以在 Windows NT 平台上，利用开放的 CNC 内核，开发所需的各种功能，构成各种类型的高性能数控系统。这种结构的优点是编辑处理灵活、软件通用性强、数控系统容易升级。与前几种数控系统相比，全软件型开放式数控系统具有最高的性能价格比，因而最有潜力。其典型产品有美国 MDSI 公司的 Open CNC、德国 Power Automation 公司的 PA800NT 等。

（三）典型的开放式数控系统的硬件结构

开放式数控系统的种类较多，有美国的 NGC 和 OMAC、欧盟的 OSACA 和日本的 OSEC 等，由于日本 OSEC 的 PC+ 适配器卡的方案具有开放灵活、性价比高的特性，在国际上处于主流地位。下面对 PC+ 运动控制卡的硬件结构进行说明。

以 PC 和运动控制卡为基础构建开放式数控系统硬件台，具有方便、快捷的优点。由于运动控制卡是标准化、模块化产品，用户生产商只需要根据具体要求，选配合适的 PC、运动控制和执行单元模块，进行硬件系统连接，即可快速完成开放式控制系统的硬件平台构建，如图 3-26 所示。图中运动控制卡选用四轴数字伺服控制的 MPC03FA 运动控制卡，每轴可输出脉冲和方向信号，用以控制电动机的运转。MPC03FA 运动控制卡通过 PCI 插槽内嵌到 PC 中，运动控制卡上专用 CPU 与 PC 的 CPU 构成主从式双 CPU 控制模式。PC 主要负责人机界面、实时监控和发送指令等系统管理工作，运动控制卡上专用 CPU 负责处理运动控制的细节，如升降速计算、行程控制、多轴插补等。

（四）可重构智能数控系统的硬件结构

数控系统要做到智能，必须要通过智能感知系统获取外界大量的时变的多状态信息，利用大数据和机器学习等技术，提取相应的特征，达到智能采集、智能分析、智能决策等目的。因此，智能数控系统体系结构上应具备支持多信息融合的可重构硬件平台和支持智能化数控系统的二次开发平台，这样才能通过对采集的大量多状态信息进行汇聚、分析，进而可根据数控机床的加工任务，对数控系统硬件配置进行重构以完成任务。

智能数控加工技术

图 3-26　PC+ 运动控制卡构成的开放式数控系统硬件结构

1. 多信息融合的可重构硬件平台

为了提升系统的平台化、网络化和智能化，实现系统的可重构，硬件平台采用分层结构。

（1）可重构硬件平台结构　基于开放式数控技术，总线及网络技术，基于多处理器的硬件平台技术、实时操作系统技术，以及模块化设计技术构建的智能化数控系统硬件平台包含车间网络层、控制层和设备层三个部分。硬件平台体系结构如图 3-27 所示。

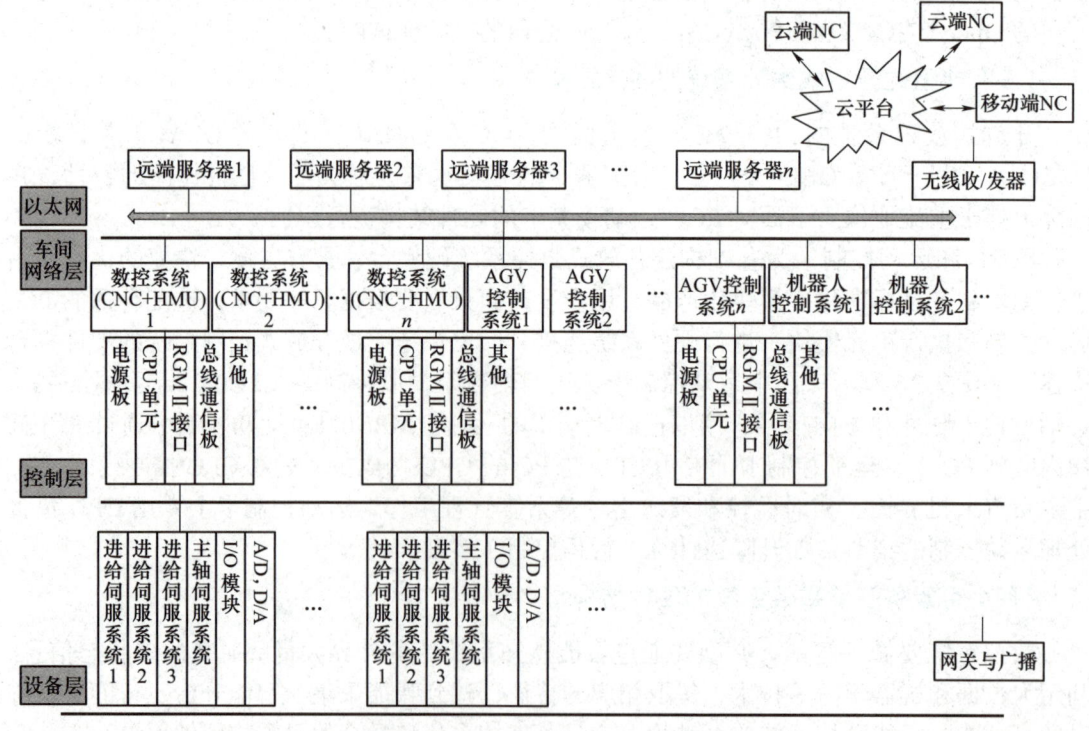

图 3-27　可重构硬件平台体系结构

1）车间网络层。车间网络层由远端服务器、数控系统和云平台等组成。数控系统之间可通过 MT connect、NC link 等进行互联可以实现管理功能、二次开发、智能调试，远端服务器与各数控系统相连可以实现云端管理功能，云平台可实现智能化数控系统的远程操作与控制等功能。

2）控制层。控制层由多个控制系统组成，每个控制系统由控制单元（NCU）、人机接口单元（HMU）和信息终端单元构成。数控系统内部采用现场总线（如 Ether CAT、NCUC-bus 等）连接。现场总线将驱动器、I/O 单智能网关数据汇聚到数控系统中。信息的传输通过以太网或专用千兆以太网（RGM Ⅱ）总线实现高速实时通信。

3）设备层。设备层可重构硬件平台的底层，包含驱动器、I/O、传感器介入网关等设备。机床的感知能力很大程度上来源于传感器的大量应用。由于驱动器等电控数据汇聚到数控系统，使得伺服系统由执行器转变为切削负载和加工精度的传感器。传感器介入网关支持有线和无线两种方式输入。智能数控的可重构硬件平台采用广播同步与总线同步方式，实现传感器数据的融合，进而实现传感器数据的采集与控制信息的同步。

（2）智能化数控系统网络化结构　在智能制造的背景下，网络化的含义是要求数控机床以设备终端的形式融入智能制造网络中，与网络中的其他设备（如生产线、AGV 小车、机器人等）实现设备的互联与数据的共享。数控系统内部采用现场总线连接，数控机床之间、数控机床与各终端设备之间，采用外部通信协议实现。通过网络，可实现感知信息的实时反馈与执行设备精准同步控制，还可以实现管理功能、二次开发、智能调试，通过远端服务器还可以实现云端管理功能。其网络化结构如图 3-28 所示。

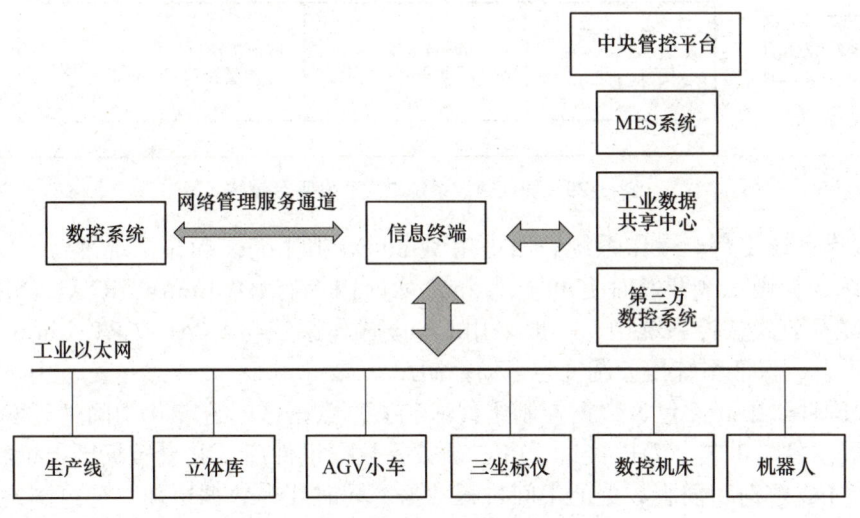

图 3-28　智能化数控系统网络化结构

2. 智能数控系统的二次开发平台

为了实现数控系统功能的扩展与定制修改，数控系统的软件平台必须具备二次开发功能。

（1）智能数控系统二次开发平台结构　智能化数控系统的二次开发平台结构如图 3-29 所示。该结构由硬件平台、操作系统平台、中间件和二次开发接口组成。开发人员可借助于开发工具，开发出具有可扩展、可伸缩、可移植的智能化数控系统应用软件。

1）**硬件平台**。一般采用基于 ARM 构架或龙芯架构的硬件体系结构，可实现 RS422、

RS485、SSI、EnDat、BiSS 的编码器接口，支持 Ether CAT、SSB-Ⅲ等多种总线接口，同时具备模拟量接口、脉冲量接口及传感器接口。

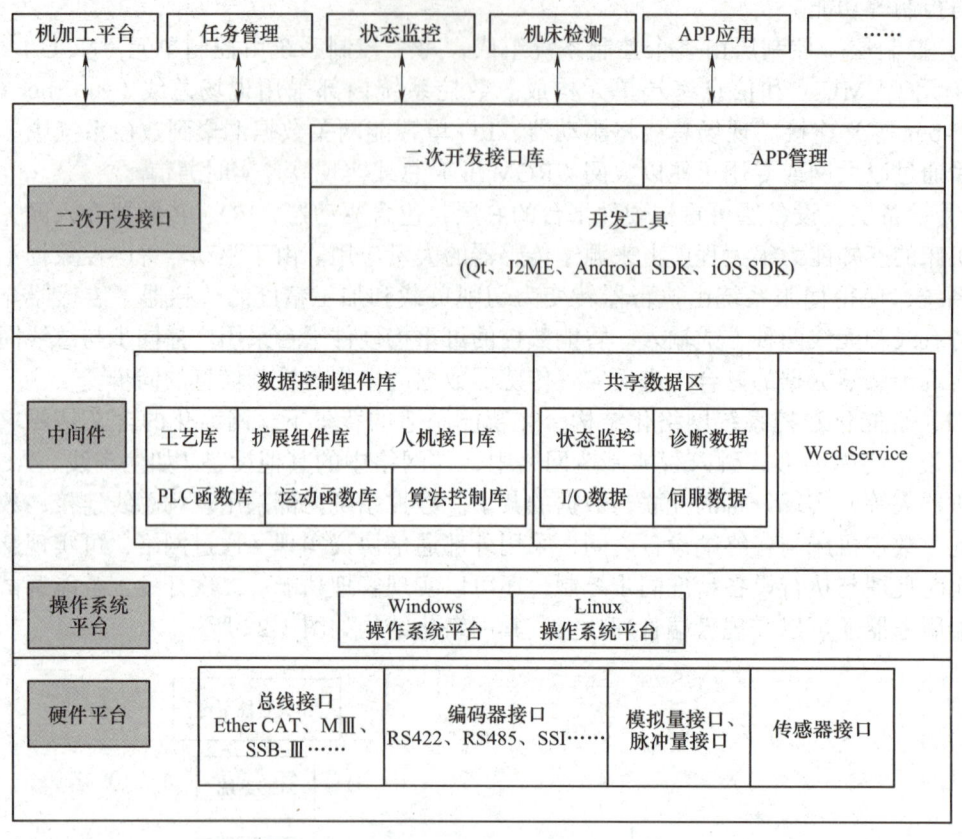

图 3-29　智能数控系统二次开发平台结构

2）**操作系统平台**。操作系统一般采用 Windows 和 Linux 操作系统平台，Linux 是开源操作系统，在做二次开发时更可靠，Linux 实时内核有 RT. Linux、RTAI、Monta Vista 等。在智能开放式数控系统中，一般采用 Linux 操作系统与 RTAI 或 RT. Linux 实时内核操作系统平台，保证系统任务调度与运动控制。

3）**中间件**。中间件包含数据控制组件库和共享数据区。智能化中间件开发基于算法控制、扩展组件、工艺、人机接口、PLC 函数等数据组件库。共享数据区提供状态监控、诊断数据、I/O 数据和伺服数据的中间过程数据，同时获得数据更新。通过网络，共享数据区的数据可以与智能终端进行数据交互，共享数据也可以被上传至云端，形成基于网络数据采集、控制的云端应用。应用程序在互联网上相互通信采用 Wed Service（基于网络的分布式模块化组件）。

4）**二次开发接口**。二次开发的工具有 Qt（跨平台图形引擎）、J2ME（二次开发平台）、Android SDK、iOS SDK 等，这些开发工具形成数控系统二次开发平台的开发工具链。通过开发工具，可进行图形显示、组件操作、工艺编程、任务管理、状态监控等的二次开发，创建基于移动终端智能 APP 软件的应用管理器，支持机加工、任务管理、状态监控、机床检测等功能的二次开发以及跨平台 APP 应用的开发和管理。

为了保证数控机床安全可靠地运行，减少故障停机时间及延长机床的工作周期，针对设备全生命周期管理的必要组成部分，建立一套完整的预测分析模型来分析工业大数据平台中的机床数据，可实现远程的定位和机床故障预警，并根据机床故障诊断树来提供机床的维护与升级改进计划。该系统能实现机床故障的提前预测和剩余寿命的计算，实现机床的全生命周期健康维护。

（2）基于二次开发平台进行智能应用技术的开发　对于可重构智能数控系统，针对智能化数控产品的控制功能需求，基于智能化硬件平台、网络化平台进行二次开发，内容包括创新研究、数控装备协调控制、智能化制造方法及工具研究等。

第三节　数控系统数据的输入输出与互联

一、数控机床与外部设备间的数据传送要求

数控机床若要运行，必须要有被加工零件程序指令信号及相关数据作为输入，并以此作为相应的数据与信息的输出，从而控制机床执行件工作。

（一）数控机床在单机运行中数据的输入输出

数控机床单机运行中，包括用于计算机、可编程控制器的编程机、数据调整用的手摇脉冲发生器、方便操作机床用的外部机床控制面板或遥控面板、用于LCD的显示设备等均通过通信口通信。通常，进给和主轴驱动这两部分与CNC在同一机柜或相邻机柜内，通过内部连线相连，它们之间一般不设通用输入输出接口。随着开放式数控系统的不断发展，数控系统的接口正朝着总线化、网络化、标准化方向发展。

对于智能机床，由于传输的数据量成倍的上升，且数控系统又是机床各单元数据交会的地方，因此智能机床不仅需要包含机床运行过程中振动、温度、视频等数控外部传感器数据，还包括内部位置、速度、电流、跟随误差等电控数据。智能机床主要通过总线的形式实现数据的输入输出，如NCUC总线。

NCUC总线将数控装置、I/O从站和伺服从站通过以太网的拓扑串联起来，进行高速实时通信。可以将外部传感器数据及内部电控数据在数控装置端汇聚同步，统一对内外部数据进行指令域的标记，并建立运行状态数据和工况的映射。NCUC是数控系统级的内部互联协议。作为实时数据的高速通道，对内外部数据进行同步、高频采集和汇聚，为大数据智能奠定基础。

（二）数控机床在智能制造生产系统中的通信

随着工厂自动化和柔性制造的发展，数控系统作为群控（distributed numerical control，DNC）、柔性制造系统（flexible manufacturing system，FMS）的基础，除了与数据输入、输出设备相连接外，还要与上级计算机或DNC计算机通过工厂局域网相连，具有网络通信功能。以数控系统为基础的自动化制造系统信息传输量大，远远超过数控系统单机运行所传输的数据量，且传输效率高、距离远。

对于智能机床，其通信方式主要是NC-Link的同构、异构混联的通信模式。智能制造的核心之一是信息物理融合系统（cyber physical system，CPS）。CPS利用大数据、物

联网、云计算等技术，将物理设备连接到互联网上，实现虚拟网络世界与现实物理世界的融合，使得物理设备具备计算、通信、精确控制、远程协调、自治、数据采集等功能，从而实现智能制造。要实现智能制造的条件之一就是设备的互联互通，而要实现同构或异构数控机床之间数据的互联互通，前提之一就是通信标准。NC-Link 是针对数控装备 CPS 开发的 M2M（machine to machine）的协议，可以将同构数控机床和异构的数控机床进行混联，是装备级的互联互通。

二、数控系统的数据通信接口

数控用于连接输入输出设备（如 PTR、PP、TTY）、外部机床控制面板或通用手摇脉冲发生器的接口是 RS232C、RS422 和 RS485。

RS232C 在机械特性方面规定使用 DB25、DB15 和 DB9 三种标准连接器，其中 DB25 和 DB9 较常用。连接器的尺寸及每根针排列的位置作了明确的规定，从而保证 RS232C 标准接口的通用性。

在电气特性方面，电气连接如图 3-30 所示。非平衡型的每个信号用一根导线，所有信号回路公用一根地线。信号传输速率较低，在异步传输时，最大传输速率为 19200bit/s，传输距离有限，最大传输距离为 50ft(1ft=0.3048m)，可靠传输距离在 15m 左右。RS232C 对电气特性、逻辑电平和信号线的功能都进行了规定，其电性能用 12V 标准脉冲，并采用负逻辑。逻辑"1"电平为 –3～–15V，逻辑"0"电平为 +3～+15V，这与 TTL、CMOS 电子不兼容。若要与 TTL 器件相连，必须进行电平转换。RS232C 的通用的集成电路转换器件有 SN75188 或 MCI488 发送器、SN75189 或 MC1489 接收器、MAX232 发送接收器、MAX202 发送接收器等。由于是单线传输，线间存在较大干扰。RS232C 只能进行点对点传输，不能进行成网控制。

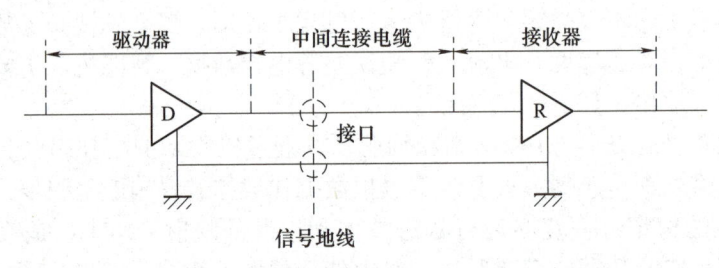

图 3-30　RS232C 的电气连接

RS232C 的功能特性，即规定了各条信号线的功能分配。RS232C 的规程特性，即规定了 DTE 与 DCE 之间控制信号与数据信号的发送时序、应答关系与操作过程。图 3-31 所示为 RS232C 的规程特性。图中，DTE 为数据终端设备，如计算机或终端设备；DCE 为数据通信设备，如自动呼叫设备、调制解调器（Modem）、中间设备等。DTE 和 DCE 之间相连时，需要特别注意接线的信号关系，以免出现差错。

在 CNC 系统中应用标准的 RS232C 一般带有 20mA 电流环，其作用是电流控制，在环路中只有一个电流源。RS232C-20mA 接口结构示意图如图 3-32 所示。以 20mA 电流作为逻辑"1"，零电流为逻辑"0"。电流环内的双端传输特性对共模干扰有抑制作用，并可采用隔离技术消除接地回路引起的干扰。由于电流环具有抗干扰的性能，传输距离比

RS232C 远很多，可达 1000m 左右。

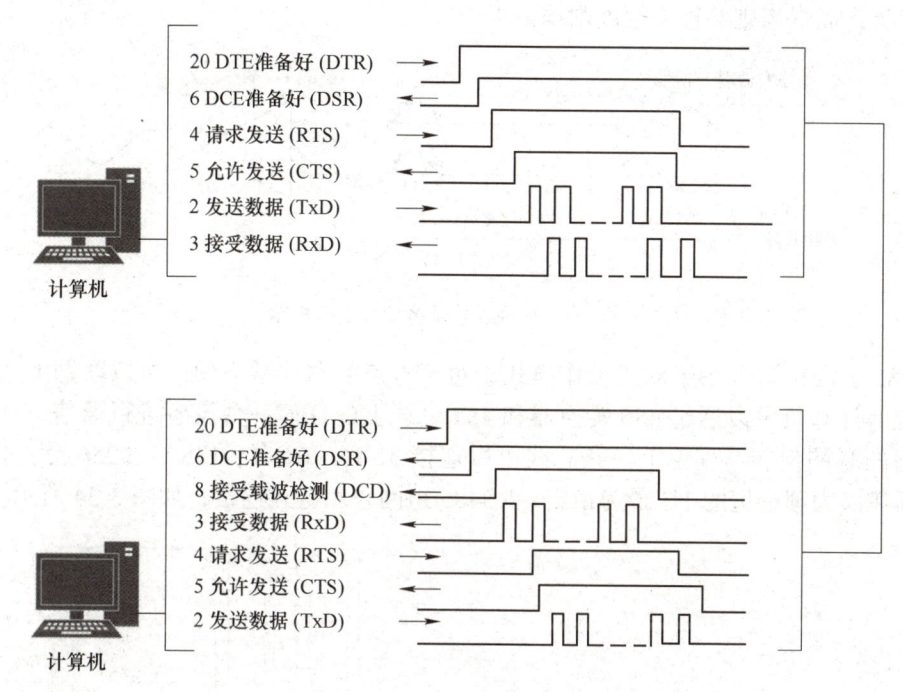

图 3-31 RS232C 的规程特性

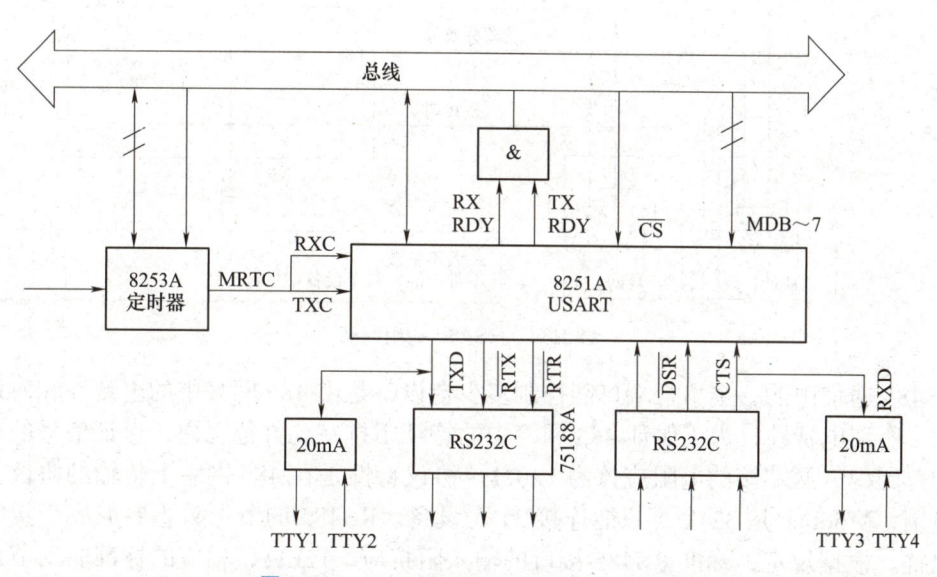

图 3-32 RS232C-20mA 接口结构示意图

为弥补 RS232C 接口的不足，提出了新的接口标准 RS485。RS485 标准是由电信行业协会（TIA）及电子工业联盟（EIA）联合发布的标准，RS485 采用差模（也称差分）传输方式，用缆线两端的电压差值来表示传递信号。

RS485 差模传输原理如图 3-33 所示。差分发送端发出的"信号 +"与"信号 -"相位是相反的，而对于共模噪声而言，在"信号 +"与"信号 -"两条线上都会存在，理想情况是等幅同相的。而差分接收端，相当于一个减法器，有用信号由于相位相反则经过减法器仍然保留，而噪声则会被大幅度削弱或抵消。

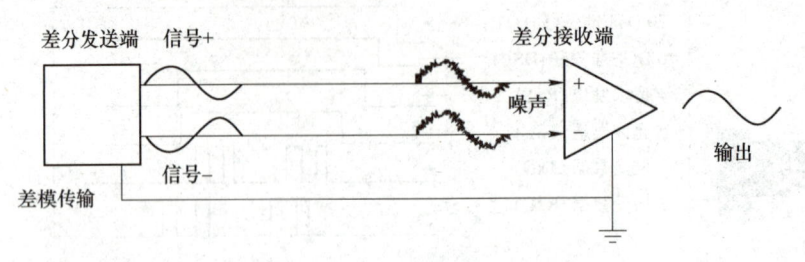

图 3-33　RS485 差模传输方式示意图

RS485 标准接口采用半双工工作模式，对于多点互联非常方便，可以联网形成一个分布式系统。计算机可以通过 485 转换器和 485 总线上的任何一台设备进行通信，从而进行多台设备的联网控制。理论上一条总线可以连接 32 台、64 台、128 台、256 台、485 台设备，实际建议为理论值的 1/3 最为稳定。RS485 组网采用链式连接，如图 3-34 所示。

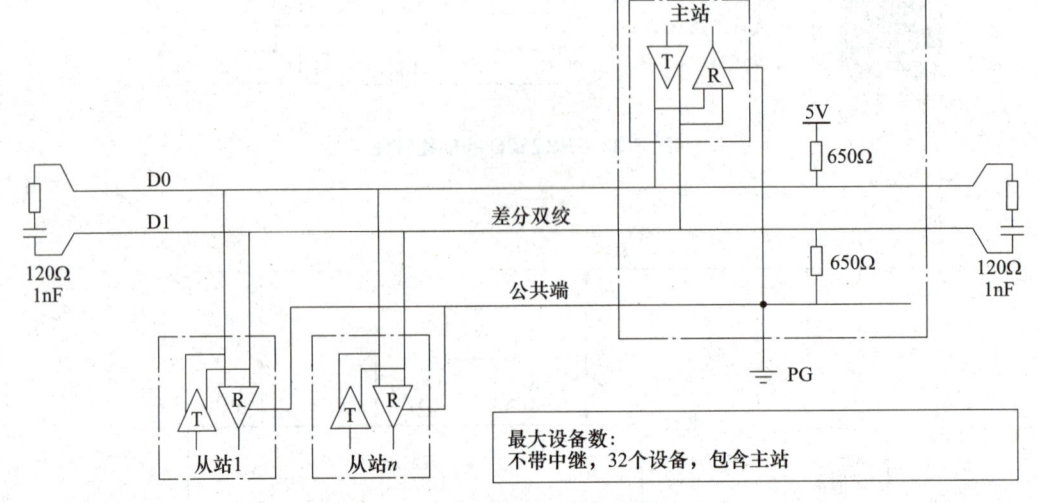

图 3-34　RS485 的组网图

RS485 通信中的一个串行端口能控制多少台设备是由 485 网络中的电特性和协议特性决定的。所谓电特性，为了保证 485 网络中的特征阻抗在允许范围内，保证信号的衰减在允许的范围内，两端接的电阻应该为 120Ω。协议特性是在 485 网络上传输的协议支持的地址范围，Modbus 是 32 个，只能连接 31 个设备。RS485 的节点数主要取决于接收机的输入阻抗。根据规定，标准 RS485 接口的输入阻抗≥12kΩ，相应的标准驱动节点数为 32 个。为了支持更多节点的通信，只能改变芯片的输入阻抗，更改为 1/2 负载（≥24kΩ）、1/4 负载（≥48kΩ）、甚至 1/8 负载（≥96kΩ），那么，对应的节点就会增加到 64 个、128 个、256 个。例如，泛格的 I/O 模块的 RS485 网络最多的节点达 256 个。

RS422 是 Apple 的 Macintosh 计算机的串口连接标准，是由 RS232 发展而来的，采用单机发射、多机接收的单项平衡传输方式，平衡发送能保证更可靠、更快速的数据传送。RS422 是全双工工作模式，传输速率为 10Mbit/s，传输距离 4000ft（约 1219m），比

RS232C 远得多。

三、智能机床的互联通信

智能制造的核心技术之一就是数控系统的互联互通，即同构和异构数控系统之间的互联互通。数控机床的互联通信，有利于打破数据壁垒，实现资源共享和高效管理的核心环节，也是实现智能制造的基础。要实现多源异构数据横向融合及制造全流程数据纵向打通，关键是通信协议的标准化，各国均将这作为重点研究对象。从机床大数据在数控机床和外部应用系统之间的流通需求（数据感知、数据传输、数据应用）来看，数控机床的互联通信协议分为三个层次：感知层、通信层和语义层，如图 3-35 所示。感知层互联通信协议主要是数控系统对以传感器件为代表的各类数据的采集和管理，以各类数据总线为主。通信层互联协议负责实现从数控系统到应用系统之间的数据传输，主要是以以太网协议为主。语义层互联通信协议主要是面向应用集成的对机床模型含义的数据解释能力，主要包含模型设计和数据字典的协议。

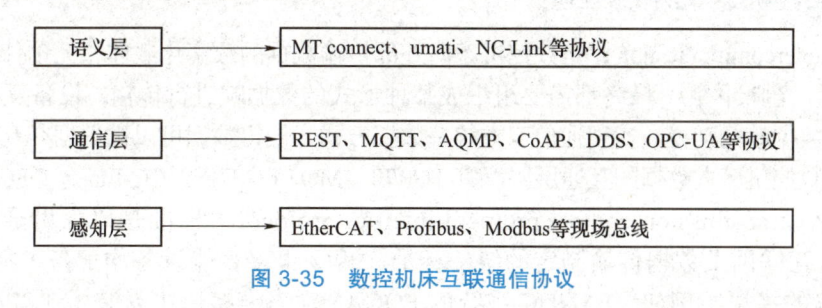

语义层	→	MT connect、umati、NC-Link 等协议
通信层	→	REST、MQTT、AQMP、CoAP、DDS、OPC-UA 等协议
感知层	→	EtherCAT、Profibus、Modbus 等现场总线

图 3-35　数控机床互联通信协议

数控机床互联通信实现了数控机床大数据的互联、互通、互操作，是沟通设备和数据应用的使能技术。

（一）数控机床大数据的互联

互联（interconnection）是指构成数控机床与数据应用信息交互系统的物理部件和介质，主要包括设备本体、传输介质和通信接口。互联使得数控系统与各控制单元、伺服驱动、I/O 逻辑控制和应用程序物理载体等实现信号传递。随着计算机通信技术不断发展，数控机床的互联通信方式经历了串口、USB 和以太网，至今以太网凭借实时性、高可靠性等优势成为主流的互联方式。例如，华中数控 HNC-848D 配置的 IPC 提供两个 RJ45 接口，分别负责上位机与下位机之间，以及数控系统与外部通信单元之间的以太网互联通信，如图 3-36 所示。

数控系统互联包括有线和无线两种传输方式。数控系统以太网中常用的有线传输介质包括双绞线、光纤，无线通信传输介质主要是无线电波。其中，双绞线通过电脉冲传输信号，由两根具有绝缘保护层的铜导线组成，两根绝缘的铜导线按一定密度互相绞在一起，可降低信号干扰的程度，适用于干扰较大和数据远距离传输的生产控制；光纤是一种由玻璃或塑料制成的纤维，以光脉冲的形式来传输信号，因此不受外界电磁信号的干扰，信号的衰减速度很慢，传输距离比较远，信号实时性强，特别适用于电磁环境恶劣的生产环境。近年来，移动互联通信（4G/5G）在数控机床领域得到深入应用，由于 5G 通信大带宽、低时延和多连接的特性，各系统可直接进行无线传输和无线控制。

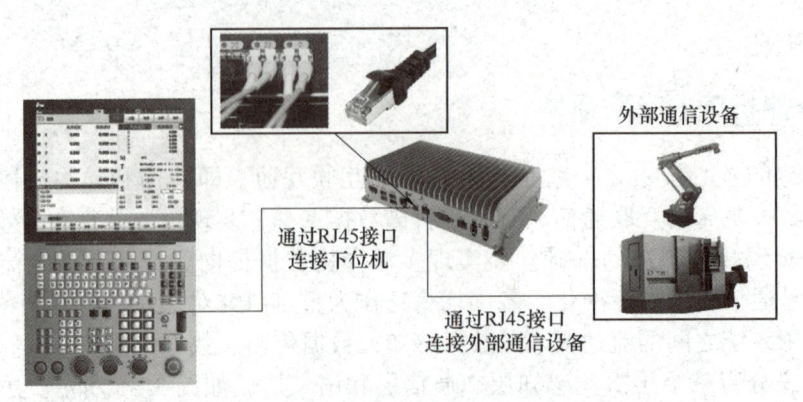

图 3-36　数控系统上的以太网口

综上所述，设备互联解决的是数控机床与内外部功能模块在物理层的信号传输，为数据层的互通提供前提。

（二）数控机床大数据的互通

互通（intercommunication）是数控机床向外部传输数据的数字化载体，无论什么类型的信号（电脉冲、光脉冲等），最终都需要组织成某种形式的数据帧进行传输，设备互通便是负责完成信号到数据帧的转换，实现通信双方统一数据方式，使得数据可以被数据交互双方正确解析。目前，数控机床大数据的互通层协议有 TCP/IP、MQTT、TSN、CC-Link、OPC UA 等。

TCP/IP（transmission control protocol/internet protocol）标准是以太网通信的基础。为终端接入互联网及数据传输制定的统一标准。现场很多智能设备均配备了能执行 TCP/IP 通信协议的模块。例如，FANUC 系统的 FOCAS 动态链接库中封装了 TCP/IP，华中 8 型数控系统的开放式二次开发接口也是基于 TCP/IP 的。

MQTT（message queuing telemetry transport）是基于 TCP/IP 的轻量级消息传输协议。它用极少的代码和有限的带宽，为远程的设备的连接提供实时、可靠的数据传输服务。华中的 iCloud 就是通过 MQTT 协议与数控机床进行数据互通的。

数控机床大数据的互通可解决数控终端设备之间的信号的传输与控制，实现终端设备之间的数据流通，并且通过统一的传输协议可以正确解析出接收到的数据，为后期的各终端数控设备之间的互操作打下坚实的基础。

（三）数控机床大数据的互操作

互操作（interoperability）就是将数控机床的数据进行翻译，使应用程序或其他设备可以理解数据的物理意义，为数据应用提供基础。互联与互通实现了大数据的流通，但未解决数据发生端和数据应用端的信息数据被数据应用端（包括数控机床、各种智能应用等）获取的问题，应用也无法理解数据内所蕴含的信息。如某数控系统的工艺参数优化模块，系统基于 TCP/IP 监测各个轴的电流数据，按照互通的功能，根据数据应用端数据能解析出采集的数据，但无法鉴别这些数据所代表的含义，也就无法实现数控终端设备之间的互操作。要实现数控终端设备之间的互操作，必须对数据进行统一、明确规范，明确数据与操作之间的关联关系。

实时数控终端设备之间正确的互操作，必须具备数控终端设备与智能应用之间统一的语义系统。语义系统是指语素按照一定的规则组成可以在交互双方得到共同认同的信息传递系统，主要由语素和语法两部分组成。

语素是构成语义系统的最小单位。对于数控终端设备而言，采集的数据必须具备数据来源、物理意义和时间特性（如采样时间、采样频率），并且其表达方式按照语义系统要求进行统一表达且含义相同。对于 NC-link 协议来说，其语义系统由数据字典、设备模型和接口要求构成，其中数据字典为语素部分，设备模型和接口要求为语法部分。

如果要查询某数控终端设备的主轴运行的电流数据，需要进行如下步骤：

1) 数据字典定义了对电流数据的表达方式，规定通过数据标识、数据名称、数据类型、数据描述、数据值、数据来源、数据单位等信息对电流数据进行统一描述。

2) 通过系统建立的树状组织结构的设备模型，智能识别出数据的来源，并基于数据字典对数据含义进行解释。

3) 对于操作方法、接口有明确的定义，能识别出智能应用发送的查询请求，依据系统建立的树状组织结构的设备模型，解析出智能应用查询的是某数控终端主轴的电流数据信息。运用数据字典对数据进行组织和打包，然后发送到智能应用。

综上所述，数控机床大数据互操作的基础是统一的语义系统模型，基于该模型，通过数据帧的适配，实现对交互信息的正确理解，并根据理解的结果做出正确响应，实现终端数控与智能应用之间的数据沟通。目前，支持数控机床大数据互操作的通信协议有 MT Connect、NC-Link、Umati 等。

第四节　数控系统用可编程逻辑控制器

一、可编程控制器与数控机床的关系

数控机床是一种高精度、高效率的机械加工设备，它通过计算机和数字控制系统实现对加工过程的精确控制。可编程控制器（programmable logic controller，PLC）是数字控制系统中重要的组成部分，它是一种可编程的数字电子系统，用于实现机床的基本功能。

在数控系统中，控制的内容可分为轨迹运动控制与开关量辅助机械动作控制。M、S、T 等代码输入的信号经系统处理后转化成与辅助动作相对应的控制信号，去控制相应的执行机构，这些辅助机械动作控制以前是靠继电器逻辑（relay logic circuit，RLC）线路来实现的，由于 RLC 线路体积庞大、柔性差，逐步被 PLC 所取代。

PLC 是由计算机简化而来，它与计算机相比，省去了一些数字运算功能，强化了逻辑功能。它有自己的 CPU、存储器、与外设之间的通信接口及工作电源等，并具有较完善的输入/输出接口，可以实现与外部信号的通信，而完成程序要求的控制任务。PLC 中的控制逻辑不是像 RLC 那样用硬件逻辑线路来完成，而是通过程序编制实现其逻辑功能，用"软继电器"代替"硬继电器"，同时采用输入/输出可编程技术，满足不同的控制要求。并且 PLC 有体积小、重量轻、易于维护等优点，在现代数控机床上广泛应用。

二、数控机床用可编程控制器

在数控机床上，可编程控制器可分为内装型 PLC 和独立型 PLC 两类，内装型 PLC 从属于 CNC 装置，与 CNC 集成成为不可分割的部分。PLC 与 NC 之间的信号传输在 CNC

装置内部即可实现。PLC与机床侧通过CNC输入/输出接口电路,实现信号传输。独立型PLC又称通用性PLC,它独立于CNC装置,具备完备的硬件与软件功能,一般采用模块化设计。如独立的输入/输出电路、独立的通信模块、独立的用户程序等。在CNC系统中,内装型PLC其软硬件整体结构紧凑,功能针对性强,具有较好的可靠性和可操作性。下面介绍西门子SINUMERIK 840Dsl数控系统中内置PLC的硬件结构。

SINUMERIK 840Dsl数控系统主要由数控模块(numerical control unit,NCU)、MMC模块、PLC模块和驱动模块四部分组成,数控机床的工作过程主要由数控模块和PLC模块的控制配合来实现。图3-37所示为数控机床的工作原理图。数控模块实现机床的数字控制,PLC模块则负责机床的顺序控制。

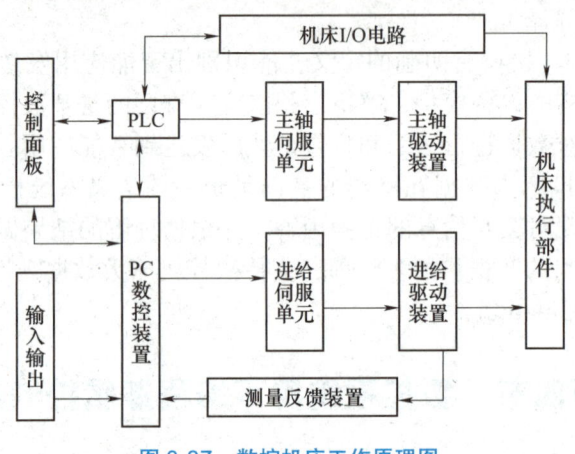

图3-37 数控机床工作原理图

SINUMERIK 840Dsl数控系统中的PLC是内装式PLC,其NCU集成PLC的CPU,但其NCU不能直接识别PLC的输入/输出模块,必须通过PLC的I/O模块进行连接,以实现传输输入和输出的信号。

I/O模块采用外挂形式连接。每一个模块占用安装槽,对于I/O SM模块,每个安装槽分配32位的地址,即4个字节的地址资源。SM模块中包含输入模块与输出模块,输入模块中包含若干输入信号地址点,输出模块也包含若干输出信号地址点。每条安装架(Rack)上可以安装8个类似于I/O模块的功用模块,即每条安装架上共有8个4字节的地址资源。而SINUMERIK 840Dsl的PLC的CPU最大可寻址4个安装架的范围。内置PLC的CPU独自占用一个安装架,如机床控制面板MCP的输入/输出地址占用Rack0的地址资源。对于机床的操作面板,有些按键的输入信号和面板响应输出信号840D系统已经进行专门定义,具有特定功能。以数控铣床的控制面板为例,用户可自定义的按键输入信号地址为I6.1~I6.7及I7.0~I7.7,可自定义的面板输出信号地址为Q4.1~Q4.7及Q5.0~Q5.7。其他外部安装架以32.0作为起始地址。每个安装架有一接口模块IM,用于安装架之间的互相连接和信号传递,而Rack1外接安装架的接口模块IM与SINUMERIK 840Dsl系统的NCU的接口X111连接,用于这些安装架与系统进行的信号交换。信号交换使用PROFIBUS或PROFINET接口。

(一)SINUMERIK 840Dsl数控系统使用的I/O模块

SINUMERIK 840Dsl数控系统可使用的I/O模块主要有Simatic ET 200模块和Simatic

PP72/48 模块两种。

1. Simatic ET 200 分布式 I/O 模块

ET 200 分布式 I/O 模块是西门子数控系统的重要部件，现场的各个组件和相应的分布式设备通过 PROFIBUS 或 PROFINET 与上层 PLC 实现快速的数据交换。

ET200 系列的 I/O 模块见表 3-10。要注意的是 ET200 系列的 I/O 模块要使用 TIA Selection Tool 对 I/O 模块进行配置后，才可以使用。

表 3-10　Simatic ET 200 分布式 I/O 模块

ET200 系列	ET200M	ET200S	ET200SP
图例			
接口模块	IM153-1 DP IM153-4 PN	IM151 DP IM151 DP HF IM151 PN	IM155-6 DP HF IM155-6 PN ST IM155-6 PN HF

2. Simatic PP72/48 I/O 模块

PP72/48 I/O 模块是 SINUMERIK 828D、840Dsl 系统中常用的 PLC 的数字量输入/输出模块，72 个数字量输入端和 48 个数字量输出端，具有 PROFINET 接口。Simatic PP72/48 的 I/O 模块主要有两种型号，见表 3-11。

表 3-11　Simatic PP72/48 I/O 模块

型号	PP 72/48D PN	PP 72/48D 2/2A PN
总线接口	PROFINET	PROFINET
数字量输入/输出	72 输入点/48 输出点	72 输入点/48 输出点
模拟量输入/输出	无	2 输入/2 输出（16 位）

下面以 PP72/48D 2/2A PN 模块为例进行介绍（图 3-38），硬件接口定义见表 3-12 所示，相关 LED 等显示状态的含义见表 3-13。

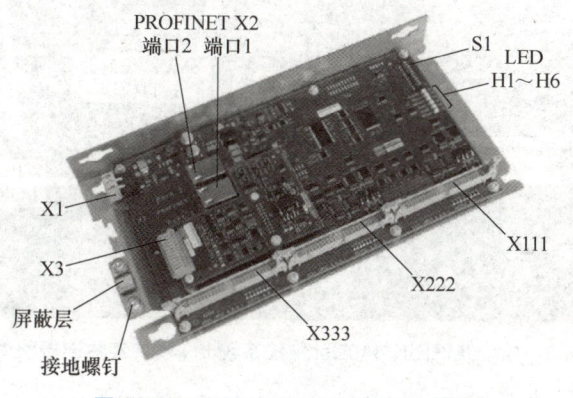

图 3-38　PP72/48D 2/2A PN I/O 模块

表 3-12 PP72/48D 2/2A PN I/O 模块接口定义

接口标识	接口含义
X1	DC 24V
X2（端口 1、端口 2）	PROFINET 接口
X3	模拟量输入、输出接口
X111、X222、X333	50 芯扁平电缆插头（用于数字量输入和输出，可与端子转换器连接）
S1	DIP 开关，用于设置设备名称

表 3-13 PP72/48D 2/2A PN I/O 模块 LED 等显示状态的含义

名称	含义	颜色	描述
H1	Power OK（电源灯）	绿色	亮：电源正常 不亮：电源故障
H2	PNS ync（同步通信）	绿色	亮：与系统时钟同步 不亮：未与系统时钟同步，0.5Hz 闪烁：与系统时钟同步，并有数据交换
H3	PNFault（故障）	红色	不亮：模块工作正常 亮：系统错误（模块故障、PROFINET 参数错误）
H4	DIAG1	绿色	保留
H5	DIAG2	绿色	保留
H6	OVTemp（温度）	红色	亮：温度过高

（二）SINUMERIK 840Dsl 数控系统使用的 I/O 模块实物连接

如图 3-39 所示，NCU 模块、Sinamics S120 书本型伺服驱动器、SMC20 编码器接口模块和 PLC 的 I/O 模块在电气柜中的整体安装效果。

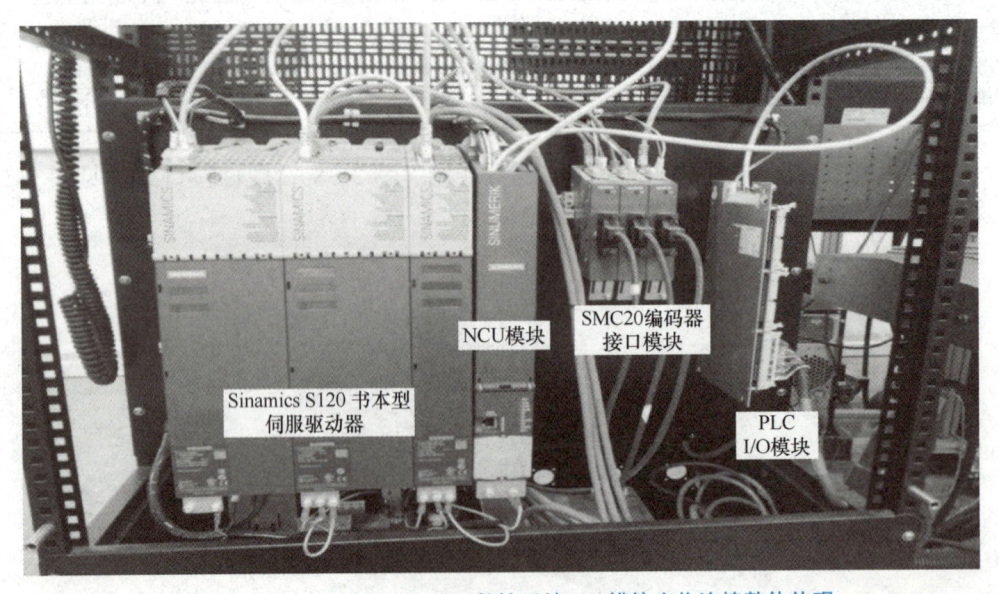

图 3-39 SINUMERIK 840Dsl 数控系统 I/O 模块实物连接整体外观

该数控铣床使用 1 块 PP72/48 I/O 模块进行 PLC 信号的传输，其中 X1 接口连接 DC

24V 直流电源。PROFINET X2 端口 1 连接 NCU 模块的 X150 P1 接口，X111 通过连接一个 50 芯扁平电缆接头到分线器模块，实现与外部众多 PLC 信号的连通，如图 3-40 所示。

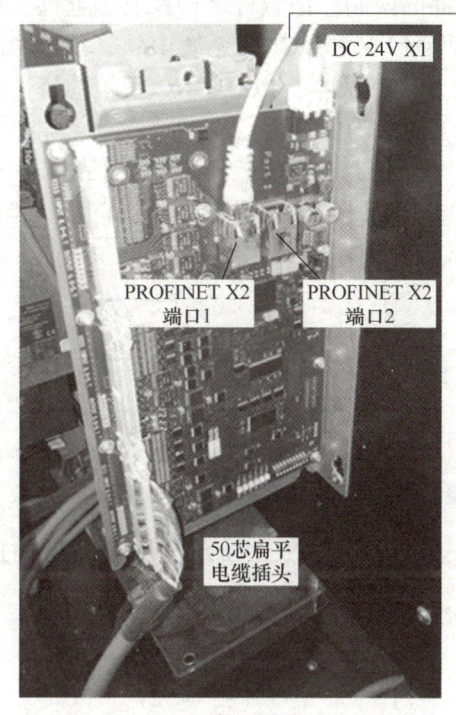

a) PLC 的 I/O 模块　　　　　　　　　　　b) NCU

图 3-40　PLC I/O 模块的连接

第五节　数控系统的软件结构

随着计算机技术的飞速发展，CNC 系统的软件也变得非常丰富。软件与硬件在逻辑功能上是等效的。原理上软件的功能可用硬件来完成，硬件的功能可用软件来模拟完成。它们的不同反映在速度、价格、实现难易程度上。

CNC 系统的软件是为完成 CNC 系统的各项功能而专门设计和编制的，是数控加工系统的一种专用软件，又称为系统软件。CNC 系统软件的管理功能类似于计算机操作系统的功能。不同的 CNC 装置，其功能和控制方案也不同，因而各 CNC 系统软件在结构上和规模上差别较大，各厂家的软件互不兼容。现代数控机床的功能大都采用软件来实现，因此，CNC 系统软件的设计及功能是 CNC 系统的关键。数控系统是按照事先编制好的控制程序来实现各种控制的，而控制程序是根据用户对数控系统所提出的各种要求进行设计的。在设计 CNC 系统软件之前必须细致地分析被控制对象的特点和对控制功能的要求，从而决定采用哪一种计算方法。在确定好控制方式、计算方法和控制顺序后，将其处理顺序用框图描述出来，使系统设计者在头脑中对所设计的系统有一个明确而又清晰的轮廓。

在 CNC 系统中，软件和硬件在逻辑上是等价的。但是它们各有特点：硬件处理速度快，但造价相对较高、适应性差；软件设计灵活、适应性强，但处理速度慢。因此，CNC 系统中软、硬件的分配比例是由性价比来决定的，也在很大程度上与软、硬件的发展水平有关。一般说来，软件结构首先要受到硬件的限制，但软件结构也有独立性。对于相同的硬件结构，可以配备不同的软件结构。实际上，现代 CNC 系统中软、硬件功能界面并不是固定不变的，而是随着软、硬件的发展水平和成本，以及 CNC 系统的特性而发生变化。图 3-41 所示为三种典型的 CNC 系统软、硬件功能界面。

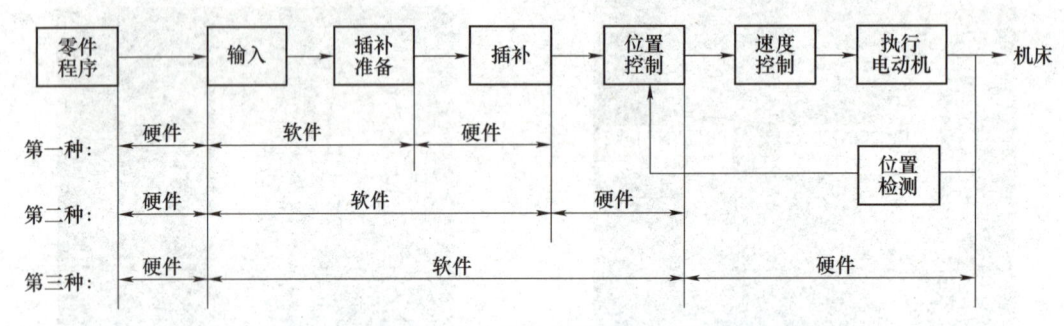

图 3-41 CNC 系统中三种典型的软、硬件功能界面

下面对典型 CNC 系统的软件结构特点、模式与开放式 CNC 系统软件的结构进行介绍。

一、典型 CNC 系统的软件结构特点

（一）CNC 系统的多任务性

CNC 系统作为一个独立的数字运算控制器应用于工业自动化生产中，其多任务性表现在它的管理软件必须完成系统管理和系统控制两大任务。其中，系统管理包括显示刷新、数据管理、人机交互、通信管理等；系统控制包括指令译码、误差控制、位置控制、轨迹插补和故障诊断等，图 3-42 所示为 CNC 系统任务分解图。

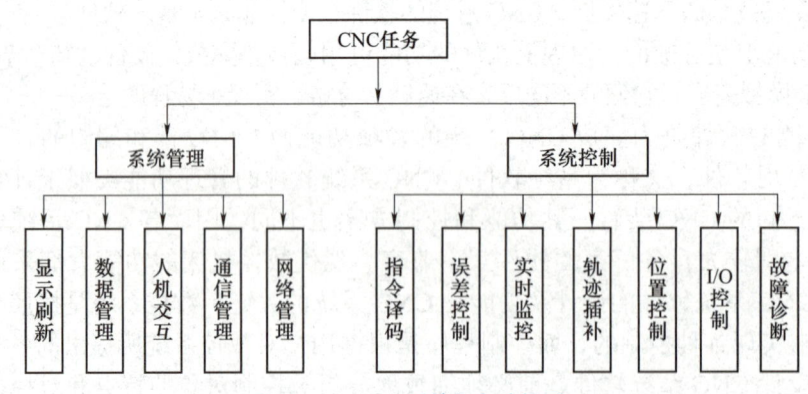

图 3-42 CNC 系统任务分解图

同时，CNC 系统各任务必须协调完成。也就是说在许多情况下，管理和控制的某些工作必须同时进行。例如，为了便于操作人员能及时掌握 CNC 系统的工作状态，管理软件中的显示模块必须与控制模块同时运行；当 CNC 系统处于数控工作方式时，管理软件

中的零件程序输入模块必须与控制模块同时运行。而控制模块运行时，其中一些处理模块也必须同时运行。例如，为了保证加工过程的连续性，即刀具在各程序段间不停刀，译码、刀具补偿和速度处理模块必须与插补模块同时运行，而插补模块又必须要与位置控制模块同时进行等。这种任务并行处理关系如图 3-43 所示。事实上，CNC 系统是一个专用的实时多任务计算机系统，其软件必然会融合现代计算机软件技术中的许多先进技术，其中最突出的是并行处理和实时中断技术。

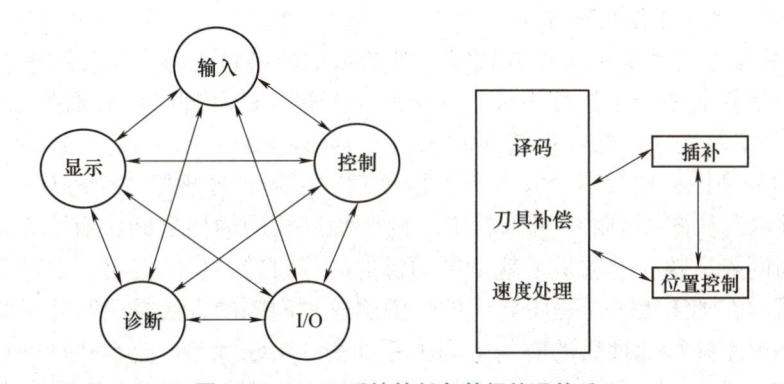

图 3-43 CNC 系统的任务并行处理关系

（二）并行处理

并行处理是指计算机在同一时刻或同一时间间隔内完成两种或两种以上性质相同或不相同的工作。并行处理的优点是提高了运行速度。并行处理分为资源重叠、时间重叠和资源共享等方法。目前，在 CNC 装置的硬件结构中，广泛使用资源重叠的并行处理技术，如采用多 CPU 的体系结构来提高系统的速度；而在 CNC 装置的软件中，主要采用资源分时共享和时间重叠的流水处理方法。

1. 资源重叠流水并行处理方法

在单 CPU 结构的 CNC 装置中，要采用 CPU 分时共享的原则来解决多任务的同时运行问题。各个任务何时占用 CPU 及各个任务占用 CPU 时间的长短，是首先要解决的两个时间分配的问题。在 CNC 装置中，各个任务占用 CPU 的问题采用循环轮流和中断优先相结合的办法来解决。图 3-44 所示为 CPU 分时共享的并行处理关系。

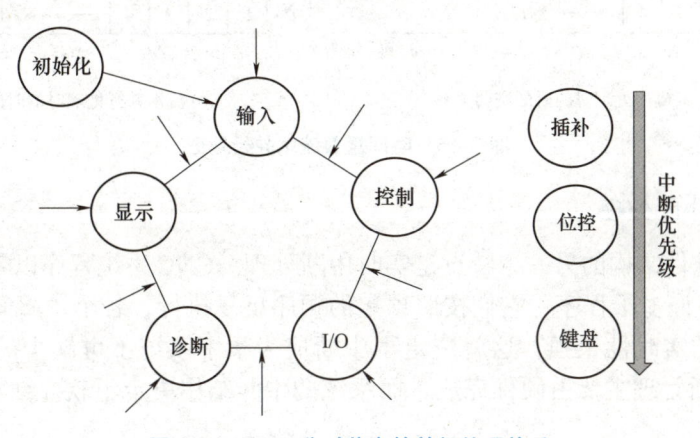

图 3-44 CPU 分时共享的并行处理关系

系统在完成初始化任务后自动进入时间分配循环中，依次轮流处理各任务。而对于系统中一些实时性很强的任务则按优先级排队，分别处于不同的中断优先级上作为环外任务。环外任务可以随时中断环内各任务的执行，每个任务允许占用CPU的时间受到一定的限制。对于某些占用CPU时间较长的任务，如插补准备（包括译码、刀具半径补偿和速度处理等），可以在其中的某些地方设置断点，当程序运行到断点处时，自动让出CPU，等到下一个运行时间内自动跳到断点处继续运行。

2. 时间重叠流水并行处理方法

当CNC装置在自动加工工作方式时，其数据的转换过程将由零件程序输入、插补准备、插补和位置控制四个子过程组成。如果每个子过程的处理时间分别为 Δt_1、Δt_2、Δt_3、Δt_4，那么一个零件程序段的数据转换时间将为 $t = \Delta t_1 + \Delta t_2 + \Delta t_3 + \Delta t_4$。如果以顺序方式处理每个零件的程序段，则第一个零件程序段处理完以后再处理第二个程序段，依次类推，如图3-45a所示。从图3-45a中可以看出，两个程序段的输出之间将有一个时间为 t 的间隔。这种时间间隔反映在电动机上就是电动机的时停时转，反映在刀具上就是刀具的时走时停，这种情况在加工工艺上是不允许的。消除这种间隔的方法是用时间重叠流水并行处理技术。采用流水并行处理后的时间空间关系如图3-45b所示。流水并行处理的关键是时间重叠，即在一段时间间隔内不是处理一个子过程，而是处理两个或更多个子过程。从图3-45b中可以看出，经过流水并行处理以后，从时间 Δt_4 开始，每个程序段的输出之间不再有间隔，从而保证了刀具移动的连续性。流水并行处理要求处理每个子过程的运算时间相等，然而CNC装置中每个子过程所需的处理时间都是不同的，解决的方法是取最长的子过程处理时间为流水并行处理时间间隔。这样在处理时间间隔较短的子过程时，当处理完后系统就进入等待状态。在单CPU结构的CNC装置中，流水并行处理的时间重叠只有宏观上的意义。即在一段时间内，CPU处理多个子过程，但从微观上看，每个子过程是分时占用CPU时间的。

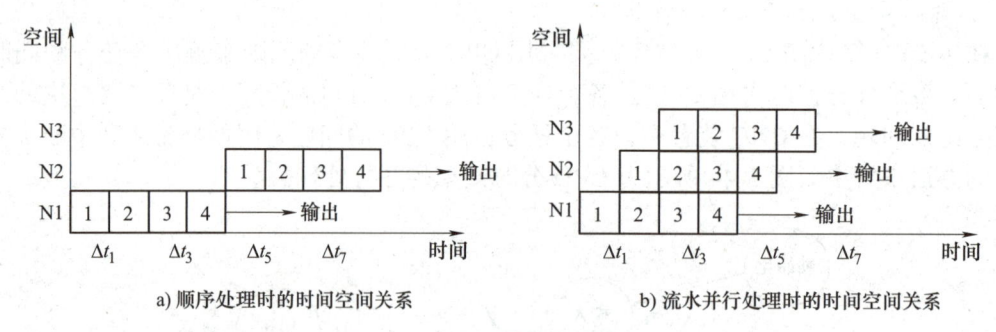

a) 顺序处理时的时间空间关系　　b) 流水并行处理时的时间空间关系

图3-45　时间重叠流水并行处理

（三）实时中断处理

CNC系统软件结构的另一个特点是实时中断处理。CNC系统程序以零件加工为对象，每个程序段中有许多子程序，它们按照预定的顺序反复执行，各个步骤间关系十分密切，有许多子程序的实时性很强，这就决定了中断成为整个系统不可缺少的重要组成部分。CNC系统的中断管理主要由硬件完成，而系统的中断结构决定了软件结构。CNC系统的中断类型如下：

（1）外部中断 它主要有程序输入中断、外部监控中断（如紧急停、量仪到位等）和键盘操作面板输入中断。前两种中断的实时性要求很高，将它们放在较高的中断优先级上；而键盘和操作面板的输入中断则放在较低的中断优先级上，在有些系统中，甚至用查询的方式来处理它。

（2）内部定时中断 它主要有插补周期定时中断和位置采样定时中断。有些系统将两种定时中断合二为一，但是在处理时，总是先处理位置控制，然后处理插补运算。

（3）硬件故障中断 它是各种硬件故障检测装置发出的中断，如存储器出错、定时器出错、插补运算超时等。

（4）程序性中断 它是程序中出现异常情况的报警中断，如各种溢出、除零等。

二、CNC 系统的软件结构模式

CNC 系统的软件结构决定于系统采用的中断结构。在常规的 CNC 系统中，有中断型和前后台型两种结构模式。

（一）中断型结构模式

中断型结构模式的特点是除了初始化程序之外，整个系统软件的各种功能模块分别安排在不同级别的中断服务程序中，整个软件就是一个大的中断系统，其管理功能主要通过各级中断服务程序之间的相互通信来实现。一般在中断型结构模式的 CNC 系统软件体系中，控制 CRT 显示的模块为低级中断（0 级中断），只要系统中没有其他中断级别请求，总是执行 0 级中断，即系统进行 CRT 显示。其他程序模块，如译码处理、刀具中心轨迹计算、键盘控制、I/O 信号处理、插补运算、终点判别、伺服系统位置控制等处理，分别具有不同的中断优先级别。开机后，系统程序首先进入初始化程序，进行初始化状态的设置、ROM 检查等工作。初始化后，系统转入 0 级中断 CRT 显示处理。此后系统就进入各种中断的处理，整个系统的管理是通过每个中断服务程序之间的通信来实现的。

例如，FANUC-BESK 7CM CNC 系统是一个典型的中断型结构模式。该中断优先级为 8 级，其中 0 级为最低优先级，7 级为最高优先级，各种中断功能见表 3-14。

表 3-14 各种中断功能

优先级	主要功能	中断源
0	控制 CRT 显示	硬件
1	译码处理，刀具中心轨迹计算显示器控制	软件 16ms 定时
2	键盘控制，I/O 信号处理，穿孔机控制	软件 16ms 定时
3	外部操作面板和电传机处理	硬件 16ms 定时
4	插补运算，终点判别和转段处理	软件 8ms 定时
5	纸带阅读机读纸带处理	硬件
6	伺服系统位置控制处理	4ms 实时钟
7	系统测试	硬件，随机中断

（1）0 级中断 0 级中断是初始化程序，电源开机后转入该中断，主要完成对 RAM 工作寄存器的单元置入初始状态，对 RAM 进行奇偶校验，以及为数控系统工作正常进行

而设置或处理一些初始参数。

进入初始化程序后，系统把 0 级中断的保护区首地址置入 6 级中断的保护区首址，从而造成 6 级中断 0 级状态。

（2）1 级中断　1 级中断主要是为插补做准备工作的，包括译码处理、刀具中心轨迹计算、显示器控制。1 级中断的内容又可细分成 13 个部分。在此级中中断分成 13 个口子，每个口子都有 0 状态字。

当进入 1 级中断后，选查询 0 状态字，并再转入状态字相应的口去处理。当某一口的处理结束时，程序将口状态字中对应的位清除。口子的主要功能见表 3-15。

表 3-15　口子的主要功能

口状态字的位	对应口的功能
0	显示处理
1	米制转寸制
2	部分初始化
3	从 MP 区读一段程序到 BS 区
4	将编程轨迹转换为刀具中心轨迹
5	"再启动"处理
6	"再启动"开关处于无效状态时，刀具回到断点"启动"处理
7	按"启动"按钮时，再读一段程序到 BS 区
8	连续加工时，要求读一段程序到 BS 区
9	带卷盘的阅读器仅供存储器返回首地址
A	启动纸带阅读器，使纸带走一步
B	MST 指令置标志及 G96 速度换算
C	纸带反绕置标志

（3）2 级中断　2 级中断主要任务是对数据面板上的各种工作方式和 I/O 进行处理。

（4）3 级中断　3 级中断主要任务是对用户选用的外部操作面板进行处理。

（5）4 级中断　4 级中断主要功能是完成插补运算。7CM 系统中采用数据采样法插补。通过 CNC 插补计算出一个插补周期 T 的进给量，此进给量为粗插补进给量，粗插补进给量由伺服系统硬件/软件来完成。一次插补计算分为速度计算、插补计算、终点判别和进给量变换四个阶段。

（6）5 级中断　5 级中断服务主要任务是对读入的信号进行处理，分为输入代码有效性判断、代码具体处理和结束处理三个阶段。

（7）6 级中断　6 级中断的主要任务是完成位置控制。在 7CM 系统中，粗插补由 4 级中断完成，而精插补由伺服系统的硬件与软件共同完成的。该系统规定对实际位置的采样周期为 4ms，即在位置控制中，每一个插补周期 8ms 的进给指令值与实际反馈值要进行两次比较。

（8）7 级中断　7 级中断的主要任务是辅助工程师进行系统调试工作，而非使用机器的正式工作。

（二）前后台型结构模式

前后台型结构模式的 CNC 系统的软件分为前台程序和后台程序。前台程序是指实时中断服务程序，用于实现插补、伺服、机床监控等实时功能，这些功能与机床的动作直接相关。后台程序是一个循环运行程序，用于完成管理功能和输入、译码、数据处理等非实时性任务，也称背景程序，管理软件和插补准备在这里完成。后台程序运行中，实时中断程序不断插入，与后台程序相配合，共同完成零件加工任务。图 3-46 所示为前后台软件结构中实时中断程序与后台程序的关系图。这种前后台型的软件结构一般适合单处理器集中式控制，对 CPU 的性能要求较高。程序启动后先进行初始化，再进入后台程序环，同时开放实时中断程序，每隔一定的时间中断发生一次，执行一次中断服务程序，此时后台程序停止运行，实时中断程序执行后，再返回后台程序。

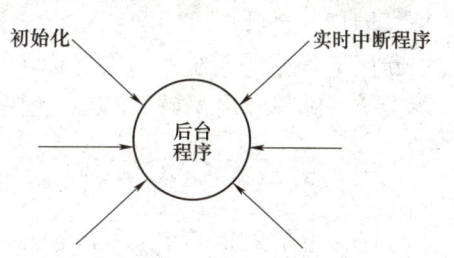

图 3-46　前后台软件结构中实时中断程序与后台程序的关系图

美国的 AB 7360CNC 软件结构就属前后台型结构。图 3-47 所示为 7360CNC 软件总体框图。从图 3-47 中可以看出，该系统的左面是背景程序，右面是实时中断处理程序。背景程序是一个循环运行的主程序，而实时中断程序是按其优先级插入到背景程序中的。实时中断程序主要有 10.24ms 实时时钟中断、程序输入中断和键盘中断。其中，程序输入

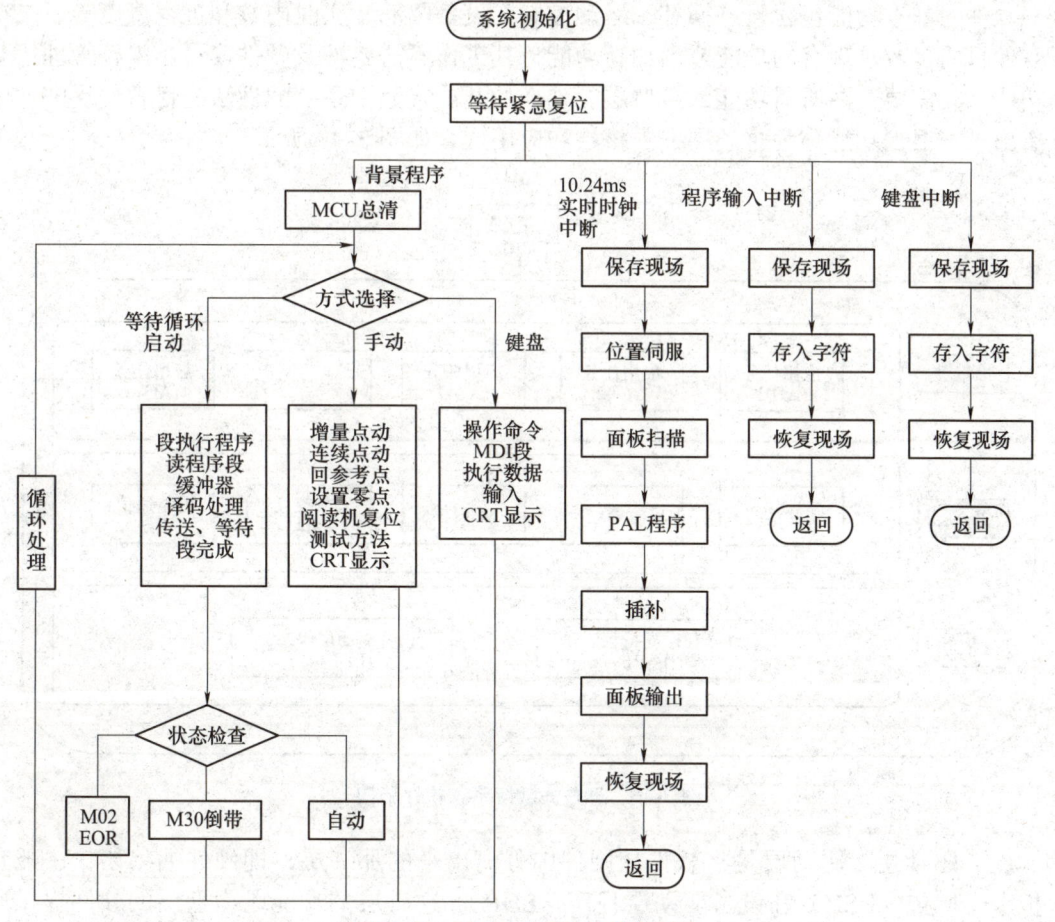

图 3-47　7360CNC 软件总体框图

装置中断优先级最高，10.24ms 实时时钟中断优先级次之，键盘中断优先级最低。程序输入装置中断仅在输入零件程序时启动输入装置后才发生，键盘中断也仅在键盘方式下发生，而 10.24ms 实时时钟中断总是定时发生的。10.24ms 是 AB 7360CNC 系统的实际位置采样周期，也就是采用数据采样插补方法（时间分割法）的插补周期。10.24ms 实时时钟中断服务程序是系统的核心，CNC 系统的实时控制任务包括位置伺服、面板扫描、机床逻辑［可编程应用逻辑（PAL）程序］、实时诊断和轮廓插补等。

三、开放式 CNC 系统的软件结构

一个开放式的 CNC 系统由统一的系统平台与各功能结构单元对象（AO）组成。统一的系统平台由硬件与软件共同构成，硬件由机床的功能需求决定，而软件由系统核心（如操作系统、通信系统）、应用程序界面、配置系统组成。操作系统、通信系统和实时配置系统构成了整个控制系统运行的基础。

开放式数控系统具备软件平台化、功能模块化、界面组态化等特征，支持根据需求进行的二次开发，提供用户应用软件的运行管理平台。数控系统开放的基础是通用性、互换性，让开发者无须掌握底层硬件集成、操作系统调度等专业性很强的技术，为此必须使软件层次化。

软件的基本功能包含轨迹插补、运动控制、设备驱动、实时内核和进程调度等。二次开发的目的是改进现有的功能或增加新功能，其工作不需要涉及硬件读写、内核管理等基础功能，只需要关注所需功能的接口层。现今的开放式数控系统的做法是将软件从硬件中分离出来，根据功能分为驱动层、内核层和应用层，如图 3-48 所示。

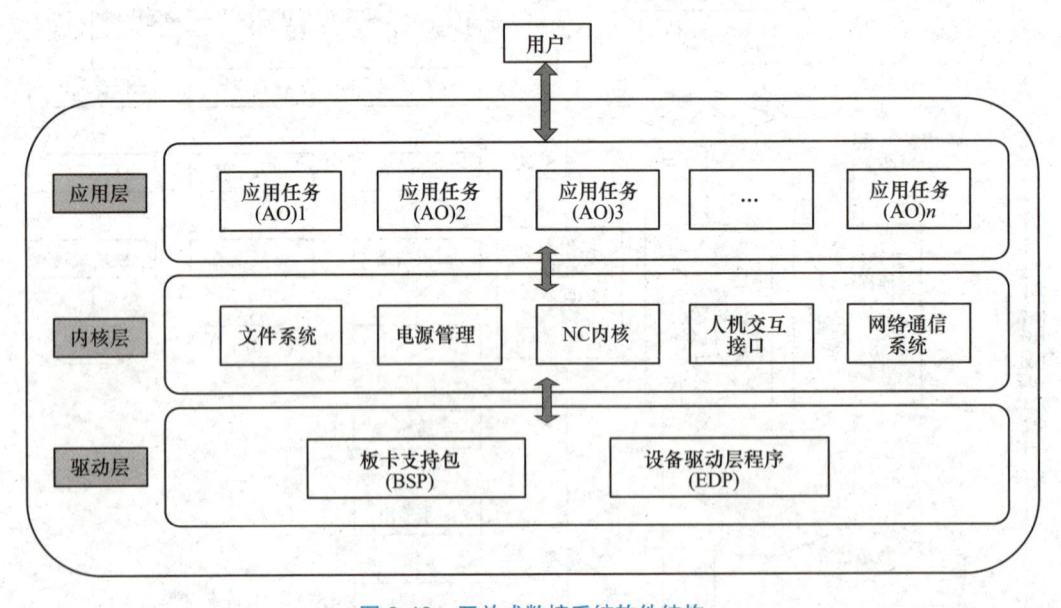

图 3-48　开放式数控系统软件结构

（1）驱动层　驱动层是将软件从硬件中分离出来的那一层，即硬件抽象层，一般包含板卡支持包（BSP）和设备驱动层程序（EDP）。这一层的功能是为上层的软件提供硬

件的操作接口和实现设备驱动的程序。

（2）内核层　内核层是开放式数控系统的内部操作层，包含 NC 内核、电源管理、文件系统、人机交互接口和网络通信系统。其主要功能是实现内部或外部因素产生的中断、设备驱动层的激活和执行任务的调度。

（3）应用层　应用层是相对独立的应用任务。应用程序通过对操作系统接口函数的调用，实现故障诊断、轨迹控制、位置控制等具体的应用功能。各种功能以程序的形式集成于应用层，形成系统不同的功能。操作系统与每个功能息息相关，通过分配每一个任务的优先级，采用优先级的切换的方法，实现系统的实时控制。

四、可重构 iNC 系统的软件结构

可重构的智能化数控系统软件能完成根据用户需要设置的加工任务，加工层可根据用户的设置重构控制配置，满足加工任务需要。

柔性可重构 iNC 系统软件功能模块是实现柔性数控系统各种应用功能的关键。功能的软件化实现，更能根据用户的需求，实现多功能化设计。同时，可根据用户的需求，实现定制设计。图 3-49 所示为可重构 iNC 系统软件结构。从图 3-49 中可以看出，柔性可重构 iNC 系统的软件功能模块划分为三个层次：应用层、数控加工控制层和数据接口层。

（1）应用层　应用层由用户需要完成的加工任务的设置、用户操作界面设置、数控应用系统相关参数配置以及加工任务的条件和参数设置组成。

（2）数控加工控制层　数控加工控制层是实现数控加工各种轨迹规划、运动控制、切削控制、坐标变换等一系列的具体加工任务的功能模块。在这一层中，能够根据数控加工任务的要求实现灵活多样的控制配置。

（3）数据接口层　由各种控制信息转换、控制参数转换、控制命令转换、接口驱动等模块组成。这一层能够将上层的信息传输到设备层，同时也能够将硬件平台反馈的加工控制参数和信息传递到上一层的数控加工控制层。一般在数据接口层中，如果是基于 PC 环境的，那么数据接口层主要以驱动的形式实现所需要的功能；如果是专用的板卡或者专用的数控接口板，那么数据接口层主要是以通信接口的形式实现相应的功能。

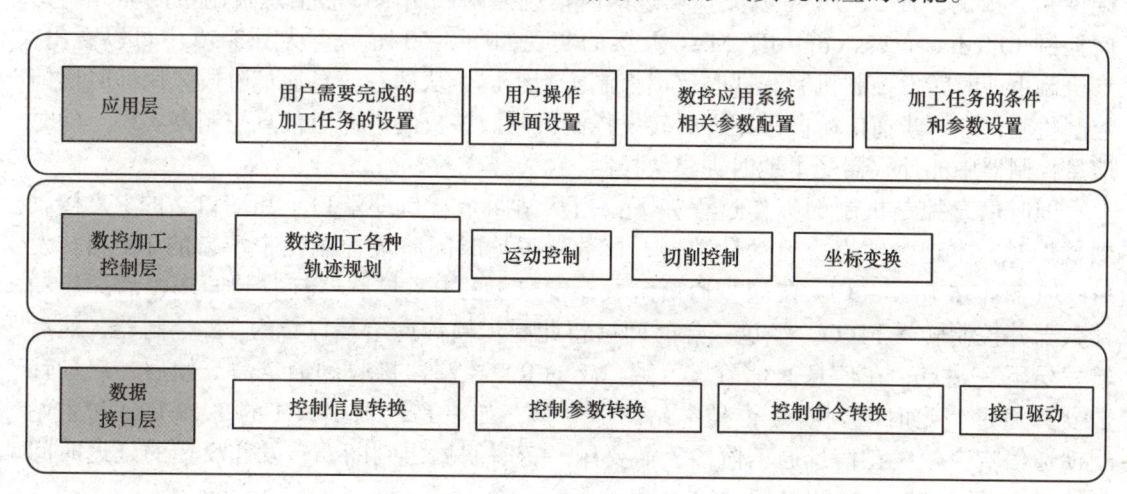

图 3-49　可重构 iNC 系统软件结构

第六节　智能数控系统的关键技术基础

一、网络化实时通信与精确时间同步技术

网络化数控系统的一个关键性问题是多轴协同运动控制精度问题。多轴协同运动控制精度主要受多轴合成运动的轨迹误差和轮廓加工的逼近误差两方面影响。由于网络化数控系统各节点采用不同的时钟源，提升节点间时钟同步精度能够有效减少合成运动的轨迹误差；逼近误差受插补周期的影响，通过提升插补频率（即减少插补周期）能够有效减少逼近误差，提高轮廓精度。在现有方法中，有应用硬件电路获取时间戳，通过提升时间戳精度来提升同步精度的；也有应用IEEE 1588：2008《网络测量和控制系统用精密时钟同步协议》提出的透明时钟（transparent clock，TC）消除线性或环形网络带来的级联累积误差，从而提升同步精度的。但是，这些方法由于忽略了时间信息的测量误差对同步精度的影响，影响了同步精度的进一步提升。在开环数控系统中，一般采用一个通信周期内发送多个插补周期数据来提升插补频率，进而提升插补精度。在闭环控制系统中，通信周期和插补周期通常是一致的，只能通过提升通信频率来提高轮廓精度。上述方法由于是基于集总帧模式数据发送的，可靠性和有效数据容量均不高。而基于现场可编程门阵列（field-programmable gate array，FPGA）的即时信息控制机制能减少测量误差，从而提高通信频率。

（一）即时信息控制机制的原理

即时信息控制机制能够有效缩短帧的传播完成时间，采用的方法是在线性或环状网络中，信息帧经过每个中间站点时不被完全接收，中间站点只接收部分必要信息进行转发或反馈，因此采用该机制能大幅度缩短帧的传播完成时间。因这种边接收边转发机制必须有确定的通信目标，所以只能应用于集总帧通信。即时信息控制机制对站点的接收发送是由硬件来完成的，而FPGA可以完整实现即时信息控制机制。即时信息控制机制在介质访问控制（media access control，MAC）层的实现如图3-50所示。从图3-50中可以看出，该机制由即时转发控制机制和即时反馈控制机制组成，从站在信息通信阶段采用即时反馈控制机制，在同步通信阶段采用即时转发控制机制。该机制由即时信息控制器实现，即时信息控制器中的计数器受本地时钟模块控制。

即时信息控制机制的工作过程如下：当从站两个端口即端口1和端口2的RX接收到数据时，本地时钟模块启动计数器，计数器根据时间阶段控制两个端口的TX和转发FIFO（first-in first-out）。在同步通信阶段，端口1的RX控制器接收到同步帧后，启动计数器并控制转发FIFO，经过一定时间后将此同步帧传递给端口2的TX控制器，然后转发给下一站点；在信息通信阶段，端口1的RX控制器接收到通信命令帧后，启动计数器并通过一定时间判断是否是本站的命令帧，如果是，则端口1的TX FIFO向主站反馈通信响应帧。在信息通信阶段，需要用一定时间做出判断，转发和反馈的延迟时间一致。

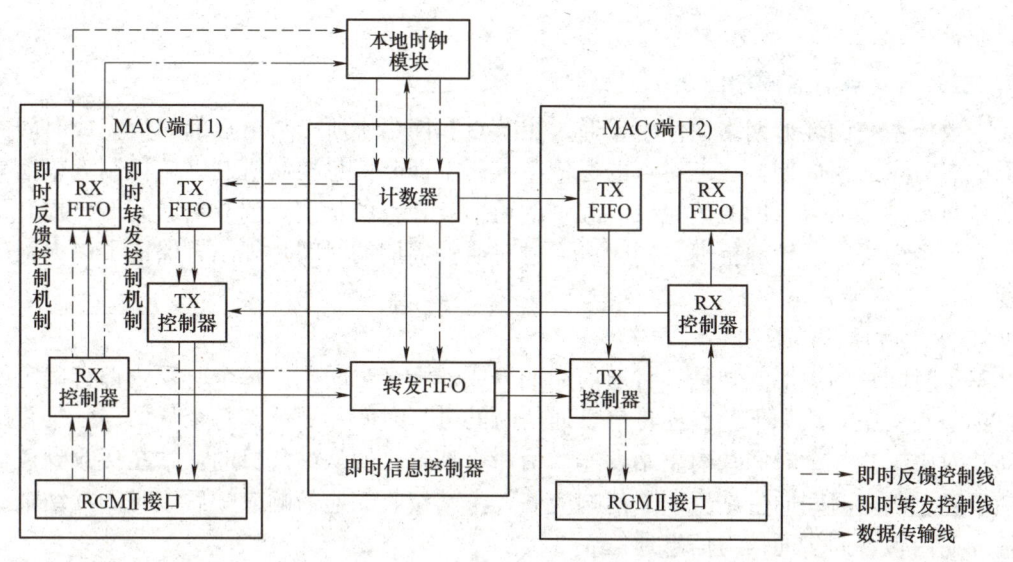

图 3-50　即时信息控制机制在 MAC 层的实现

（二）时钟同步的实现

1. 同步频率优化

由于时间信息必须在每次时间同步时测量，提升同步频率即是提升测量频率；由于受测量频率、被测量数量和测量工具精度的影响，每次测量均存在误差，因此减少测量数量可以提升精度；提升时钟频率可以提升测量工具精度，在线性或环形网络中，采用即时转发机制，减少帧在中间站点的驻留时间 T_t，进而提高同步频率。IEEE 1588：2018 同步协议采用主站到从站的总延迟 D_{ms}，主站发送同步帧的本地时间 t_m 和从站接收同步帧的本地时间 t_s，并由式（3-48）计算得到主从时钟偏移量 θ_{ms}，再将比例积分（proportional integral，PI）控制器调节过的 θ_{ms} 值补偿给从站时钟，实现同步。

$$\theta_{ms} = t_s - t_m - D_{ms} \tag{3-48}$$

式中，θ_{ms} 为计算得到主从时钟偏移量，单位为 s；t_m 为主站发送同步帧的本地时间，单位为 s；t_s 为站接收同步帧的本地时间，单位为 s；D_{ms} 是总延迟，单位为 s。

2. 总延迟

1）连续站点之间的同级延迟。如果采用基于硬件的时间戳时，那么此延迟是固定的单路延迟，在配置期间可以一次测量获得。

2）同步帧中间站点的 T_t。T_t 需要实时测量，并作为更新数据传播给下一从站。

从上述可知，固定 T_t 即固定 D_{ms}，同步帧传递的内容经过每个站点时不需要更新。此时同步帧不仅携带内容少，而且完成同步帧传递仅需要极短时间，可以将同步通信和信息通信结合在一个循环通信周期中。循环通信周期一般控制在 1ms 以下，远低于 IEEE 1588：2018 同步协议的参考同步周期 1s。由此可见，采用即时转发机制，同步频率大幅度提升并且不干扰信息通信。由于转发时间固定，不需要每次测量从站发送时间，相当于减少了一半的测量，同步精度得到较大提升。综上所述，在时钟频率提升受限的情况下，即时转发机制在提升了同步频率的同时减少了被测量的个数。该机制是消减测量误差的主要途径。

(三) 点对点通信周期内涵

在数控系统的环形网络通信中，通过主节点和网络中所有从节点的通信完成时间的累加形成点对点通信周期。在点对点的通信中采用了即时信息控制机制，该机制大幅缩减了主节点与每一个从节点的通信完成时间中的通信帧在目的从节点的驻留时间 T_t，提升了通信频率，进而提升了轮廓精度。同时，通过对通信周期的时间片规划，保证了以太网的确定性。

1. 基于时间片的周期规划方法

基于时间片的周期规划是指将通信周期分成若干个时间段，每个时间段都有确定的通信目标。其实施方法如下：首先将信息通信时间进行时间片划分，每个从站与一个相应的时间片对应，在一个时间片内主站发送通信命令帧给目的从站，目的从站在接收到通信命令帧后经过固定时间向主站反馈通信响应帧，主站接收完通信响应帧后该时间片结束。在通信周期内包含同步通信与信息通信。

基于时间片的周期通信的工作过程如下：在周期通信开始时，先由主站先发送同步集总帧，从站 1 接收到集总帧后经过固定时间 T_t 向从站 2 转发，从站 2 接收到集总帧后也经过固定时间 T_t 后向下一从站发送，当从站 4 接收到同步集总帧时，主站等待预留时间 T_{rest} 开始信息通信，过程为主站先发送通信命令帧给从站 1，从站 1 接收到通信命令帧，经过固定时间 T_t 向主站发送通信响应帧，主站接收完通信响应帧后开始发送通信命令帧给从站 2，如此依次到从站 3，当主站接收完从站 4 的通信响应帧后，等待空闲时间 T_{idle} 进入下一通信周期。此外，通信周期的时间片的划分及周期通信过程中，需要预留出一定个数的最大从站时间片用于通信错误重试，确保周期通信的可靠性。

2. 周期时间的变量构成及确定

构成通信周期 T 的时间变量如图 3-51 所示。其中，T_{imf} 为主站发送完整同步集总帧的时间，单位为 s；T_{ti} 为从站即时信息控制机制的固定延迟，单位为 s；D_{ms} 为主站到对应从站的总延迟，单位为 s；T_{rest} 为同步通信和信息通信之间的预留时间，单位为 s；T_{cmf} 为主站发送完通信命令帧所需的时间，单位为 s；D_c 为通信命令帧和通信响应帧的传输延迟，单位为 s；T_{idle} 为两个通信周期之间的空闲时间，单位为 s。

如果从站的数量为 n 个，那么根据图上的时间划分，通信周期时间 T 为

$$T = T_{syn} + \left(\left[\frac{n}{4}\right] + 1\right) T_s(n) + \sum_{i}^{n} T_s(i) + T_{idle} \tag{3-49}$$

式中，T 为通信周期时间，单位为 s；T_{syn} 为同步完成时间，是 T_{imf} 与 T_{rest} 的和，单位为 s；$[n/4]+1$ 为重试次数；T_s 为一个时间片长度，单位为 s，其表达式为

$$T_s(i) = T_{cmf} + 2D_c(i) + T_{ti} \tag{3-50}$$

式中，$D_c(i)$ 由站点之间的所有同级延迟组成，由 D_{ms} 减去前面所有站点 T_t 的和得到，单位为 s。在计算中涉及的时间变量取值为：T_{cmf} 取值依据网速参数，T_{imf} 与帧长度取值与以太网传输速率有关，T_{rest} 和 T_{idle} 均为预留时间参数，可以根据实际情况设定。由于系统为基于硬件的信息控制，硬件定了，D_{ms} 和 T_t 都可以视为固定值，数值可通过在配置期间测量得到。

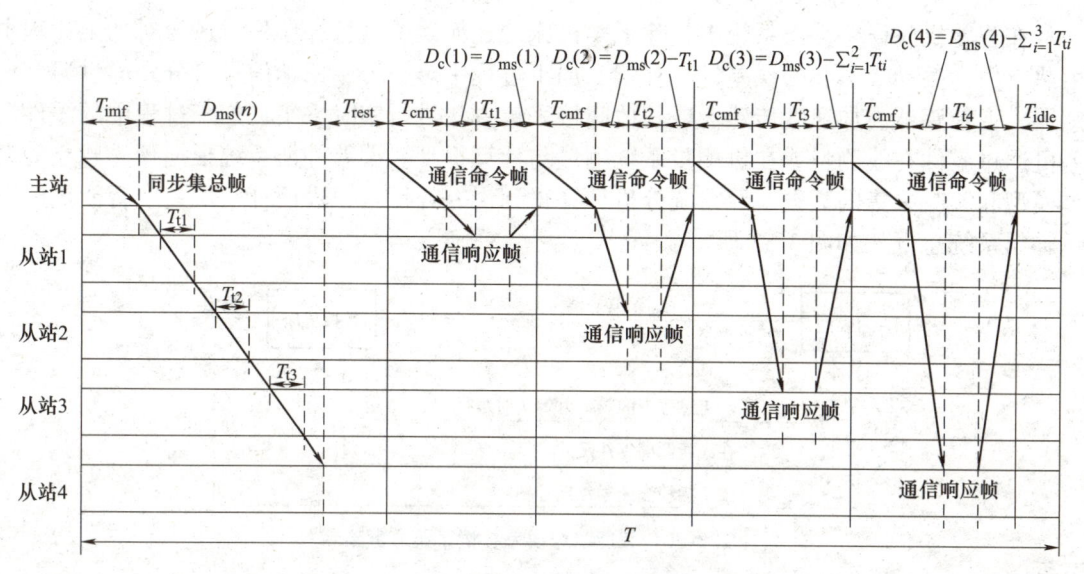

图 3-51 周期通信的时序图

二、机床智能误差补偿方法

误差补偿是目前提升机床精度的通用方法，误差补偿技术是高性能数控系统的关键技术之一。误差补偿分为硬件和软件补偿。其中，硬件补偿主要通过机床的机械结构进行调整，减少机械上的误差，如制作凸轮减少传动链误差，制作校正尺补偿螺距误差等；软件补偿是指通过计算机对所建立的数学模型进行运算后，发出运动补偿指令，由数控系统完成误差补偿动作。

数控机床的误差补偿一般分为四个部分：误差信号的检测、误差信号的建模、误差补偿控制和补偿执行机构。

智能机床误差补偿技术借助各类传感器对机床加工精度的影响因素（如工作环境、加工参数等）进行智能检测和智能感知，并借助大数据平台实时地对数据信息进行建模智能分析、融合与处理，能准确得出误差实时补偿值，然后由执行机构执行补偿。执行机构执行补偿有两种方式：一种为基于加工程序修改的补偿方法，另一种为基于控制器的补偿方法。

在数控机床中，误差主要包括几何误差、热（变形）误差、控制误差、力（变形）误差、振动误差、测试误差、刀具误差、夹具误差和随机误差，如图 3-52 所示。

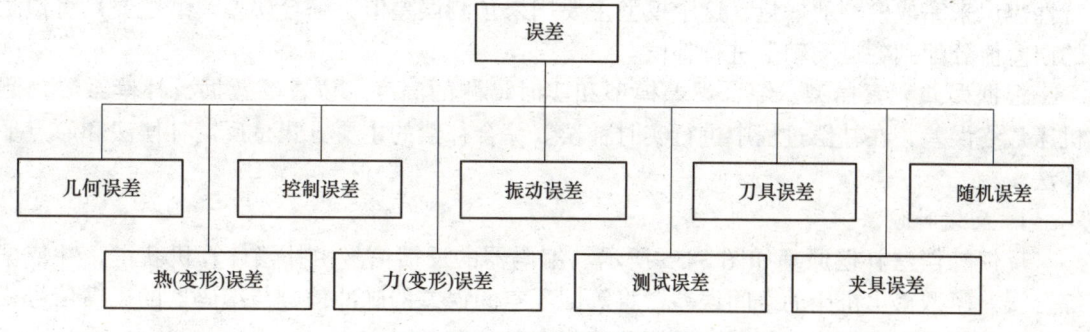

图 3-52 数控机床的误差类型

在智能机床误差补偿系统中，除了对机床的几何误差进行补偿外，还要对加工过程中由热、力、振动等引起的误差进行补偿。加工过程中热、力、振动信号可分别通过温度传感器、力传感器、加速度传感器或其他间接采集方法进行实时采集；加工过程中的零件误差可通过零件在线测量或在机测量系统测量与计算得到。误差补偿系统根据预先建立的误差模型和实时采集的数据，经系统分析计算得到误差补偿量，进而补偿误差。智能机床误差补偿系统总框架如图3-53所示。

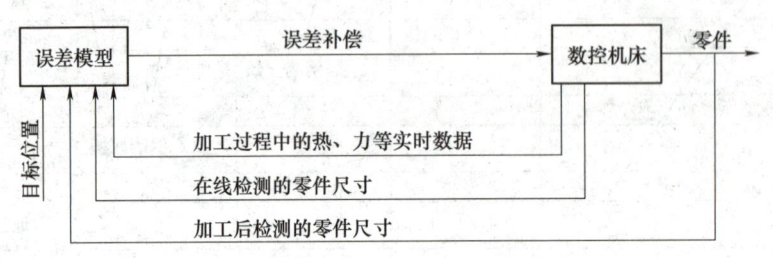

图3-53 智能机床误差补偿系统总框架

目前，数控机床的精度补偿分为静态补偿和动态补偿。其中，静态补偿（包括几何误差和热误差）的补偿方法研究相对比较成熟，而对力误差等动态误差的补偿研究还属于起步阶段。机床准静态误差补偿技术主要包括误差检测、误差元素辨识与分离、误差建模和补偿控制这几个方面。机床准静态误差补偿过程如图3-54所示。

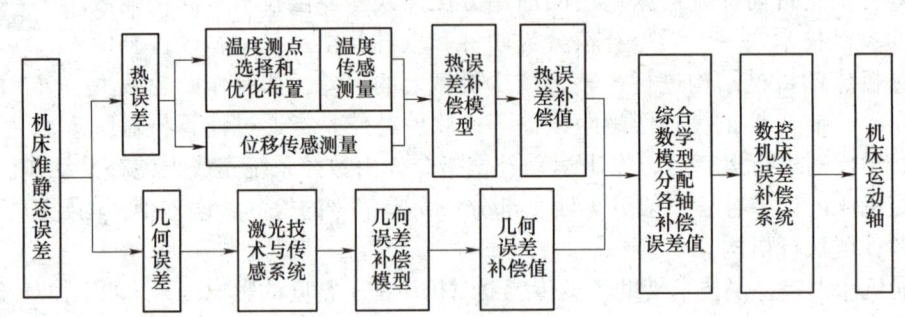

图3-54 机床准静态误差补偿过程

（一）几何与热误差补偿方法

数控机床精度补偿的关键是建立一套准确反映机床误差的模型。机床误差模型可分为误差元素模型和综合误差模型。误差元素模型主要方法是通过对机床几何误差、热误差等特性辨识来完成模型的搭建，这个模型主要用来预测误差值。综合误差模型主要是将预测的误差值分配到各运动轴上进行补偿。

根据误差元素模型、综合误差模型和实时检测的温度、位置等数据，补偿系统预测机床最终误差，在补偿过程中进行实时补偿。综合补偿的主要方式是反馈补偿法和原点平移法。

1. 反馈补偿法

反馈补偿法补偿原理如图3-55所示。编码器的反馈信号由补偿计算机获得，并依据综合误差模型得出机床的空间误差，将等同于空间误差的脉冲信号与编码器的反馈信号相比较，控制系统根据比较结果实时调节工作台的位置。

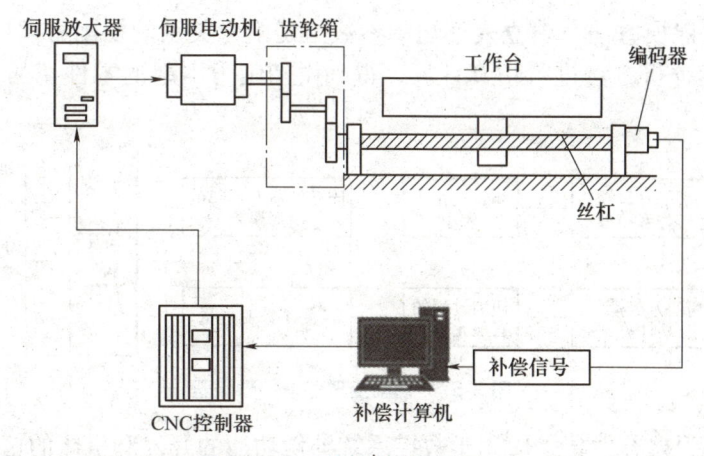

图 3-55 反馈补偿法补偿原理

2. 原点平移法

原点平移法补偿原理如图 3-56 所示。机床的空间位置误差由补偿计算机进行计算得出，并将误差量送至 CNC 控制器，利用机床控制系统的原点偏移功能，将补偿信号加到伺服放大器的控制信号中，进而实现误差量补偿。

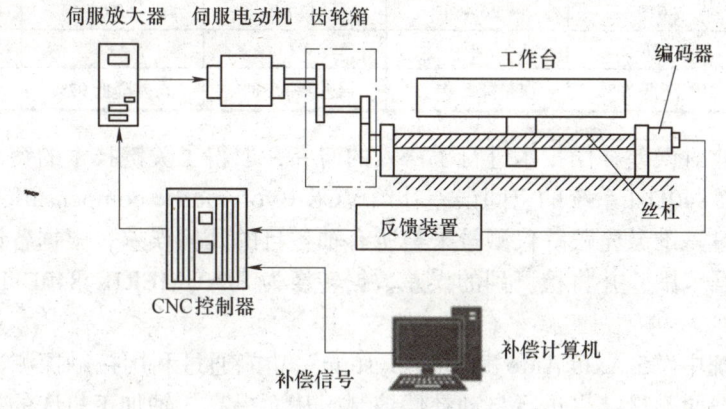

图 3-56 原点平移法补偿原理

（二）力误差补偿方法

在数控机床加工过程中，力误差是一种常见的误差，也是一种附加误差，只体现在加工过程中。加工过程中的切削力、夹紧力、惯性力等作用破坏了机床各组成部分原有的相互位置关系，导致加工零件产生几何变形，影响加工质量。特别是切削力的影响，对于制造领域中常见的弱刚性薄壁零件，切削力引起的零件变形已成为加工精度提高的主要难题。

零件切削变形误差补偿的基本思路是计算切削过程的变形量，通过修改或调整 NC 程序实现反向变形补偿。在补偿过程中，关键是过程切削变形量的计算。切削变形的估算目前主要有两种方法：一种是基于切削力来计算零件切削变形量，即预先建立切削力与零件变形的关系模型，再由测力仪直接测量获得或通过测量主轴电动机电流后经计算得到的切削力值，经过换算得到切削变形；另一种是基于有限元仿真分析的方法，即先采用完全经验模型、基于切削试验的机械力模型、基于切削机理的物理模型、基于人工智能的神经网络模型等切削力建模方法，建立表征切削参数与切削力关系的切削力模型，计算切削力，然后采用有限元分析方法进行仿真计算，得到由切削力引起的零件切削变形，如图3-57所示。

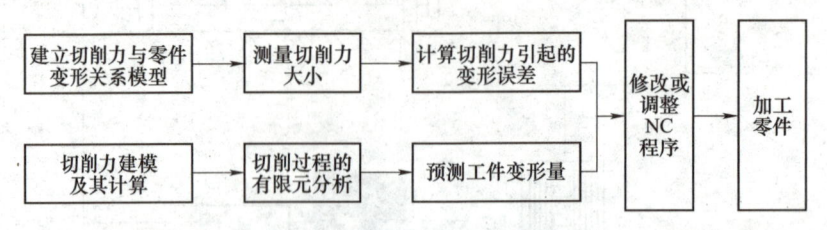

```
建立切削力与零件     测量切削力     计算切削力引起的
变形关系模型    →    大小       →   变形误差
                                              ↘  修改或
                                                 调整     加工
                                                 NC    →  零件
                                              ↗  程序
切削力建模       →   切削过程的   →   预测工件变形量
及其计算             有限元分析
```

图3-57　切削变形误差补偿流程

将几何与热误差补偿技术应用于数控系统补偿功能的开发和机床的精度及精度稳定性的提升，有许多成功案例。如某企业对数控车床批量建模和补偿，其效果见表3-16。

表3-16　某型数控车床误差补偿效果对比

类别	定位精度 $X/\mu m$（运动速度为14.4m/min）		定位精度 $Z/\mu m$（运动速度为12m/min）		稳定性
	环境温度23.3℃	环境温度34.5℃	环境温度23.6℃	环境温度31.7℃	
补偿前	7.019	26.46	17.84	60.04	约3倍变化
补偿后	1.96	2.38	4.74	4.88	不变
补偿效果	误差降低72%	误差降低91%	误差降低73%	误差降低92%	好

各个数控企业对误差补偿技术进行了深入的研究，取得了关键技术的突破。

SINUMERIK 840Dsl 系统的空间误差补偿 VCS（volumetric compensation system）空间补偿功能，通过三维激光跟踪仪测量采集所有轴各自的几何误差，根据各误差数据，定义机床专用的补偿范围，并将检测到的误差数据转换为 SINUMERIK 840Dsl 的补偿数据，进行补偿。

大隈数控系统中"5-Axis Auto Tuning System"功能通过利用接触探测器与标准球测量几何误差，并按照测量结果进行自动补偿控制，从而提高5轴加工机床的运动精度。

另外，针对模具加工中由于往返加减速造成滚珠丝杠产生的挠度误差，系统会根据指令加速度预测滚珠丝杠的挠曲量，对滚珠丝杠的挠度进行补偿。

三、智能主轴状态监测诊断与振动控制

智能制造对数控机床提出了更高的要求，要求数控机床满足高速、高精度的加工要求。所以，在高性能的数控机床上，一般配备电主轴。高速电主轴作为机床的核心部件，对其转速、精度、耐高温性、承载力等都具有很高的要求。在高速切削过程中往往存在断续切削、加工余量不均匀、运动部件不平衡等原因，造成主轴的振动。切削振动的产生不仅恶化零件的加工表面质量，降低机床、刀具的使用寿命，还会产生危害操作人员的噪声，严重时使切削加工无法进行。切削振动是影响机械产品加工质量和机床切削效率的关键技术问题之一，同时也是自动化生产的严重障碍。

(一)主轴抑振机理

切削过程产生振动与否取决于机床结构的动态特性和切削过程的动态特性,所以调整机床结构的动态特性和切削过程的动态特性可以减少和抑制主轴振动。这两种方法中,由于机床结构的调整在机床成形后几乎不可能,所以切削过程的动态特性调整是减少和抑制主轴振动较积极的方法。

经研究,机床的主轴转速与主轴的振动有着密切的关系,机床主轴转速的调整会使切削过程的动态特性发生变化,同时机床主轴转速同切削过程的稳定性有着密切的关系。所以,减少和抑制主轴振动可以采用变速切削技术。变速切削技术主要的内容是周期性地连续改变切削速度以避开不稳定切削区,从而抑制振动。图3-58所示为机床切削稳定性变化规律示意图。"耳垂线"上方的阴影区域为不稳定区,下方为稳定区。如果切削过程处于 A 点所在的不稳定区,则会产生振动现象;反之,如果切削过程在 B 点,则不会产生振动。根据"耳垂线"示意,数控机床主轴可按照一定规律调整机床主轴转速,把切削过程调整到稳定区,就可以消除切削振动。

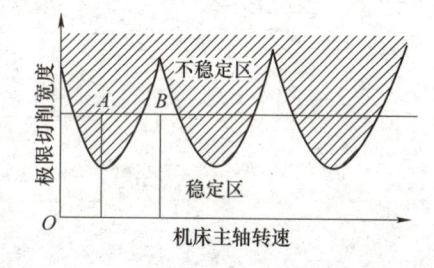

图3-58 机床切削稳定性变化规律示意图

这种方法在现实情况下实施是比较困难的,需要对系统进行大量的切削加工试验以建立系统切削稳定性变化规律图。切削系统中任何的元素(如主轴、刀具、夹具、工件)产生变化,切削稳定性变化规律图也会随之发生改变。

主轴的抑振除了转速调整外,还有工艺调整和主轴控制等方法。

(二)主轴振动的控制与消除

主轴振动的控制与消除一般有三种方式:工艺参数调整、转速调控以及主动控制。由于主动控制具有高度的自适应性,所以易于实现集成与在线控制。典型主轴振动控制系统包括数据采集器、作动器、功率放大器以及实时控制器等,如图3-59所示。通过在主轴内部集成次级激励源(压电作动器/电磁轴承)、构造控制器、优化控制输出力,实现主轴振动的抑制与消除。

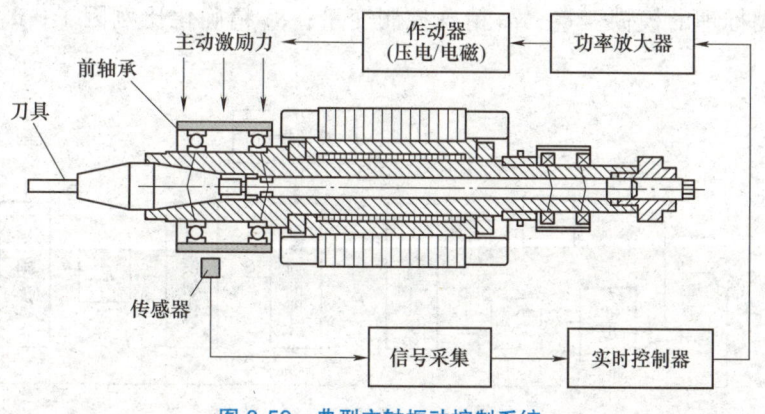

图3-59 典型主轴振动控制系统

根据图3-59,主动控制系统模型同时考虑 X 和 Y 方向,建立如图3-60所示的主动控制系统模型。图中，$G_{tt}(s)$ 和 $G_{dt}(s)$ 分别表示刀尖至刀尖及刀柄上位移传感器安装位置的传递函数矩阵；$G_{ta}(s)$ 和 $G_{da}(s)$ 分别表示刀柄上压电作动器安装位置至刀尖及刀柄上位移传感器安装位置的传递函数矩阵；$C(s)$ 表示控制器，其输入为位移传感器测量的刀柄振动位移响应。

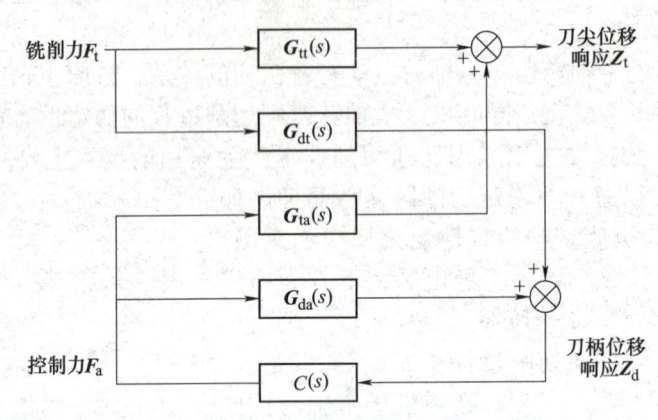

图 3-60 主动控制系统模型

根据图 3-60 建立主动控制系统动力学方程如下

$$Z_t = G_{tt}F_t + G_{ta}F_a \tag{3-51}$$

$$Z_d = G_{dt}F_t + G_{da}F_a \tag{3-52}$$

式中，Z_t 和 Z_d 分别为刀尖位移响应和位移传感器测量的刀柄位移响应，单位为 mm，两者均是铣削力和主动控制力共同作用的结果；F_t 和 F_a 分别为铣削力和主动控制力，单位为 N。F_t 铣削力获得上文已经叙述，而 F_a 可计算得到，$F_a = CZ_d$，其中 C 为振动系数。

模糊控制是一种典型的非线性智能控制方法，对被控对象的精确系统模型依赖度较低，其借助专家控制经验，对于铣削振动等复杂过程的控制具有较好的鲁棒性。一般采用二维模糊控制器，开发如图 3-61 所示的模糊控制系统，其中，Z_0 为参考位移响应；e_0 为偏差值；K_e 为偏差值的比例因子；K_{et} 为偏差变化率的比例因子；e 为量化的偏差值；e_t 为量化的偏差值变化率；E 偏差值的模糊化变量；E_t 为偏差变化率的模糊化变量；U 为经过模糊推理的模糊变量；u_0 精确控制变量；K_u 精确化比例因子；u 为精确化控制变量。

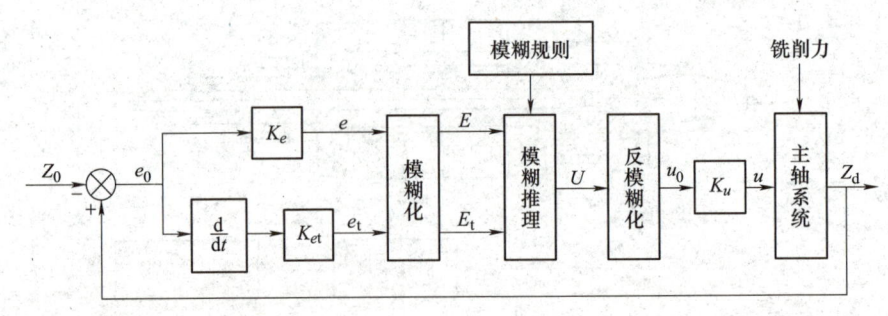

图 3-61 振动模糊控制系统

如图 3-61 所示，位移传感器测量得到的刀柄振动位移 Z_d 反馈到控制器。在稳定铣削过程中，主轴的振动位移波动稳定，振动发生后，主轴失稳，其振动位移快速变动。刀柄振动位移 Z_d 反馈到控制器后，与参考位移响应 Z_0 比较，为了能抑制振动，一般将 Z_0 设置为恒值零，目的是最大限度地控制振动，减小主轴振动位移响应。

四、智能刀具管控技术

在智能机床、自动化、智能化生产线中，刀具的异常状态不能及时被检测出来，往往会影响机床的加工质量和生产线的生产节拍，严重时会导致生产线无法正常工作。所以刀具管理是智能数控机床的一项非常重要的功能。

刀具管理分为刀具寿命管理和刀具破损管理。在刀具寿命管理方面，智能机床的刀库具有一个刀具列表，其中记录了所有刀具的参数。新刀具加入刀库时，会触发刀具管控系统的中央控制器，并触发对刀仪进行对刀操作，对刀仪读取刀具上的芯片，并将刀具信息传递到刀具管控系统。在加工开始前，刀具管控系统首先检测当前刀具的剩余寿命，并能够在将要达到刀具寿命之前的一段时间内进行报警。在刀具破损或磨损管理方面，刀具管控系统可实现检测刀具工作状态，一旦出现刀具破损或磨损情况，刀具管控系统会自动将刀具退回刀库中并锁死，直到人工将刀具处理完毕。

（一）刀具磨损状态过程分析

刀具磨损曲线如图 3-62 所示，可分为三个阶段：初始磨损阶段、正常磨损阶段和急剧磨损阶段。正常磨损达到图中极限 C 点后，切削力和切削温度不断升高，刀具磨损量不断加大，刀具磨损率急剧上升进入急剧磨损阶段。这时刀具切削能力降低，容易使工件报废，机床振动加剧影响机床性能，并可能引发安全事故。因此检出 C 点时，应及时更换刀具。

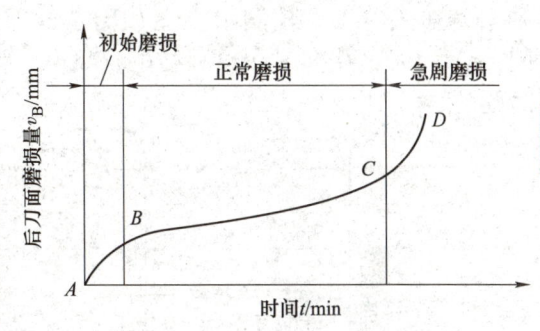

图 3-62 刀具磨损曲线

（二）刀具切削过程状态监测

刀具状态检测方法主要有直接法和间接法。直接法是直接测量刀具的磨损、破损和断裂，主要测量方法有激光扫描法、放射线法、电阻法和机器视觉等。直接法虽然能直接测量刀具的几何变形，但不能在加工过程中在线监测刀具的状态。间接法则是通过获取切削过程中与刀具磨损、破损或断裂具有较强内在联系的系统响应数据来分析刀具的状态，该方法可以实现对刀具状态的在线实时监测。智能机床一般采用间接法来监测。

切削过程的状态监测是实现智能制造的一个关键技术环节。随着技术的不断进步，制造过程的自动化不断完善，由于切削过程中刀具的磨损和破损具有非线性、时变性的特点，特别是在无人值守条件下，及时有效地监控刀具的切削状态，是切削过程状态自动调整的基础，同时也是切削设备安全性的重要保障。随着传感器技术与人工智能的发展，刀具的状态检测已经形成了一套完整的结构体系，主要包括：状态监控、特征提取、状态识别与决策。刀具状态监测基本流程如图 3-63 所示。

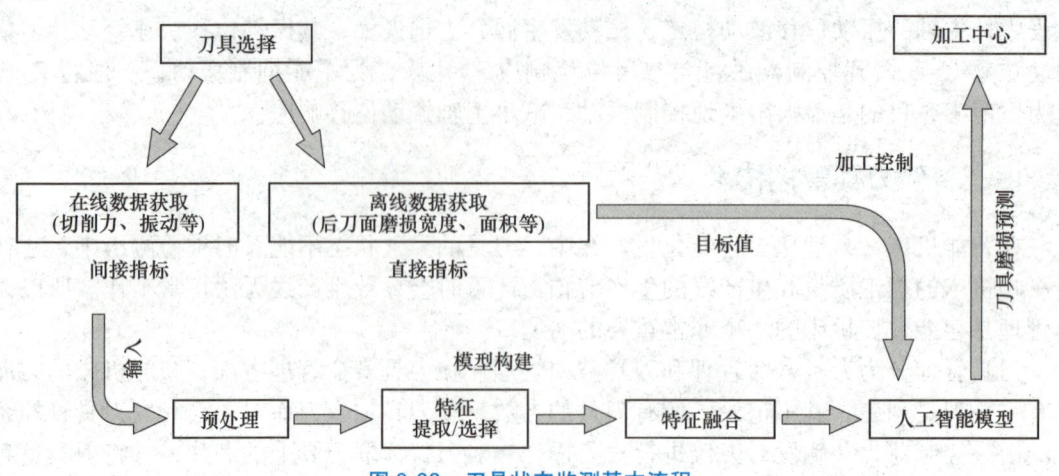

图 3-63 刀具状态监测基本流程

刀具的状态检测根据用途的不同分为两类：刀具状态的识别和刀具状态的预测。刀具状态的识别是通过对刀具状态的监测提取有用信息，分析刀具的磨损程度及是否发生破坏。而刀具状态的预测是在刀具监测的基础上，利用已知的刀具磨损量，对未来某个时刻的刀具磨损量进行预测，以便灵活地采取磨损补偿或换刀决策。刀具状态监测及剩余寿命（RUL）预测示意图如图 3-64 所示。图中，t_{FPT} 为刀具剩余寿命预测开始时间；t_{Eol} 为刀具剩余寿命预测结束时间；t_k 利用监测的刀具磨损量开始预测刀具剩余寿命时间。

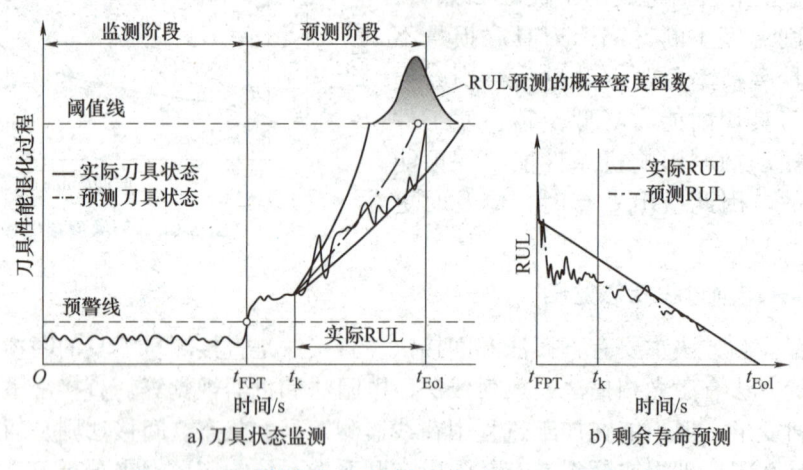

图 3-64 刀具状态监测及剩余寿命（RUL）预测示意图

（三）刀具的状态感知和融合

数控机床在切削过程中会产生大量的刀具状态信息，这些状态的信息的监测一般采用间接法进行监测。单一传感器具有获取的信息类型单一、信息量有限、抗干扰能力较低等缺陷，在刀具状态监测的过程中采用加速度传感器、声压传感器、测力计、电流/电压传感器等多传感器融合的状态感知。图 3-65 所示为刀具切削过程监测常用的传感设备。

在研究数控机床刀具磨损的机理、磨损类型的基础上，在初始磨损、正常磨损以及急剧磨损三个阶段对刀具的磨损状态进行监测、诊断与预测。由于不同传感器信号在实际应用中有各自的特点以及切削过程的复杂性，监测的常用的传感器的信号有振动信号、声压信号、切削力信号以及工件的表面纹理等信息，可采用人工智能的算法（如神经网络）建立多个诊断模型实现多模型的决策级传感器融合。图 3-66 所示为不同种类信号采集与融合。

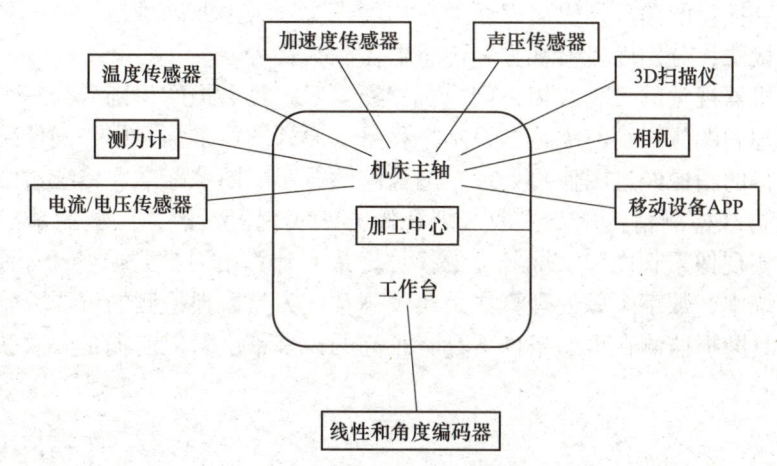

图 3-65　刀具切削过程监测常用的传感设备

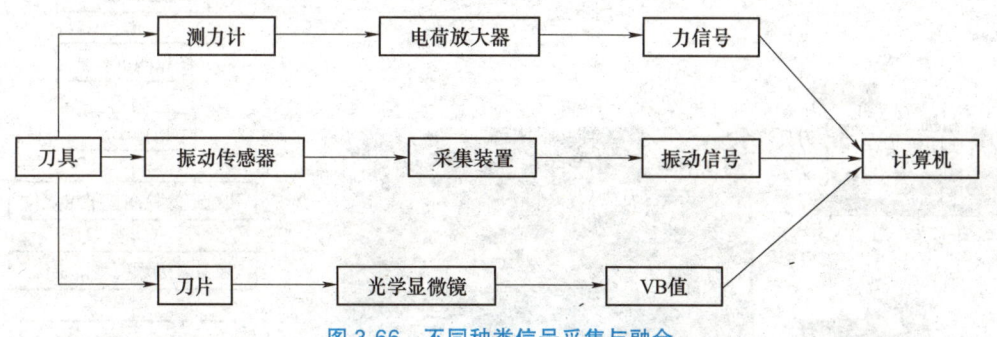

图 3-66　不同种类信号采集与融合

多传感器信号融合在诊断速度、准确率以及稳定性上具有明显的优势，能提供更可靠、更全面的刀具状态信息。但是，传感器类型的选择、数量、采样频率及位置的排布等需要综合考虑，如采用过多的传感器，不仅增加了数据的维度，导致过多的信息不利于特征的提取，进而影响监测状态与预测精度，而且过多的传感器会对切削过程产生一定干扰，使用和维护成本相应增加。在进行机床刀具监测与预测的过程中，应该充分理解离散制造过程中不同的生产模式与加工工艺特点，并实现传感器种类、数量、安装位置、采样频率等因素的最优配置，以获得最优的数控机床刀具状态监测、诊断与预测系统。

（四）刀具磨损、破损状态识别

数控机床刀具的状态检测系统采用多传感器获取切削过程中的状态信息，通过智能控制算法对刀具的磨损、破损状态进行融合处理与决策，对刀具的磨损程度及破损情况做出准确的判断。

1. 刀具磨损识别

对加工状态下刀具磨损值进行及时有效的检测，可以在保证加工精度的前提下提高加工效率，同时为刀具剩余寿命预测提供有力的数据支撑。刀具的磨损是一个逐渐演变的物理过程。检测过程形成磨损量-时间的变化曲线，依据曲线判定初始磨损、正常磨损或急剧磨损状态。磨损量的测量是以后刀面的平均磨损宽度为主要测量指标的，目前测量方法有直接法和间接法，分别以机器视觉和传感器监测为代表。

（1）基于机器视觉的刀具磨损识别　机器视觉对刀具磨损的识别分为三个过程：图像采集、图像处理和图像识别与决策。识别过程是从原始图像采集开始，图像采集如图3-67所示。采集获得的图像经过图像预处理、图像阈值分割、图像配准、传统边缘检测算子粗定位、亚像素边缘检测精定位及主曲线拟合等方法实现刀具磨损区域的精确提取。通过像素当量标定实现像素长度和实际长度的换算，最后计算出刀具磨损量，如图3-68所示。在机器视觉系统中，数字图像处理算法是实现高精度刀具磨损检测的重要因素。基于机器视觉技术的刀具磨损监测在理想条件下具有很高的识别精度，但前提是必须获取高质量的图像。

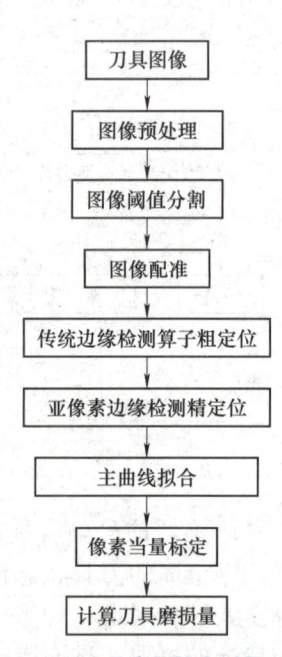

图 3-67　图像采集示意图　　　　图 3-68　刀具磨损状态测量方法

（2）基于传感器监测的刀具磨损识别　该方法的基本思路是采用多传感器（包括切削力、振动和声发射信号传感器）进行刀具磨损状态监测，通过时域、频域、时频域等方法对采集信号进行相关特征的提取，建立信号特征与刀具磨损状态之间的非线性映射关系，然后构建监测模型，再对监测模型进行学习训练测试，确保模型的监测能力，从而实现对不同磨损状态的分类。随着人工智能技术的发展，使得检测模型具有更好的机器学习能力，为刀具状态监控结果的精准识别提供了有效保障，最常用的监测模型包括 BP 神经网络、支持向量机（support vector machine，SVM）、模糊推理系统（fuzzy inference system，FIS）和隐马尔可夫模型等。

图 3-69 所示为基于信号成像和深度学习的刀具磨损分类方法示意图。图中可以看出，原始传感器信号直接被 GASF 编码重构，在不丢失信息的同时省去了信号预处理和滤波。训练过程采用卷积神经网络（CNN）自动感知并提取图像特征，最后识别出刀具磨损的分类。运行结果显示能够达到 90% 以上的平均分类精度。

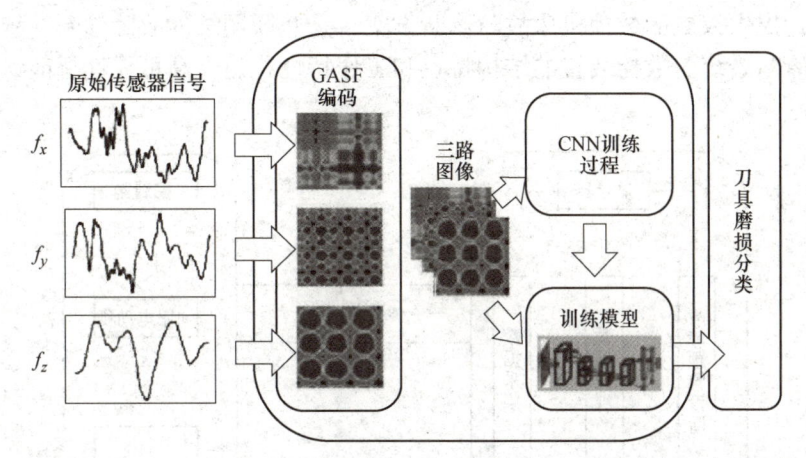

图 3-69　基于信号成像和深度学习的刀具磨损分类方法示意图

2. 刀具破损识别

刀具破损监控系统是自动化加工系统中必不可少的部分，理想的刀具破损监控系统在加工过程中能够对刀具的各种异常情况进行有效预警，如切削刃微崩、刀片表层剥落、热裂纹、切削部位的塑性变形甚至断裂等。刀具的破损不仅会降低表面质量，还会影响机床的正常运行和安全。刀具破损的发生具有一定随机性和偶然性，监测信号行为的异常变化，尽早发觉破损征兆，对于刀具的及时更换、降低风险至关重要。刀具破损识别方式多种多样，有接触法、辐射法以及光学检测法等。刀具破损直接检测的工具包括：触摸敏感传感器、激光传感器、光学显微镜以及高速摄像机。考虑现场操作和实时性的要求，切削过程的物理信号仍然是主要的监测途径。但在实际的工作中，由于切削液的加注、切屑在刀具周围或工件上堆积等原因，图像质量会比较差，切削区域的切削温度不准确，使得监测系统不能清晰、完整地掌握刀具的实际情况，影响监测效果。

五、智能故障自诊断技术

（一）智能故障自诊断系统模型

随着自动化程度的提高，数控机床的结构也越来越复杂，集成了机械、电子、控制、软件等多种先进技术，并且各技术间相互关联、相互依赖的程度不断提高，随之产生的故障也会增加。故障的产生不仅使得生产节拍打乱，而且会造成生产线停机、停产。所以有效地进行故障定位并及时排除具有重要意义。

故障诊断的关键是对机床关键零部件的状态检测，一般的检测系统有三类，分别是嵌入式故障诊断系统、远程故障预警/诊断运行系统和智能故障诊断专家系统。其中，嵌入式故障诊断系统一般集成在数控系统中，即数控系统的故障诊断单元，主要是对数控机床的内部数据（位移、速度、加速度等）和外部数据（温度、振动等）进行感知、采集分析和诊断,是现场级的诊断系统。远程故障预警/诊断运行系统通过服务工作站(综合专家系统及故障数据库的相关信息,以巡查的方式采集现场信息、机床运行状况等)及仿真工作站(CAD/CAM 软件用于加工程序的故障仿真)的信息进行预测和诊断,是属于车间级的故障诊断系统。智能故障诊断专家系统是对以上方式无法解决的故障诊断,综合各专家的意见,提供权威的数控机床故障诊断方案,是互联网级的故障诊断系统。根据三个级别的故障诊断系统、数控装置的结构特点和工作特性,建立高可靠性智能诊断模型,如图 3-70 所示。

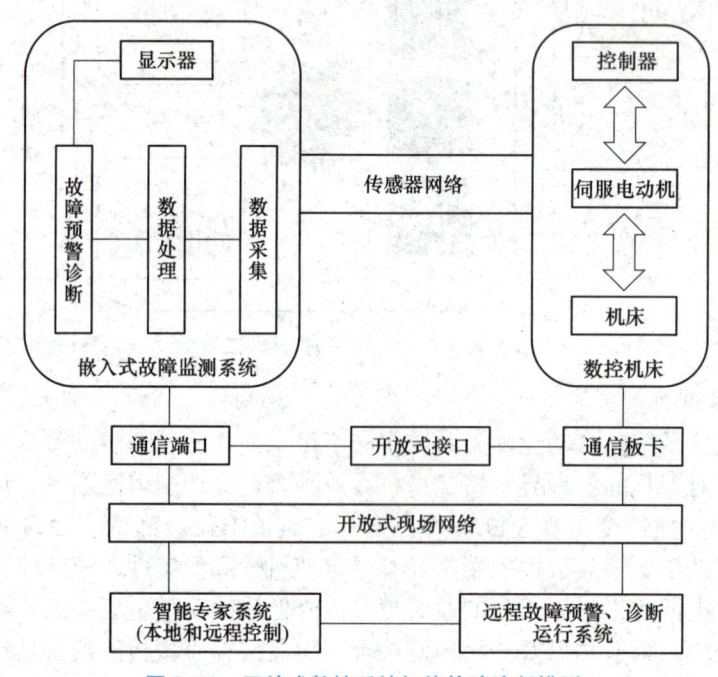

图 3-70 开放式数控系统智能故障诊断模型

(二)基于模糊故障树分析的故障处理

对于模型中的三种诊断系统,现场级和车间级的故障诊断系统已经非常成熟了,在此主要对智能故障诊断专家系统进行叙述。下面介绍的智能诊断专家系统采用模糊故障树分析法,其处理流程和故障树的建立方法如下。

1. 故障树分析法处理流程

故障树分析法是一种适应于复杂系统故障诊断的方法,故障树分析法的步骤包含确定破坏事件和系统的分析范围、建造故障树、故障树简化、故障树定性分析和故障树定量分析 5 个步骤,如图 3-71 所示。

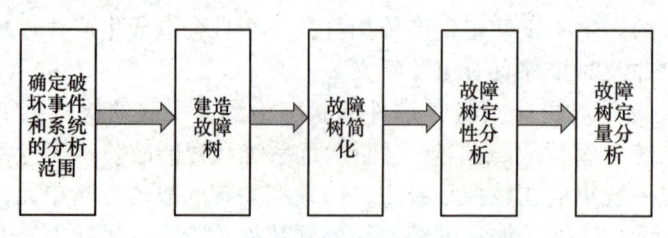

图 3-71 故障树分析法的处理流程图

2. 故障树的建立

故障树分析法最关键的环节是建立故障树。建立故障树的好坏，直接关系到运用故障树分析法的效果。建树过程是一个反复试验、逐步优化的过程，也是使用故障树分析法的前提条件。建造故障树的基本过程如下：

（1）系统故障诊断的准备工作　建立故障树之前，首先要对诊断系统的工作原理、结构特点、主要功能、故障原理等进行充分理解，对系统的运行历史记录、修理记录等各方面的资料进行详细了解，为后续的故障树建立奠定资料基础。

（2）破坏事件的确定　根据准备工作中所收集到的资料，按照故障对系统的损坏后果进行整理分类，破坏事件的选择原则应该是对系统损坏程度最严重的事件。破坏事件必须能够进行定量分析，才能进一步确定出故障原因。由于破坏事件是人为根据损坏程度情况进行选择，主观性是难免的。有时可能会选择出多个破坏事件，但必须从中选择出一个作为故障树的破坏事件。

（3）构建故障树　构建故障树就是理顺从破坏事件到故障树底事件的关系，进而找出故障树中所有事件的产生原因。故障树的构建目前有两种方法，分别是人工方法和计算机辅助方法。由于计算机辅助算法至今还未完全成熟，所以现在构建故障树的方法一般为人工方法，即运用演绎法对各事件进行推理。

（4）故障树的简化　故障树构建完成后，需要对故障树的逻辑关系进行描述和简化。对于故障树中的逻辑关系描述，可以通过逻辑数学模型进行描述，即使用结构函数。结构函数由集合论中的符合描述的布尔代数式。对于故障树中逻辑关系的简化，可运用布尔代数的运算进行。这样就可以得到简化的模型关系式。

（5）故障树的定性分析　故障树的定性分析就是针对破坏事件找到其所有发生原因的组合，即破坏事件的所有故障模式。定性分析的结果是对薄弱环节采取适当的补救措施。

某故障树的结构如图 3-72 所示。假设破坏事件为 T，故障树底下由 n 个不同的底事件构成，那么第 j 个底事件的状态可描述为发生和不发生两种状态，即

$$x_i = \begin{cases} 0, & e_j \text{不发生} \\ 1, & e_j \text{发生} \end{cases} \quad (3-53)$$

同样，利用二值变量 $\emptyset$

$$\emptyset = \begin{cases} 0, & \emptyset \text{不发生} \\ 1, & \emptyset \text{发生} \end{cases} \quad (3-54)$$

采用割集定义为导致破坏事件发生的所有底事件的集合，而最小割集为导致破坏事件发生的最小底事件集合。以图 3-72 为

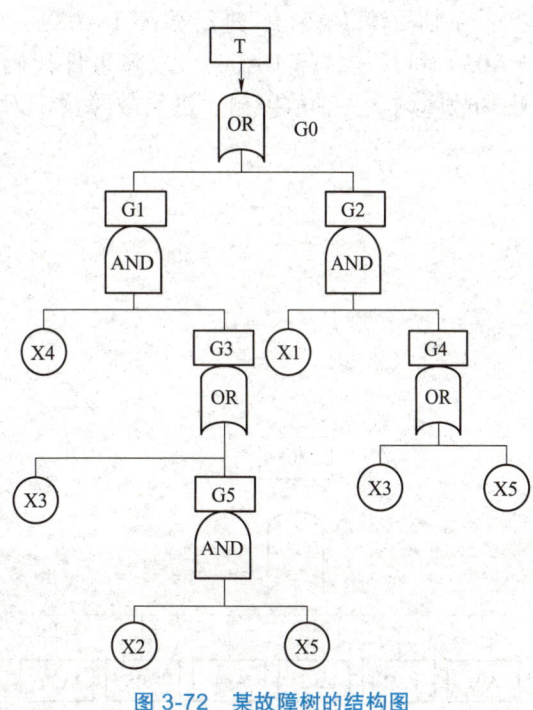

图 3-72　某故障树的结构图

例，通过采用真值表分析的方法，列出各破坏事件即底事件的逻辑关系，确定割集及最小割集。

经计算二值变量 $\emptyset(x)$ 为

$$\begin{aligned}\emptyset(x) &= x_4(x_3 + x_2x_5) + x_1(x_3 + x_5) \\ &= x_3x_4 + x_2x_4x_5 + x_1x_3 + x_1x_5\end{aligned} \quad (3\text{-}55)$$

经确定，该故障树包含 17 个割集，但都不是最小割集，而 $\{x_3,x_4\}$ 是最小割集。通过比较，得出最小割集为：$\{x_3,x_4\}$，$\{x_2,x_4,x_5\}$，$\{x_1,x_5\}$，$\{x_1,x_3\}$。

（6）故障树的定量分析　故障树的定量分析除了以上的定性分析外，还需要确定破坏事件的发生频率、最小割集发生的概率等定量指标，以便对故障率做出客观评价，从而正确评估系统的故障率。应确定使用寿命等可靠性特征量，并确定上述参数对系统可靠性的影响程度，以便分析存在的故障风险。

一般来说，故障树的定量分析包含如下主要步骤：
1）计算破坏事件概率。
2）通过最小割集结构函数计算破坏事件概率。
3）底事件的重要度分析。
4）根据重要度大小排序，作为故障检测和诊断的顺序，进行检查和维修。

下面以某一数控机床的故障树诊断为例进行说明。数控机床的故障树如图 3-72 所示。在该数控机床上，包含主轴、进给系统、刀库系统、润滑系统、液压系统等，根据数控机床故障的紧急程度，选取现场故障（M01）为破坏事件。根据部位不同次级事件依次包括：主轴故障（A01）、进给故障（A02）、刀库故障（A03）、润滑故障（A04）、液压故障（A05）和其他故障（A06）。故障事件代码见表 3-17，图 3-73～图 3-76 分别为数控机床现场故障树、主轴故障树、进给故障树、刀库故障树。

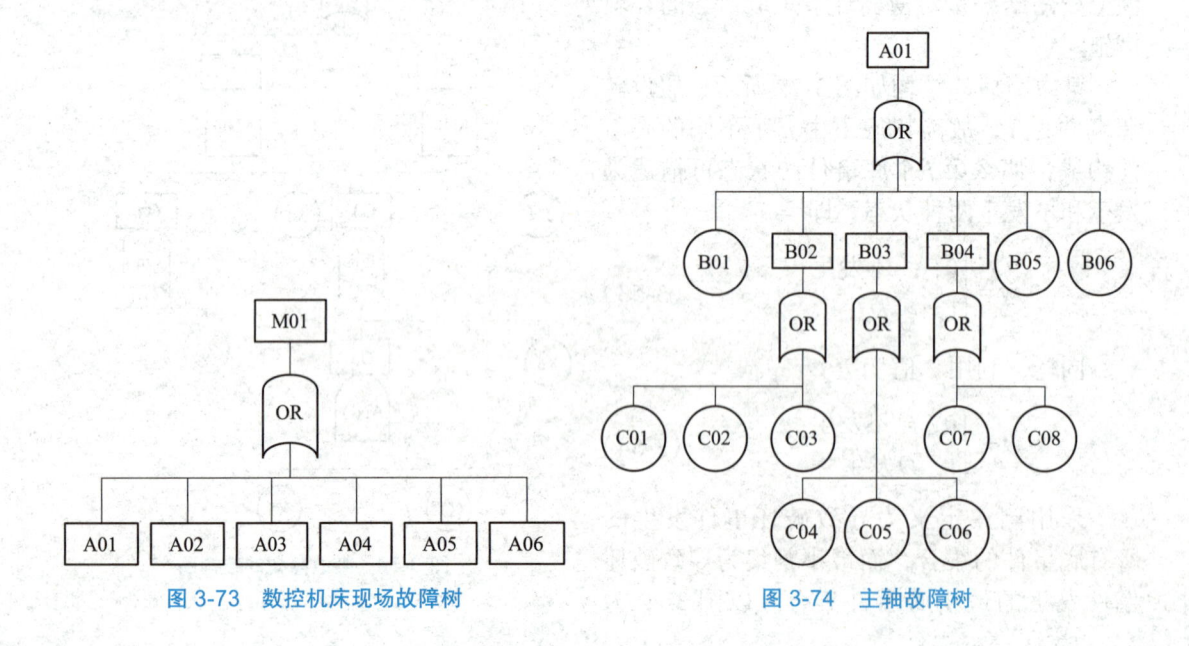

图 3-73　数控机床现场故障树

图 3-74　主轴故障树

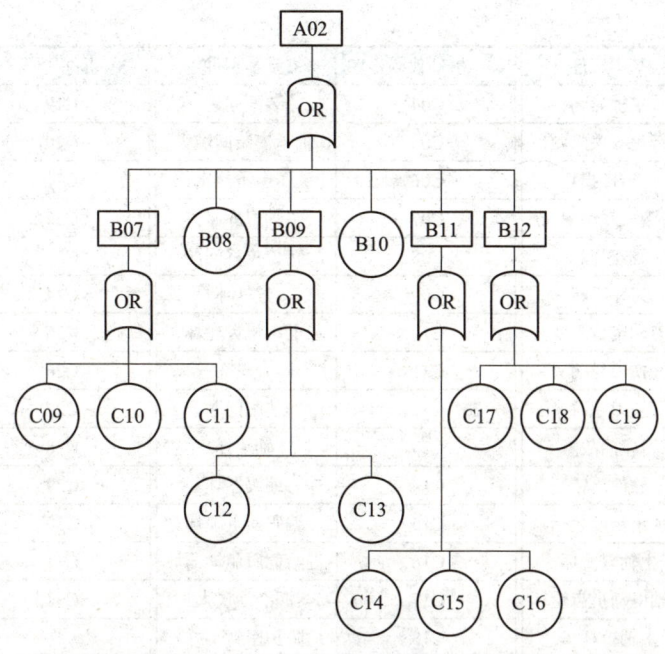

图 3-75 进给故障树

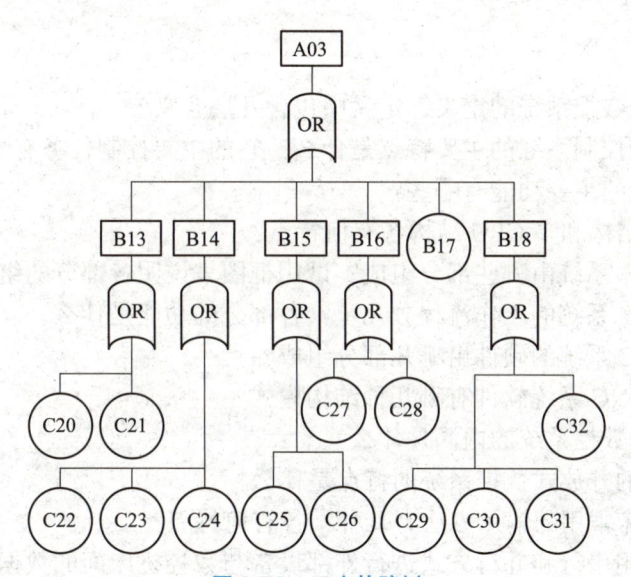

图 3-76 刀库故障树

表 3-17 故障事件代码

事件代码	基本事件	事件代码	基本事件	事件代码	基本事件
M01	数控机床现场故障	A05	液压故障	B04	主轴失调
A01	主轴故障	A06	其他故障	B05	定向不准
A02	进给故障	B01	参数设置错误	B06	准停感应错误
A03	刀库故障	B02	零部件损坏	B07	零部件损坏
A04	润滑故障	B03	齿轮异响	B08	几何精度超标

(续)

事件代码	基本事件	事件代码	基本事件	事件代码	基本事件
B09	主轴异响	C04	装配问题	C19	结构不合理
B10	行程开关问题	C05	轴承安装间隙大	C20	刀库渗切削液
B11	元器件损坏	C06	液压卡不能定位	C21	刀库漏油
B12	液、气渗漏	C07	主轴刀库碰撞	C22	润滑不良
B13	油渗漏	C08	转位位移问题	C23	电动机坏
B14	刀库不转	C09	丝杠坏	C24	马式机构卡紧
B15	刀库定位不准	C10	电动机齿轮坏	C25	制动器坏
B16	换刀异响	C11	带轮坏	C26	定向器坏
B17	换刀超时	C12	装配问题	C27	刀库位置倾斜
B18	刀库门故障	C13	轴承坏	C28	主轴偏斜
B30	软件出错	C14	编码器坏	C29	气路换向阀反接
B31	加工精度超标	C15	编码器电缆坏	C30	气路换向阀坏
C01	主轴碟簧坏	C16	进给伺服驱动器坏	C31	气路接错
C02	主轴电动机齿轮坏	C17	润滑油量大	C32	库门不灵活
C03	主轴拉杆坏	C18	防护密封不好		

思考题

3-1 简述智能数控系统的定义,定义中包含几层含义?

3-2 智能数控控制系统的主要特点是什么?它的主要控制任务有哪些?

3-3 智能装置的主要功能有哪些?

3-4 单 CPU 结构和多 CPU 结构各有何特点?

3-5 典型 CNC 系统由哪些部分组成?试用框图来说明各部分的组成与功能。

3-6 典型 CNC 系统的工作流程分几步?各部分的功能是什么?

3-7 常规 CNC 系统的硬件由哪几部分组成?

3-8 常规的 CNC 系统软件有哪几种结构模式?

3-9 开放式的数控系统的内涵是什么?

3-10 可重组的开放式数控系统的特点是什么?

3-11 数控机床常用的输入方法有几种?各有何特点?

3-12 试述采用串行和并行方式进行外部设备与数控机床间的数据通信的工作原理与特点。

3-13 开放式结构数控系统的主要特点是什么?

3-14 试用框图来分析开放式 CNC 软件结构的组成与优缺点。

3-15 何谓插补?有哪两类插补算法?

3-16 试述逐点比较法的四个节拍。

3-17 利用逐点比较法插补直线 OE,起点为 $O(0,0)$,终点为 $E(6,10)$,试写出插补计算过程并绘出轨迹。

3-18 用所熟悉的计算机语言编写第 I 象限逐点比较法直线插补程序。

3-19 简述 C 功能刀具半径补偿的设计思想与实施方法。

3-20 圆弧终点判别有哪些方法？

3-21 逐点比较法如何实现 XY 平面所有象限的直线和圆弧插补？

3-22 试述 DDA 插补的原理。

3-23 设有一直线 OA，起点 O 在坐标原点，终点 A 的坐标为 (3,5)，试用 DDA 法插补此直线。

3-24 简述 DDA 稳速控制的方法及其原理。

3-25 设欲加工第 I 象限逆圆 AE，起点为 A(7,0)，终点为 E(0,7)，设寄存器位数为 4，试采用 DDA 法写出插补的过程，并绘出轨迹。

3-26 圆弧自动过象限如何实现？

3-27 利用逐点比较法插补圆弧 PQ，起点为 P(4,0)，终点为 Q(0,4)，试写出插补计算过程并绘出轨迹。

3-28 试推导出逐点比较法插补第 I 象限顺圆弧的偏差函数递推公式，并写出插补圆弧 AB 的计算过程，绘出其轨迹。设轨迹的起点为 A(0,6)，终点为 B(6,0)。

3-29 数据采样插补是如何实现的？

3-30 脉冲增量插补的进给速度控制常用哪些方法？

3-31 简述 SINUMERIK 840Dsl 数控系统常用的 PLC 输入 / 输出接口模块的类型及特点。

3-32 试述 CNC 软件的结构特点。

3-33 试述可重构的数控系统软件和 CNC 软件结构有何不同？

3-34 试述数控系统网络通信中的数据交换原理。

3-35 试述智能数控系统的互联通信的意义。

3-36 高精度运动控制技术的关键是什么？原理是什么？

3-37 数控机床上的误差类型有哪几种？采用的智能补偿方法是什么？简述其原理。

3-38 数控机床上主轴产生的振动的原因是什么？抑振的方法有哪些？

3-39 刀具磨损的机理是什么？

3-40 刀具状态监测和刀具寿命管理的方法有哪些？

3-41 可编程逻辑控制器（PLC）与传统的继电器逻辑控制器（RLC）相比有什么区别？PLC 的主要功能有哪些？

3-42 PLC 的硬件系统主要由哪几部分组成？各部分的作用是什么？

3-43 SINUMERIK 840Dsl 数控系统的 PLC 的 I/O 模块有哪几种？和 NCU 怎么连接的？

第四章 智能数据感测系统

早期的低智能机床主要以装载封闭式总线模式数控系统为主要特征，这种数控机床在加工零件的过程中并不生产数据，是一台单独的机器。近十年来，随着互联网技术和传感技术的飞速发展，数控机床从早期的封闭式架构演变至现在的基于网络的智能化架构。智能化数控系统不仅能感知位置、速度、加速度和切削力，也可以计算出所使用的切削刀具、主轴、轴承和导轨的剩余寿命，让使用者清楚其剩余使用时间和替换时间。此外，智能机床不仅能够监控、诊断和修正生产过程中出现的各类偏差，并且能为生产过程的最优化提供方案。

智能机床的出现为未来装备制造业实现全盘生产自动化创造了条件。各国机床制造厂家竞相开展该领域的研究，并在实用化方面取得了长足的进步。目前，国际上智能机床的典型代表有瑞士阿奇夏米尔集团生产的配置智能加工系统的 Mikon HSM 系列高速铣削加工中心、日本山崎马扎克公司的 e 系列智能机床、日本大隈公司的 Thinc 智能数字控制系统等。在智能机床的研制与发展过程中，加工过程的智能监控以及远距离故障诊断一直是人们关注的重点，主要涉及温度、振动等方面的监控以及相应的补偿方法。而这些的前提是数控机床必须有较全面而准确的数据感测系统。该系统一般包括位置与速度检测装置、数控机床状态感测装置两个部分。

第一节 位置与速度检测装置

传感器是闭环伺服系统的重要组成部分。它的作用是检测位置和速度，发送反馈信号，传感器的精度直接决定了闭环控制系统的精度，即决定了数控系统的精度和分辨率。传感器的集合为位置和速度检测装置，其具体指标要求有：准确性、响应速度、抗干扰性、可靠性、重复性等。

传感器按检测信号可分为数字式和模拟式，按测量基准可分为增量式和绝对式，按安装位置关系可分为：直接测量式和间接测量式。常见的位置与速度检测装置如图 4-1 所示。下面对位置与速度检测装置中涉及的传感器进行叙述。

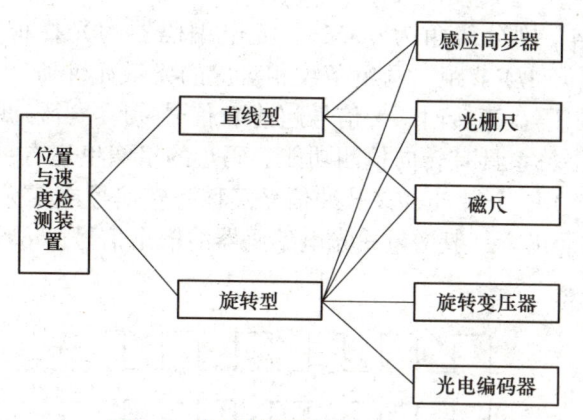

图 4-1 常见的位置与速度检测装置

一、光电编码器

光电编码器（photoelectric encoder）是由 LED（带聚光镜的发光二极管）、光栏板、光敏码盘、光敏元件及信号处理电路（印制电路板）组成的一种角位移测量传感器。它经常与被测电动机轴同轴安装，用作伺服电动机的速度与角位移测量。根据其信号形式，光电编码器分成增量式和绝对式两种。

（一）增量式光电编码器

常用的增量式旋转编码器为增量式光电编码器，如图 4-2 所示。其中，码盘是在一块玻璃圆盘上镀上一层不透光的金属薄膜，然后在上面制成圆周等距的透光与不透光相间的条纹，光栏板上具有和码盘上相同的透光条纹。码盘也可由不锈钢薄片制成。当码盘旋转时，光线通过光栏板和码盘产生明暗相间的变化，由光敏元件接收。光敏元件将光信号转换成电脉冲信号。其输出的每个脉冲表征了被测对象的一个单位角位移增量。

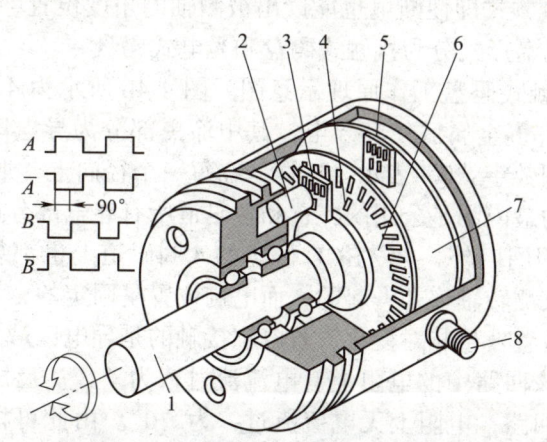

图 4-2 增量式光电编码器结构示意图
1—转轴　2—LED　3—光栅板　4—零标志槽　5—光敏元件　6—码盘　7—印制电路板　8—电源及信号线连接

增量式光电编码器的测量精度取决于它所能分辨的最小角度，而这与码盘圆周的条纹数有关，即分辨角 $\alpha=360°/$ 条纹数，单位为°。

如条纹数为 1024，则分辨角为 0.352°。光电编码器的光栏板上有两组条纹，A 组与 B 组的条纹彼此错开 1/4 节距，两组条纹相对应的光敏元件所产生的信号相位彼此相差 90°，用于辨向。当码盘正转时，A 信号超前 B 信号 90°，当码盘反转时，B 信号超前 A 信号 90°。这一相位关系具有转向检测功能。码盘的里圈里还有一条透光条纹 C（即零标志槽），用于每转产生一个脉冲，该脉冲信号又称一转信号或零标志脉冲，用作测量基准。为了减少信号的干扰，一般增量式光电编码器的输出信号由 6 个信号组成，如图 4-3 所示。

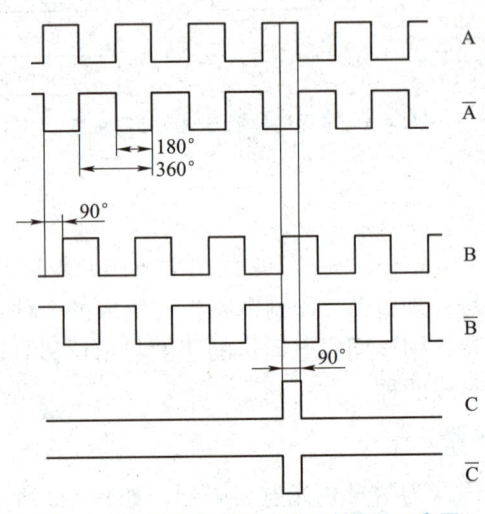

图 4-3 增量式光电编码器输出信号示意图

（二）绝对式光电编码器

绝对式光电编码器将被测角直接用数字代码表示出来，每一个角度位置均有对应的测量代码，因此这种测量方式即使断电也能读出被测轴的角度位置，即具有断电记忆功能。绝对式光电编码器按码盘形式分为接触式码盘和光电式码盘。

图 4-4a 所示为接触式码盘工作原理示意图。图 4-4b 所示为 4 位 BCD 码盘，即在一个不导电基体上做出许多金属区使其导电，其中涂黑部分为导电区，用数字"1"表示，其他部分为绝缘区，用数字"0"表示。这样，在每一个径向上，形成了由"1""0"组成的二进制代码。码盘的最内圈是公用的，它和各码道所有导电部分连在一起，经电刷和电阻接电源正极。除公用圈以外，4 位 BCD 码盘的 4 圈码道上也都装有电刷，电刷经电阻接地。由于码盘是与被测转轴连在一起的，而电刷位置是固定的，当码盘随被测轴一起转动时，电刷和码盘的位置发生相对变化，若电刷接触的是导电区域，则经电刷、码盘、电阻和电源形成回路，该回路中的电阻上有电流流过，为"1"。反之，若电刷接触的是绝缘区域，则不能形成回路，电阻上无电流流过，为"0"。由此可根据电刷的位置得到由"1""0"组成的 4 位 BCD 码。码盘中码道的圈数就是二进制的位数，且高位在内，低位在外，若是 n 位二进制码盘，就有 n 圈码道，所能分辨的角度为 $360°/2^n$。显然，位数 n 越大，所能分辨的角度越小，测量精度就越高。

图 4-4c 所示为 4 位格雷码盘，其特点是任何两个相邻数码间只有一位是变化的，可消除非单值性误差。光电式码盘与接触式码盘结构相似，只是其中的黑白区域不表示导电区

和绝缘区,而是表示透光区和不透光区,其中黑的区域指不透光区,用"0"表示;白的区域指透光区,用"1"表示。如此,在任意角度都有"1""0"组成的二进制代码。另外,在每一码道上都有一组光电元件,这样不论码盘转到哪一角度位置,与之对应的各光电元件受光的输出为"1"电平,不受光的输出为"0"电平,由此组成 n 位二进制编码。

a) 接触式码盘工作原理示意图　　b) 4位BCD码盘　　c) 4位格雷码盘

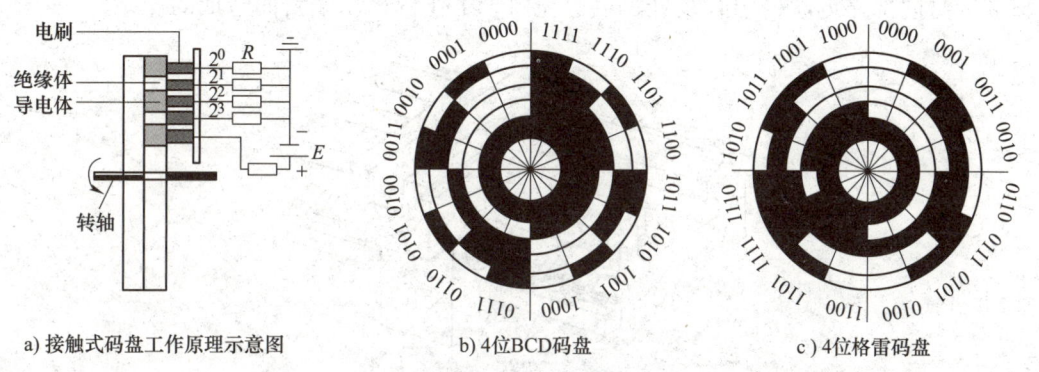

图 4-4　绝对式光电编码器工作原理

(三) 光电编码器的特点

光电编码器具有体积小、重量轻、品种多、功能全、频响高、分辨能力高、力矩小、耗能低、性能稳定、可靠使用寿命长等特点,主要应用于角度和位置的测量和控制。

二、光栅尺

光栅尺又称光栅,是一种高精度的直线位移传感器,在数控机床上用于测量工作台的位移,属直接测量,并组成位置闭环伺服系统。

(一) 光栅尺的结构和工作原理

数控机床中用于直线位移检测的光栅尺按工作原理分为透射光栅和反射光栅两类,如图 4-5 所示。透射光栅是在透明的光学玻璃板上,刻制平行且等距的密集线纹,利用多缝衍射原理,使复合光发生色散的光学元件。反射光栅一般用不透明的金属材料(如不锈钢板)刻制平行等距的密集线纹,利用光的全反射或漫反射原理,使光分散的光学元件。

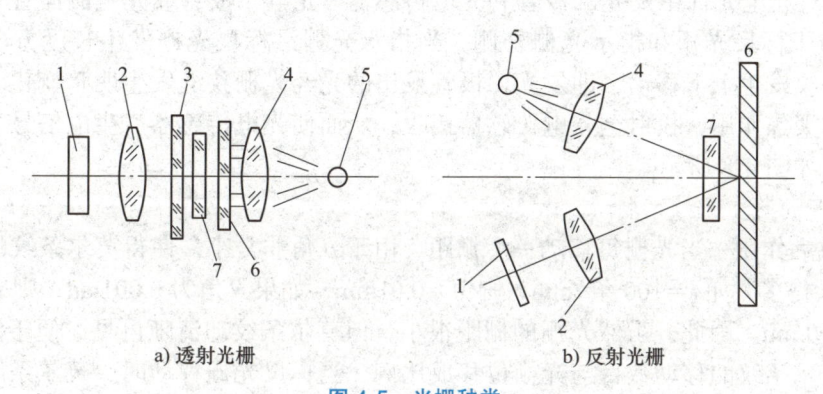

a) 透射光栅　　b) 反射光栅

图 4-5　光栅种类

1—光电元件　2、4—透镜　3—狭缝范围　5—光源　6—标尺光栅　7—指示光栅

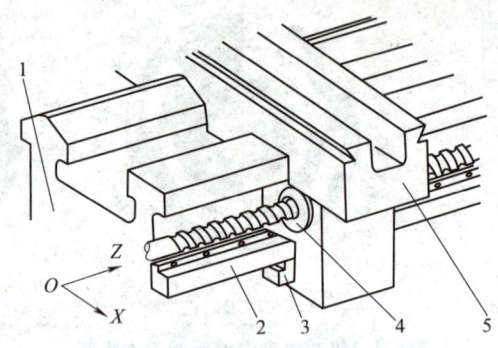

以透射光栅为例，光栅通常由一长一短两块光栅尺配套组成，其中长的一块称为主光栅或标尺光栅，其工作行程大于或等于被测行程；短的一块称为指示光栅，指示光栅和光源、透镜、光电元件组装在扫描头中。测量时，指示光栅安装于运动部件上，标尺光栅固定不动。图4-6所示为光栅尺在机床上的安装示意图。在有些数控机床上，光栅尺安装于床鞍或床身内部靠近丝杠中心线处，以避免由于工作台运动偏斜而造成的误差。

图 4-6 光栅尺在机床上的安装示意图
1—床身 2—标尺光栅 3—指示光栅 4—滚珠丝杠 5—床鞍

1. 莫尔条纹

光栅尺上相邻两条光栅线纹间的距离称为栅距或节距。每毫米长度上的线纹数（k）称为线密度，栅距与线密度互为倒数，即 $1/k$。常见的直线光栅线密度为50条/mm、100条/mm、200条/mm。安装时，标尺光栅与指示光栅相距 0.05~0.1mm，并且其线纹相互偏斜一个很小的角度，该角度称为偏斜角。当两光栅线纹相交时，相交处出现的黑白色相间条纹，称为莫尔条纹。莫尔条纹的方向与光栅线纹方向接近垂直。两条莫尔条纹间的距离称为纹距，它与栅距、偏斜角的关系式为

$$B \approx \frac{W}{\theta} \tag{4-1}$$

式中，B 为纹距，单位为 mm；W 为栅距，单位为 mm；θ 为偏斜角，单位为 rad。

当工作台正向或反向移动一个栅距时，莫尔条纹相应向上或向下移动一个纹距，如图4-7所示。光电元件由发光二极管和光电传感器（光电二极管或光电晶体管）组成。它们分别分布于标尺光栅和指示光栅外侧。当指示光栅沿标尺光栅发生长度方向相对位移时，莫尔条纹发生上下移动，即发光二极管发出的光经光栅狭缝发生明暗变化。明暗条纹通过透镜的聚焦作用，投射至光电传感器接收，从而使光电传感器产生电信号，光栅信号的处理电路如图4-8所示。

2. 光栅的莫尔条纹的特点

（1）放大作用 当光栅每移动一个栅距，由于 θ 角非常小，使得莫尔条纹的纹距 B 要比栅距 W 大得多，如 $k=100$ 条/mm，则 $W=0.01$mm，如果 θ 角为 0.001rad，则 $B=0.01$mm/0.001rad=10mm。因此，虽然光栅的栅距很小，但莫尔条纹却清晰可见，便于测量。

（2）莫尔条纹的移动数目与光栅位移成比例 当标尺光栅移动时，莫尔条纹就沿着垂直于光栅运动的方向移动，并且光栅每移动一个栅距，莫尔条纹就准确地移动一个纹距，通过测量莫尔条纹的移动数目，就可以确定标尺光栅和指示光栅间相对移动了多少个栅距。栅

距是制造光栅时确定的，因此工作台的移动距离就可以计算出来。如一光栅 $k=100$ 条 /mm，测得由莫尔条纹移动产生脉冲 1000 个，则安装光栅的工作台移动了 10mm。

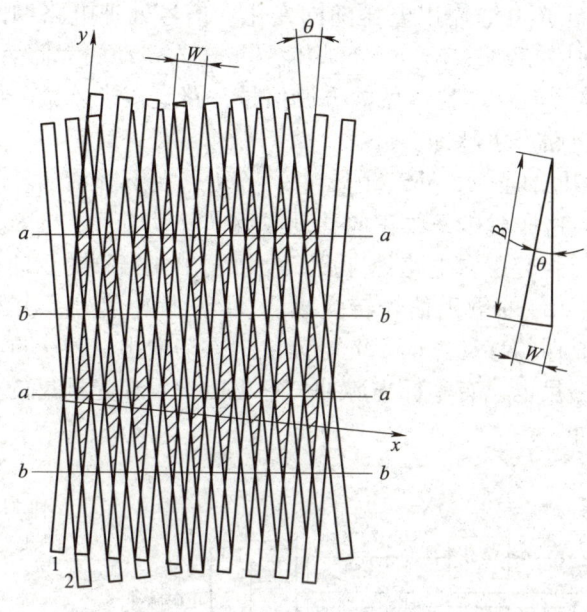

图 4-7 光栅的莫尔条纹

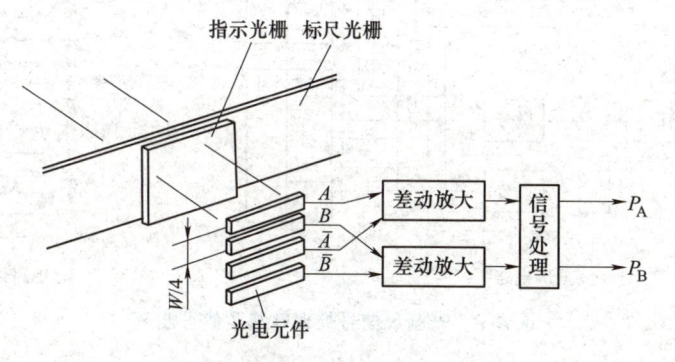

图 4-8 光栅信号的处理电路

（3）莫尔条纹的移动方向　当指示光栅随工作台运动方向改变时，莫尔条纹的移动方向也有规律地变化，其规律见表 4-1。

表 4-1　莫尔条纹移动的规律

标尺光栅相对于指示光栅的转角方向	指示光栅移动方向	莫尔条纹移动方向
顺时针方向	向左	向上
	向右	向下
逆时针方向	向左	向下
	向右	向上

（二）光栅尺的信号处理电路

莫尔条纹移动反映了指示光栅与标尺光栅的相对移动量，因而通过测定莫尔条纹移动量可以实现位移测量的要求。沿莫尔条纹移动方向上分别安装4个光电元件(硅光电池),相邻两个距离为 $B/4$,当莫尔条纹上下移动时,每个硅光电池都受到其光照,光通量随莫尔条纹移动而变化,硅光电池输出电压随同变化。信号处理电路如图4-9a所示,4个光电元件输出的信号分别为 a、c、b、d。这些信号被送入差动放大器后分别得到 sin 信号和 cos 信号,然后进入整形电路。整形后的方波信号一路直接进入微分电路产生脉冲,另一路反向后再进入微分电路产生脉冲。

当 A 点在方波上升沿时,A' 处产生脉冲;当 A 点在下降沿时,$\overline{A}$ 处为上升沿,$\overline{A}'$ 处产生脉冲;B 点同样。这样莫尔条纹正向移动或反向移动时,A 与 B 方波的上升沿产生脉冲。这些脉冲信号再经组合逻辑电路处理后,便可输出4倍频的正向脉冲或反向脉冲,如图4-9b所示。经光电元件的输出信号转换成的 A、B 脉冲信号,由两信号相位的超前和滞后关系可判断标尺光栅的移动方向。光电元件为差动输出,便于抗干扰传输。与光电编码器相同,增量式光栅尺也设有零标志脉冲,它可以设置在光栅尺的中点,并且它可设置一个或多个零标志脉冲。

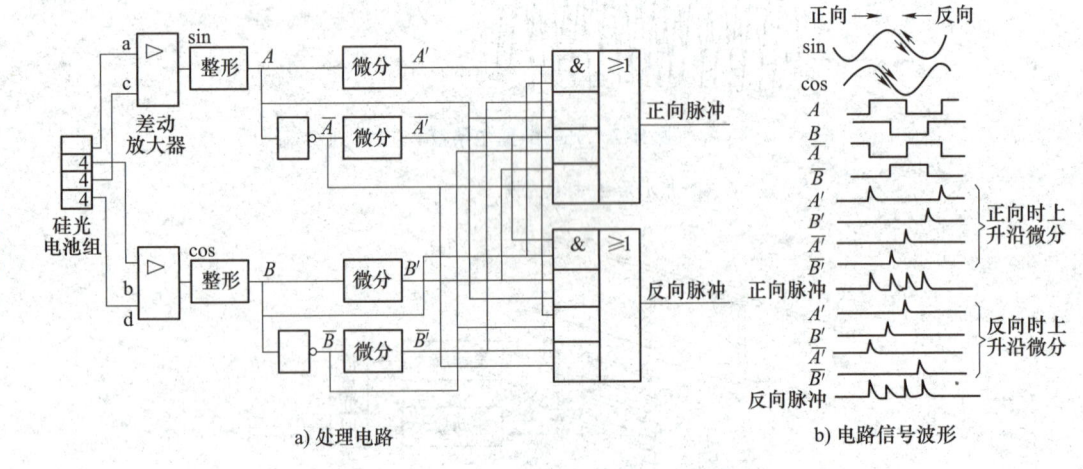

a) 处理电路

b) 电路信号波形

图4-9 光栅尺信号处理电路及信号波形

光栅尺除了增量式测量外,还有绝对式测量。另外,除了光栅尺,还有用于角位移测量的圆光栅。圆光栅的组成和工作原理同光栅尺类似。圆光栅同样有增量式测量和绝对式测量,输出二进制M码或格雷码。

(三)光栅尺的特点

光栅尺的精度高,分辨率达 0.1μm;易实现动态测量和自动化测量;有较强的抗干扰能力。但也存在一些缺点,如对环境要求高,怕振动,怕油污;高精度光栅制作成本高。目前光栅尺多用于精密定位数控机床和数显机床。

三、旋转变压器

旋转变压器(resolver)是一种将转子转角转换为与之成某一函数关系的元件,是精密的电磁式位置检测传感器,可用于角位移测量。它在结构上与绕线式异步电动机相似,由定子和转子组成。励磁电压接到定子绕组上,励磁电源频率通常为400Hz、500Hz、

1000Hz 及 5000Hz；其转子与被测电动机同轴安装。当定子接入励磁电源，转子随被测电动机同轴旋转时，其绕组会感生出感应电压。该感应电压随被测角位移的变化而变化。

（一）旋转变压器的工作原理

实际应用的旋转变压器为正、余弦旋转变压器，其定子和转子各有互相垂直的两个绕组，如图4-10所示。

其中，定子上的两个绕组分别为正弦绕组和余弦绕组，励磁电压用 u_{1s} 和 u_{1c} 表示。转子绕组中一个绕组为输出电压 u_2，另一个绕组接高阻抗元件 R 作为补偿；θ 为转子偏转角。转子绕组通入不同的励磁电压，可得到两种工作方式。

1. 相位工作方式

给定子的正、余弦绕组分别通以同幅、同频、相位差为 π/2 的交流励磁电压，即

$$u_{1s} = U_m \sin \omega t \tag{4-2}$$

$$u_{1c} = U_m \sin\left(\omega t + \frac{\pi}{2}\right) = U_m \cos \omega t \tag{4-3}$$

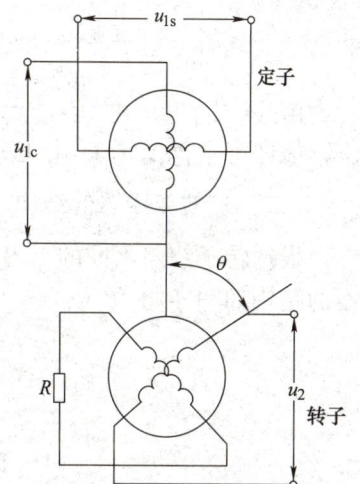

图 4-10　正、余弦旋转变压器原理图

式中，U_m 是励磁电压幅值，单位为 V。

当转子正转时，在定子两个交变电磁场的作用下，转子绕组中对应产生两个感应电压，经叠加，使转子中总的感应电压为

$$u_2 = KU_m \cos(\omega t - \theta) \tag{4-4}$$

式中，K 是电磁耦合系数，$K<1$；θ 是相位角（转子偏转角），单位为°。

同理，当转子反转时，可得

$$u_2 = KU_m \cos(\omega t + \theta) \tag{4-5}$$

由式（4-4）、式（4-5）可以看出，转子输出电压的相位角和转子的偏转角 θ 之间有严格的对应关系，只要检测出转子输出电压的相位角，就可知道转子的偏转角。由于旋转变压器的转子是和被测轴连接在一起的，故通过旋转变压器能测量被测轴的角位移。

2. 幅值工作方式

给定子的正、余弦绕组分别通以同频率、同相位，但幅值不同的交流励磁电压

$$u_{1s} = U_{sm} \sin \omega t \tag{4-6}$$

$$u_{1c} = U_{cm} \sin \omega t \tag{4-7}$$

式中，u_{sm}、u_{cm} 是励磁电压的幅值，单位为 V，其数值为

$$u_{sm} = U_m \sin \alpha \tag{4-8}$$

$$u_{cm} = U_m \cos \alpha \tag{4-9}$$

式中，α是给定电气角，单位为°。

当转子正转时，与相位工作方式一样，在转子绕组中对应产生两个感应电压，经叠加，使转子中总的感应电压为

$$u_2 = KU_m\cos(\alpha - \theta)\sin\omega t \tag{4-10}$$

同理，转子反转时，可得

$$u_2 = KU_m\cos(\alpha + \theta)\sin\omega t \tag{4-11}$$

由式（4-10）、式（4-11）可以看出，转子感应电压幅值随转子偏转角 θ 而变化，测量出幅值即可求得偏转角 θ，从而获得被测轴的角位移。

（二）旋转变压器的结构

根据转子绕组不同的引出方式，旋转变压器分有刷和无刷旋转变压器。无刷旋转变压器的结构如图4-11所示。

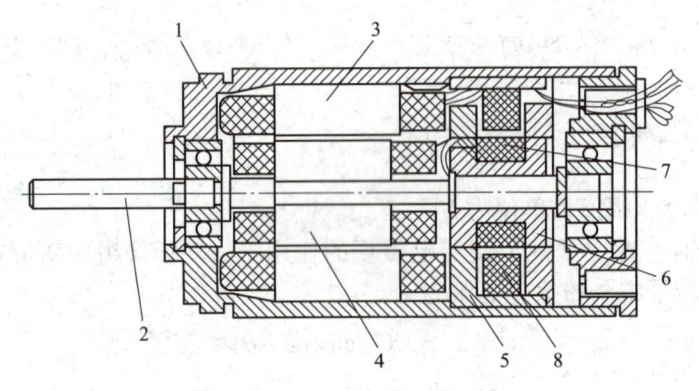

图4-11 无刷旋转变压器结构
1—壳体　2—转子轴　3—旋转变压器定子　4—旋转变压器转子　5—变压器定子　6—变压器转子
7—变压器一次绕组　8—变压器二次绕组

无刷旋转变压器由两大部分组成，一部分称为分解器，由旋转变压器的定子与转子组成，另一部分是变压器，用它取代电刷和集电环。变压器的一次绕组与分解器的转子轴固定在一起，与转子轴一起旋转。分解器中的转子输出信号接在变压器的一次绕组上，变压器的二次绕组与分解器中的转子一样固定在旋转变压器的壳体上。工作时，分解器的定子绕组外加励磁电压，即通过电磁感应效应在转子绕组中感生出与偏转角相关的感应电压，此信号接在变压器的一次绕组上，经耦合由变压器的二次绕组输出。

（三）旋转变压器的特点

旋转变压器体积小、重量轻、结构简单、动作灵敏、对环境无特殊要求、维护方便、输出信号幅度大、抗干扰能力强、工作可靠。同时，它具有较高可调节性，由于旋转变压器的次级线圈可旋转，可以调节输出电压，且调节范围较大，非常灵活。并且其电压变换效率高，因为其次级线圈与转子一起旋转，能够有效避免一般变压器中存在的磁损耗和铁损耗，提高能量利用率。因上述特点，旋转变压器广泛用于数控机床中的角度测量。

四、感应同步器

(一) 感应同步器的组成及工作原理

感应同步器 (inductosyn) 由旋转变压器演变而来,是一种电磁感应式的位移检测装置。感应同步器根据电磁耦合的原理将位移信号转换为电信号,一般分为直线式和旋转式两种。旋转感应同步器用于测量角位移,直线式感应同步器用于测量直线位移。

直线式感应同步器由定尺和滑尺两部分组成,定尺和滑尺均用钢板做基体,用绝缘黏结剂将铜箔黏在基体上,用照相腐蚀的方法制成矩形平面绕组,如图4-12所示。

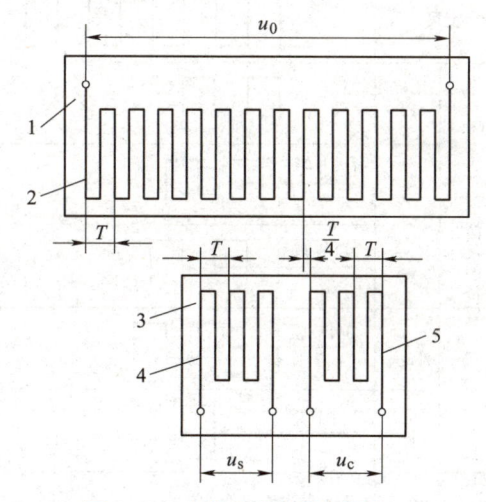

图4-12 直线式感应同步器绕组
1—定尺 2—定尺绕组 3—滑尺 4—滑尺的正旋绕组 5—滑尺的余旋绕组

滑尺的铜箔绕组上面用绝缘的黏结剂贴一层铝箔,以防止静电感应。标准式直线式感应同步器的定尺长为250mm,当被测位移较长时,可将多个定尺连接起来。定尺上的绕组一般为2mm节距的单相连续绕组。滑尺比定尺短,它由两个节距为2mm的正弦绕组和余弦绕组组成。它们相对于定尺绕组错开1/4节距。

旋转式感应同步器由转子4和定子1组成,用和直线式感应同步器相同的方法制成转子绕组和定子绕组,不同的是绕组排列成辐射状,如图4-13所示。转子绕组是单向均匀连续的,相对于定子绕组错开1/4节距。

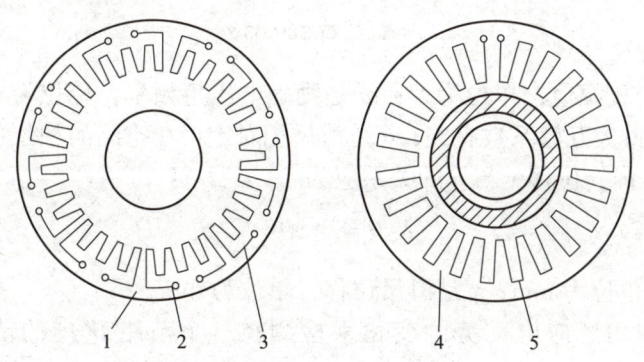

图4-13 旋转式感应同步器绕组示意图
1—定子 2—定子的正旋绕组 3—定子的余旋绕组 4—转子 5—转子绕组

使用时,对于直线式感应同步器,定尺固定在静止的部件上,滑尺固定在移动的部件上。对于旋转式感应同步器,定子固定在静止的部件上,转子固定在移动的部件上。定尺与滑尺的两个绕组表面平行,其间隙为 0.05～0.25mm。测量时,滑尺与定尺相互平行,并保持一定间距,向滑尺加以交流励磁电压,则在绕组周围产生正弦规律的变化的磁场,由于电磁感应,在定尺上感应出感应电动势,定尺和滑尺相对滑动,由于电磁耦合的变化,使得定尺上感应电动势随位移的变化而变化。

滑尺在移动一个节距的过程中,感应电动势变化了一个周期,如图 4-14 所示。

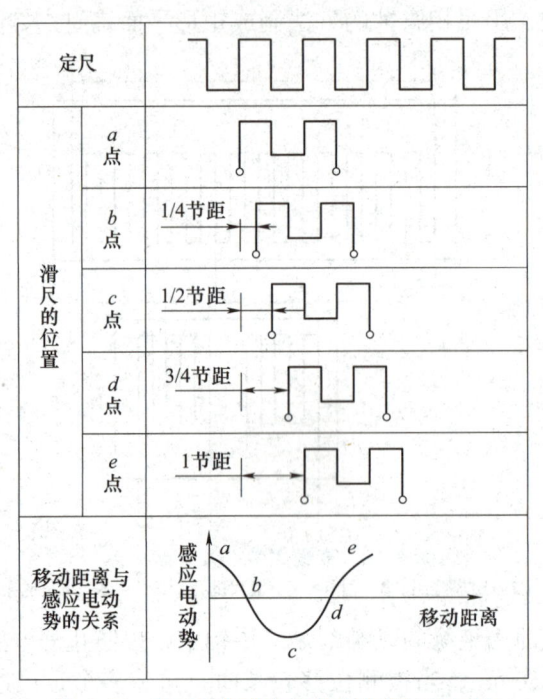

图 4-14 定尺绕组产生感应电动势的原理图

若励磁电压

$$u = U_m \sin \omega t \quad (4\text{-}12)$$

那么在定尺绕组产生的感应电势 e 为

$$e = KU_m \cos\theta \cos\omega t \quad (4\text{-}13)$$

式中,U_m 是励磁电压幅值,单位为 V;ω 是励磁电压角频率,单位为 rad/s;K 是比例常数,其值与绕组间最大互感系数有关;θ 是滑尺相对定尺在空间的相位角,单位为 rad。

在一个节距 W 内,位移 x 与 θ 的关系应为

$$\theta = 2\pi x/W \quad (4\text{-}14)$$

式中,W 是节距,单位为 mm;x 是滑尺位移,单位为 mm。

感应同步器利用感应电动势的变化来检测在一个节距 W 内的位移量,为绝对式测量。

（二）感应同步器输出信号的处理方式

感应同步器输出信号常用的处理方式有鉴相和鉴幅两种方式。

1. 鉴相方式

它是根据感应输出电压的相位来检测位移量的，其工作原理图如图 4-15 所示。

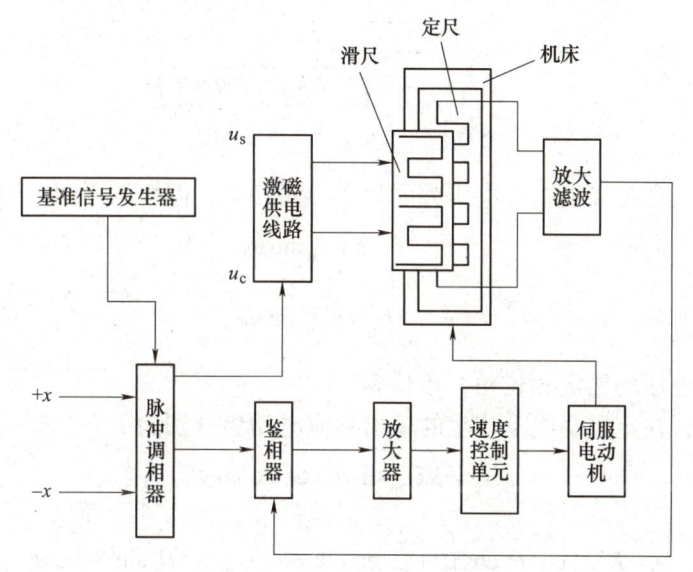

图 4-15　鉴相方式工作原理图

滑尺上的正弦、余弦励磁绕组提供同频率、同幅值、相位差 90° 的交流电压，即

$$u_s = U_m \sin\omega t \tag{4-15}$$

$$u_c = U_m \cos\omega t \tag{4-16}$$

u_s 和 u_c 单独励磁，在定尺绕组上感应电动势分别为

$$e_s = KU_m \cos\theta \cos\omega t \tag{4-17}$$

$$e_c = KU_m \cos\left(\theta + \frac{\pi}{2}\right)\sin\omega t = KU_m \sin\theta \sin\omega t \tag{4-18}$$

根据叠加原理，定尺绕组上总输出感应电动势 e 为

$$\begin{aligned} e &= e_s + e_c \\ &= KU_m \cos\theta \cos\omega t + KU_m \sin\theta \sin\omega t \\ &= KU_m \cos(\omega t - \theta) \\ &= KU_m \cos\left(\omega t - \frac{2\pi x}{W}\right) \end{aligned} \tag{4-19}$$

根据式（4-19），通过鉴别定尺输出的感应电动势的相位，即可测量定尺和滑尺之间的相对位置。感应同步器的鉴相方式用在相位比较伺服系统中。

2. 鉴幅方式

它是根据定尺输出的感应电动势的振幅变化来检测位移量的，其工作原理图如图 4-16

所示。

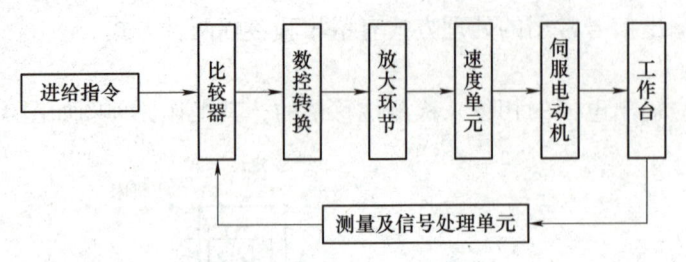

图 4-16 鉴幅方式工作原理图

滑尺的正弦、余弦绕组励磁电压为同频率、同相位，但幅值不同，即

$$u_s = U_m \sin\theta_d \sin\omega t \tag{4-20}$$

$$u_c = U_m \cos\theta_d \sin\omega t \tag{4-21}$$

式中，θ_d 为励磁电压的给定相位角，单位为°。

分别励磁时，在定尺绕组上产生的输出感应电动势分别为

$$e_s = KU_m \sin\theta_d \cos\theta \cos\omega t \tag{4-22}$$

$$e_c = KU_m \cos\theta_d \cos\left(\theta + \frac{\pi}{2}\right)\cos\omega t = -KU_m \cos\theta_d \sin\theta \cos\omega t \tag{4-23}$$

根据叠加原理，定尺上输出总感应电动势为

$$\begin{aligned} e &= e_s + e_c = KU_m (\sin\theta_d \cos\theta - \cos\theta_d \sin\theta)\cos\omega t \\ &= KU_m \sin(\theta_d - \theta)\cos\omega t \\ &= KU_m \sin\left(\theta_d - \frac{2\pi x}{W}\right)\cos\omega t \end{aligned} \tag{4-24}$$

设初始状态 $\theta_d = \theta$，则 $e = 0$。当滑尺相对定尺有一位移 Δx，使 θ 变为 $\theta + \Delta\theta$，则感应电动势增量为

$$\Delta e \approx kU_m \Delta\theta \cos\omega t \tag{4-25}$$

式中，$\Delta\theta = 2\pi\Delta x/W$，单位为 rad。

由此可知，在 Δx 较小的情况下，Δe 与 Δx 成正比，也就是鉴别 Δe 幅值，即可测 Δx 大小。当 Δx 较大时，通过改变 θ_d，使 $\theta_d = \theta$，使 $e = 0$，根据 θ_d 可以确定 θ，从而确定位移量 Δx。

（三）感应同步器的特点

感应同步器是基于电磁感应原理工作的，感应电动势仅取决于磁通量的变化率，几乎不受环境因素如温度、油污、尘埃等的影响。输出信号由滑尺和定尺质检的相对位移产生，不经过机械传动机构，因而测量精度和分辨率较高。由于定尺和滑尺之间的相对位移是非接触的，所以寿命长，抗干扰能力强，非常适合于恶劣的工作环境。同时感应同步器

可将若干个定尺接长使用,长度可达 20m。在国产行程几米到几十米的大中型数控机床的位置检测中大都采用感应同步器。

五、磁尺

磁尺(magne scale)是一种采用电磁方法记录磁波数目的位置检测装置。磁尺测量装置用磁性标尺代替光栅,其价格低于光栅尺,具有制作简单,易于安装调整等优势,在数控机床的位置测量中得到广泛应用。

(一)磁尺测量装置的组成和工作原理

磁尺测量装置是最常用的一种测量传感器,由磁性标尺、读取磁头和检测线路三部分组成。磁性标尺由非导磁不锈钢带、导磁材料和保护层组成。不锈钢带为基体,经涂覆、化学沉淀或者电镀导磁材料薄膜,形成磁膜,再在磁性材料上层上覆塑化保护层。在磁膜上记录等间距的磁化信号,磁化信号以 NS—SN—NS 的次序排列,其磁场强度呈周期性变化,磁化信号的间距规格多样,现役的磁性标尺集体的磁化信号的节距(周期)一般为 0.05mm、0.10mm、0.20mm、1mm 等。

读取磁头是进行磁-电转换的转换装置,它把记录在磁尺上磁化信号转换为电信号输送到检测电路中,实现位移测量或者位置定位。读取磁头分为 2 种:速度响应型磁头和磁通响应型磁头。对于速度响应型磁头(图 4-17a),只有在磁头和磁带之间有一定相对运动速度时,才能检测出磁化信号。对于磁通响应型磁头(图 4-17b),在低速甚至静止时也能够进行检测,并将检测到的信号输入到检测电路。

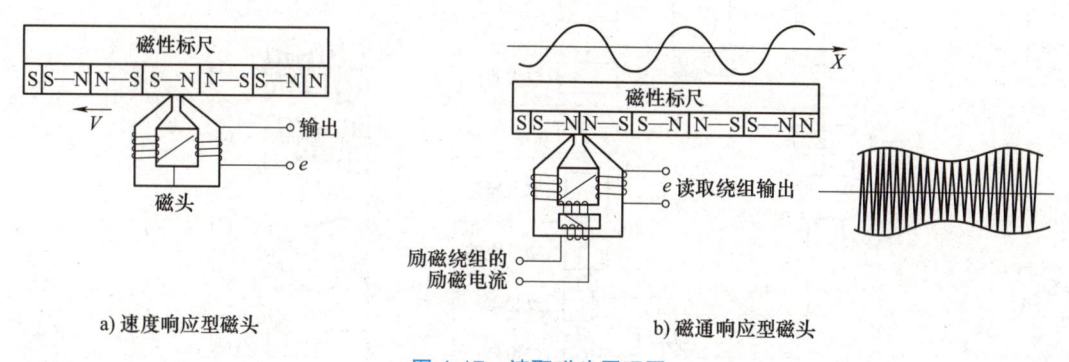

图 4-17 读取磁头原理图

a) 速度响应型磁头 b) 磁通响应型磁头

在数控机床上,磁通响应型磁头用得比较普遍,下面对该磁头进行叙述。如图 4-17b 所示,有两个磁回路,分别是绕有励磁绕组的励磁回路和绕有读取绕组的读取回路。在读取过程中,当励磁回路的铁心处在磁饱和状态时,铁心磁阻无穷大,读取回路无磁力线通过,也就是无信号输出。当励磁电流处在峰值时,励磁回路处在磁饱和状态,此时输出为零,当励磁电流从峰值变到零时,读取回路能够检测到磁尺上的磁信号,绕组的输出端有输出。

磁尺上的漏磁是按正弦规律变化的,x 处的漏磁 Φ 为

$$\Phi = \Phi_0 \sin \frac{2\pi}{\lambda} x \tag{4-26}$$

式中，Φ_0 是最大漏磁，单位为 T；Φ 是漏磁，单位为 T；λ 是磁化节距，单位为 mm。

励磁电流每一周期内有正负两个峰值，也就是 2 次为零，因此读取漏磁信号一个周期内读取 2 次，其频率是励磁频率的 2 倍。磁头上读取绕组的输出电压 e 的波形如图 4-17b 所示，其值为

$$e = E_0 \sin \frac{2\pi}{\lambda} x \sin \omega_c t \tag{4-27}$$

式中，e 是磁头上读取绕组的输出电压，单位为 V；E_0 是输出电压幅值，单位为 V；ω_c 是励磁电流 2 倍频，单位为 rad/s；x 是读取磁头相对于磁性标尺的位移，单位为 mm。

磁尺的信号处理也采用鉴相和鉴幅的处理方式。图 4-18 所示为鉴幅检测电路及相应波形图。在两组磁头上加以同频、同相、同幅值的励磁电流，由于两组磁头的安装位置相差 $(n+1/4)\lambda$（n 为正整数），检波整形后的方波相位差为 $\pi/2$。如图 4-18 所示，将其中一组方波微分变成脉冲信号，另一组方波作为与门 G_1、G_2 的开门信号送入计数器计数，实现检测信号的数字化。鉴幅电路检测的脉冲数等于磁头在磁尺上移过的节距数，其分辨率受录磁节距限制，可以采用倍频电路提高。

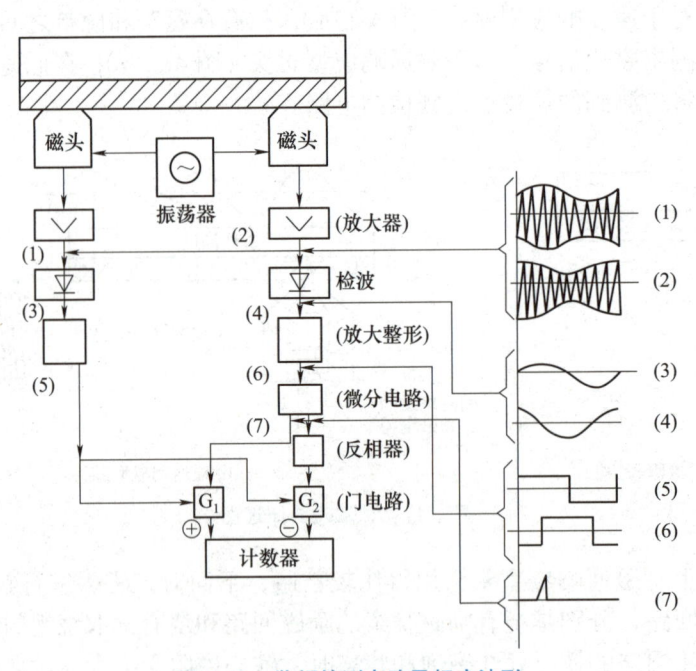

图 4-18 鉴幅检测电路及相应波形

图 4-19 所示为鉴相检测电路，两磁头的安装距离相差 $(n+1/4)\lambda$，分别通以同频等幅但相位相差 $\pi/4$ 的励磁交流电。如两个磁头通的励磁电流 I_1、I_2（单位为 A）为

$$I_1 = I_0 \sin \frac{\omega_c}{2} t \tag{4-28}$$

$$I_2 = I_0 \sin\left(\frac{\omega_c}{2}t - \frac{\pi}{4}\right) \tag{4-29}$$

那么两组磁头的输出电压（单位为 V）为

$$e_1 = E_0 \sin\frac{2\pi}{\lambda}x\cos\omega_c t \tag{4-30}$$

$$e_2 = E_0 \cos\frac{2\pi}{\lambda}x\sin\omega_c t \tag{4-31}$$

式中，x 为标尺相对磁头的移动距离。

从式（4-30）、式（4-31）中看出，电压 e 的相位与 x 有关。

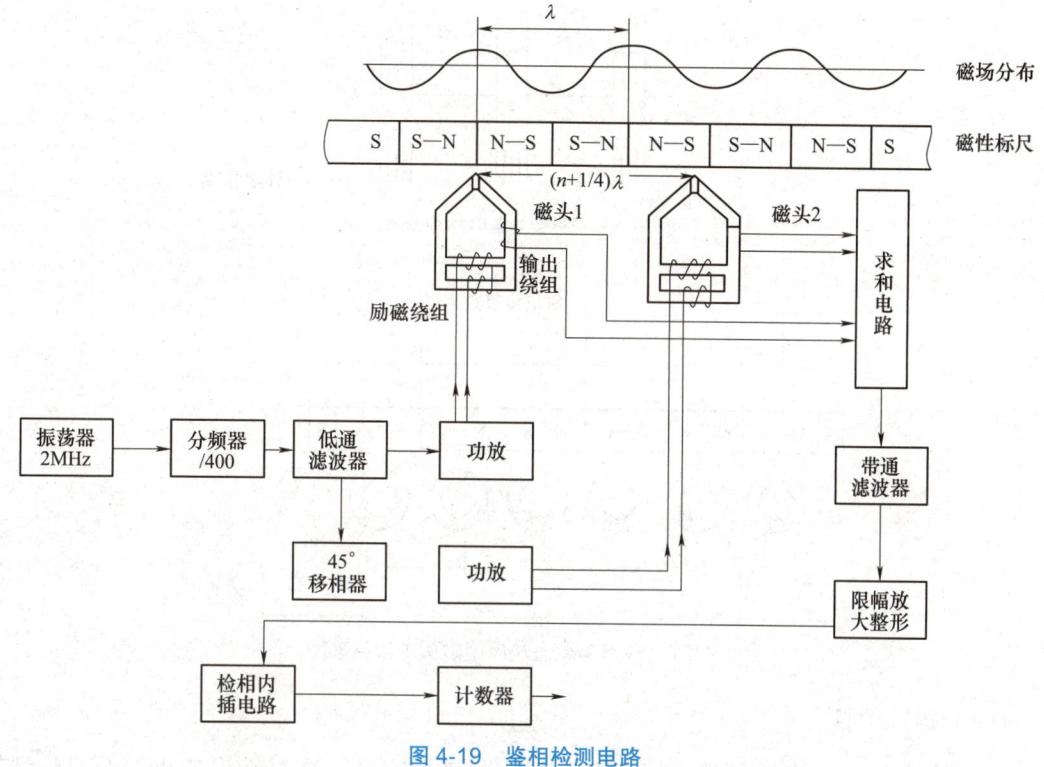

图 4-19　鉴相检测电路

将电压波形放大整形变成方波后，进入鉴相检测电路，与基本方波的相位相比较，若相位不同，则在其上升沿之间插入频率为 2MHz 的脉冲，如图 4-20 所示。两波相位相差越大，插入脉冲越多。如果两波相位差为零，则无须插入脉冲。这样就可检测位移量 x 的值，检测精度可达 $0.1\mu m$。

（二）多间隙磁通响应型磁头

如果用一个磁通响应型磁头读取磁尺上的磁化信号，输出信号往往很微弱，抗干扰能力弱，且由于磁膜的非线性，往往难以实现。为了提高输出信号幅度，提高测量分辨率及准确性，可以将几个磁头串联起来组成多间隙响应型磁头，将相邻的两磁头的输出绕组按相反的绕向彼此相连，得到的总电压是各种磁头电压的综合，如图 4-21 所示。

图 4-20 鉴相内插电路原理图

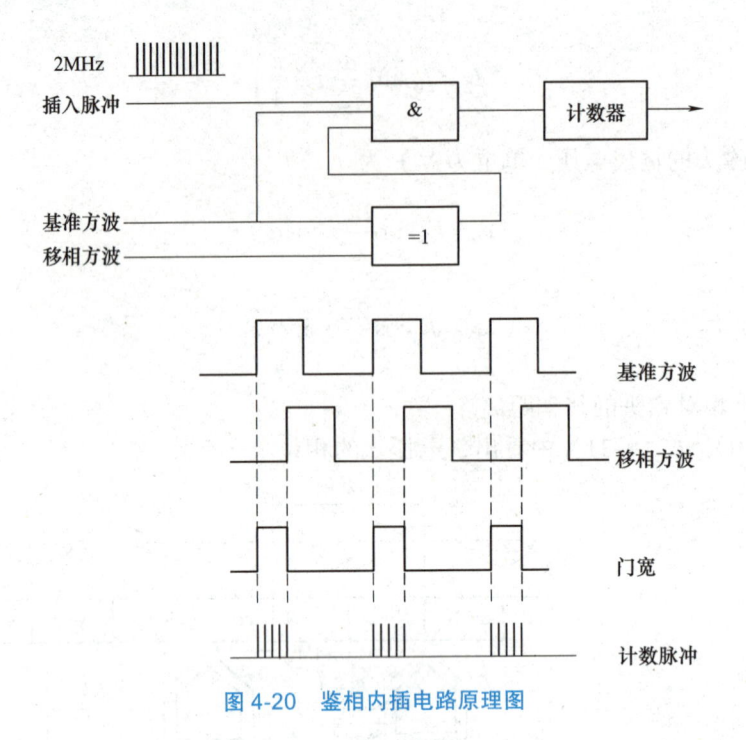

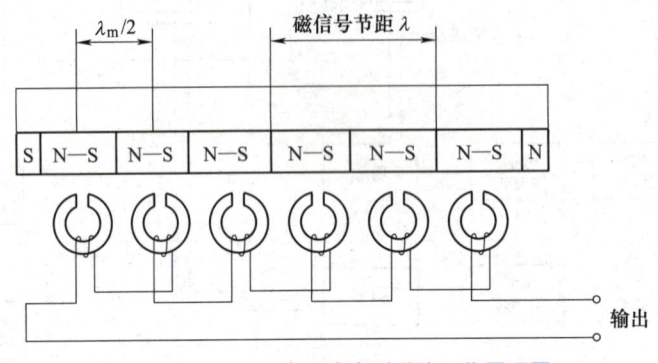

图 4-21 多间隙磁通响应型磁头工作原理图

(三) 磁尺的特点

磁尺的特点:非接触测量,使用寿命长;测量精度高,重复性误差小;绝对位置输出,重启无须归零;零点和满度可随意调节;量程范围宽,50~20000mm;抗污能力强,适合恶劣的工业环境。由于上述特点,磁尺在数控机床上广泛使用。

第二节 数控机床状态感测装置

为了更加高效、安全地进行数控制造,智能机床均装备了状态感测装置,即对其工作性能情况和工作能力状况等进行监测。状态监测的实质就是采集数控机床运行过程中发生的机械振动、零部件之间的压力、电气系统的电压、电流等物理参数的变化信息,进行处理后,通过一系列算法来

讲课视频:数控机床状态感测单元

判断和识别数控机床的工作状态。数控机床状态感测是故障诊断系统的信息来源。

一、数控机床常见故障及采集信号分类

1. 数控机床常见故障

数控机床加工零件精度高,关键机械部件为精密结构件。作为制造装备,这些零部件和组成电气控制系统的各电气元件长期处于工作状态,使得数控机床出现故障的概率增大。常见的故障可分为电气系统故障、机械结构故障以及辅助系统故障。

(1) 电气系统故障　电气系统比较复杂,数控机床电气系统的故障一般分为弱电部分故障和强电部分故障。在弱电部分中,伺服驱动系统为较容易发生故障的部位。强电系统故障主要由数控机床的强电装置部位发生故障所致。

(2) 机械结构故障　由于数控机床机械结构精密复杂,所以故障发生的类型也比较多。一般的运动部件,如车刀架、导轨、主轴的齿轮或轴承等,都是易发生故障的部位。

(3) 辅助系统故障　要使数控机床正常工作,除了电气系统及机械结构外,辅助系统也至关重要。辅助系统包括液压系统、气动系统、润滑系统以及冷却系统等。液压系统可能会由于液压油泄露或者受污染而动力不足,气动系统会因为密封问题导致气缸不能移动或工作速度不能满足要求,润滑油和冷却液的短缺也会大大影响数控机床的性能。

数控机床的种类有很多,结构与工作方式也互有差别,对于不同类型的数控机床,用于状态感测的传感器也有所不同。通常,大型的机床要求传感器要有较高的速度响应,而中、高精度数控机床主要对传感器的精度要求较高。总体来说,数控机床对传感器的基本要求是运行稳定可靠、精度高、响应快、易使用。

2. 数控机床传感器类型及信号采集

(1) 位置信号的采集　位置传感器有模拟量传感器和数字量传感器,将位移信号转换成电信号或数字脉冲信号。在数控机床上可以检测 X 轴、Y 轴和 Z 轴的位移。

(2) 速度信号的采集　速度传感器能将速度转变成电信号输出,既可以检测直线速度,也可以检测角速度。在数控机床上可以检测工作台的移动速度,也可以检测回转工作台的回转角度等。

(3) 压力信号的采集　压力传感器能将压力转变成电信号输出,将气体、液体内部的压力检测出来,而且能采集到固体与固体间的压力。在数控机床上可以检测主轴切削力、气动液压卡盘的夹紧力等。

(4) 温度信号的采集　温度传感器可以将温度转换为电阻或者其他电信号,在数控机床等机械设备上,主要感知零部件的温度,防止零部件过热。

(5) 振动信号的采集　检测振动的方法有很多,一般可分为机械式测量方法、光学式测量方法和电测方法。其中,电测方法是当下应用较广泛的方法,它将机械振动转换为电压、电流等电量,可以通过测量电量来间接测量振动量。振动电测系统示意图如图4-22所示。在智能机床上,可检测主轴的振动、工作台的振动等。

位置和速度传感器在第一节已经介绍过,这里不再赘述。下面对压力传感器、扭矩传感器、温度传感器和振动传感器进行介绍。

图 4-22　振动电测系统示意图

二、压力传感器

压力传感器分为气体、液体压力传感器和固体间的压力传感器。

(一) 气体、液体压力传感器

在数控机床中，压力传感器可对工件夹紧力进行测量。如果设定值大于夹紧力，将出现被夹工件松动的现象，系统报警，机床停止工作。压力传感器也可以对车刀切削力的变化进行检测。压力传感器种类很多，有振动筒式、石英波登管式、压阻式、应变片式等。在数控机床上用得最多的是压阻式压力传感器（piezoresistive pressure transducer）。

1. 压阻式压力传感器的原理

压阻式压力传感器是指利用单晶硅材料的压阻效应和集成电路技术制成的传感器，是根据半导体材料的压阻效应在半导体材料的基片上经扩散电阻而制成的器件。其基片可直接作为测量传感元件，扩散电阻在基片内接成电桥形式。当基片受到外力作用而产生形变时，各电阻值将发生变化，电桥就会产生相应的不平衡输出，由此可将液体、气体的压力转化为电压或电流信号。压阻式压力传感器结构如图 4-23 所示。

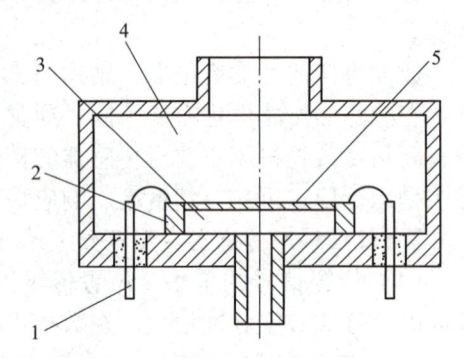

图 4-23　压阻式压力传感器结构
1—引线　2—硅环　3—高压腔　4—低压腔　5—硅膜片

2. 供电电路

压阻式传感器可以用恒压源供电，也可用恒流源供电，如图 4-24 所示。

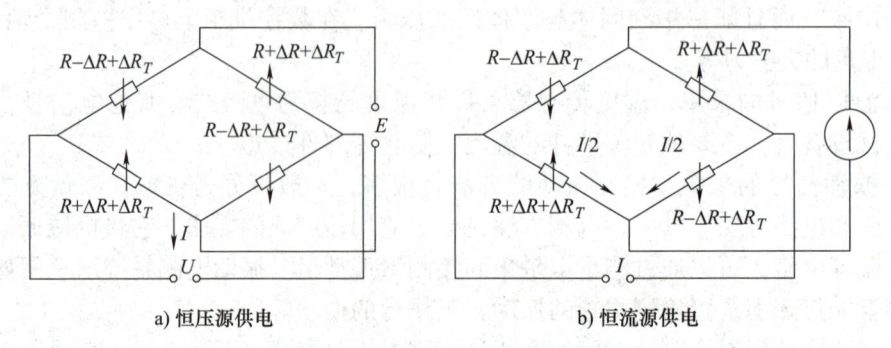

a) 恒压源供电　　　　b) 恒流源供电

图 4-24　恒压源与恒流源供电的比较

假设四个扩散电阻的初始阻值都相等。当有应力作用时,两个电阻阻值增加,另两个电阻阻值减小,由于温度影响,使每个电阻值都有 ΔR_T 的变化量。如图 4-24a 所示,当恒压源供电时,输出电压为

$$U = -(\Delta R/R)E \tag{4-32}$$

式中,U 是输出电压,单位为 V;ΔR 为电阻的变化量,单位 Ω;E 是供电电压,单位为 V;R 为扩散电阻的初始阻值,单位 Ω。

如图 4-24b 所示,当恒流源供电时,输出电压为

$$U = I\Delta R \tag{4-33}$$

式中,U 是输出电压,单位为 V;ΔR 为电阻的变化量,单位 Ω;I 为流经电阻的电流,单位 A。

从式(4-32)、式(4-33)可以看出,输出电压 U 与温度无关,即消除了温度对传感器输出信号的影响,输出电压变化呈线性。

3. 处理电路

压阻式压力传感器的满量程输出信号为 70～350mV 不等,其输出阻抗高,这就要求放大电路必须有高的输入阻抗,放大电路如图 4-25 所示。图中 A_1、A_2 组成第一级同相并联差动放大器,这一级的放大输出为

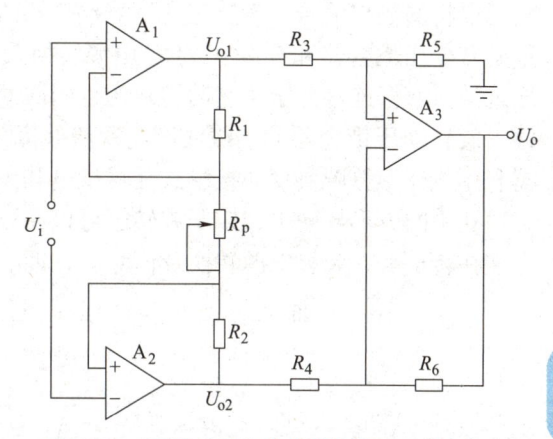

图 4-25 压阻式压力传感器信号处理放大电路

$$U'_o = U_{o1} - U_{o2} = \left(1 + \frac{R_1 + R_2}{R_p}\right)U_i \tag{4-34}$$

式中,U_i 是之前电桥的输出电压,单位为 V;U'_o 是第一级的放大输出电压,单位为 V。

A_1、A_2 输入端不吸收电流,并且电路结构对称,漂移和失调相互抵消,具有抑制共模信号干扰的能力。A_3 构成第二级放大器,电路中 $R_3=R_4=R$,$R_5=R_6=R_f$,则放大器的总输出

$$U_o = -\left(\frac{R_f}{R}\right)U'_o = -\left(\frac{R_f}{R}\right)\left(1 + \frac{R_1 + R_2}{R_p}\right)U_i \tag{4-35}$$

式中,U_o 是信号经过二级放大后的输出,单位为 V。

调节电位器可改变放大器增益。压阻式压力传感器信号处理电路具有高的输入阻抗、高的共模抑制比和开环增益,失调电流、电压、噪声和漂移小,放大倍数高的特点。

(二)固体间的压力传感器

随着数控机床向高速、高精度发展,高速液压卡盘的安全问题日益突出。由于在卡盘高速运转时,夹紧力随转速的增加而加速减小,以及在运行过程中卡盘夹紧液压缸压力的不稳定等因素造成夹紧力不足,使得工件从动力卡盘中飞出,造成事故。数控机床上常用

压力传感器来监测动力卡盘回转液压缸的供油压力,但这种间接检测夹紧力的方式不能可靠地判断工件的被夹紧情况。造成夹紧力不足的另一个原因是动力卡盘传动机构的摩擦力过大,以及卡盘的离心力造成夹紧力损失过大,常用的检测方法是在线监测,将力传感元件应变片粘贴在卡爪外表面上,应变片的供电和传输均采用无线方式,但粘贴了电路和电线的卡爪不方便经常调节。浙江大学研制的高转速拉压力传感器能够在高速旋转时直接检测卡盘的输入推拉力,比传统的间接检测更可靠,并能防止铁屑和切削液的污染。

1. 高转速拉压力传感器的工作原理

如图 4-26 所示,动力卡盘的输入推拉力传感器由测力杆和旋转应变信号耦合器两部分组成。拉杆中部的外表面上贴有应变片,应变片接成惠斯通电桥,整个拉杆作为测力杆使用。旋转应变信号耦合器安装在回转液压缸的尾端,给惠斯通电桥供电,并处理和传输惠斯通电桥的输出信号,旋转应变信号耦合器由转子、定子、电源稳压与信号预处理电路、两组旋转变压耦合器和装有 AD/DC 电源转换及信号后处理电路的接线盒组成。转子与回转液压缸的活塞杆连接,定子与回转液压缸的回油罩连接,转子通过两个高速滚动轴承与定子连接,旋转变压耦合器的初级线圈与次级线圈之间有 0.5mm 左右的环形缝隙,旋转变压耦合器利用该环形缝隙实现非接触式无线供电和无线信号传输。定子两端的方形端盖安装在导轨套通孔中的方形导轨上,定子和转子可以在导轨套中轴向滑动。电源稳压与信号预处理电路安装在转子上,装有电源转换及信号后处理电路的接线盒安装在导轨套的外表面上。

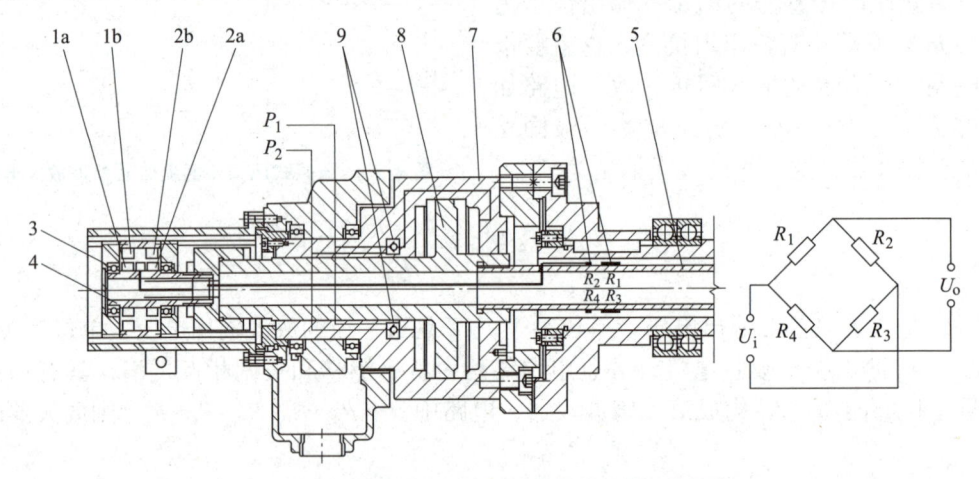

图 4-26 高转速拉压力传感器的机械结构图

1a、1b—能源输入旋转变压耦合器的次级线圈及初级线圈 2a、2b—信号输出旋转变压耦合器的初级线圈与次级线圈
3—轴承 4—转子 5—测力杆 6—应变片 7—回转液压缸 8—活塞杆 9—液压锁

2. 高转速拉压力传感器电气原理

如图 4-27 所示,直流电源经 DC/AC 电源模块转换为交流电源,供给能源输入旋转变压耦合器的初级线圈 1b,能源输入旋转变压耦合器的次级线圈 1a 输出的交流电源经整流、滤波和稳压模块后给应变电桥和转子上的信号预处理装置供电,应变电桥的输出信号经过平衡补偿、放大器放大后经电压频率转换模块再转换为频率信号向信号输出旋转变压耦合器的初级线圈 2a 传输,信号输出旋转变压耦合器的次级线圈 2b 输出的频率信号经信号后处理电路放大、滤波、整流模块为方波频率信号,再经频率电压或频率电流模块转换为标准的电压信号或电流信号。

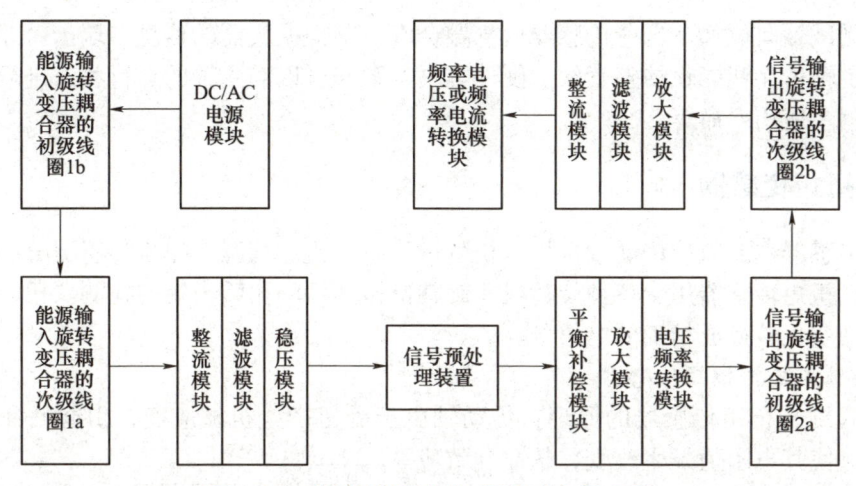

图 4-27 高转速拉压力传感器的电气原理图

高转速拉压力传感器实物如图 4-28 所示。

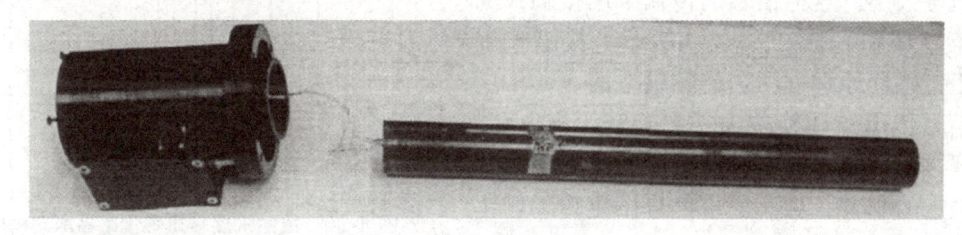

图 4-28 高转速拉压力传感器

除此之外，德国亚琛工业大学设立了"ISPI"智能主轴单元研究项目，基于传感器与驱动器技术开发了智能主轴原理样机；德国西门子电主轴公司开发了主轴监控和诊断系统（SPIDS），传感器被直接集成到主轴中，用于碰撞检测、轴承状态诊断等，其结构如图 4-29 所示。图中，测力环测试轴向预紧力、切削力，应变片测试径向力，非接触式电

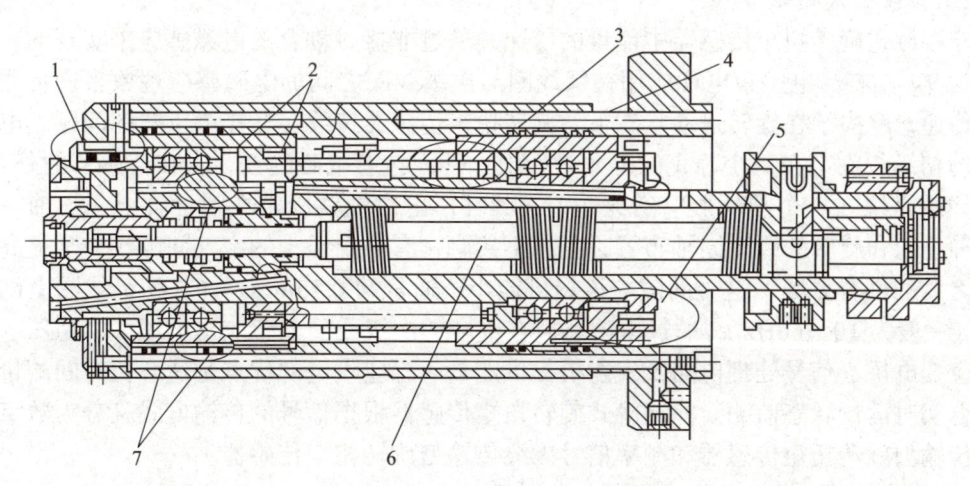

图 4-29 德国 ISPI 智能主轴内部结构
1—非接触式电流传感器（轴向位移） 2—测力环（轴向预紧力、切削力） 3—感性式轴向位移测量 4—应变片径向力
5—轴承内圈非接触式温度测量 6—压电作动器＋预紧弹簧 7—轴承内外圈温度测量

流传感器测试轴向位移。这些传感器信息融合成主轴抑振所需的信息。瑞士希菲尔公司提出了面向主轴单元智能化的整套软、硬件解决方案,可以对主轴的运行状态进行监控,预测轴承的剩余使用寿命等。

三、扭矩传感器

扭矩传感器主要监控传动轴在机床切削过程中受扭矩情况。扭矩传感器分为动态和静态两大类。扭矩传感器用于各种旋转或非旋转机械部件的扭转力矩的检测。扭矩传感器将扭力的物理变化转换成精确的电信号。

1. 接触式旋转扭矩传感器

接触式旋转扭矩传感器的原理:传动轴由于受扭产生机械应变,引起贴在轴上的应变计变形,使其电阻值发生改变,从而导致应变电桥失衡,输出与扭矩成正比的微弱电压信号,根据材料力学中应变和扭矩的关系,得到相应扭矩大小。这里信号的传输采用接触式的导电集电环和刷臂。图4-30所示为接触式旋转扭矩传感器原理框图。旋转轴上的应变桥把电压信号传递给和旋转轴一起旋转的集电环,集电环再把信号传递给和其接触的固定在传感器外壳上的刷臂,从而完成信号由旋转到静止的可靠传递。

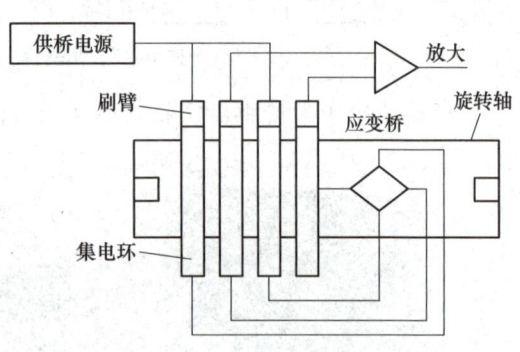

图4-30 接触式旋转扭矩传感器原理框图

一般情况下,刷臂分为两种:一种为刷丝式,另一种为刷片式。刷丝式的刷臂和集电环的接触面小、摩擦小,信号传递可靠性相对较低,不适合高速旋转下测量,一般转速在500r/min时可采用这种测量方式;刷片式的刷臂和集电环的接触面大、摩擦大,信号传递可靠性相对较高,一般转速在500~3000r/min的情况下可采用这种测量方式。

2. 非接触式扭矩传感器

非接触式旋转扭矩传感器中能量的传递是通过非接触耦合的电磁感应来实现的,传递电压为9V左右。电感集电环应用初级线圈与次级线圈之间的电磁感应现象来进行非接触能源传递,解决了在旋转运动状态下,旋转扭矩传感器持续、非接触供能的问题。电感集电环的初级线圈绕在一个静止的尼龙骨架上,外面包有电磁纯铁,卡在传感器的外壳上;次级线圈是绕在一个圆环形电磁纯铁上,圆环形电磁纯铁固定在弹性轴上,与轴一同旋转。静止的和旋转的线圈同轴布置,互相不接触,有一个很小的空气间隙。为了提高两个线圈之间的耦合系数,这个间隙应该尽可能小,通常约0.15mm。加在初级线圈上的高频电压(一般为10~60Hz),通过电磁感应在旋转的次级线圈上感应出电压,经稳压、整流后为应变电桥、信号处理电路及发射机提供能量。感应供电的优点是适合长时间测量,尤其适合实时运行状态监测。非接触式旋转扭矩传感器根据信号的传输方式又分为数字信号无线传输型旋转扭矩传感器和频率信号无线传输型旋转扭矩传感器。

3. 数字信号无线传输型旋转扭矩传感器

数字信号无线传输型旋转扭矩传感器把无线传输技术应用到旋转扭矩传感器,实现了纯数字式的无线传输,测试系统包括电源信号、应变电桥、单片机、无线数据发射与接收模块、转换电路与终端显示及存储设备，其原理如图 4-31 所示。

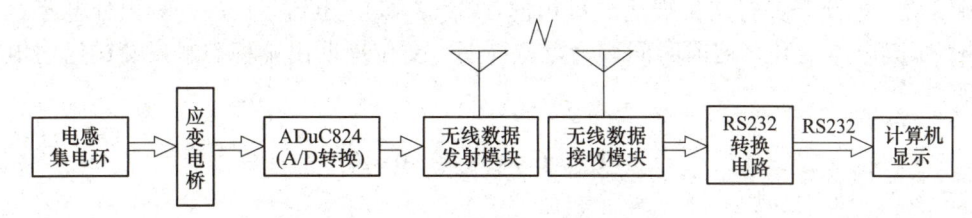

图 4-31　无线传输型旋转扭矩传感器原理框图

将测扭矩电阻应变片粘贴在被测弹性轴上并组成应变电桥，电感集电环的感应电压经过整流、滤波、稳压后向应变电桥提供电源，当弹性轴受扭时，弹性轴产生变形，电阻应变片的阻值随之发生变化，打破电桥的平衡，由变换电路输出 mV 级的电压信号，模拟信号直接接入 ADuC824 的模拟输入端，A/D 转换器将应变信号转换成数字信号，单片机进行编程处理后按照一定的格式传送给无线数据发射模块，信号通过无线数据传输模组来实现纯数字量的无线收发，无线数据接收模块将信号接收后，再通过 RS232 串行通信口传送给上位机，进行数据处理。

4. 频率信号无线传输型旋转扭矩传感器

频率信号无线传输型旋转扭矩传感器与数字信号无线传输型旋转扭矩传感器电源的供电方式相同，都采用无接触耦合的电磁感应供电方式，主要区别是频率信号无线传输型旋转扭矩传感器传递的并非纯数字信号，而是通过非接触耦合的电磁感应来传递频率信号，较好地解决了旋转状态下扭矩数值（转矩）的测量，其原理框图如图 4-32 所示。

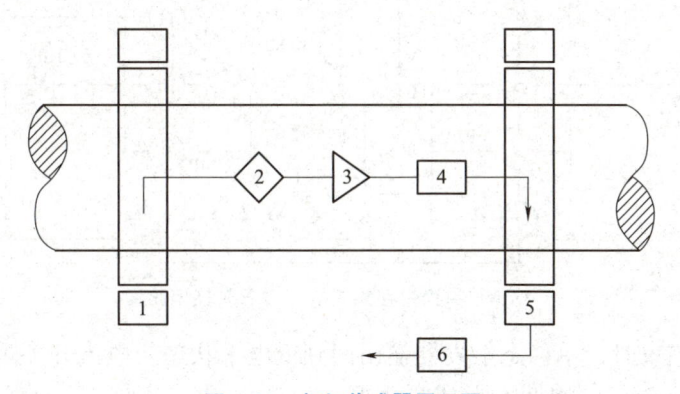

图 4-32　扭矩传感器原理图

1—输入能源耦合器　2—应变桥　3—放大器　4—U/F 变换器　5—输出信号耦合器　6—信号输出电路

电源经耦合将能源供给应变电桥，应变电桥将应变轴的微小变形转换成电信号，经放大器放大传输到 U/F 变换器，把电压信号转换成可以耦合的频率信号，经输出信号耦合器输出，通过整形后形成调频方波信号。只要测出方波频率，就可以得到相应的扭矩值。

以 AD 650U/F 为例来介绍 U/F 变换器。AD 650U/F 是电荷平衡式电压/频率转换器，图 4-33 所示为单极性正输入电压的 U/F 转换电路。当单稳态触发器输出为低电平时，电流开关打向集成运放输出端。输入电压经输入电阻 R_{in}，转换为电流（$I_{in} = U_{in}/R_{in}$），对积分电容 C_{INT} 充电，由于电容两端的电压不能突变，1 脚电位呈负斜率变化，这段时间称为

积分周期 T_1。当 1 脚电位降到比较器的参考电位（-0.6V）时，比较器输出高电平触发单稳态触发器，电流开关打向集成运放反相输入端（3 脚），电流（1-I_{in}）对积分电容 C_{INT} 反向充电，1 脚电位上升，这段时间称为复位周期。复位周期由单稳态触发器的定时电容决定，即

$$t_{os} = C_{os} \times 6.8 \times \frac{10^3}{F} + 3.0 \times 10^{-7} \tag{4-36}$$

式中，t_{os} 是复位周期，单位为 s；C_{os} 是单稳态触发器的定时电容，单位 F；F 为输出频率，单位为 Hz。

复位周期 1 脚电位上升幅度 ΔU 为

$$\Delta U = t_{os} \cdot \frac{dU}{dt} = \frac{t_{os}}{C_{INT}}(1-I_{in}) \tag{4-37}$$

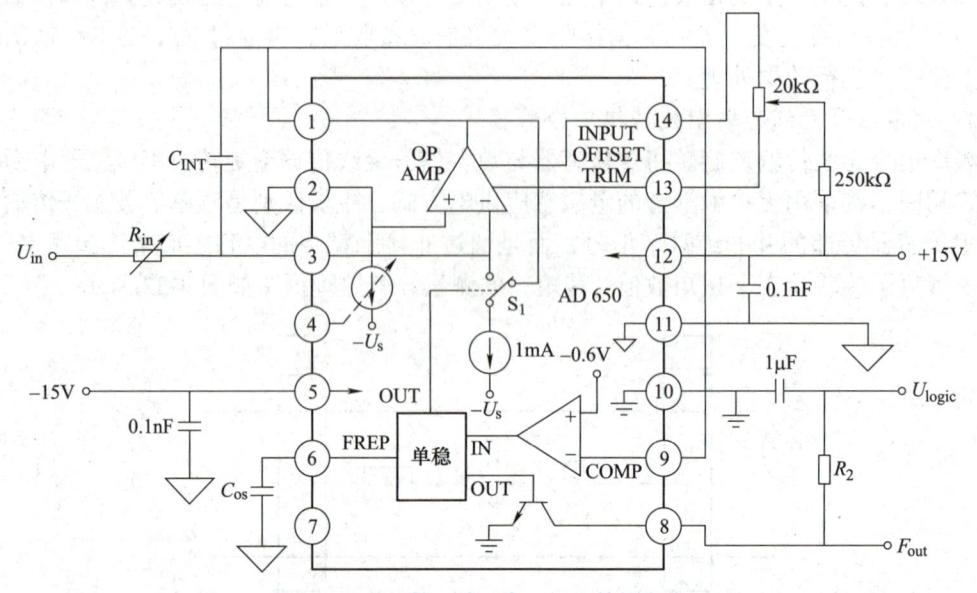

图 4-33　单极性正输入电压 U/F 转换电路图

当复位周期结束时，单稳态触发器输出回到低电平状态，电流开关重新打向集成运放输出端，开始下一个积分周期，形成自激振荡，如图 4-34 所示。积分周期 T_1 的计算公式为

$$T_1 = \frac{\Delta U}{\frac{dU}{dt}} = \frac{t_{os}/C_{INT}(1-I_{in})}{I_{in}/C_{INT}} = t_{os}\left(\frac{1}{I_{in}}-1\right) \tag{4-38}$$

单稳态触发器每触发一次的时间间隔为 $t_{os}+T_1$，晶体管的输出受单稳控制，因此输出频率为

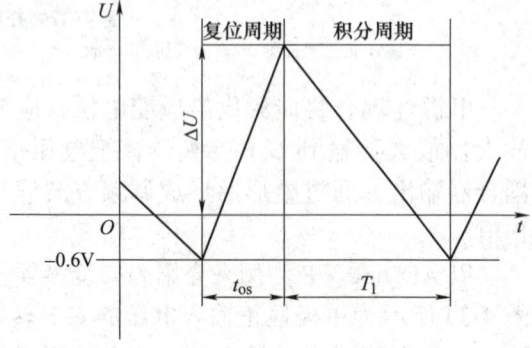

图 4-34　积分电容 C_{INT} 的电压变化

$$f_{\text{OUT}} = \frac{1}{t_{\text{os}} + T_1} = \frac{I_{\text{in}}}{t_{\text{os}}} \tag{4-39}$$

式中，f_{OUT} 为晶体管输出频率，单位为 Hz。

输出频率与输入电压成正比，完成 U/F 转换。

非接触式旋转扭矩传感器具备无接触、无磨损、使用寿命长、转换精度高等特点。由于采用微电子技术，测量可靠性大大提高，可在高转速下测量。数字信号无线传输型可在 5000r/min 转速下测量扭矩（取决于无线收发模块传输的可靠性）；频率信号无线传输型可在 8000r/min 转速下测量扭矩；由于内置 CPU 电路，可以实现各种补偿，使其精度大大提高；数字信号无线传输型旋转扭矩传感器由于实现了数字的无线发射与接收，可以直接与带有 RS232 或 RS485 接口的数字仪表或计算机相连，实现联网测量与控制。

四、温度传感器

在数控机床的运行过程中，移动部件移动、刀具切削、电动机运转等均会产生不同程度的温升，产生的热量分布不均衡且不易迅速发散，造成机床温度场的变化，致使数控机床出现发热变形的现象，很大程度上影响了零件的加工精度。为了避免上述现象的出现，在数控机床的一些易受温度影响的部位（如螺母副、电动机等）安装温度传感器，将温度传感器产生的信号转变成电信号传输到数控系统中，通过数控系统的温度误差补偿系统，对机床进行误差补偿。除此之外，在电动机等一些设备或部件需要过热保护的部位，应当安装相应的温度传感器，并进行过热保护。图 4-35 所示为采用温度传感器对数控机床主轴进行热误差补偿。

图 4-35 采用温度传感器对数控机床主轴进行热误差补偿

常见的温度传感器有模拟式和数字式两种，模拟式温度传感器常见的有热电阻型和热电偶型。

热电偶传感器是将温度信号转换为电信号的热电式传感器，其原理为利用不同材料的两个结点温度不同时的热电效应进行温度测量。置于被测对象的一端称为测量端，置于参考温度的一端称为参考端，即冷端。热电偶测量温度时，要求冷端的温度保持不变，但由于热电偶的长度有限，冷端温度受测量端温度及环境温度影响而不稳定，一般需要进行冷端补偿，且热电偶的测温范围大（-260~2800℃），而机床的温升一般为 0~60℃，所以在机床中热电偶型使用较少。

机床中常用的是热电阻传感器。热电阻传感器是利用金属导体或半导体材料的电阻率随温度变化的特性来进行温度测量的,其测温范围在 -200～850℃之间,具有测量范围宽、精度高、稳定性好的优点。热电阻的测温元件分金属热电阻和半导体热电阻两大类。在机床中常用的是铂电阻温度传感器。铂电阻温度传感器的特点是检测精度高、稳定性好、性能可靠、复现性好,它的变换原理是利用电阻系数随温度的变化而变化的物理效应,其精度与铂的纯度有关。在 0～660℃ 范围内,铂电阻的阻值与温度之间的关系为

$$R_t = R_0(1 + At + Bt^2) \tag{4-40}$$

式中,R_t 是温度为 t℃时的电阻值,单位为 Ω;R_0 是温度为 0℃时的电阻值,单位为 Ω;A、B 均为分度常数,$A = 3.96847 \times 10^{-3}$,单位为 C^{-1},$B = -5.847 \times 10^{-7}$,单位为 C^{-2}。

在实际应用中温度传感器接线方式以二线制和三线制较为常见,如图 4-36 和图 4-37 所示。

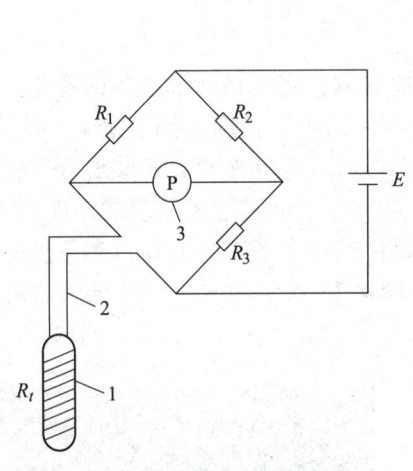

图 4-36 热电偶二线测量电路
1—电阻体 2—引出线 3—显示表

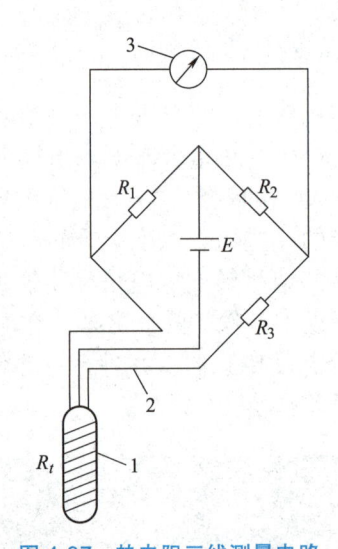

图 4-37 热电阻三线测量电路
1—电阻体 2—引出线 3—显示表

目前工业上常用的铂电阻有三种,其 R_0 值分别为 50Ω、100Ω、1000Ω,相应的分度号为 PT50、PT100、PT1000;机床上常选用片状结构贴于被测表面。图 4-38 所示为 PT100 温度传感器,采用金属外壳封装,内部填充导热材料和密封材料灌封而成。它防水防潮,适用于物体表面温度的测量。

PT100 测温原理:二线制采用电桥法测量,最后给出温度值与模拟量输出值的关系。电流回路和电压测量回路合二为一。

图 4-38 PT100 温度传感器

图 4-39 所示为 PT100 二线制电桥法测量电路,采用 TL431 和电位器 R_{p1} 调节产生 4.096V 的参考电源。采用 R_1、R_2、R_{p2} 和 PT100 构成测量电桥,其中 $R_1 = R_2$,R_{p2} 为 100Ω 精密电阻。当 PT100 的电阻值和 R_{p2} 的电阻值不相等时,电桥输出一个 mV 级的压差信号,这个压差信号经过 LM324 放大后输出电压信号,该信号可直接连接 A/D 转换芯片。电路中差动放大电路中 $R_3 = R_4$,$R_5 = R_6$,放大倍数等于 R_5/R_6,运放采用单相 -5V 供电。

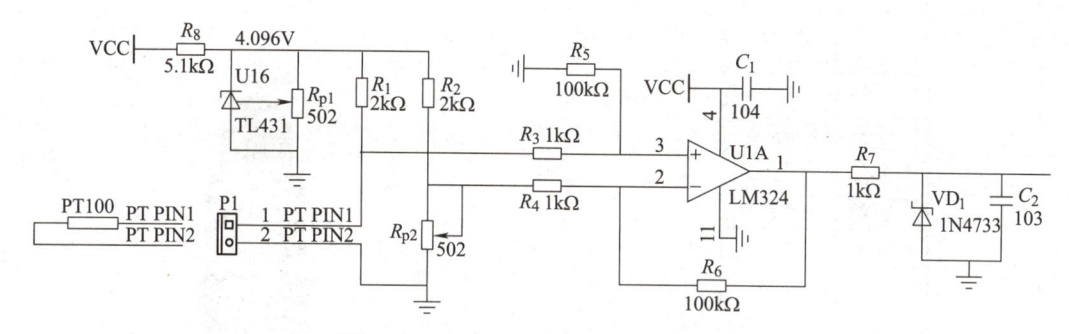

图 4-39　PT100 二线制电桥法测量电路

五、振动传感器

振动传感器主要是为了抑制振动，同时监测机床的状态与故障。图 4-40 所示为机床主轴的振动测试图。

图 4-40　机床主轴的振动测试图

主轴的振动测试是在惯性空间建立坐标，测定主轴相对大地或惯性空间的振动加速度。在测试系统中，振动传感器可以将机械量转换为与之成比例的电量。振动传感器将原始要测的机械量作为振动传感器的输入量，由机械接收部分加以接收，形成另一个适合于变换的机械量，再由机械量变换为电量。因此一个振动传感器包括机械接收部分和机电变换部分，它们共同决定着振动传感器的工作性能。

典型的振动传感器是由弹簧、阻尼器及质量块等组成的单自由振荡系统，如图 4-41 和图 4-42 所示。

振动传感器一般按照所测运动参数类型和工作原理来分类。按照所测运动参数类型，可分为位移计、速度计和加速度计。按照工作原理，可分为机械式、机电式和光学式。其中，机电式传感器又可分为压阻式、压电式、可变电容式、伺服式等，如图 4-43 所示。

在数控机床上，大多采用的是压电式振动传感器，如 PR3010Q 微型一体式振动传感器。下面就对压电式振动传感器进行介绍。

图 4-41　典型振动传感器结构
1—壳体　2—弹簧　3—质量块　4—压电晶体
5—输出端　6—基体

图 4-42　典型振动传感器实物图

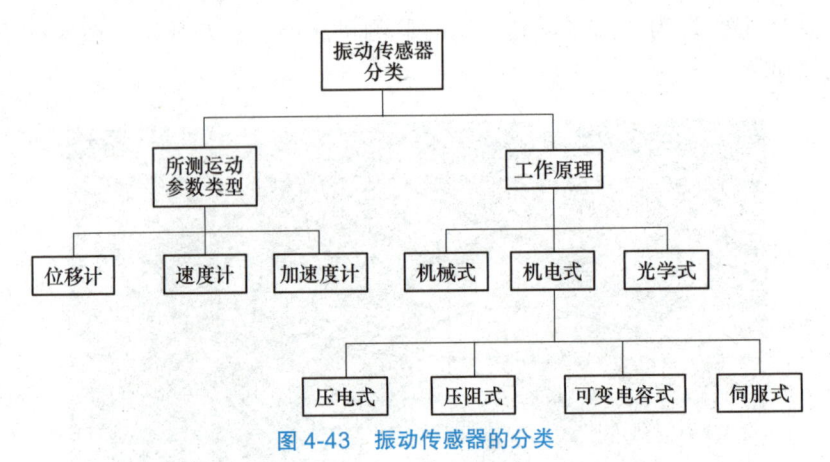

图 4-43　振动传感器的分类

（一）压电式振动传感器的测试原理

压电式振动传感器的测试原理：介质在沿一定方向上施加机械压力而产生变形时，其内部会产生极化现象，同时其表面产生电荷，当外力去除以后，材料内部的电场和表面电荷也随之消失，这种特性称为压电效应。压电式振动传感器就是利用这一特性，把基体感受到的机械振动转化为电能量输出的。

（二）典型压电式振动传感器的基本构造

典型压电式振动传感器的结构如图 4-41 所示。压电晶体被压紧在质量块和基体之间，当加速度传感器感受振动时，质量块施加一个振动力于压电晶体上，压电晶体中产生可变电动势。通过适当的设计，可以保证在一定的频率范围内输入加速度和输出电动势成比例。

（三）压电式振动传感器的特性

1. 频率响应特性

M_m 是质量块的质量，M_b 是基体及壳体的质量，K 是 M_m 与 M_b 间的系统的等效刚度。这一系统的自然频率 f_0 为

$$f_0 = f_m \sqrt{1 + \frac{M_m}{M_b}} \tag{4-41}$$

式中，f_m 是质量 M_m 在弹簧刚度 K 上的自然频率，单位为 Hz。
根据振动理论

$$f_m = \sqrt{\frac{K}{M_m}} \tag{4-42}$$

假设加速度计刚性安装在比它重得多的结构上，此时，$\frac{M_m}{M_b} \to 0$，$f_0 \to f_m$，从而得到传感器的上限响应频率为 f_m。

压电式振动传感器能够精确地检测宽范围的动态加速度，因此除可以用来测量瞬时冲击过程，还可以用来测量正弦振动和随机振动。但是，压电式振动传感器不适用于稳态测量的场合。

2. 灵敏度

压电式振动传感器的灵敏度即电输出和机械输出之比。从传感器结构可知，灵敏度是有方向性的，由于传感器的制造误差，其最大灵敏度方向和几何轴不一致，最大灵敏度矢量可分解成轴向灵敏度和横向灵敏度两部分。真正代表压电式振动传感器灵敏度的是电荷灵敏度。它不受传感器内部电容变化和电缆长短的影响，只取决于压电材料的压电常数。

（四）压电式振动传感器电路原理

压电式振动传感器属于惯性式传感器，利用石英晶体或者压电陶瓷的压电效应，即当传感器有加速度时，内部的质量块会产生力作用于压电晶体，压电晶体受力变形时就会在两个表面产生不同极性的电荷。因此压电式振动传感器初始输出的是微弱的电荷，其电荷量与加速度成正比。在处理传感器的输出信号时，可以把传感器等效为电压源或电荷源。

1. 前置放大器

压电式振动传感器可以将加速度转换成电压或电荷的变化量。由于传感器产生的电荷信号较小，容易受到噪声干扰，需要前置放大器进行放大处理。前置放大器还可以将传感器的高内阻电荷信号变成低内阻电压信号。低输出阻抗使得信号在传输过程中损失很小，测量更准确，而且容易被下一级电路接收。前置放大器有电压放大器与电荷放大器两种。

（1）电压放大器　压电式振动传感器的电压放大器电路如图 4-44 所示。

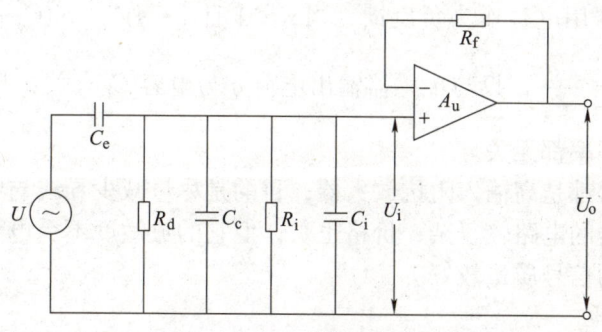

图 4-44　压电式振动传感器的电压放大器电路

运放左边为压电式振动传感器的电压等效电路。其中，R_d 是压电元件的漏电阻；C_c

是电缆电容；R_i、C_i 是负载的输入电阻与电容；U 为输入电压，即压电式振动传感器产生的电压；U_o 为输出电压，单位为 V；U_i 是前置放大器的输入电压；C_c 为电缆电容，单位为 F；R_f 是反馈电阻；A_u 放大器的放大倍数。推导可知电压放大器的输出电压为

$$U_o = \frac{U}{\dfrac{1}{j\omega C_e} + \dfrac{\dfrac{R}{j\omega C}}{R + \dfrac{1}{j\omega C}}} \times \frac{\dfrac{R}{j\omega C}}{R + \dfrac{1}{j\omega C}} \times A_u \tag{4-43}$$

式中，$R = R_i // R_d$，$C = C_c + C_i$，当 R 无限大时，$\omega R(C_c + C_e + C) \gg 1$，则输出电压简化为

$$U_o = \frac{A_u U C_e}{C_e + C_c + C_i} \tag{4-44}$$

式中，C_e 为输入电容，单位为 F。

由此可知，电压放大器输出电压与传感器产生的电压 U、电缆电容 C_c、输入电容 C_i、C_e 有关。因此电缆长度一般为固定值，否则电缆电容增加会使输出电压降低，增加误差，影响电压灵敏度。

（2）电荷放大器 压电式振动传感器的电荷放大器电路如图 4-45 所示。运放左边为压电加速度传感器的电荷等效电路。

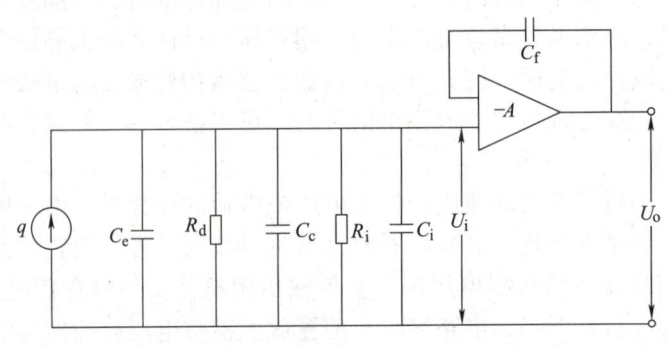

图 4-45 压电式振动传感器的电荷放大器电路

由于电荷放大器用电容作为负反馈，当 $A \gg 1$ 且 $(1+A)C_f \gg (C_c + C_i + C_e)$ 时，电荷放大器的输出电压 $U_o = -\dfrac{q}{C_f}$，只与传感器输出电荷 q 与电容 C_f 有关，与电缆电容 C_c、输入电容 C_i、C_e、信号频率都无关。

两种前置放大器都是高输入阻抗放大器，目的是尽量减少导线与电路的电荷泄漏。相比起来，电荷放大器的电路较复杂，价格也贵，但它的灵敏度不受电缆电容的影响，在电缆电容较大时测量的信号质量较好。

2. 传感器的供电

以 8711-01 加速度传感器为例，它是一款压电集成电路传感器（IEPE），集成了前置放大器。为了减小电压信号传输过程中的损失，抑制温度漂移，传感器需要恒定电流源供

电，电流一般为 4mA，电压为 18~24V。4mA 有利于实现加速度计的工作状态辨别。如果传感器使用过程中没有如此高的电压，可采用图 4-46 所示的集成升压电路，将干电池的 5V 电压转化为 18~24V。

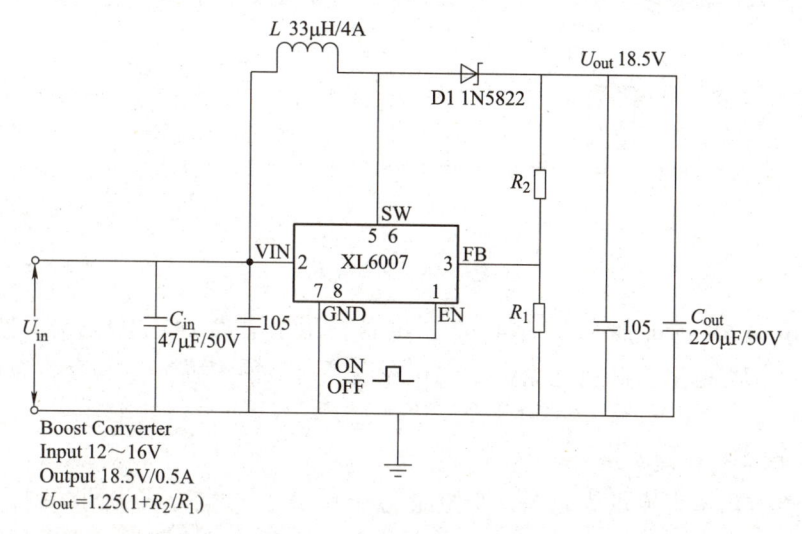

图 4-46　8711-01 加速度传感器集成升压电路

图 4-46 中，XL6007 芯片为高压大功率开关型直流电源转换系列芯片，可提供输入电压范围为 3.6~32V。通过修改 R_1、R_2 即可将 5V 输入电压转换为 18~24V 的电压。电路通过电感 L 的储能作用与电容 C_{out} 的充放电，将感应电动势与输入电压叠加，得到 18~24V 的输出电压。再将该输出电压通过图 4-47 所示的电路转化为 4mA 的恒流源。

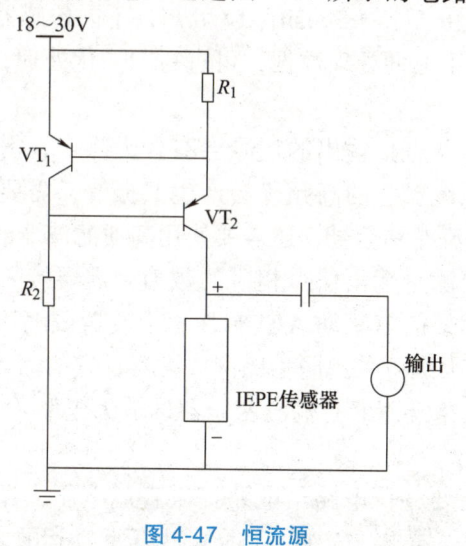

图 4-47　恒流源

此处两个晶体管 VT_1、VT_2 处于放大状态。设 $R_1=170\Omega$，$U_{BE1}=0.7V$，R_1 电流为 I，则输出电流近似等于 I，$I=\dfrac{U_{BE1}}{R_1}=0.7V/170\Omega=4.12mA$，符合要求。总体电路如图 4-48 所示。

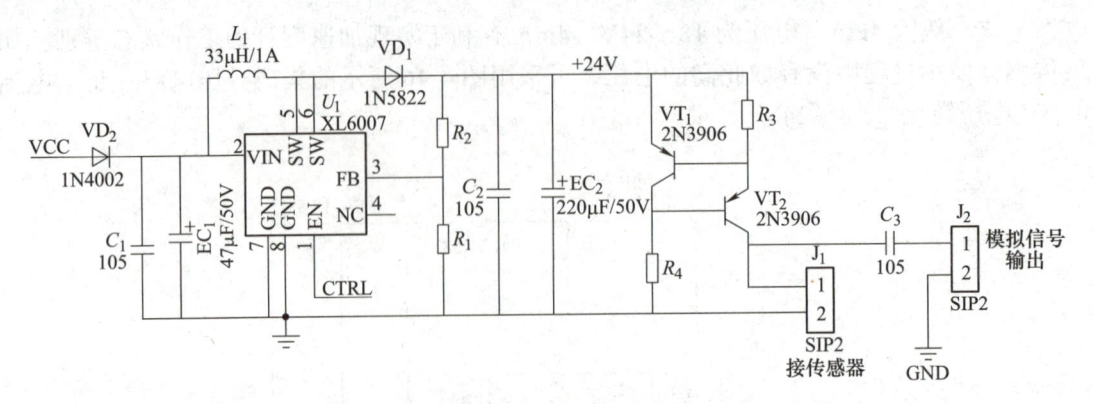

图 4-48 总体电路

在输入电压 5V 前面加一个 1N4002 二极管,用于隔离 24V 电压,防止电流倒灌击穿前级。R_3 为 1W 电阻,额定电流在 30mA 左右,过载能力强,当电流约为 4mA 时不会发热。

3. 输出信号的处理与测量

振动传感器输出直流量为 12V,交流量为 -5~5V。供电方式为两线制,即供电线和输出信号线使用同一根线,这样使得线路温度漂移较小,焊接容易,成本低。电容 C_3 的作用是"隔直通交"。输出的交流量与加速度成正比,即 $U_o = A \cdot \text{Sensitivity}$,$A$ 为加速度,Sensitivity 为灵敏度,为输出电荷/电压与加速度之比,灵敏度的大小与传感器内部质量块、压电晶体有关,可通过与标准加速度计比对测试来标定出具体的值。振动传感器的信号处理与测量电路由归一化放大级、滤波器、输出极和其他电路组成。

(1) 归一化放大级 由 $U_o = A \cdot \text{Sensitivity}$ 可知,不同传感器灵敏度不同,在同样加速度下输出的电压不同,为了方便处理数据,可进行归一化处理,并且放大电压(采用一般的比例放大器即可)。

(2) 滤波器 由传感器直接输出的信号会有较大噪声,需要滤波器滤波。压电振动传感器是欠阻尼的振动系统,它的高频段会产生共振峰,需要使用低通滤波器滤除。另外,输出信号会有一些直流漂移信号,还需要使用高通滤波器滤除。

(3) 输出极 如果要测量输出信号相应的数值,需要接入合适倍数的放大级或互补功率放大电路,使输出信号能够驱动 A/D 芯片、示波器或电压表。其中,A/D 芯片能将模拟量转化成数字量。放大级可采用同相比例放大器,它的输入电阻高、输出电阻低,适合驱动负载。功率放大电路常用的有输出变压器的放大电路(OCL)、无输出变压器的放大电路(OTL)等。

(4) 其他电路 还需要稳压电路给电路提供直流电压,保护电路防止电路过载。稳压电路可采用三端稳压器,输出 ±5V 或 ±15V 的电压驱动运放。

图 4-49 所示为输出信号的处理与测量原理框图。由外部驱动电路驱动传感器,并通过稳压电路转化成不同电压驱动各级电路,各级电路处理输出信号,最后通过模数转换得到理想的加速度。

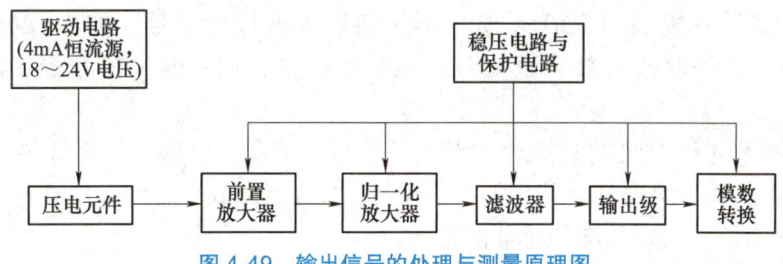

图 4-49　输出信号的处理与测量原理图

第三节　智能机床传感器的接入及机床内部数据访问基础

数控机床是一种装有程序控制系统的自动化机床，能够根据已编好的程序，使机床动作并加工零件，它综合了机械、自动化、计算机、测量、微电子等最新技术，使用了多种传感器。无论在实际生产过程中提高效率，还是对机床的某个部件进行监控，均需要传感器的接入和内部数据的访问。智能机床一般均提供传感器接入和大数据访问接口来实现用户对大数据的采集、存储、分析及应用，如主轴抑振、主轴热变形补偿等。同时，智能机床运行过程中，通过大量数据的采集来评估机床的健康状况、刀具的磨损、轴承的寿命、丝杠的磨损等，一般采用 AI 芯片和 AI 算法库。

一、智能机床传感器的接入与内部数据访问

智能机床上，除了 CNC 机床上的编码器、光栅等传感器外，还有温度、振动、声音等传感器。例如，采用热电偶或红外热像仪等对机床关键部件（如轴承、电气接头等）进行温度测量，根据其有无发热、过热特征，进而判定其运行状态的优劣；又如，通过对轴承齿轮振动频谱分析，判断其有无损坏；通过声音和噪声测量分析周期性运动部件的功率谱、频谱、幅值谱等，分析其运行状态等。为了使用户能接入外部传感器并访问机床内部数据，满足智能机床在制造过程中对异构数据接入需求，智能数控系统有两种外部数据接入方式：总线 PLC 模块和外挂采集卡模式，如图 4-50 所示。

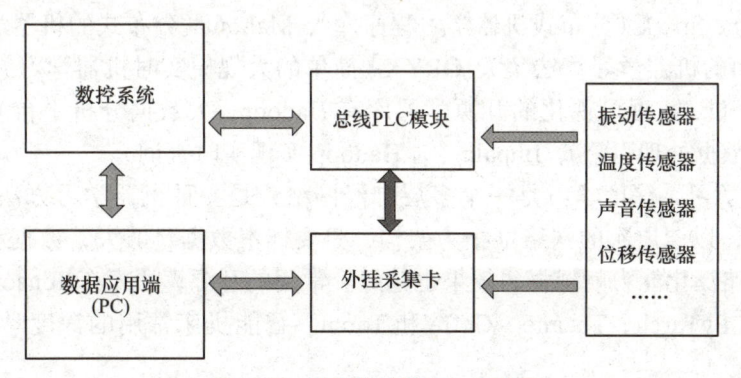

图 4-50　外部传感器接入示意图

1. 总线 PLC 模块

总线 PLC 是在传统的 PLC 的技术上扩展两个模块，一个为总线通信模块，一个

为 AD/DA 数据采集模块。AD/DA 模块不仅能输入模拟量信号，如 4～20mA、±10V、±5V 等信号，也可以输入数字量信号，如脉冲信号、TTL 电平信号等，同时兼容 I/O 信号。

AD/DA 模块主要采集的是振动、温度、压力、声音、位移、扭矩等传感器信号，这些信号通过总线模块的现场总线（如 NCUC 总线、CANopen 总线、Profibus 总线等）与数控系统进行通信，实现外部传感器的接入。

2. 外挂采集卡

根据数据采集的需要，可以外挂采集卡方式（如 NI 的 USB-6001/6002/6003 等）将外接的传感器接入。不过为了实现数控系统 PLC 采集数据、外挂采集卡采集数据及内部大数据的同步，可以在 PLC 端输出一路校正信号给外挂采集卡，用户只要在另一个 PC 端开发相应的应用程序，就可以实现外挂采集卡与数控系统内部数据的同步采集。

二、AI 芯片及 AI 算法库

为了实现智能机床的主动学习、推理、智能补偿、健康状态预测等功能，需要使用很多人工智能的算法，如神经网络、遗传算法等。数控机床上的传统芯片的计算能力有限，数据的存储量也有限，不能满足算法要求，需要由新一代的 AI 芯片来完成，如昆仑芯 AI-K200，该芯片支持人工智能的各种算法。

有了 AI 芯片，AI 算法库也必不可少。智能机床的 AI 算法库由三部分组成：数据存储模块、人工智能学习模块和接口匹配模块。

1. 数据存储模块

统一抽象数据集是数据汇聚存储的核心，是底层关系型数据库数据和 NOSQL、文件系统各存储介质数据的统一抽象表示。

2. 人工智能学习模块

人工智能学习模块有三个方面的内容：机器学习、深度学习和深度强化学习。

（1）机器学习　智能机床机器学习的开发通常是根据智能机床要达到的功能（如故障诊断等）在成熟的开源数据库的基础上进行的。智能机床常用的机器学习开源数据库有：MLlib in Apache Spark（分布式机器学习程序库）、Mahout（分布式的机器学习库）、Weka（数据挖掘方面的机器学习算法集）、ORYX（简单的大规模实时机器学习/预测分析基础架构）。数据分析/数据可视化的开源学习库有 Hadoop（大数据分析平台）、Spark（快速通用的大规模数据处理引擎）、Impala（为 Hadoop 实现实时查询）。

（2）深度学习　深度学习是一个多层神经网络，是一种机器学习方法。深度学习是以数据为中心，以深层次的网络堆叠为架构，只要样本数据足够大，数据种类足够丰富，训练的神经网路泛化能力就越强，效果也越好。常用的开源算法库有 TensorFlow、Keras、PaddlePaddle、PyTorch、Theano、Caffe 和 Torch。智能机床常用的深度学习开源算法库见表 4-2。

表 4-2　智能机床常用的深度学习开源算法库

序号	深度学习开源算法库名称	简介
1	TensorFlow	该工具包开发于 2015 年，被誉为机器/深度学习中最容易使用和部署的工具之一。TensorFlow 最初是由谷歌大脑团队创建的，用于处理其研究和生产目标，该项目构建了深度神经网络来执行自然语言处理、图像识别和翻译等任务。可用于 Python、Haskell、C++、Java，甚至 JavaScript。由于它提供了大量的免费工具、库和社区资源，现在被 Uber 和 eBay 等公司广泛使用
2	Keras	Keras 由 Python 编写，最初发布于 2015 年，是一种高级神经网络 API，旨在简化机器学习和深度学习，可以在 TensorFlow 或 Theano 之上部署。Keras 以其高度的广泛性、模块化、易用的特点，通过简单的原型设计实现了快速试验，在 CPU 和 GPU 上高效运行，这对研究工作至关重要
3	PaddlePaddle	并行分布式深度学习又称 PaddlePaddle，具有易用、高效、灵活和可伸缩等特点。该工具包是百度研发的深度学习平台，为百度内部多项产品提供深度学习算法支持。它在 2016 年向专业社区开源，具有深度学习的先进功能、端到端的开发工具包，受到制造业和农业部门使用者的青睐
4	PyTorch	该开源工具包使用 Python 脚本语言，一般用于自然语言处理和计算机视觉。它具有强大的 GPU、内存使用效率和动态计算图，这使其在协助开发动态神经网络方面很受欢迎，并能够根据用户的要求建立图形和可视化
5	Theano	该开源库发布于 2007 年，使用 Python 编写脚本，允许用户定义、定制和评估数学表达式，从而使深度学习模型的形成变得容易
6	Caffe	Caffe（convolutional architecture for fast feature embedding，快速特征嵌入的卷积架构）是一个开源的深度学习网络，是为速度、表达和模块化设计的，由伯克利人工智能研究团队于 2017 年开发并发布。它使用了 C++，但也有一个 Python 接口。Caffe 具有精心设计的架构，良好的代码编写和快速的性能，可以快速实现工业部署
7	Torch	Torch 最初是在 2002 年作为机器学习库开发和发布的，它提供了一系列用于深度学习的算法，重点是 GPU，并提供 iOS 和 Android 平台支持。它由脚本语言 LUA 和底层的 C 组件组成，使得它使用起来简单、高效、快速

（3）深度强化学习　深度强化学习（deep reinforcement learning, DRL）是深度学习与强化学习相结合的产物，它集成了深度学习在各种现象的感知问题上强大的理解能力，以及强化学习的决策能力，实现了端到端学习。深度强化学习的出现使得强化学习技术真正走向实用，得以解决现实场景中的复杂问题。常用的开源算法库有 DDPG（deep deterministic policy gradient，深度确定性策略梯度）、PPO+GAE、TD3（twin delayed deep deterministic policy gradient，双延迟深度确定性策略梯度）、SAC（soft actor critic）和 MADDPG（multi-agent deep deterministic policy gradient，多智能体深度确定性策略梯度）算法库。

3. 接口匹配模块

接口匹配模块为上层提供机器算法接口，根据用户的要求和算法的模型，调用人工智能学习层集成的各个算法接口和数据存储层数据输出接口，提供 SQL 查询功能。

通过智能机床数据采集系统采集机床 X 轴的实际位置与指令位置，利用开源神经网络接口，基于神经网络模型建立进给系统 X 轴的系统模型。输入单轴指令位置，预测实际得到的指令位置。利用建立的 X 轴进给神经网络系统，生成补偿值并循环迭代，不断更新补偿值，直到满足精度要求，实现流程如图 4-51 所示。

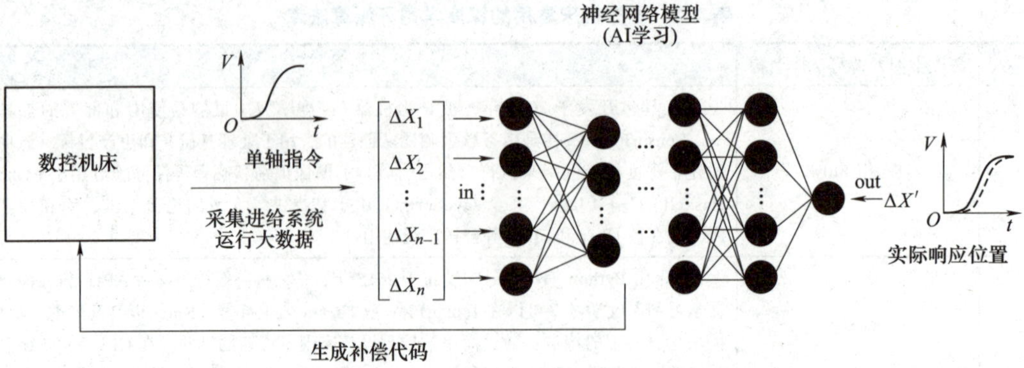

图 4-51 基于 AI 的进给系统补偿算法系统

思考题

4-1 位置检测装置在数控机床控制中起什么作用？

4-2 位置检测装置有哪些种类？它们可分别安装在机床的哪些部位？

4-3 何谓绝对式测量、增量式测量、间接测量和直接测量？

4-4 有一进给伺服系统，其伺服电动机同轴安装了光电编码器，参数为 2500 脉冲/转，该伺服电动机与导程为 5mm 的滚珠丝杠通过联轴器直接相联，光电编码器输出脉冲信号经 4 倍频处理后，则伺服电动机一转测得的角位移脉冲数为多少个？其所驱动的工作台线位移为多少？

4-5 如上题，若将光电编码器安装在滚珠丝杠驱动的末端，对系统的运动精度有何影响？

4-6 光栅尺由哪些部件构成？莫尔条纹的作用是什么？

4-7 增量式光电编码器或光栅尺输出的信号是什么？方向判别是怎样实现的？

4-8 旋转变压器由哪些部件组成？判别相位工作方式和幅值工作方式的依据是什么？

4-9 试述磁尺的工作原理和特点。

4-10 已知感应同步器的感应电动势与励磁电压的相位角为 1.8°，感应同步器的节距为 2mm，问滑尺移动了多少距离？

4-11 感应同步器和光栅尺的区别体现在哪里？

4-12 检测数控机床状态的传感器有哪些？各检测的是什么信号？

4-13 试述高转速拉压力传感器的原理。

4-14 举例说明扭矩传感器在数控机床上的运用，并说明输出的信号、信号采集和处理过程。

4-15 试述温度传感器在数控机床上的测温原理。

4-16 试述压电式加速度传感器信号处理与测量的电路原理。

第五章 数控伺服系统

数控伺服系统是数控系统与刀具、主轴间的信息传递环节,其性能在很大程度上决定了数控机床的性能。例如,数控机床的最高移动速度、运动精度和定位精度等重要指标均取决于伺服系统的动态和静态性能。因此,研究与开发高性能的伺服系统一直是现代数控机床的关键任务之一。

早期的数控机床,尤其是大中型数控机床常采用电液伺服系统驱动。它由电液脉冲马达构成开环驱动系统,用电液伺服、大转矩液压马达或液压缸及位置检测等反馈控制构成闭环驱动系统。从20世纪80年代起全电气伺服系统成为数控机床的主要驱动器。电气伺服系统是指以各种伺服电动机作为驱动元件的伺服系统。

第一节 伺服系统基本知识

伺服系统是指以机械位置或角度作为控制对象的自动控制系统。它接受来自数控装置的进给指令信号,经变换、调节和放大后驱动执行件,转化为直线或旋转运动。同时伺服驱动技术被广泛用于其他各种自动控制场合,对于电动机驱动控制技术领域而言,伺服驱动技术具有一定的代表性,本章将以此作为主要学习内容。

伺服驱动控制主要就是运动控制,运动控制就是系统的速度控制与位置控制。根据电机学理论与自动控制理论,伺服系统的速度控制性能指标可分成静态性能指标和动态性能指标。

一、伺服系统静态性能指标

1. 静差率

静差率是指驱动电动机或整个速度控制环节在控制参数不变时,外部扰动引起的速度变化情况。静差率 s 的计算公式为

$$s = \frac{n_o - n_e}{n_o} = \frac{\Delta n_e}{n_o} \tag{5-1}$$

式中,Δn_e 为电动机的转速降,单位为 r/min;n_o 为电动机的理想转速,单位为 r/min;n_e 为额定负载条件下的额定转速,单位为 r/min。

静差率 s 由电动机的转速降 Δn_e 性能指标决定，主要与驱动电动机的机械特性有关，机械特性越硬，静差率越小。静差率表示调速系统在负载变化下转速的稳定程度，静差率越小，转速的稳定程度就越高。通常，调速系统的静差率指标是根据调速系统在最低转速时的静差率确定的，即

$$s = \frac{n_{o\min} - n_e}{n_{o\min}} = \frac{\Delta n_e}{n_{o\min}} \tag{5-2}$$

上述讨论中的控制参数指的是电动机工作时的电参数。例如，直流电动机在调压调速时，直流电动机的电源电压、磁通；交流电动机在调频调速时，定子绕组的激磁电压、频率。

2. 调速平滑性

调速平滑性用调速时相邻两级转速之比 l 来表示，即

$$l = \frac{n_{i+1}}{n_i} \tag{5-3}$$

式中，n_i 是第 i 级调速的转速，单位为 r/min；n_{i+1} 是第 $i+1$ 级调速的转速，单位为 r/min。

3. 调速范围

调速范围是指电动机或整个速度控制环节在额定负载下、静差率不大于允许值的前提下，零件的最高工作转速与最低工作转速之比，用 D 表示，见式 (5-4)。调速范围和静差率两个指标相互不是孤立的，必须同时提出才有意义。

$$D = \frac{n_{\max}}{n_{\min}} \tag{5-4}$$

式中，$n_{\max}$ 是最高工件转速，单位为 r/min；$n_{\min}$ 是最低工件转速，单位为 r/min。

4. 调速范围 D 与静差率 s 之间的关系

根据式 (5-1)~式 (5-4) 可得到下列等式

$$n_{\min} = n_{o\min} - \Delta n_e = \frac{\Delta n_e}{s} - \Delta n_e = \Delta n_e \frac{1-s}{s} \tag{5-5}$$

$$D = \frac{n_{\max}}{n_{\min}} = \frac{n_e s}{\Delta n_e (1-s)} \tag{5-6}$$

式 (5-6) 表达了调速范围 D、静差率 s 和额定速降 Δn_e 之间应满足的关系。由此可知，对于一个调速系统，如果对静差率 s 的要求越严，系统允许的调速范围 D 就越小。

二、伺服系统动态性能指标

动态指标主要是指系统的跟随性能指标和系统的抗扰性能指标。

1. 跟随性能指标

在给定信号（参考输入信号）$R(t)$ 的作用下，系统输出量 $C(t)$ 的变化情况用跟随性能指标来描述。对于不同变化方式的给定信号，其输出响应也不一样。通常，跟随性能指标是在初始条件为零的情况下，以系统对单位阶跃输入信号的输出响应（称为单位阶跃响

应）为依据提出的。系统跟随性能指标的单位阶跃响应曲线如图 5-1 所示。具体的跟随性能指标如下：

（1）上升时间 t_r　单位阶跃响应曲线从零起第一次上升到稳态值 C_∞ 所需的时间称为上升时间，它表示动态响应的快速性。

（2）超调量 σ　动态过程中，输出量超过输出稳态值的最大偏差与稳态值之比，用百分数表示，称为超调量。超调量用来说明系统的相对稳定性，超调量越小，说明系统的相对稳定性越好，即动态响应比较平稳。

$$\sigma = \frac{C_{\max} - C_\infty}{C_\infty} \tag{5-7}$$

式中，$C_{\max}$ 为输出量峰值；C_∞ 为输出量稳定值。

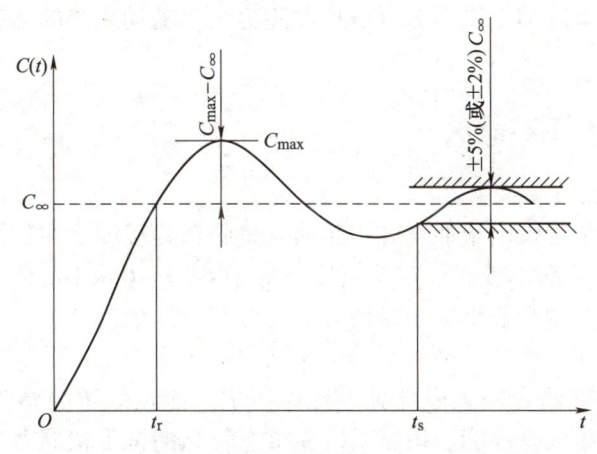

图 5-1　系统跟随性能指标的单位阶跃响应曲线

（3）调节时间 t_s　调节时间又称过渡过程时间，它用于衡量系统整个动态响应过程的快慢。原则上应该是系统从给定信号阶跃变化起，到输出量完全稳定下来为止的时间。但在实际应用中，一般将单位阶跃响应曲线衰减到稳态值的允许误差带（通常取稳态值的 ±5% 或 ±2%）所需的最小时间定义为调节时间。

（4）振荡次数　在整个过渡过程时间内，被调量 $n(t)$ 穿越其稳态值的次数的一半定义为振荡次数。

2. 抗扰性能指标

控制系统在稳态运行中，如果受到外部扰动，如负载变化、电网电压波动，就会引起输出量的变化。输出量变化的多少、恢复稳定运行的时间，反映了系统抵抗扰动的能力。一般以系统稳定运行中突加阶跃扰动后的过渡过程作为典型的抗扰过程。抗扰性能指标有以下几项：

（1）最大动态变化量　系统稳定运行时，突然加入一定数值的扰动后所引起的输出量的最大变化，用原稳态值输出量的百分数表示，称为最大动态变化量。输出量在经历动态变化后逐渐恢复，达到新的稳态值称为系统在该扰动作用下的稳态误差（即静差）。调速系统突加负载扰动时的最大动态变化量称为动态速降。

（2）恢复时间　恢复时间是指系统从阶跃扰动作用开始，到输出量基本上恢复稳态，

与新稳态值 C 的误差（或进入某个规定的基准值 C）在 ±5% 或 ±2% 范围之内所需的时间，C 为抗扰指标中输出量的基准值，视具体情况选定。

上述动态指标都属于时域上的性能指标，它们能够比较直观地反映出生产要求。但是，在进行工程设计时，还有根据系统开环频率特性提出的性能指标，包括相角裕量和截止频率；根据系统的闭环幅频特性提出的性能指标，包括闭环幅频特性峰值和闭环特性通频带。相角裕量和闭环幅频特性峰值反映系统的相对稳定性，开环特性截止频率和闭环特性通频带反映系统的快速性。

实际控制系统对于各种性能指标的要求是不同的，由生产机械工艺要求确定。例如，可逆轧机和龙门刨床，需要连续正反向运行，因而对转速的跟随性能和抗扰性能要求都较高；而一般的不可逆调速系统则主要要求具备一定的转速抗扰性能；工业机器人和数控机床的位置随动系统要有较严格的跟随性能；多机架的连轧机则是要求高抗扰性能的调速系统。一般来说，调速系统的动态指标以抗扰性能为主，随动系统的动态指标则以跟随性能为主。

三、伺服系统的基本要求

1. 精度高

伺服系统的精度是指输出量能复现跟随输入量的精确程度。在数控加工时，对定位精度和轮廓加工精度要求都比较高，定位精度一般为 0.01～0.001mm，甚至可能为 0.1μm。轮廓加工精度与速度控制和各坐标轴联动运动的协调一致控制有关。

2. 稳定性好

稳定性是指系统在给定输入或外界干扰作用下，能在短暂的调节过程后，达到新的或者恢复到原来的平衡状态性能。伺服系统要求有较强的抗干扰能力，以保证进给速度均匀、平稳。稳定性直接影响数控加工的精度和表面粗糙度。

3. 快速响应

快速响应是伺服系统动态品质的重要指标，它反映了系统的跟踪精度。为了保证轮廓切削形状精度和低的加工表面粗糙度，要求伺服系统跟踪指令信号的响应要快。这一方面要求系统的动态过渡过程时间要短，一般在 200ms 以内；另一方面要求超调要小。这两方面的要求往往是矛盾的，实际应用中需按机床工艺加工特点综合平衡。

4. 调速范围宽

调速范围是指生产机械要求电动机能提供的最高转速和最低转速之比，通常是指额定负载时的转速，对于少数负载很轻的机械，也可以是实际负载的转速。

四、伺服驱动系统的分类与组成

伺服驱动系统按其驱动执行元件的动作原理分为电液伺服驱动系统和电气伺服驱动系统。电液伺服驱动系统主要以液压缸作为执行单元，以伺服阀作为驱动单元，配以控制单元共同组成伺服系统。电气伺服驱动系统则是以电动机作为执行单元，配以驱动单元、控制单元组成的伺服系统，如图 5-2 所示。

伺服系统按有无位置反馈分成两种：位置开环控制系统和位置闭环控制系统。位置开环控制系统一般采用步进电动机作为执行器件，开环伺服系统由数控系统单元、驱动单元及步进电动机单元 3 个主要部件组成，常被用于经济型数控机床和老设备的改造中。位置闭环控制系统可根据位置检测装置在机床上安装的位置与检测对象不同，进一步分为半闭环伺服驱动控制系统和全闭环伺服驱动控制系统。若位置检测装置安装在机床的工作台上，直接检测机床坐标轴运动位移，所构成的伺服驱动控制系统称为全闭环控制系统；若位置检测装置与电动机同轴安装，或与机床滚珠丝杠同轴安装，则所构成的伺服驱动控制系统为半闭环控制系统。

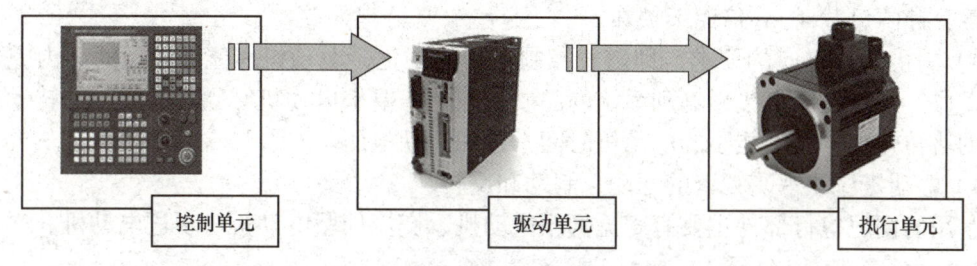

图 5-2　电动机伺服系统结构框图

全闭环或半闭环伺服系统由位置检测、位置控制、速度控制、伺服电动机及机械传动链等多个模块组成。典型的伺服系统闭环控制结构如图 5-3 所示。从控制结构的角度来讲，闭环控制系统主要设置有 3 个调节器，分别构成了电流闭环、速度闭环和位置闭环的三闭环控制模式。为了满足三闭环伺服控制信号反馈，采用了多种传感装置。电流反馈测量，一般采用取样电阻、霍尔元件等；速度反馈测量，一般采用测速发电机、光电编码器、旋转变压器等；位置反馈，一般采用光电编码器、旋转变压器、光栅等。

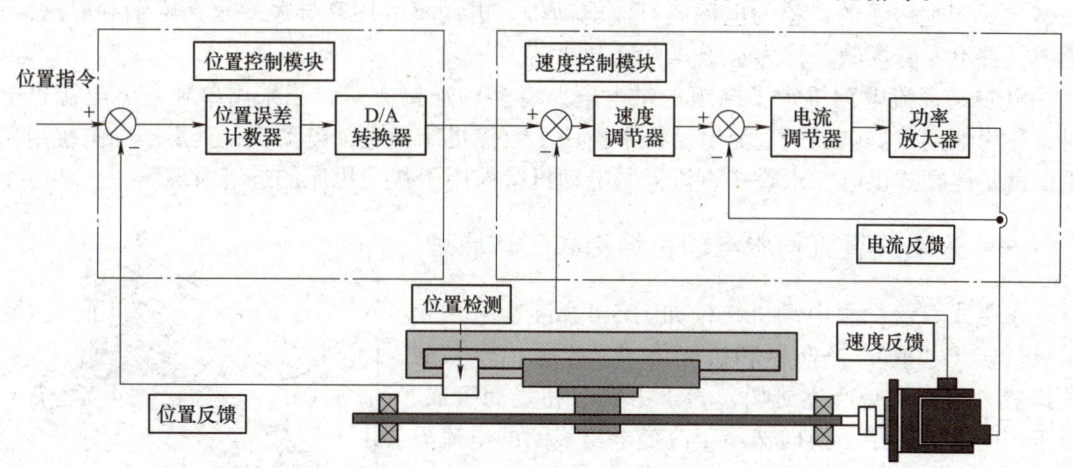

图 5-3　典型的伺服系统闭环控制结构

对于数控机床中使用的伺服驱动装置，其功能主要包括电动机的位置控制与速度控制。位置控制由 CNC 装置中的计算机实现，速度控制则由驱动单元实现。如按器件组成来划分伺服系统，则它包括执行部件（交、直流伺服电动机）、伺服驱动部件（速度/电流控制单元、功率放大器等）、位置控制部件、位置检测部件 4 个部分。

五、常用伺服执行部件

驱动电动机是数控机床的伺服系统的执行部件，用于驱动数控机床各个坐标轴运动的称为进给电动机,用于驱动数控机床主轴运动的称为主轴电动机。

为了满足数控机床对伺服系统的要求,对电气伺服驱动系统的执行部件——伺服电动机也必须有较高的要求:

1)电动机从最低速度到最高速度范围内都能平滑地运转,转矩波动要小,尤其在最低速度转速时,如 0.1r/min 或更低转速时,仍有平稳的速度而无爬行现象。

2)电动机应具有大的、较长时间的过载能力,以满足低速大转矩的要求,如电动机能在数分钟内过载 4~6 倍而不损坏。

3)满足快速响应的要求,即随着控制信号的变化,电动机应能在较短时间内完成必须的动作,反应速度直接影响到系统的品质。因此,要求电动机必须具有较小的转动惯量和大的堵转转矩、尽可能小的电动机时间常数和起动电压。

4)电动机应能承受频繁的起动、制动和反转。

常用的伺服执行部件主要有直流伺服电动机、交流伺服电动机、步进电动机。

第二节 直流伺服电动机及其驱动技术

直流伺服电动机是一种直流电动机,其动态性能和静态性能优于普通直流电动机,而工作原理与普通直流电动机完全相同。

直流电动机根据其磁场的形式可分为电磁式直流电动机和永磁式直流电动机。电动机定子磁极采用铁心、线圈绕组组成电磁铁,使用直流电流激磁方式产生磁场的,称为电磁式直流电动机。电动机采用高导磁率永久磁钢制成磁极,形成极性不变磁场的,称为永磁式直流电动机。

电磁式直流电动机定子绕组的供电电路有多种连接方式,当采用单独直流电源供电时,称为他励式。电磁式直流电动机常被用于数控机床中主轴电动机,其定子励磁绕组采用的就是他励式供电。永磁式直流伺服电动机常被用于数控机床的进给系统。

一、永磁式直流伺服电动机结构和工作原理

永磁式直流伺服电动机结构如图 5-4 所示。它由定子、转子(电枢)、换向器和机壳组成。定子由永久磁铁构成,其作用是产生磁场,转子由铁心和线圈组成,用于产生电磁转矩。换向器用于改变电枢线圈的电流方向,保证电枢在磁场作用下连续旋转。

永磁式直流伺服电动机的永磁体定子产生极性不变的磁场,转子电枢铁心是由矽钢片压制而成,铁心表面有齿槽,用于嵌入转子线圈绕组,绕组线匝通过换向器、电刷与电源相连,形成闭合回路。因此绕组线匝两侧导线流过的电流方向相反,如图 5-5 所示。当两侧导线内的电流切割磁力线时,在磁场的作用下产生电磁力,其电磁力大小相等,方向相反,形成一

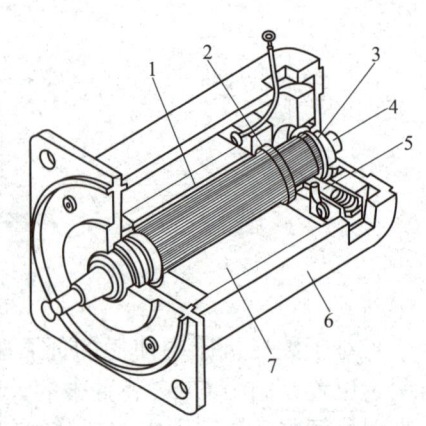

图 5-4 永磁式直流伺服电动机结构示意图

1—转子(电枢) 2—电刷(负极) 3—换向器 4—电刷(正极) 5—编码器 6—机壳 7—定子(产生磁场)

个电磁力偶矩,如图 5-5a 所示,驱动转子转动。转子在连续旋转过程中,线匝两侧导线会不断更换位置,如图 5-5b 所示。定子为了使电磁力偶矩的方向维持不变,需要使线匝两侧导线内电流在固定的角位置区域内,维持一定的电流流向,因而转子电枢流过的是交变电流。而换向器的作用,就是使通入电刷的直流电流变换成极性变换的交变电流。

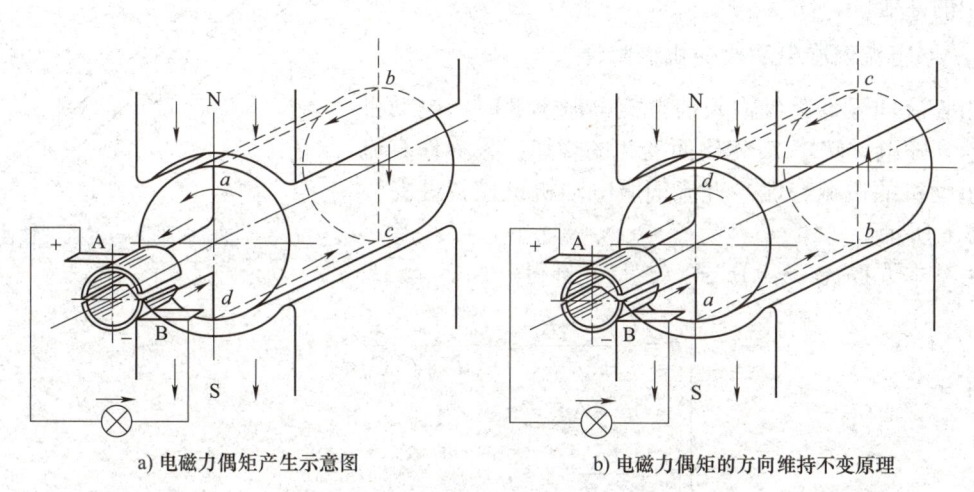

a) 电磁力偶矩产生示意图　　　　　　b) 电磁力偶矩的方向维持不变原理

图 5-5　直流电机工作原理图

当转子电枢绕组两端加直流控制电压 U_a 时,电枢绕组中便产生电枢电流 I_a。转子电枢在磁场中受到电磁力 F 的作用,产生电磁转矩 T,驱动电动机转动起来。电动机旋转后,电枢导体切割磁场磁力线产生感应电动势 E_a,其极性与外电动势极性相反,故称为反电动势。当电动机稳定运行时,输出的电磁转矩 T_o 将和摩擦阻转矩 T_R、负载转矩 T_L 处于平衡,见式(5-8)。当电枢控制电压 U_a 或负载转矩 T_L 发生变化时,电动机输出的电磁转矩将随之发生变化,电动机从一种稳定运行状态过渡到另一种稳定运行状态,达到一种新的平衡。

$$T_o = T_R + T_L \tag{5-8}$$

根据电机学理论,直流电动机稳态运行时,其状态可用下述基本方程表达

$$U_a = E_a + I_a R_a \tag{5-9}$$

$$T_o = C_m \Phi I_a \tag{5-10}$$

$$E_a = C_e \Phi n \tag{5-11}$$

式中,E_a 是感应电动势,单位为 V;U_a 是电枢的控制电压,单位为 V;Φ 是磁极的磁通,单位为 Wb;C_e 是与电动机结构有关的电动势常数;T_o 是电磁转矩,单位为 N·m;I_a 是电枢电流,单位为 A;R_a 是电枢回路内阻,单位为 Ω;C_m 是与电动机结构有关的转矩常数,$C_m = 9.55 C_e$;n 是电动机转速,单位为 r/min。

以上诸式被称作直流电动机的基本方程,也是推导分析电动机稳态工作性能的数学模型。

二、直流伺服电动机的基本特性

直流伺服电动机的基本特性包括稳态性能和动态性能。稳态性能用于描述电动机工作过程中，负载与电动机速度的关系；动态性能用于分析电动机运动状态过渡过程中的性能。

（一）直流伺服电动机的机械特性

当直流伺服电动机输入的电枢电压不变时，电动机的转速 n 随电磁转矩 T_o 变化而变化的规律，被称作直流伺服电动机的机械特性。直流伺服电动机机械特性曲线如图 5-6 所示。

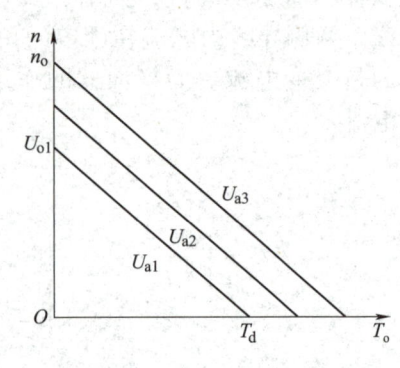

图 5-6 直流伺服电动机机械特性曲线

由基本方程式（5-9）~式（5-11）推得

$$\begin{cases} n = \dfrac{U_a - I_a R_a}{C_e \Phi} = \dfrac{U_a}{C_e \Phi} - \dfrac{R_a}{C_e C_m \Phi^2} T_o \\ n = n_o - \Delta n_e = n_o - k T_o \\ n_o = \dfrac{U_a}{C_e \Phi} \\ \Delta n_e = \dfrac{R_a}{C_e C_m \Phi^2} T_o \\ k = \dfrac{R_a}{C_e C_m \Phi^2} \end{cases} \tag{5-12}$$

其中，n_o 为电磁转矩 $T_o=0$ 时的转速（无负荷），被称为理想空载转速；Δn_e 为转速降，它与电动机负荷转矩成正比。斜率 k 反映了在直流伺服电动机输入的电枢电压不变的条件下，电动机负荷转矩变化所引起电动机转速的变化，k 值大表示电动机转速变化受电动机负荷转矩的影响大，这种情况称直流伺服电动机的机械特性软；反之，斜率 k 值小表示电动机转速变化受电动机负荷转矩的影响小，这种情况称直流伺服电动机的机械特性硬。在直流伺服系统中，总是希望电动机的机械特性硬一些，这样，当驱动的外负载变化时，引起的电动机转速变化小，有利于提高直流伺服电动机的速度稳定性和工件的加工精度。另外，从斜率 k 的关系式可以看出，斜率 k 与电枢直流电阻成正比，在电枢回路串入电阻，或功率放大器的输出电阻增大时，必然使直流伺服电动机的机械特性变软，且功耗增大，图 5-6 中 T_d 是转速 $n=0$ 时的电磁转矩，被称为电动机的堵转转矩。

（二）直流伺服电动机的调节特性

直流伺服电动机在一定的输出转矩 T（或负荷转矩）条件下，电动机的稳态转速 n 随电枢的控制电压 U_a 变化而变化的规律，被称为直流伺服电动机的调节特性。直流伺服电动机的调节特性曲线如图 5-7 所示。

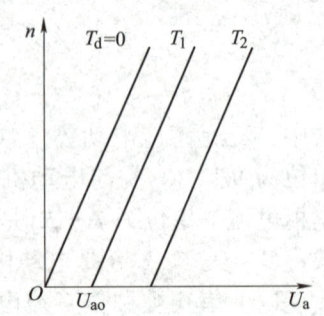

图 5-7 直流伺服电动机调节特性

其关系表达式为

$$\begin{cases} n = \dfrac{1}{C_e \Phi}\left(U_a - \dfrac{R_a T_0}{C_m \Phi}\right) = k_m(U_a - U_{ao}) \\ k_m = \dfrac{1}{C_e \Phi} \\ U_{ao} = \dfrac{R_a T}{C_m \Phi} \end{cases} \qquad (5\text{-}13)$$

其中，U_{ao} 为起动电压，即电动机处于待转动而未转动的临界状态的控制电压，U_{ao} 与电磁转矩（或负荷转矩）T 成正比，当负载增大时，则电动机的起动电压也应增大。直流伺服电动机起动时，当外部负载为 T_1 时，控制电压从零到 U_{ao} 这一段范围内，电动机不转，这一区域称为电动机的死区斜率；k_m 反映了电动机转速 n 随控制电压 U_{ao} 的变化而变化快慢的关系，其值大小与负载大小无关，仅取决于电动机本身的结构和技术参数。

（三）直流伺服电动机的动态特性

在直流伺服电动机电枢控制时，如果电枢控制电压 U_a 突然变化（升高或降低），则电动机的转速 n 也要相应地变化（升高或降低）。但由于存在电磁惯性和机械惯性，因此电动机转速只能渐渐地跟着变化，从原来的稳定状态到新的稳定状态，存在一个过渡过程，这就是直流伺服电动机的动态特性。描述其动态过程的基本方程为微分方程，其中电枢电流 i_a、转速 n 均是变化的，它体现了电磁惯性和机械惯性综合交织影响的物理过程。

根据式（5-9），电枢回路动态过程的电路平衡方程为

$$U_a = E_a + R_a i_a(t) + L\dfrac{\mathrm{d}i_a(t)}{\mathrm{d}t} \qquad (5\text{-}14)$$

求解微分方程得

$$\omega(t) = K_T U_a (1 - \mathrm{e}^{-t/t_m}) \qquad (5\text{-}15)$$

式中，ω 是电动机的角速度，$\omega = 2\pi n / 60$，单位为 rad/s；K_T 是系数，取决于电动机本身的参数；t_m 是时间常数，单位为 s。

可以看出，通电后的过渡过程中，电动机的转速按指数规律上升。电动机从原来的稳定状态过渡到新的稳定状态时所需的时间称时间常数，时间常数 t_m 的表达式为

$$t_m = \dfrac{2\pi}{60} \times \dfrac{R_a J}{C_e C_m \Phi^2} \qquad (5\text{-}16)$$

式中，J 是惯量，单位为 $\mathrm{kg \cdot m^2}$。

式（5-16）表明，决定时间常数的主要因素为惯量 J 和电枢回路直流电阻。惯量 J 包括电磁惯性、负载本身、传动链的机械惯性。电枢回路直流电阻应包括电枢线圈的内阻、电刷与电枢回路换向器的接触电阻、电枢回路串接的电阻和功率放大器的输出电阻。时间常数越小，电动机的动态性能也就越好。

三、直流伺服电动机的调速方法

根据电动机的基本方程即式 (5-9)～式 (5-11)，直流伺服电动机的调速方法有：①改变电枢电压（即调压调速）；②改变励磁电流（即调磁调速），以改变磁通（只适用于电磁式直流电动机）；③改变电枢回路电阻。由于改变电枢回路电阻的方法会使电动机的机械特性变软，使电动机伺服性能变差，故不常使用。

（一）调压调速

在调压调速方法中，改变电枢电压 U_a 时，理想空载转速 n_o 将改变。由于受电动机绕组绝缘设计所限，电枢电压 U_a 只能小于电枢额定电压 U_e，故 $n_o < n_{oe}$。n_e 为额定转速，它是指额定负荷条件下，电动机被施以额定电枢控制电压 U_e 时，电动机的转速；n_{oe} 指空载条件下，电动机被施以额定电枢控制电压 U_e 时，电动机的理想转速；Δn_{oe} 为额定速降。图 5-8a 为调压调速时的机械特性图。从图中看出，随着电枢电压 U 的降低，特性曲线平行下移。在调速过程中，根据式 (5-13)，若电枢电流 I_a 不变、磁场磁通不变，则电磁转矩 T_o 为恒定值，故调压调速属于恒转矩调速。

进给驱动的直流伺服电动机通常采用调压调速的方法。

（二）调磁调速

在调磁调速方式中，通常保持电枢电压为额定电压，即 $U_a = U_e$，而励磁电流总是向减小的一方调整，即 $i < i_e$。此时电动机磁场的磁通 Φ_e 随励磁电流下降而下降，n_o 将随 i_e 的下降而上升，机械特性变软。调速的结果是减少磁通使电动机转速升高。由于调速过程中，若电枢电压 U_a 不变，电枢电流 I_a 不变，则调速前后的功率是不变的，故调磁调速属于恒功率调速。图 5-8b 为调磁调速时的机械特性图。

a) 调压调速时的机械特性图　　b) 调磁调速时的机械特性图

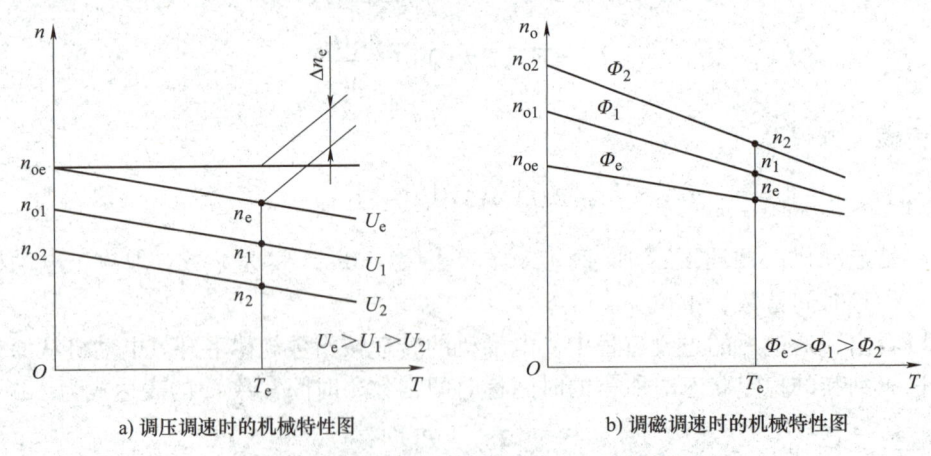

图 5-8　直流伺服电动机转矩-转速机械特性曲线

用于主轴驱动的直流伺服电动机为了满足加工工艺的要求，通常采用调压调速和调磁调速相结合的方法。即额定转速以下为恒转矩的调压调速，额定转速以上为恒功率的调磁调速，这样可以获得很宽的调速范围。

四、直流伺服电动机的特性曲线

永磁直流伺服电动机的工作特性曲线有两个，为工作曲线和负载-工作周期曲线。

1. 工作曲线

工作曲线是在转矩-速度机械特性曲线基础上，根据电动机的工况运行状态特点，绘制的工作曲线图。其特点不是分析电动机的转矩、转速、电枢电压 U_a 的相关联系，而是演示出电动机在各种运行工况中，电动机的转矩、转速的许可设置范围，如图 5-9a 所示。伺服电动机的工作区域被温度极限、转速极限、换向极限、转矩极限以及瞬时换向极限分成三个区域：Ⅰ区为连续工作区，在该区域内可以对转矩和转速进行任意组合，都可长期连续工作；Ⅱ区为断续工作区，此时电动机处于间断工作模式，是根据负载变化周期的特点所决定的允许工作时间和断电时间间歇运行；Ⅲ区为加速和减速区域，电动机只能用作加速和减速，工作一段极短的时间。

2. 负载-工作周期曲线

负载-工作周期曲线如图 5-9b 所示。图中，T_{md} 为过载倍数，d 为负载工作周期比，t_R 为工作时间。负载-工作周期曲线给出了在满足机械所需转矩，又确保电动机不过热的情况下，允许电动机的工作时间。因此，这些曲线是由电动机温度极限决定的。

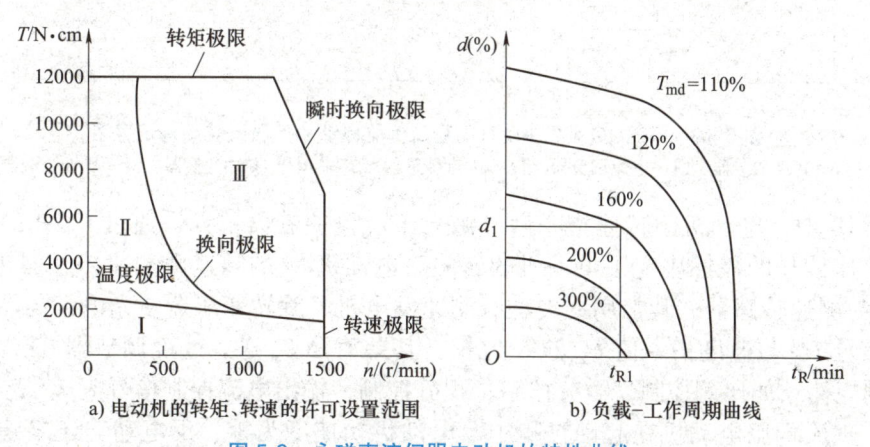

图 5-9　永磁直流伺服电动机的特性曲线
a) 电动机的转矩、转速的许可设置范围　b) 负载-工作周期曲线

负载-工作周期曲线的使用方法：首先根据实际负载转矩的要求，求出电动机在该时的负载转矩过载倍数。然后在负载-工作周期曲线的水平轴线上找到实际机械所需要的工作时间，并从该点向上作垂线，与所要求的那条负载曲线相交。最后从该点作水平线，与纵轴相交的点即为允许的负载-工作周期比。

五、直流伺服电动机的驱动单元结构和工作原理

直流伺服电动机的运用场合不同，调速方式是不同的。例如，数控机床中进给驱动的直流伺服电动机通常采用调压调速的方式，而直流主轴电动机的调速控制采用的是调磁调速与调压调速结合的方式。因而其驱动控制装置随调速控制方式不同有所区别。

无论是调磁调速还是调压调速，都需要有具有输出电压可调的直流电压源，去控制直流伺服电动机的转子电枢电压和电磁式直流电动机的定子励磁绕组电压。因而直流伺服电动机驱动控制装置的主要功能是具有输出电压可调的直流电压源。

直流伺服电动机的驱动单元由速度调节单元、电流调节单元、电子电力驱动放大模块组成。它与直流伺服电动机驱动单元、电动机转速检测单元一起构成一个速度环、电

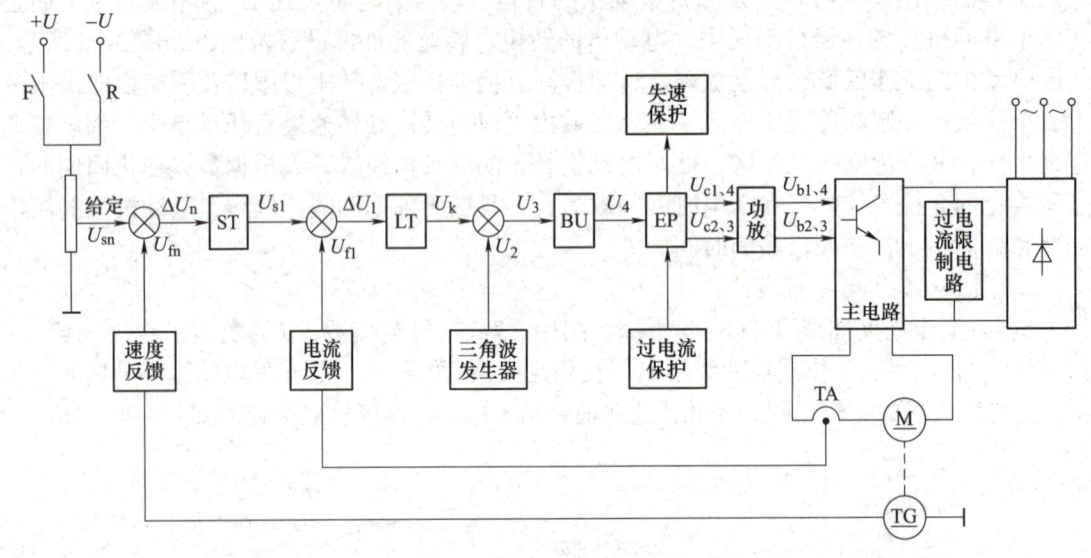

流环双闭环结构控制系统。由于它只是具有速度闭环控制功能，故此常被称为速度单元。图 5-10 所示为 FANUC 公司 FB 系列直流伺服电动机伺服系统结构示意图。

图 5-10　FANUC 公司 FB 系列直流伺服电动机伺服系统结构示意图
ST—速度调节器　LT—电流调节器　TA—电流传感器　BU—电压-脉冲变换器　EP—脉冲分配器

图 5-10 中，电动机的转速指令信号源自于位置控制器单元，通过 F、R 处的端点输入，其转速信号的极性决定了电动机的转向。电动机 M 的转速由测速传感器 TG 进行检测，TG 为测速传感器，其常用的类型有测速发电机、旋转变压器、光电编码器等。测得的速度信号 U_{fn} 与速度指令值 U_{sn} 进行比较，其差值 ΔU_n 送入速度调节器 ST，按预先规定的控制规律，如比例控制、微分控制、积分控制，输出电流控制信号 U_{s1}。

由于直流伺服电动机在起动过程中，电动机初速度为零，反电动势还未建立，这时如全压起动，将引起极大的冲击电流，功放主回路的电流极大，往往超过功率放大器件的最大允许电流，造成功率放大器件的损坏，严重时还将损毁电动机。为了保证设备的运行安全，并有较好的过渡过程和动态特性，速度单元中采用了电流负反馈的闭环调节电路。电流负反馈环节的功用是：从功率放大器的主电路取出电流信号，经电流反馈电路输出 U_{f1}，在速度调节器 ST 的输出端，与速度调节环节 ST 输出的控制信号 U_{s1} 进行比较，差值 ΔU_1 送电流调节器 LT 进行处理。如电动机的瞬间电流超过电动机运行的最大值时，将采用截止电流峰值控制模式将瞬间电流限于许可值范围。因而其工作特性曲线分为线性工作区与饱和工作区，如图 5-11 所示，其转折处是电动机电流峰值 I_{max} 的许可值点。

电流负反馈环节 LT 输出控制信号 U_k，U_k 对三角载波信号 U_2 进行调制，产生调制波信号 U_3 送入电压-脉冲变换器 BU。BU 输出脉宽调制电路的控制信号 U_4 进入脉冲分配器 EP。功放电路和电子电力驱动放大模块 PWM 主电路组成功率放大单元。在控制信号 U_4 的作用

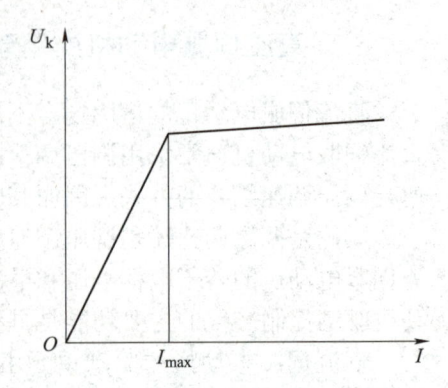

图 5-11　电流负反馈电路工作曲线

下，控制主电路中的电力器件的导通与断开，完成对电动机的调压调速控制。

工作时，整个电动机调速系统是处于一种动态平衡状态，即电动机的转速与给定的速度指令值相等。当速度指令信号改变或在电动机运行中外界工况发生扰动，速度闭环系统会自动调节，形成新的平衡工作点。

六、直流伺服电动机脉宽调制调速技术

驱动控制装置采用电力电子元件组成的功率放大电路实现换流、功率放大等功能，形成可调的直流电压源。根据直流伺服电动机调速系统功率单元的结构形式，功率放大电路可分成晶闸管型结构类与大功率晶体管结构类。根据控制信号及控制电路的结构器件形式，可分为数字式和模拟式。随着大功率电力器件制造技术的发展，直流伺服电动机的驱动单元中功率放大电路采用了开关型晶体管脉宽调制电路结构。

晶体管直流脉宽调制 PWM（pulse-width modulated）利用对大功率晶体管开关时间的控制，将直流电压转换成一定频率的方波电压，加在直流伺服电动机的电枢两端，通过对方波脉冲宽度的控制，从而改变电枢的平均电压 U，达到调压调速的目的。由于晶体管开关频率高，若与快速响应的电动机相配合，则系统可以获得很宽的频带，因此系统的快速响应好，动态抗负载干扰的能力强。由于响应快、无滞后和惯性，特别适用于可逆运行，以满足频繁起制动的高速定位控制和连续控制系统的要求。但与晶闸管相比，功率晶体管不能承受高峰电流，过载能力低，因此 PWM 调速适用于数控机床的进给系统中直流伺服电动机的驱动。

直流伺服电动机 PWM 调速技术是从 20 世纪 70 年代发展起来的，由于它具有一系列的优点，目前已在中小功率的直流伺服电动机系统中得到广泛应用。

（一）PWM 调速基本原理

PWM 电路使用功率晶体管作为功率驱动器件，晶体管基极加入频率固定的开关脉冲信号，控制功率晶体管的导通和截止。开关脉冲信号的占空比（脉宽）按输入的指令中控制电压的要求来调节，从而改变加在直流伺服电动机电枢两端控制电压的大小和极性，实现对直流伺服电动机的转速调节控制和转动方向控制。PWM 调速电路按其工作方式有可逆调速和不可逆调速两类。不可逆调速电路不能直接控制直流伺服电动机换向，其电动机的换向控制需要通过外部开关器件进行极性切换控制。可逆调速电路有双向式、单向式和有限单向式等多种电路。

下面主要叙述双向式 PWM 可逆调速的电路工作原理。图 5-12 所示为桥式（H 型）可逆双向式 PWM 调速电路。图中，M 为直流伺服电动机；VT_1、VT_2、VT_3、VT_4 为功率晶体管；通过其 4 个器件的有序导通与断开实现对 M 的驱动控制。VD_1、VD_2、VD_3、VD_4 为续流二极管，用于在 VT_1、VT_2、VT_3、VT_4 断开瞬间，形成电动机定子线圈内电流释放电回路。U_s 为直流电源电压，U_{b1}、U_{b2}、U_{b3}、U_{b4} 为脉冲宽度可调的脉冲调制控制信号。

（二）双向式电路的工作时序过程

当 $0 < t < t_1$ 时，信号电压 $U_{b1} = U_{b4}$，$U_{b2} = U_{b3} = -U_{b1}$，$U_{b1} = U_{b4}$ 为正，VT_1 和 VT_4 饱和

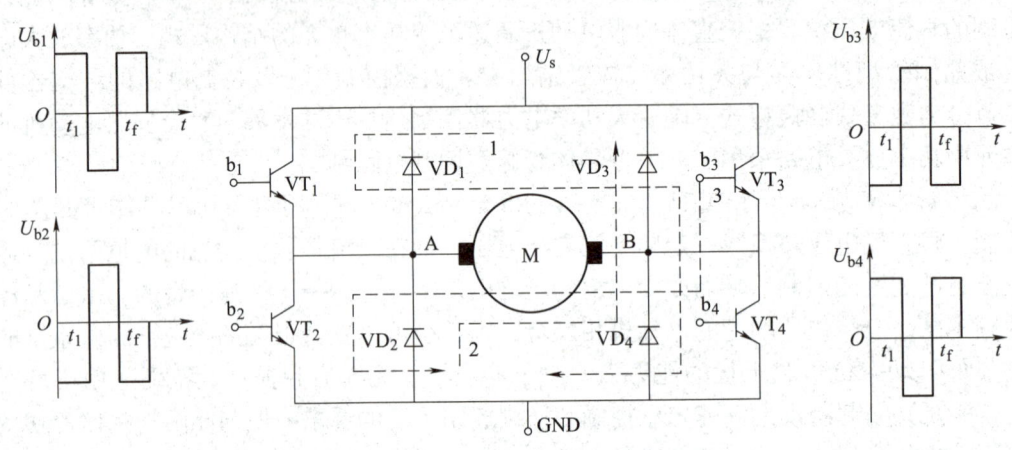

导通。而 $U_{b2}=U_{b3}$ 为负，VT_2 和 VT_3 截止，电动机电枢电压为 U_s，电枢电流 i_a 沿路径"1"流通。当 $t<t<t_f$ 时，$U_{b1}=U_{b4}$ 为负，VT_1 和 VT_4 截止；$U_{b2}=U_{b3}$ 为正，但 VT_2 和 VT_3 并不能立即导通，因为电枢电感储存的能量使经 VD_2、VD_3 沿路径"2"续流，使 VT_2、VT_3 承受反压。若负载较大，即 i_a 较大，在续流阶段始终不改变方向，则电动机始终工作在电动机状态。若负载较小，则续流过程中可能为零，使 VT_2 和 VT_3 导通，电枢电流反向，沿路径"3"流通，这时电动机处于反接制动状态。接着，在 $0<t_1$ 时，电枢电流 i_a 又沿路径"1"流通，如此，往复循环。图 5-13 所示为双向式 PWM 电路电枢电压／电流波形图。

图 5-12 桥式可逆双向式 PWM 调速电路

因为电枢电流 i_a 在 $0\sim t$ 期间沿正反两个方向流动，故称双向式 PWM 调速。电动机的转动方向取决于开闭时间 t_1 的大小。当 $t_1>t_f/2$ 时，电动机正转；当 $t_1<t_f/2$ 时，电动机反转；当 $t_1=t_f/2$ 时，电动机不转。电枢电流为一脉动直流，电动机转速的高低取决于控制脉冲的正负脉冲脉宽比值，即

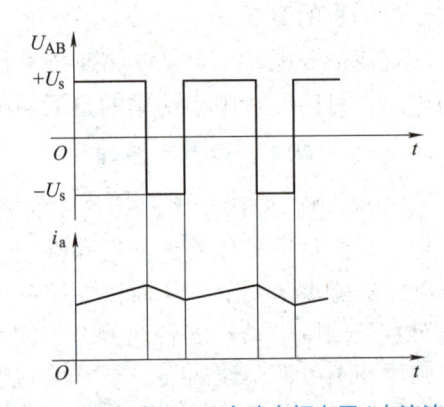

$$U_a = \frac{t_1}{t_f}U_s - \frac{t_f-t_1}{t_f}U_s = \left(2\frac{t_1}{t_f}-1\right)U_s \quad (5-17)$$

图 5-13 双向式 PWM 电路电枢电压／电流波形

式中，t_1 是开闭时间，t_f 是开闭周期，$2\left(\dfrac{t_1}{t_f}-1\right)=\rho$；$U_a$ 是电动机两端的电压，单位为 V；U_s 是电动机电枢电压，单位为 V。

定义 ρ 为占空比，调速时 ρ 的变化范围是 $-1\sim+1$，$\rho>0$ 时电动机正转；$\rho<0$ 时电动机反转；$\rho=0$ 时电动机不转。应注意，$\rho=0$ 时虽然电动机不转，但电枢电压和电流的瞬时值都不是零，而是正负交替的。这种交变电流虽然增大了电动机的损耗，但却能使电动机发生微振，起到"动力润滑"作用，这对消除正、反向死区，提高调速系统的低速性能极为有利。

双向式 PWM 调速优点是，电枢电流稳定连续，外特性硬度高，死区很小，低速性能好，调速范围宽；其缺点是，工作过程中 4 个功率晶体管都处于开关状态，故开关损耗

大，易发生上、下两管直通，造成电源短路等。因此使用时应使上、下两管开关之间有一定的延时，以防止发生电源短路现象。PWM 调速电路还有单向式、有限单向式，其原理类同上述，只是电动机运行时，电枢电流是单向性的。

七、直流驱动装置应用实例

图 5-14 所示为 FANUC 直流伺服电动机速度单元信号连接示意图。

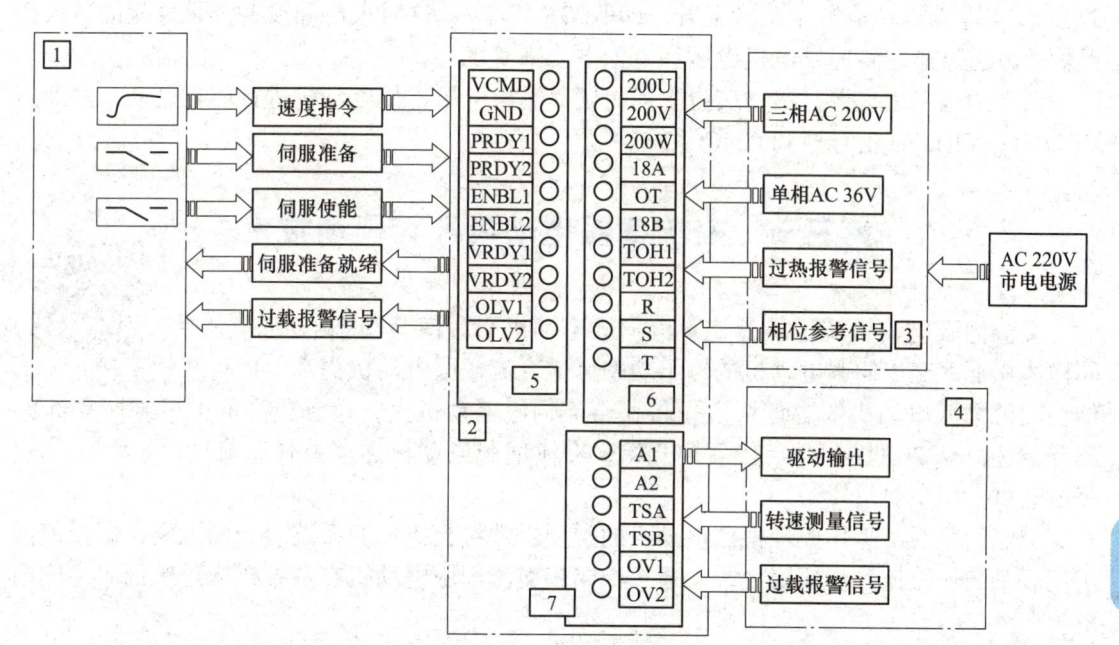

图 5-14 FANUC 直流伺服电动机速度单元信号连接示意图
1—CNC 系统　2—速度单元　3—电源变压器　4—直流伺服电动机
5—信号输入模块　6—供电模块　7—输出和信号反馈模块

电路控制信号说明：200U、200V、200W 为三相交流 200V 电源，用于控制晶闸管的同步触发。18A、OT、18B 为带中心抽头的 18V 交流电源，用于提供驱动装置中控制电路的 +15V 直流电压。R、S、T 为交流 120V 电源，是提供给主回路的电源。TOH1、TOH2 为装在变压器内部的常闭热控开关，当变压器过热时，热控开关断开。A1、A2 为驱动装置输出的伺服电动机电枢电压。TSA、TSB 为装在电动机轴上测速发电机输出的电压信号。

控制装置与驱动装置的连接信号有五组：VCMD、GND 为 CNC 系统输出给驱动装置的速度给定电压信号，通常在 -10~10V；PRDY1、PRDY2 为准备好控制信号，当 PRDY1 与 PRDY2 短接时，驱动装置主回路通电；ENBL1、ENBL2 为"使能"控制信号，当 ENBL1、ENBL2 短接时，驱动装置开始正常工作，并接受速度给定电压信号的控制；VRDY1 与 VRDY2 为驱动装置使能，通知 CNC 系统其正常工作的触点信号，当伺服单元出现报警时，VRDY1 与 VRDY2 立即断开；OLV1 与 OLV2 为常闭触点信号，当驱动装置中热继电器动作或变压器内热控开关动作时，该触点立即断开，通过 CNC 系统产生过热报警。为了保证驱动装置能安全可靠地工作，驱动装置具有多种自动保护线路，报警保护措施有：

1）一般过载保护。通过在主回路中串联热继电器及在电动机、伺服变压器、散热片内埋入能对温度检测的热控开关来进行过载保护。

2）过电流保护。当电枢瞬时电流 $\lambda > I$（额定电流）或电枢电流的平均值大于 I 时产生过电流报警。

3）失控保护。失控是指电动机在正常运转时，速度反馈突然消失（如测速发电机断线），使得电动机转速突然急骤上升，即所谓"飞车"，这对人身和设备都是危险的。失控保护一般通过监测测速发电机电压和电枢电压来实现。

通常一旦发生报警，驱动装置立即封锁其输出电压，使电动机进行能耗制动，并通过 VRDY1、VRDY2 信号通知 CNC 系统。

第三节　交流伺服电动机及其驱动技术

交流伺服电动机转子质量比直流伺服电动机小，使其动态响应好。在同样体积下，交流伺服电动机的输出功率可比直流伺服电动机提高 1.1～1.7 倍。交流伺服电动机的容量可以做得比直流伺服电动机大，达到更高的电压和转速。从 20 世纪 80 年代后期开始，交流伺服电动机逐渐替代直流伺服电动机占据主要位置。

交流伺服系统工作原理根据电动机的类型，常将交流伺服系统分为两大类，即交流同步伺服系统和交流异步伺服系统。通常，同步交流伺服电动机在数控机床进给伺服中应用更为广泛。

一、交流同步伺服电动机

永磁交流同步伺服电动机含有永磁体转子。永磁交流同步伺服系统按照驱动电流的波形及工作原理，又可分为矩形波电流驱动的交流同步伺服系统和正弦波电流驱动的交流同步伺服系统。前者被称为无刷直流伺服电动机，后者被称为无刷交流伺服电动机。这两种系统中，电动机磁场波形、驱动电流波形、转子位置传感器、驱动器中电流环结构、速度反馈信息的获得方法等方面有明显区别，转矩产生的原理也有所不同。

根据永磁体的安装方式和磁路形式，永磁交流同步电动机的转子结构可分为两类：一类为永磁体表面安装结构，另一类为永磁体内嵌式结构。在表面安装结构中，永磁体沿转子表面圆周方向等间隔安装，由此形成的反电动势波形接近梯形，适用于方波电流控制，可使控制系统结构大为简化。内嵌式结构转子的永磁体位于转子内部，易于使气隙磁场成正弦波分布，适用于正弦波控制，从而实现正弦波电流控制，以减小转矩脉动，提高低速运行的平稳性。以下文中所提的永磁交流同步伺服电动机都是指正弦波电流驱动的无刷交流伺服电动机，其他类型将另有说明。

永磁交流同步伺服电动机结构如图 5-15 和图 5-16 所示。其转子是用高导磁率的永久磁钢制成的磁极，转子轴两端用轴承支撑并将其固定于机壳上。定子是用矽钢片叠成的导磁体，导磁体的内表面有齿槽，嵌入用导线绕成的三相绕组线圈。当定子的三相绕组通三相交流电时，产生的空间旋转磁场就会吸住转子上的磁极，带动转子旋转。永磁同步交流伺服电机工作时，其转速决定于电源频率。

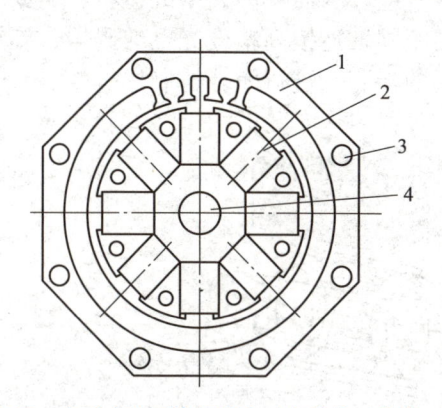

图 5-15　永磁交流同步伺服电动机结构（横截面图）
1—定子　2—永久磁铁　3—轴向通风孔　4—转轴

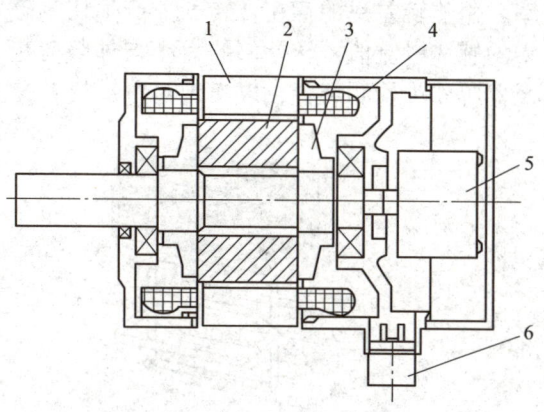

图 5-16　永磁交流同步伺服电动机结构（纵剖面图）
1—定子　2—转子　3—压板　4—定子三相绕组
5—脉冲编码器　6—出线盒

永磁交流同步伺服电动机在轴上（后端）同轴安装了一个光电编码器，随着电动机的旋转，光电编码器同轴旋转，在实时地检测出电动机转子的转速和角位移的同时，还可以实时测出转子上的磁极磁场位置。磁极磁场值被传送到电动机驱动控制电路，驱动控制器可以实时地控制逆变器功率元件的换向，实现了伺服驱动器的自控换向。

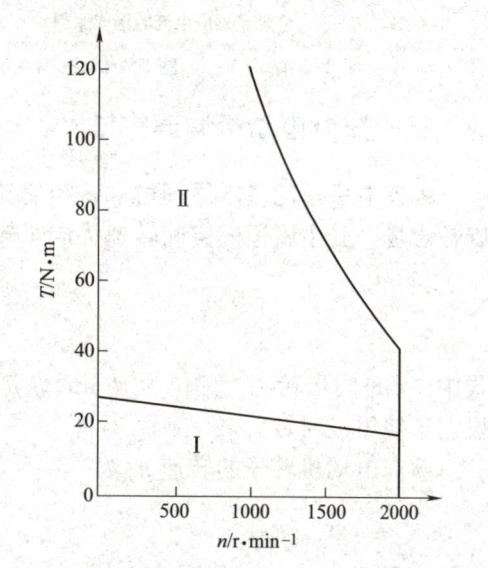

图 5-17 所示为某型永磁交流同步伺服电动机的工作特性曲线。该曲线将电动机的工作区域分成两个：Ⅰ区为连续工作区，在该区域内可以对转矩和转速进行任意组合，可长期连续工作。Ⅱ区为断续工作区，此时电动机只能根据负载周期曲线所决定的允许工作时间和断电时间间歇工作。

图 5-17　永磁交流同步伺服电动机的工作特性曲线

二、交流异步伺服电动机

感应异步电动机主要用于主轴驱动，它主要由定子和转子组成。机床驱动用的感应式异步交流伺服电动机与普通感应式异步交流电动机结构有所不同。

其定子结构与普通感应式电动机结构相类似，但转子结构有较大差别。其转子一般由硅钢片叠成，其上开有凹槽，槽内嵌有导条。当定子绕组通入三相交流电后，产生旋转磁场，旋转磁场与转子的相对运动，产生切割磁力线效果。根据右手定则，转子中的导条将产生感应电动势，并在转子回路中形成感应电流。根据左手定则，电流流过的导条回路在磁场中将受到电磁力的作用。分布于各个导条上的电磁力合力以转子轴线为支点形成一个

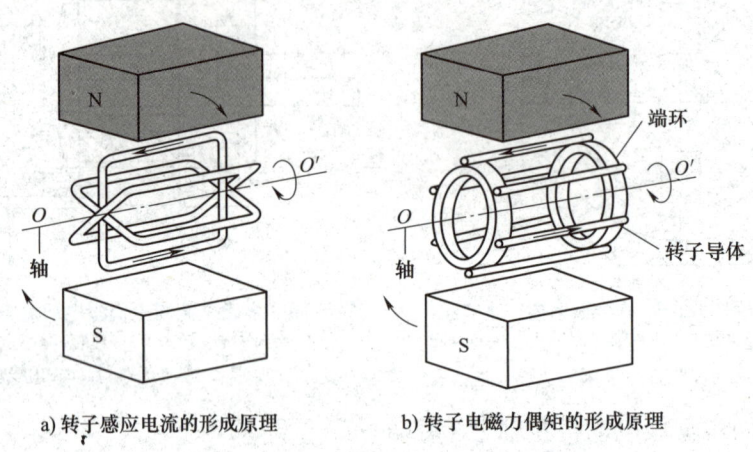

电磁力偶矩，驱动转子旋转，如图 5-18 所示。转子的旋转方向与旋转磁场回转的旋转方向相同，其旋转速度小于磁场旋转速度，形成的转差值与电动机的同步转速之比称作转差率。由于转差率的存在，转子才产生切割磁力线的效应。因而其转差率的值将影响到转子中的感应电流值，转差率的大小与外载荷相关。转子同轴连接高精度光电编码器、旋转变压器等作为检测装置，以实现对电动机转速和转角的检测，进行闭环控制。

a) 转子感应电流的形成原理　　b) 转子电磁力偶矩的形成原理

图 5-18　三相交流异步感应电动机工作原理图

三、交流电动机调速方法

根据电机学的基本原理可知：当交流电动机的定子绕组通以三相交流电时，将建立起旋转磁场，其主磁通的空间转速为同步转速 n，可表达为

$$n=\frac{60f}{p} \tag{5-18}$$

式中，n 是同步转速，单位为 r/min；f 是电动机定子绕组供电频率，单位为 Hz；p 是电动机定子绕组极对数。

感应电动机转子的转速 n_o 为

$$n_o=\frac{60f(1-s)}{p} \tag{5-19}$$

式中，s 为转差率。

当定子绕组通入三相交流电后，产生旋转磁场，感应电动机转子旋转速度与磁场旋转速度之差值称为转差率。交流同步电动机工作时，其转子的旋转速度与磁场的旋转速度相同，$s=0$，故称为同步；因感应电动机的转子旋转速度小于磁场旋转速度，$s\neq 0$，故称为异步。

由式（5-18）和式（5-19）可见，交流调速的方法主要有变极调速（改变磁极对数 p）和变频调速（改变频率 f）。

1）变极调速。由于电动机的磁极对数在制造时已确定了，因而无法在应用时任意变化。而且不能实现无级变速，因而不适合在数控机床中单独使用。

2）变频调速。当电动机定子对数 p 不变时，电动机的同步转速值和电源频率成正比。

连续地改变供电电源频率，就可以平滑地调节电动机的转速，这样的调速方法称为变频调速。变频调速具有很好的调速性能，如图 5-19 所示。n 为转速，n_0 为实时转速（拐点以上），n_1 为空载转速；f_1、f_1'、f_1'' 分别为频率 1、频率 2、频率 3；n_0、n_0'、n_0'' 分别为 3 种频率下的实时转速；n_1、n_1'、n_1'' 分别为 3 种频率下的空载转速；T_{st} 为堵转转矩，T_L 为负载转矩，T_{max} 为最大负载转矩。

交流异步电动机的调速控制、永磁同步电动机或其他的交流伺服电动机调速控制都需采用变频调速模式。

同步交流电动机运行时，其转速为同步转速。当输出的电磁转矩与负荷转矩相等时，电动机处于机械平衡运行状态，其转速为定子绕组磁场同步转速。当负荷转矩发生扰动，电动机输出的电磁转矩小于负荷转矩时，电动机应调整输出转矩，跟踪负荷的变化。否则会发生失步现象，使电动机处于失稳状态。

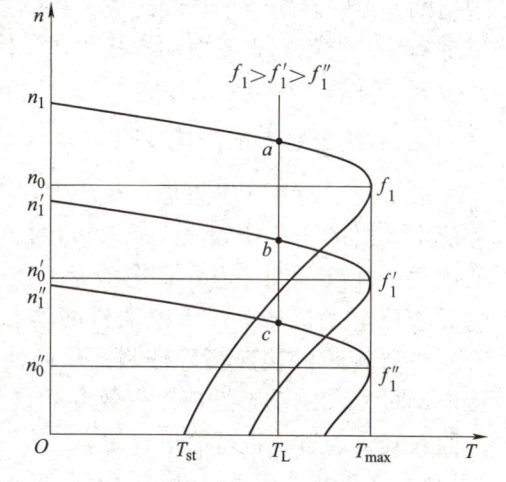

图 5-19 交流电动机变频调速机械特性

异步电动机工作时，其转子转速与电动机定子磁场的同步转速有一转差值，它与电动机输出转矩值相关。当电动机输出的电磁转矩与负荷转矩相等时，电动机处于机械平衡运行状态。转差值不变，电动机转速恒定不变。当负荷转矩发生扰动，电动机输出的电磁转矩不等于负荷转矩时，电动机转差值发生变化，电动机转速随负荷的变化而变化，电动机转速波动。

因而交流电动机工作时，如要实现稳速控制，必须对电动机输出转矩进行动态调整，以适应负荷的变化。交流电动机的动态电磁转矩控制是其伺服驱动控制的基本要求。

由于交流电动机的磁场是由定子绕组产生的，在定子电流中，有两个主要部分：一是定子旋转磁场的激磁电流分量，二是产生转子转矩的力矩分量。因而，这种动态控制是以对定子电流的矢量控制来实现的。

四、交流伺服电动机的矢量控制技术

（一）矢量控制的基本概念

1971 年，德国学者 Blaschke 和 Hasse 提出了交流电动机的矢量控制理论，它是电动机控制理论的第一次质的飞跃，解决了交流电动机的调速问题，使得交流电动机的控制和直流电动机控制一样的方便可行，并且可以获得与直流调速系统相媲美的动态功能。

直流电动机定子励磁磁通和电枢电流 i_a 产生的磁通成 90° 正交关系，直流电动机速度控制中，产生的瞬时力矩 T 与励磁电流的瞬时值 i_a 和电枢电流的瞬时值 i_M 之积成正比，即 $T=Ki_M i_a$。实际应用中，当励磁磁通不变时，控制电枢电流 i_a 的瞬时值，就可以控制直流电动机的瞬时力矩。

矢量控制的基本思想是，在普通的三相交流电动机上设法模拟直流电动机转矩控制的规律，其方法是将转子磁场进行定向，在转子磁场的定向坐标上，将电流矢量分解成为产生磁通的励磁电流分量 i_d 和产生转矩的转矩电流分量 i_q，并使得两个分量互相垂直，彼此独立，然后分别进行调节。交流电动机的矢量控制使转矩和磁通的控制实现解耦。所谓解耦指的是控制转矩时不影响磁通，控制磁通时不影响转矩。这样交流电动机的转矩控制从原理和特性上就和直流电动机相似了。因此，矢量控制的关键仍是对电流矢量的幅值和空间位置（频率和相位）的控制。

（二）矢量控制的理论基础

矢量控制的基本思想是，在产生相同的旋转磁场并保持功率不变这一等效原则下，将交流电动机的三相绕组 A、B、C 与两个正交并以同步转速旋转的直流绕组 d、q 相等效，从而将三相交流量（电压、电流等）变换为 d-q 坐标系下的直流量。在此基础上，即可仿照直流电动机来对交流电动机的动态性能进行分析，并实现对电磁转矩的快速精确控制，从而使交流电动机达到与直流电动机相同的动态性能。等效变换是矢量控制的重要基础，下面对其实现过程进行简单介绍。

1. 永磁交流伺服电动机的数学模型

忽略电动机铁心的磁饱和、永磁材料磁阻为零、不计涡流和磁滞损耗。图 5-20 中的 O 为三相定子绕组的轴线，取转子轴线与相定子绕组轴线的电气角为 θ。

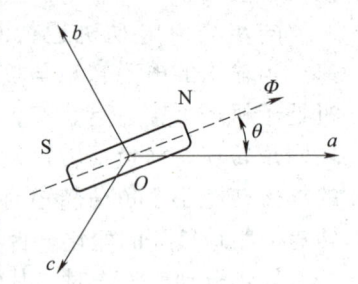

图 5-20 永磁交流伺服电动机等效结构

永磁交流伺服电动机的数学模型为

$$\begin{bmatrix} u_a \\ u_b \\ u_c \end{bmatrix} = \begin{bmatrix} R_a & 0 & 0 \\ 0 & R_b & 0 \\ 0 & 0 & R_c \end{bmatrix} \begin{bmatrix} i_a \\ i_b \\ i_c \end{bmatrix} + \frac{d}{dt} \begin{bmatrix} \varphi_a \\ \varphi_b \\ \varphi_c \end{bmatrix} \quad (5\text{-}20)$$

$$\begin{bmatrix} \varphi_a \\ \varphi_b \\ \varphi_c \end{bmatrix} = L_m \begin{bmatrix} \cos 0° & \cos 120° & \cos 120° \\ \cos 240° & \cos 0° & \cos 240° \\ \cos 120° & \cos 240° & \cos 0° \end{bmatrix} \begin{bmatrix} i_a \\ i_b \\ i_c \end{bmatrix} + \begin{bmatrix} \cos \theta \\ \cos(\theta - 120°) \\ \cos(\theta - 240°) \end{bmatrix} \varphi_r \quad (5\text{-}21)$$

式中，u_a、u_b、u_c 是三相定子绕组的电压，单位为 V；i_a、i_b、i_c 是三相定子绕组的电流，单位为 A；φ_a、φ_b、φ_c 是三相定子绕组的磁链，单位为 Wb；R_a、R_b、R_c 是三相定子绕组的直流电阻，单位为 Ω，$R_a = R_b = R_c$；φ_r 是转子的等效磁链，单位为 Wb；L_m 是三相定子绕组的电感，单位为 H。

2. 三相 / 二相变换 (Clark 变换)

三相/二相变换是将三相交流绕组等效为二相交流绕组，由此实现三相交流量（电压、电流等）到二相交流量的变换 α-β。

从电机学原理可知，对称的多相绕组通过对应的多相平衡正弦交流电流后，将产生角频率为 ω 的旋转磁场。图 5-21a 是三相绕组及通以三相交流电流产生的旋转磁场，图 5-21b 是二相绕组及通以二相交流电流产生的旋转磁场。如果旋转磁场的大小和角频率都相等，则这两组绕组等效。因而三相/二相变换就是将交流伺服电动机定子的三相绕组等效为二相绕组，实现三相交流量到二相交流量的等效变换。其实现方法：使用三相 A-B-C 坐标系描述三相绕组形成的旋转磁场下各磁势分量。同时使用二相 α-β 坐标系描述二相绕组形成的旋转磁场下各磁势分量,根据磁势相等原则,建立如下关系

$$\begin{cases} F_\alpha = F_A - F_B\cos 60° - F_C\cos 60° = F_A - \frac{1}{2}F_B - \frac{1}{2}F_C \\ F_\beta = F_C\sin j60° - F_C\sin 60° = \frac{\sqrt{3}}{2}F_B - \frac{\sqrt{3}}{2}F_C \end{cases} \quad (5\text{-}22)$$

式中,F_A、F_B、F_C 是三相坐标系下的磁势分量;F_α、F_β 是二相坐标系下的磁势分量。

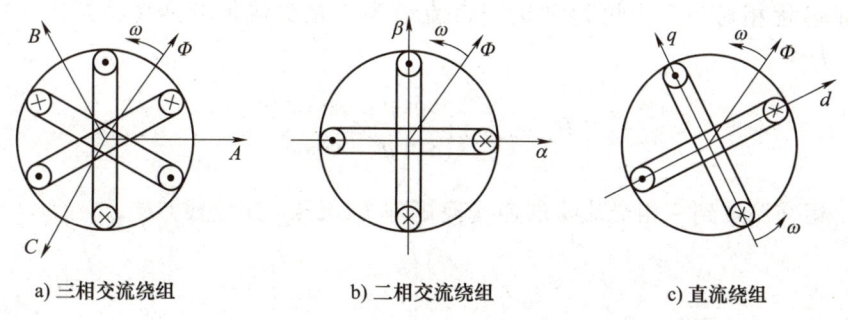

a) 三相交流绕组　　　　b) 二相交流绕组　　　　c) 直流绕组

图 5-21　等效的三相交流绕组、二相交流绕组和直流绕组

考虑到磁势与绕组电流的关系,经折算变换,可将式(5-22)所给磁势关系转换为电流关系,即

$$\begin{cases} i_\alpha = \sqrt{\frac{2}{3}}\left(i_A - \frac{1}{2}i_B - \frac{1}{2}i_C\right) \\ i_\beta = \sqrt{\frac{2}{3}}\left(\frac{\sqrt{3}}{2}i_B - \frac{\sqrt{3}}{2}i_C\right) \end{cases} \quad (5\text{-}23)$$

式中,i_A、i_B、i_C 是三相绕组电流,单位为 A;i_α、i_β 是二相绕组电流,单位为 A。

$$\begin{pmatrix} i_\alpha \\ i_\beta \end{pmatrix} = \sqrt{\frac{2}{3}}\begin{pmatrix} 1 & \frac{1}{2} & -\frac{1}{2} \\ 0 & -\frac{\sqrt{3}}{2} & -\frac{\sqrt{3}}{2} \end{pmatrix}\begin{pmatrix} i_A \\ i_B \\ i_C \end{pmatrix} \quad (5\text{-}24)$$

由此可得三相 A-B-C 坐标系到二相 α-β 坐标系的变换矩阵 $\boldsymbol{D}_{3\Phi/\alpha\text{-}\beta}$ 为

$$\boldsymbol{D}_{3\Phi/\alpha\text{-}\beta} = \sqrt{\frac{2}{3}}\begin{pmatrix} 1 & \frac{1}{2} & -\frac{1}{2} \\ 0 & -\frac{\sqrt{3}}{2} & -\frac{\sqrt{3}}{2} \end{pmatrix} \quad (5\text{-}25)$$

3. 静止/旋转变换(二相/直流)(Park 变换)

静止/旋转变换是将二相交流绕组等效为旋转坐标系下的正交直流绕组 d、q,如图 5-21c 所示。由此可导出二相交流量到正交直流量的变换矩阵 $\boldsymbol{D}_{\alpha\text{-}\beta/d\text{-}q}$ 为

$$\boldsymbol{D}_{\alpha-\beta/d-q} = \begin{pmatrix} \cos\varphi & \sin\varphi \\ -\sin\varphi & \cos\varphi \end{pmatrix} \quad (5\text{-}26)$$

式中，φ 是磁通位置角，单位为°（磁通 $\varPhi$ 与 A 轴或 a 轴的夹角）。

通过以上变换后，如果站在 $d\text{-}q$ 坐标系框架上看，d、q 绕组就是两个通以直流电流的正交固定绕组。由此即实现了三相交流量到直流量的等效转换。

4. 逆变换

同样，将上述变换式求逆运算，得到直流量到三相交流量的逆变换。

与上述过程相对应，也可得到正交直流量到二相交流量的逆变换矩阵（Park^{-1} 逆变换）$\boldsymbol{D}_{d-q/\alpha-\beta}$ 为

$$\boldsymbol{D}_{d-q/\alpha-\beta} = \begin{pmatrix} \cos\varphi & -\sin\varphi \\ \sin\varphi & \cos\varphi \end{pmatrix} \quad (5\text{-}27)$$

以及二相交流量到三相交流量的逆变换矩阵（Clark^{-1} 逆变换）$\boldsymbol{D}_{\alpha-\beta/3\varPhi}$ 为

$$\boldsymbol{D}_{\alpha-\beta/3\varPhi} = \sqrt{\frac{2}{3}} \begin{pmatrix} 1 & 0 \\ -\dfrac{1}{2} & \dfrac{\sqrt{3}}{2} \\ -\dfrac{1}{2} & -\dfrac{\sqrt{3}}{2} \end{pmatrix} \quad (5\text{-}28)$$

五、同步交流伺服电动机的驱动控制

（一）同步交流伺服电动机的电磁转矩控制原理

由 $d\text{-}q$ 坐标系和永磁交流伺服电动机的数学模型可知，在磁场定向控制（永磁励磁磁链方向与 d 轴正方向一致）的前提下，永磁同步电动机的电磁转矩公式为

$$T = K[\psi_f i_q + (L_d - L_q) i_d i_q] \quad (5\text{-}29)$$

式中，T 是电磁转矩，单位为 N·m；ψ_f 是永磁励磁磁链，单位为 Wb；i_d、i_q 为 d 轴和 q 轴的电流，单位为 A；L_d、L_q 为 d 轴和 q 轴的电感，单位为 H。

从式（5-29）可以看到，如果通过电流控制使 d 轴电流 $i_d=0$，则有 $M=k\psi_f i_q$。

由于永磁励磁磁链 ψ_f 为常数，因此，此时电动机输出的电磁转矩将与 q 轴电流 i_q 成正比。这意味着控制 i_q 就可以像控制直流伺服电动机一样实现对交流永磁同步电动机电磁转矩的直接控制。这一控制过程主要通过下述三种方法实现。

（二）同步交流伺服电动机的转子磁场定向控制

转子磁场定向控制的目的是使永磁励磁磁链 ψ_f 的方向与 d 轴方向保持一致，如图 5-22 所示。因而，在电动机转子轴上同轴安装转子位置传感器（如光

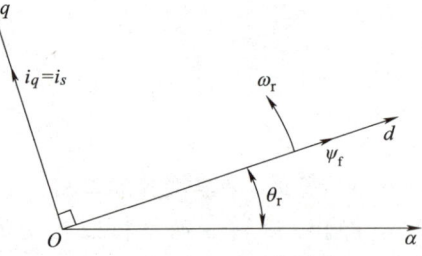

图 5-22　磁场定向控制示意图

电编码器、旋转变压器等），当电动机运行时，位置传感器随电动机转子同步旋转，实时获取以 θ_r 角表示的转子磁极位置信息。

（三）同步交流伺服电动机的定子电流闭环控制

在磁场定向的基础上，要准确控制同步交流伺服电动机的电磁转矩，就必须在 d-q 坐标系中对同步交流伺服电动机的定子电流 i_d 和 i_q 进行有效控制，即控制 i_d 恒为 0；控制 i_q 等于由希望电磁转矩确定的指令值。由于驱动系统运行过程中，必须对电动机输出转矩进行动态调整，以适应负荷的变化，维持电动机的同步运行状态。这种动态调整是通过电流跟踪控制实现，所以对 i_d 和 i_q 是采用电流闭环控制方式来进行控制。

由于 d-q 坐标系下的 i_d 和 i_q 与三相交流坐标系下的电流 i_A、i_B、i_C 间存在确定的坐标变换关系，因此对同步电动机进行电流闭环控制，可采用两种方案来实现：一种为直流闭环控制方案，另一种为交流闭环控制方案。

1. 直流闭环控制

直流闭环控制的基本思想是，在变换后的 d-q 坐标系中对电流 i_d 和 i_q 分别进行闭环控制，从而实现对电磁转矩的直接控制。由于在 d-q 坐标系中，电流 i_d 和 i_q 为直流量，因此称为直流闭环控制。按该方案构成的电磁转矩控制系统的基本结构如图 5-23 所示。其控制原理如下：

1) i_A、i_B、i_C 为实测的电流值，经变换电路解得 d-q 坐标系中的电流值 i_d、i_q。
2) i_d、i_q 与 i_d^*、i_q^* 电流控制指令比较，得 d-q 坐标系中的 u_d^*、u_q^* 电压控制指令。
3) u_d^*、u_q^* 电压控制指令经变换电路得定子坐标系中的 u_A^*、u_B^*、u_C^* 电压控制指令。
4) u_A^*、u_B^*、u_C^* 电压控制指令控制 PWM 逆变电路实现对电动机的驱动控制。

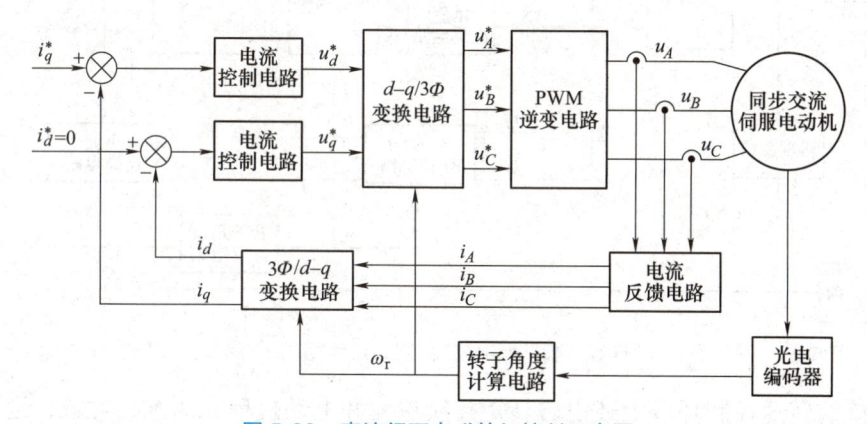

图 5-23 直流闭环电磁转矩控制示意图

2. 交流闭环控制

交流闭环控制的基本思想是，在 A-B-C 坐标系中，对电流 i_A、i_B、i_C 分别进行闭环控制，从而实现对电磁转矩的直接控制。由于在 A-B-C 坐标系中，电流 i_A、i_B、i_C 均为交流量，因此称为交流闭环控制。按该方案构成的电磁转矩控制系统的基本结构如图 5-24 所示。其控制原理如下：

1) i_d^*、i_q^* 电流控制指令经变换电路得定子坐标系中的 i_A^*、i_B^*、i_C^* 电流控制指令。

2）i_A、i_B、i_C 为实测的电流值，与 i_A^*、i_B^*、i_C^* 电流控制指令比较形成控制 PWM 逆变电路的控制信号。

3）电流控制电路输出控制指令控制 PWM 逆变电路实现对电动机的驱动控制。

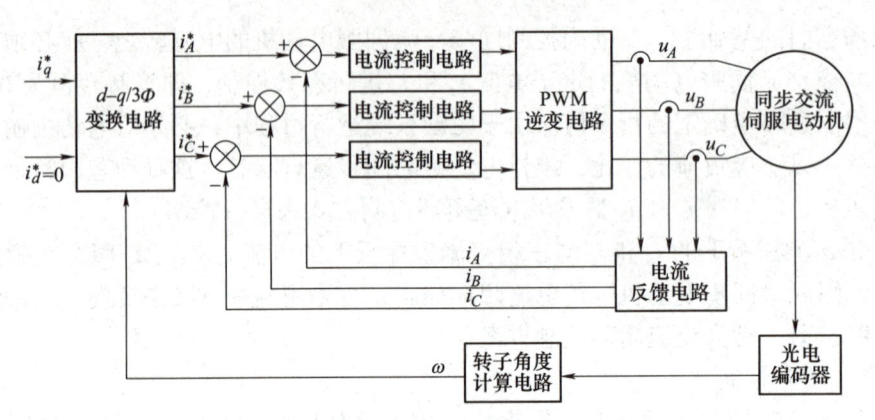

图 5-24　交流闭环电磁转矩控制示意图

（四）同步交流伺服电动机的转速和转角控制系统

在对永磁同步电动机进行电流（电磁转矩）闭环控制的基础上，可进一步构成转速和转角控制系统，如图 5-25 所示。

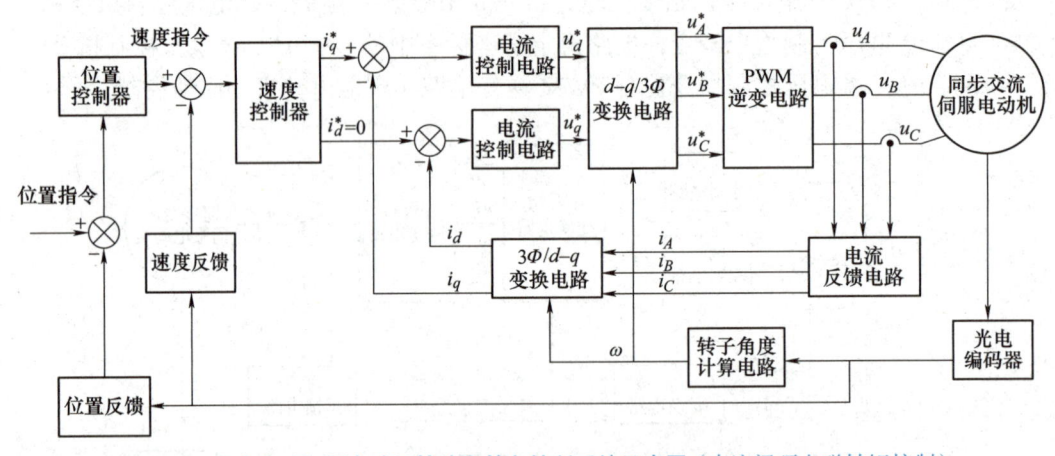

图 5-25　同步交流伺服电动机转速和转角控制系统示意图（直流闭环电磁转矩控制）

该系统的转速控制环以上述电磁转矩控制单元和电动机单元为被控对象，通过检测装置获取电动机单元的实际旋转速度，实现对电动机转速的快速准确控制。该系统的外环为转角位置控制环，它以整个转速内环为被控对象，通过光电编码器等检测装置获取电动机实际转角信息，最终实现对电动机角位移的精确快速控制。其控制过程如下：

1）i_A、i_B、i_C 为实测的电流值，经变换电路解得 d-q 坐标系中的电流值 i_d、i_q。

2）i_d、i_q 与 i_d^*、i_q^* 电流控制指令比较，得 d-q 坐标系中的 u_d^*、u_q^* 电压控制指令。

3）u_d^*、u_q^* 电压控制指令经变换电路得定子坐标系中的 u_A^*、u_B^*、u_C^* 电压控制指令。

4）u_A^*、u_B^*、u_C^* 电压控制指令控制 PWM 逆变电路实现对电动机的驱动控制。

六、异步交流伺服电动机的驱动控制

(一)异步交流伺服电动机的电磁转矩控制原理

对异步交流伺服电动机的电磁转矩进行动态控制，是实现高性能进给驱动控制的基础。矢量变换控制（或称磁场定向控制）是实现异步电动机电磁转矩控制的重要方法。

异步交流伺服电动机的结构与同步交流伺服电动机结构有很大区别，主要是转子磁场不是永磁体。异步交流伺服电动机运行时，转子导条切割定子旋转磁场的磁力线，产生感应电流，感应电流通过转子端部处的短路环形成回路，产生转子磁场。感应电流具有三相交变电流性质。定子磁场的旋转频率与转子磁场的旋转频率有一差值，这一转差频率又与电动机输出电磁转矩值相关。因而其磁场定向控制中，必须同时对定子磁场、转子磁场进行实时检测与估算，方能较为正确地控制转子磁链方向与 d 轴一致。

异步交流伺服电动机的电磁转矩公式

$$T = k\frac{L_M}{L_2}(L_2 i_{d2} + L_M i_{d1})i_{q1} \tag{5-30}$$

令 $L_2 i_{d2} + L_M i_{d1} = \psi_2$，式（5-30）简化后得

$$T = k\frac{L_M}{L_2}\psi_2 i_{q1} \tag{5-31}$$

式中，L_2、L_M 分别是转子电感、转子定子的最大互感值，单位为 H；i_{d1}、i_{q1}、i_{d2} 分别是 d-q 坐标系中定子的 d 轴电流、q 轴电流、转子的 d 轴电流，单位为 A；ψ_2 为转子磁通的磁链，单位为 Wb。

由于 L_2、L_M、k 都为常数，因此如能维持 ψ_2 为恒值，则异步交流伺服电动机输出的电磁转矩将正比于 i_{q1}。这意味着控制 i_{q1} 就可以像控制直流伺服电动机一样实现对交流永磁同步电动机电磁转矩的直接控制。这一控制原理对转子磁场的控制要求：一是磁场定向控制，二是磁场的恒值控制。

(二)异步交流伺服电动机的转子磁场定向控制和恒值控制

根据电机学理论及交流电动机矢量变换方法，异步交流伺服电动机在 α-β 坐标系中，其定子磁场的磁链方程、转子磁场的磁链方程存在下述关系

$$p\psi_{\alpha 2} = -\sigma_r \psi_{\alpha 2} - \omega_r \psi_{\beta 2} + L_M \sigma_r i_{\alpha 1} \tag{5-32}$$

$$p\psi_{\beta 2} = \omega_r \psi_{\alpha 2} - \sigma_r \psi_{\beta 2} + L_M \sigma_r i_{\beta 1} \tag{5-33}$$

令 $\sigma_r = \dfrac{R_2}{L_2}$，则推得转子磁链的位置角 θ 及幅值 Φ_2 为

$$\theta = \arctan\left(\frac{\psi_{\beta 2}}{\psi_{\alpha 2}}\right) \tag{5-34}$$

$$\varPhi_2 = \sqrt{\psi_{\alpha2}^2 + \psi_{\beta2}^2} \tag{5-35}$$

式中，R_2 为转子的直流电阻，单位 Ω；L_2 为转子电感，单位 H；L_M 转子定子的最大互感值，单位 H；$\psi_{\alpha2}$、$\psi_{\beta2}$ 为 α-β 坐标系中的定子磁场的磁链、转子磁场的磁链，单位 Wb。

异步交流伺服电动机的磁场控制过程与同步交流伺服电动机的磁场定向控制相比，不同之处是需增加一个转子磁场的恒值控制。因此，在控制系统中需增设对转子磁场的磁链计算和控制环节。

（三）异步交流伺服电动机的定子电流闭环控制

根据上述原理所构成的异步交流伺服电动机电流闭环（转矩）控制单元的基本结构如图 5-26 所示，其控制原理如下：

1）i_A、i_B、i_C 为实测的电流值，经变换电路解得 α-β 坐标系中的电流值 $i_{\alpha1}$、$i_{\beta1}$。
2）$i_{\alpha1}$、$i_{\beta1}$ 通过磁链计算得到磁通量 ψ_2 与 ψ_2^* 磁通控制指令比较，通过磁链控制得到 i_{d1}^*。
3）i_{d1}^*、i_{q1}^* 电流控制指令经变换电路得定子坐标系中的 i_A^*、i_B^*、i_C^* 电流控制指令。
4）i_A^*、i_B^*、i_C^* 电流控制指令与 i_A、i_B、i_C 实测的电流值比较后通过电路转换，得到 u_A^*、u_B^*、u_C^* 电压控制指令。
5）u_A^*、u_B^*、u_C^* 电压控制指令控制 PWM 逆变电路实现对电动机的驱动控制。

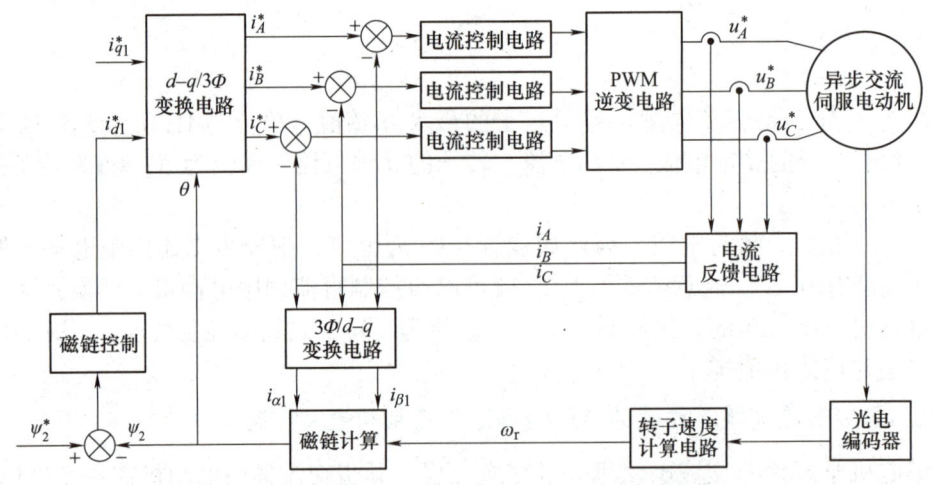

图 5-26　异步交流伺服电动机电流闭环控制示意图

（四）异步交流伺服电动机的转速和转角控制系统

上述控制单元对交流异步伺服电动机电磁转矩进行有效控制的基础上，结合速度控制器、位置调节器等单元电路，构成异步交流伺服电动机的速度位置控制系统，如图 5-27 所示。该系统的速度控制环以上述基于矢量变换控制的电磁转矩控制系统为被控对象，通过检测装置获取异步交流伺服电动机的实际运动速度，实现对电动机速度的快速准确控制。该系统的外环为位置控制环，它以整个速度内环为被控对象，通过角位移检测装置获取电动机实际转角信息，最终实现对异步电动机旋转角位移的精确快速控制。

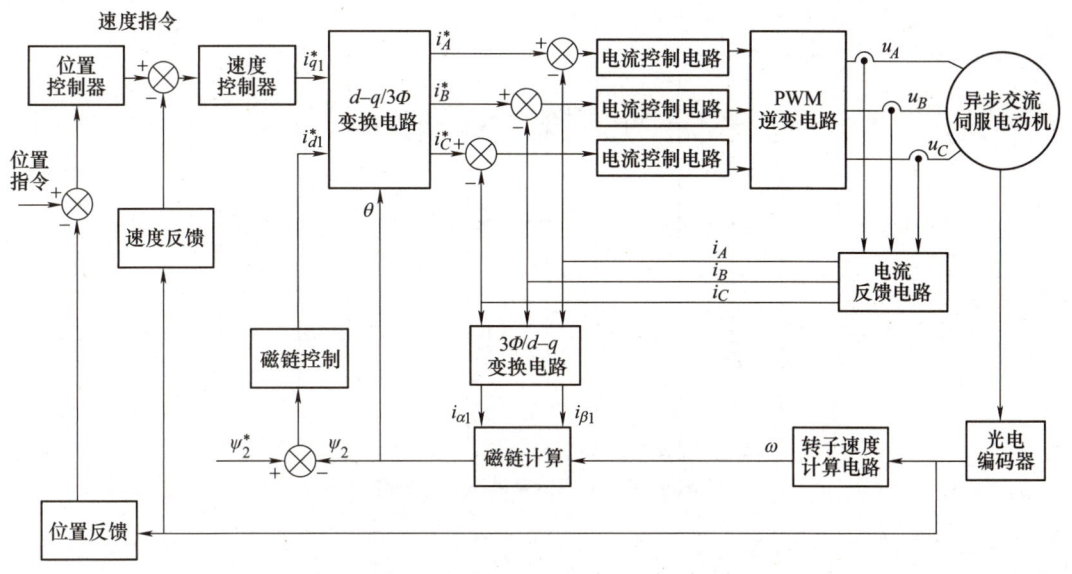

图 5-27　异步交流伺服电动机速度位置控制系统示意图

七、交流伺服驱动控制系统的主电路

交流伺服电动机的调速控制方法是变频调速，前述章节中讨论的矢量控制技术是变频调速系统的控制电路，而变频调速系统的主电路是逆变电路。工业用电的电源一般为三相 380V 交流电源。频率固定不变，为 50Hz，通常也被称作市电电源。为对异步交流伺服电动机的运动进行控制，必须采用可控电力变换器件，通过逆变电路将固定频率、固定幅值的三相（或单相）交流电压/电流变换为频率、幅值、相位可控的三相交流电压/电流。实现这一变换的主要方法是"交—直—交"变换，即先将交变电源转换成直流电源，然后将直流电源变换成交变电源，其频率被变换成所需的频率值。

（一）三相逆变电路的基本结构

逆变电路中有两个重要的基本知识就是整流和逆变器。整流也称换流，指的是改变电源的性质，如将交流电源变换成直流电源。逆变器指的是直流电变换成交流电的电路部件。三相逆变电路是由主电路、驱动电路和保护电路组成。

1. 主电路

主电路一般包括整流电路、逆变电路和制动电路三部分，如图 5-28 所示。其中，整流电路由 6 只二极管组成，按三相桥式接法构成全波整流电路，其输出经滤波后向逆变电路提供恒定的直流电压 U_d；逆变电路由 6 只绝缘栅双极型晶体管（IGBT）或智能功率模块（IPM）组成，给 $VT_1 \sim VT_6$ 栅极加上适当的控制信号，使 6 只功率管按一定的规律开通和关闭，即可将固定的直流电压逆变成频率、幅值和相位均可调的三相交流电压，从而实现对三相交流电动机的供电。故将此称作为三相逆变电路。其中，$VD_1 \sim VD_6$ 为续流二极管，当 $VT_1 \sim VT_6$ 关断时，由其与电动机定子绕组构成放电回路，释放 $VT_1 \sim VT_6$ 断电切换瞬间产生的冲击电流，保护 $VT_1 \sim VT_6$。

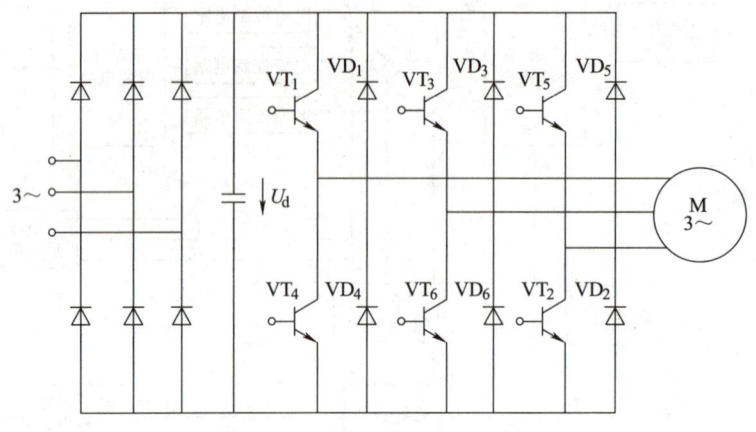

图 5-28　三相逆变电路的主电路

2. 驱动电路

驱动电路的功能是将控制电路输出的控制信号转换为具有足够功率的驱动信号，以实现对大功率器件（IGBT、IPM 等）的驱动，并实现功率侧高压与控制侧低压间的隔离。

3. 保护电路

保护电路的作用是根据过电压、欠电压、短路、过电流、过热等检测信号，对大功率器件进行强制关断控制，以实现故障情况下的保护。

（二）三相逆变电路的正弦波脉冲宽度调制控制

正弦波脉冲宽度调制（SPWM）控制方法是在脉冲宽度调制（PWM）控制的基本思想上发展起来的。它的特点是将电动机每相绕组的导通周期分成多个导通小区间。在每个导通小区间内，控制绕组的导通时间，但绕组所加的端电压不变，因而形成一组脉宽受调制的矩形脉冲。由于电动机绕组为电感线圈，因而脉冲电压通入后，绕组内的电流还具有连续性。当矩形脉冲的宽度调制控制信号为正弦波时，如图 5-29 所示，其占空比是按正弦规律变化的。这样，可保证逆变器输出的平均电压波形接近正弦波，通过电动机滤波后，可使电动机绕组中的电流为较理想的正弦波电流，如图 5-29e 中曲线所示。

PWM 是在输出脉冲电压幅值恒定的情况下，通过改变输出电压脉冲的占空比来调整输出电压的幅值。而 SPWM 是用正弦波对三角波信号调制相交，生成一组脉冲宽度按照正弦规律变化的矩形脉冲，形成调制脉冲宽度的控制信号。用这一组矩形脉冲作为逆变器各开关元件的控制信号，则在逆变器输出端可以获得一组其幅值为逆变器直流侧母线电压 E，宽度按正弦规律变化的矩形脉冲电压。图 5-29a 演示了双极性调制的原理，当正弦参考波 u_a、u_b、u_c 的幅值大于调制三角波 u_t 的幅值时，输出为"1"，否则输出为"0"。从图 5-29b~e 中可以看出，通过改变参考正弦波 u_a、u_b、u_c 的频率和幅值 U，可以改变输出基波电压的频率 f 和幅值 U_t，通过改变调制三角波的频率，可以改变输出脉宽的周期。图中，u_{ao}、u_{bo}、u_{co} 分别是正弦波 u_a、u_b、u_c 的幅值。

调制三角波通常被称为载波，其频率通常称为载波频率，一般用 f_s 来表示，定义载波频率 f_s 与参考正弦波频率 f_c 之比为载波比，用 N 来表示，见式（5-36）。定义参考正弦波 u_a、u_b、u_c 的幅值 U 以与三角波 u_t 的幅值 U_t 之比为调制比，用 M 来表示，见式（5-37）。

$$N = \frac{f_s}{f_c} \quad (5\text{-}36)$$

$$M = \frac{U}{U_t} = \frac{U_1}{E} \quad (5\text{-}37)$$

式中，U 为正弦波幅值，单位为 V；U_t 为三角波幅值，单位为 V；U_1 为逆变器输出基波电压，单位为 V；E 为直流母线电压，单位为 V。

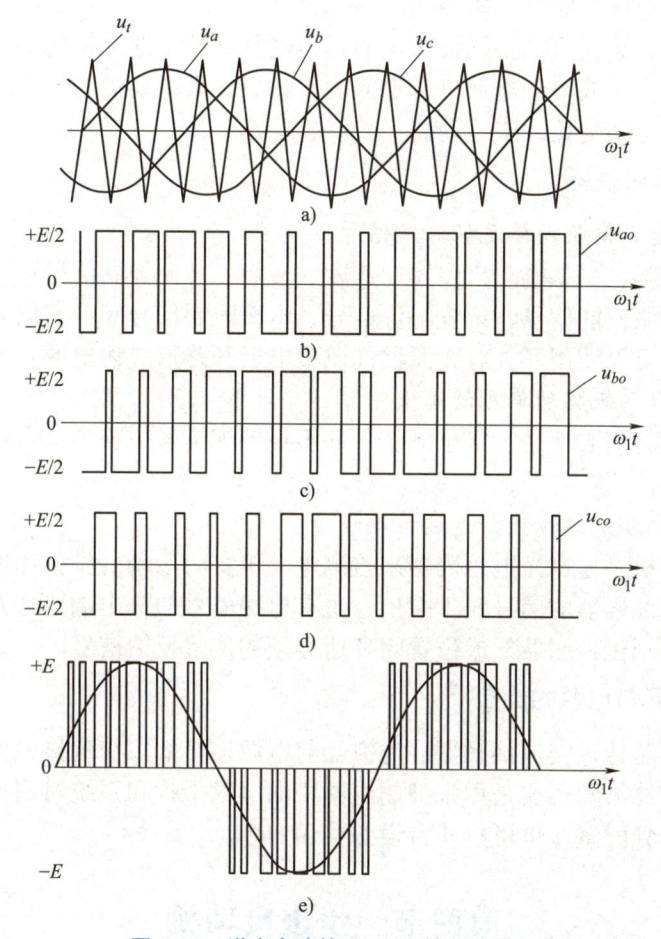

图 5-29　逆变电路的 SPWM 控制波形图

逆变器输出基波电压的幅值 U_1 与直流母线电压 E 之比在数值上与 M 是相等的，这就是采用 PWM 实现变频调速（VVVF）的基本原理。

八、交流驱动装置应用

交流伺服驱动系统一般是采用永磁同步型交流伺服电动机，使用变频矢量控制方法。它具有 3 种控制模式，即位置控制模式、速度控制模式、转矩控制模式，分别应用于不同的控制场合。

位置控制模式：由驱动单元、电动机单元、测量单元组成交流伺服系统的位置环、速度环的双闭环控制结构。控制单元（如 CNC 等）是向系统传入位置控制指令，而位置控制指令形式是脉冲信号形式，脉冲的个数对应电动机的角位移值，脉频率与电动机转速高低对应。信号可以是脉冲 + 数字电平（数字电平"1""0"控制电动机转向）。

速度控制模式：由驱动单元、电动机单元、测量单元组成交流伺服系统速度闭环控制结构。而控制单元（如 CNC 等）是位置闭环控制部分。控制单元向系统传入速度控制指令，速度控制指令形式是模拟电压信号形式，模拟电压信号值与电动机转速高低对应。模拟电压信号的正负对应控制电动机转向。

转矩控制模式：让伺服电动机按给定的转矩进行旋转，即保持电动机电流环的输出恒定。如果外部负载大于或等于电动机设定的输出转矩，则电动机的输出转矩会保持在设定的转矩值，电动机会跟随负载来运动。

（一）输入 / 输出信号

1. 交流伺服电动机驱动单元的输入信号

输入信号有两类：一是电动机位置、速度、转矩、转向控制信号；二是电动机状态控制输入信号，如伺服使能信号、位置限位信号、电流限制信号等，它们的输入形式是数字量，信号输入器件可以使用开关等无源器件或集电极开路形式输出的有源器件。

2. 交流伺服电动机驱动单元的输出信号

输出信号一般有伺服就绪、定位完成、伺服报警等信号，这些信号也是以数字量的形式输出给控制器的。

3. 交流伺服电动机的位置与速度检测信号

交流伺服电动机是通过光电编码器来检测电动机实时运动的位移和速度的。伺服电动机驱动单元有光电编码器的信号输入端口，也有检测信号的输出端口。光电编码器的检测信号是交流伺服电动机控制器形成位置闭环所必须的位置反馈信号。

（二）驱动单元与电源的连接

驱动单元主要是通过交流接触器、滤波器与电源连接的。交流接触器作为驱动单元电源接入控制系统。滤波器主要是用来抑制电网中的电磁干扰和系统对周边设备的电磁干扰的。断路器可以单独配置，也可以几台设备共用一个。

第四节　步进电动机

步进电动机是一种用电脉冲信号进行控制，并将电脉冲信号转换成相应的角位移的一种电磁式增量运动执行元件。步进电动机转动的角位移和转速分别与电脉冲数和电脉冲频率成正比。通过调节电脉冲数和电脉冲频率，就可以控制步进电动机的角位移和转速。

步进电动机分为反应式和混合式两大类。反应式步进电动机的转子是由一般铁磁性材料制作的，而混合式步进电动机的转子带有永久磁钢，如图 5-30 所示。混合式步进电动机与反应式步进电动机相比，混合式步进电动机的转矩密度（单位体积内能产生的转矩大小)大,而且混合式步进电动机的步距角较小,因此在工作空间受到限制、同时又需要小步距角和大转矩的应用场合,常常选用混合式步进电动机。此外,混合式步进电动机在绕组未通电时,永磁转子能产生自动定位转矩,虽然这一转矩比绕组通电时产生的转矩小得多,但它能使断电时转子保持在原来的位置。对于反应式步进电动机而言,由于其转子上没有永久磁钢,所以转子的机械惯量比混合式步进电动机转子惯量低,可以更快地加、减速。根据步进电动机的定子绕组数,步进电动机可以分成三相、四相、五相或六相。

a) 三相反应式步进电动机　　　　b) 三相混合式步进电动机

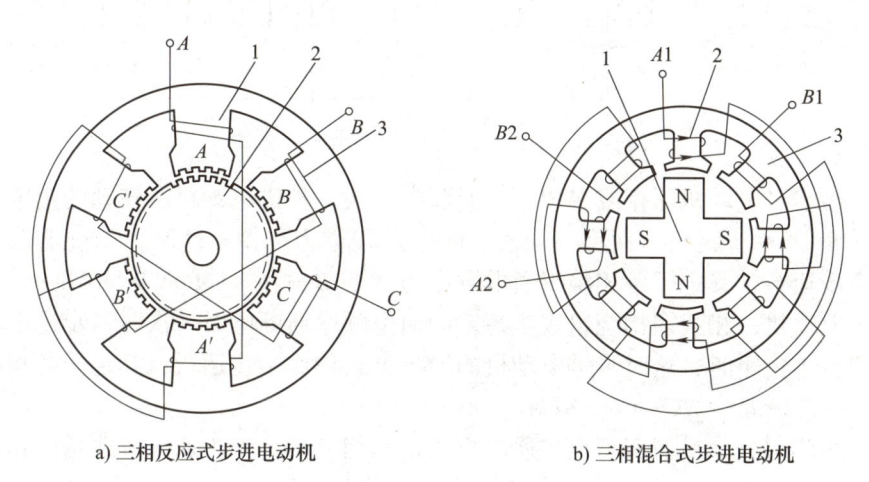

图 5-30　步进电动机的结构示意图

1—定子　2—转子　3—绕组

一、步进电动机结构与工作原理

图 5-30a 所示为三相反应式步进电动机的结构示意图,它的定子、转子用硅钢片或其他软磁材料制成,定子上有 6 个等分的磁极(A、A'、B、B'、C、C'),相邻两个磁极间的夹角为 60°。相对的两个磁极组成一相,其磁极对数为 3。定子每对磁极上有一相绕组,每个磁极上各有 5 个均匀分布的矩形小齿。电动机的转子上没有绕组,而是有 40 个矩形小齿均匀分布在圆周上,相邻两个齿之间的夹角为 9°。定子和转子上的矩形小齿的齿距、齿宽相等。当定子某相绕组通电时,对应的磁极产生磁场,并与转子矩形小齿形成闭合磁回路。如果这时定子的小齿与转子的小齿没有对齐,则在磁场的作用下,转子受电磁力作用,趋于运动至磁阻最小的位置,即使转子齿和定子齿对齐,此时转子只受径向力而无切向力作用,其转矩为零,处于平衡状态。因而,错齿是促使步进电动机旋转的根本原因。

在单三拍控制方式中,假如 A 相通电,B、C 两相都不通电,在磁场的作用下,将使转子的齿和 A 相的定子齿对齐。把该位置作为初始状态,设与 A 相磁极中心对齐的转子齿为 1 号齿,由于 B 相磁极与 A 相磁极相差 120°,且 120°与 9°不为整数比,所以此时转子齿不可能与 B 相定子齿对齐,其 8 号齿与 B 相磁极中心线相差 3°。同理,转子 15 号齿与 C 相磁极中心线相差 6°。如果此时 B 相通电,A、C 相不通电,则 B 相磁场迫使 8 号转子齿与其磁极对齐,整个转子就转动了。如果按 $A—B—C$ 的顺序轮流向 A、B、C 相通电,步进电动机就产生一步一步的不连续的转动,如图 5-31 所示。

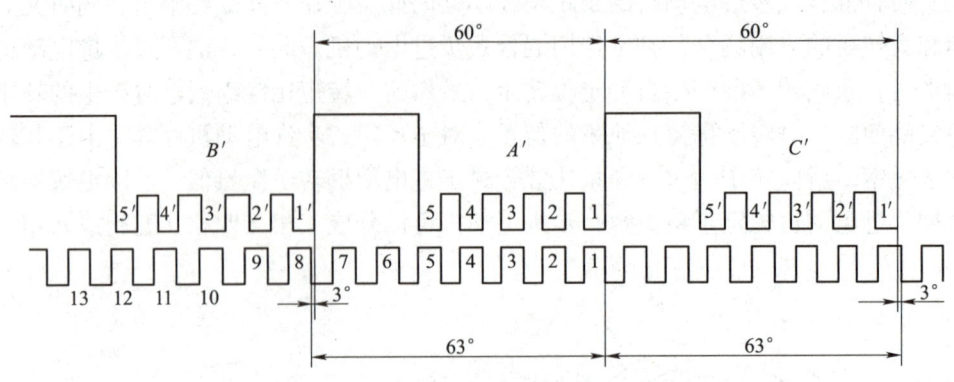

图 5-31 三相步进电动机全步运行示意图

定义 当步进电动机一相或多相绕组通断电一次，步进电动机所转动的角度为一个齿距时，其转角 θ_b 称步距角，而将一个通、断电过程称为一拍。这时，步进电动机的通电方式称作全步运行，其定子各相绕组通电顺序为 $A \rightarrow B \rightarrow C \rightarrow A \rightarrow B \rightarrow C \rightarrow \cdots\cdots$

当步进电动机一相或多相绕组按一特定的通电顺序通断电时一次时，步进电动机所转动的角度为半个齿距时，这时步进电动机的通电方式称作半步运行，其定子各相绕组通电顺序为 $A \rightarrow AB \rightarrow B \rightarrow BC \rightarrow C \rightarrow CA \rightarrow A\cdots\cdots$

对于三相步进电动机而言，全步通电方式是三相三拍，半步通电方式是三相六拍步进电动机出厂时，其产品参数中对其步距角的标注通常为两个值，如 1.5/0.75，其分别为全步通电和半步通电时的步距角值。

二、步进电动机的控制方法

不难看出，步进电动机的齿数越多，相数越多，步距角越小，其控制的角位移或线位移的精度就越高。步进电动机的转速 n 的计算公式为

$$n = \frac{f\theta_b}{60C} \tag{5-38}$$

式中，n 是转速，单位为 r/min；f 是通、断电频率，单位为 Hz；θ_b 是步距角，单位为 rad；C 为常数，$C=1$（全步通电方式），$C=2$（半步通电方式）。

步进电动机的转向与定子各相绕组通电的先后顺序有关，如将 $A \rightarrow B \rightarrow C$ 的通电顺序定为正向运转通电顺序，则 $C \rightarrow B \rightarrow A$ 的通电顺序为反向运转通电顺序。

三、步进电动机的运行性能

步进电动机的性能参数有静特性与动特性之分，熟悉步进电动机的运行性能对正确使用步进电动机有着重要意义。

（一）静特性

所谓静态是指步进电动机不改变通电状态，转子不动时的状态。步进电动机的静态特性主要指静态矩角特性和最大静态转矩特性。

1. 静态矩角特性

当步进电动机某相通以直流电流时，该相所对应的定子、转子齿对齐。这时转子上没有转矩输出。如果在电动机轴上加一个负载转矩，则步进电动机转子就要转过一个小角度 $\Delta\theta$，再重新稳定。这时转子上受到的电磁转矩 T 和负载转矩 M 相等，称 M 为静态转矩，而转过的这个角度 $\Delta\theta$ 称为失调角。描述步进电动机静态时电磁转矩 T 与失调角 $\Delta\theta$ 之间关系的特性曲线称为矩角特性。

步进电动机两个齿中心线之间的距离称为齿距，当转子转过一个齿距，静态距角特性就变化一个周期，相当于一个电角度。图 5-32 所示为步进电动机的静态矩角特性，它的定子、转子齿形均为矩形，近似于正弦曲线。

如上所述，在电磁转矩的作用下，转子有一定的稳定平衡点。如果步进电动机空载，则稳定平衡点为 $\theta=0$ 处。而 $\theta=\pm\pi$ 处则为不稳定平衡点。稳定平衡点不止一个，即相隔一个转子齿距就有一个稳定平衡点。若在静态情况下，转子受外负载转矩的作用，偏离它的平衡点，而没有超过相邻的不稳定平衡点，则当外转矩除去后，转子在电磁转矩的作用下，仍能回到原来的平衡点。所以两个不稳定平衡点之间的区域构成静稳定区。

2. 最大静态转矩特性

步进电动机的最大静态转矩特性如图 5-33 所示。

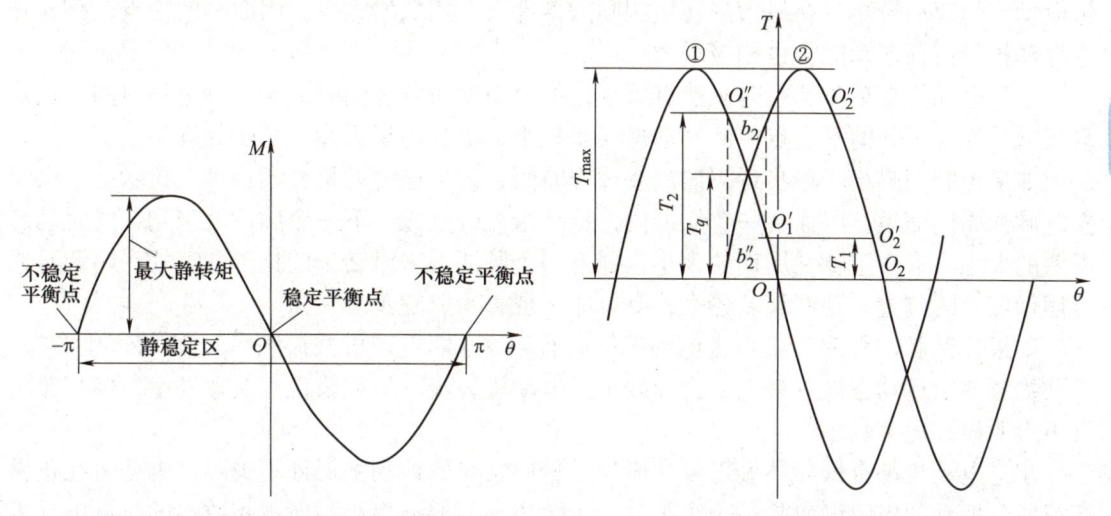

图 5-32 步进电动机的静态矩角特性

图 5-33 步进电动机的最大静态转矩特性

在图 5-33 中，电磁转矩的最大值称为最大静态转矩 T_{max}。它与通电状态及绕组内电流的值有关。在一定通电状态下，最大静转矩与绕组内电流的关系，称为最大静转矩特性。当控制电流很小时，最大静转矩与电流的二次方成正比地增大；当电流稍大时，受磁路饱和的影响，最大转矩上升变缓；电流很大时，曲线趋向饱和。

(二) 动特性

步进电动机运行总是在电气和机械过渡过程中进行的，因此对它的动特性有很高的要求，步进电动机的动特性将直接影响到系统的快速响应及工作可靠性。它不仅与电动机的性能和负载性质有关，还和电源的特性及通电方式有关，其中有些因素是属于非线性的，要进行精确分析，因此较为困难，通常只能采用近似方法来研究。

1. 步进运行状态时的动特性

若电动机绕组通电脉冲的时间间隔大于步进电动机机电过渡过程所需时间，电动机为步进状态。

图 5-33 为步进运行状态时的矩角特性曲线。开始时，步进电动机的矩角特性为图中曲线①所示，若电动机空载，则电动机工作在稳定平衡点；外加一个脉冲，通电状态改变，矩角特性曲线变成曲线②，电动机将稳定在新的稳定点。

当电动机处于负载起动时，电动机初始状态是通电静止的，矩角特性为曲线①，轴上负载转矩为 T_1，电动机工作在稳定平衡点 O_1' 处；如果这时给一个控制脉冲，即改变一次逻辑通电状态，则矩角特性跃变为图中的曲线②；在输入脉冲的瞬间 $t=0$ 时，转子的位置不能跃变，电磁转矩由曲线②上的 b_2 点决定，若大于 T_1 的值，则转子加速，向新的平衡点 O_2' 运动。

假如负载转矩为 T_2，起始时的稳定平衡点为 O_1''，则在给脉冲瞬间的电磁转矩值由矩角特性曲线②上的 b_2'' 点决定且比负载转矩小，转子将减速，使 θ 减小，不能达到新的平衡点 O_2。也就是说，负载转矩为 T_2 时，电动机不能起动。

曲线①和曲线②的交点转矩 T_q，是步进电动机能带动的负载转矩极限值，称 T_q 为步进电动机的起动转矩。在最大静转矩相同的条件下，相数增大时，因曲线的交点较高，步进电动机带负载起动能力也相应增大。

步进电动机在单步运行时虽然有振荡，但由于输入脉冲间隔大于过渡过程时间，振荡会衰减并稳定于新的平衡点。此时动态误差较小，不会出现丢步、超步等现象。

如果控制间隔小于单步运行的过渡过程时间，则步进电动机处于连续运行状态。由于控制脉冲周期缩短，因而在一个周期内，振动未充分衰减，下一个脉冲就来到，此时动态误差的大小，取决于脉冲周期的大小，即下一个脉冲到来时转子的位置。若处在超调量或回摆量较大的位置，动态误差较大，有可能出现丢步、超步等现象。

如果控制脉冲频率等于步进电动机的固有频率（即电动机共振频率），则将产生共振。在共振频率附近动态误差最大，会导致步进电动机失步。低频段也有共振发生，但相比之下不太明显，危害较小。

步进电动机都有低频共振现象，应当尽量设法减弱振动并保证不失步。电动机在正常运行时，振动的极限振幅是一个步距角。步距角小，振动也小。所以相数多的步进电动机或运行拍数多的通电方式，振动不很明显，低频共振的危险性也小一些。

2. 连续运行状态时的动特性

当控制绕组的电脉冲频率增高，相应的时间间隔也减小，以至小于电动机机—电过渡过程所需的时间。当脉冲由绕组 A 相切换到 B 相，再切换到 C 相，这时转子从定子 A 相起动，移到定子 B 相，还来不及回转，C 相已经通电，这样转子将继续按原方向转动，形成连续运行状态。实际上，步进电动机大都是在连续运行状态下工作的。在这样运行状态下电动机所产生的转矩称为动态转矩。

（三）矩频特性

步进电动机的最大动态转矩和脉冲频率的关系被称为矩频特性，如图 5-34 所示。由

图 5-34 可以看出，步进电动机的最大动态转矩小于最大静转矩，并随着脉冲频率的升高而降低。因为步进电动机定子绕组通电时，绕组电流增长有一个过渡过程，其过渡时间值被称作电气时间常数。当脉冲频率较低时绕组电流可以达到稳定值，当脉冲频率很高时控制绕组中的电流不能达到稳定值，电动机的最大动态转矩小于最大静转矩。而且脉冲频率越高，最大动态转矩也就越小。在步进电动机运行时，对应于某一频率，只有当负载转矩小于它在该频率时的最大动态转矩时，电动机才能正常运转。

1. 工作频率

工作频率是指电动机按指令的要求进行正常工作时的最大脉冲频率。正常工作指的是步进电动机接受一个脉冲就移动一个步距角，如移动步距角数多于或少于接受的脉冲数，则称作越步和丢步。越步和丢步的步距数是运行拍数的整数倍，丢步严重时，将使转子停留在一个位置上或围绕一个位置振动。

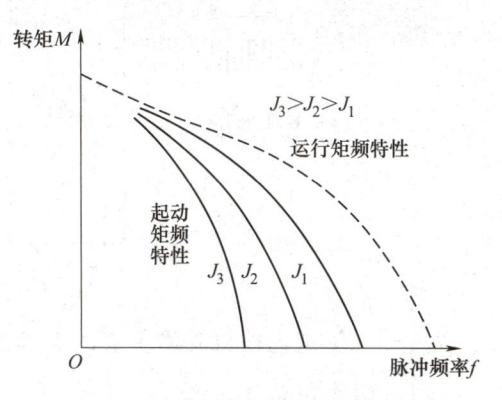

图 5-34 步进电动机矩频特性

2. 步进电动机的起动频率

步进电动机的起动频率是指在一定的负载转矩下能够不失步地起动的最高频率。起动频率的大小是由许多因素决定的，如绕组的时间常数、负载转矩和转动惯量、步距角等。步进电动机起动时，其外加负载转矩分为零或不为零两种情况。前者的起动频率称为空载起动频率，后者称为负载起动频率。负载起动频率与负载惯量的大小有关。当驱动电源性能提高时，起动频率可以提高。

3. 步进电动机的连续工作频率（运行频率）

步进电动机的连续工作频率是指步进电动机起动后，其控制脉冲为连续脉冲形式时，能不失步运行的最高频率。影响运行频率的因素与影响起动频率的因素基本上相同，但是转动惯量对运行频率的影响不像对起动频率的影响那么明显。

4. 步距角精度

当步进电动机空载时，控制脉冲以单脉冲形式输入，步进电动机的实测步距角与理论步距角之差，称为静态步距角误差，反映了步进电动机的制造精度。步距角误差以 "′"（分）表示，我国生产的步进电动机的步距角精度，一般在 $\pm 10'\sim\pm 30'$ 的范围，精度高的电动机可达到 $\pm 2'\sim\pm 5'$。

四、步进电动机的驱动装置

步进电动机的运行特性不仅与步进电动机本身和负载有关，而且与配套使用的驱动装置有着十分密切的关系。驱动装置的输入信号来自数控系统的控制信号。控制信号的一般形式是由控制电动机转速及角位移的脉冲信号和控制电动机运转方向的数字电平信号构成。数控机床中使用的步进电动机驱动装置是由脉冲分配器电路和功率放大器电路组成的，如图 5-35 所示。

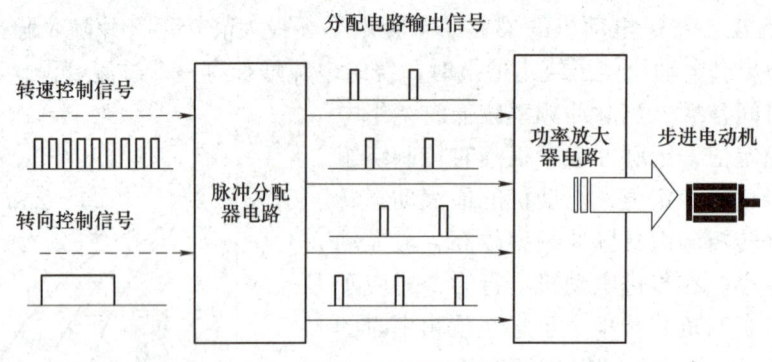

图 5-35 步进电动机驱动装置框图

（一）步进电动机驱动装置的工作原理

1. 脉冲分配器电路

脉冲分配器又称环形分配器，它将控制装置送来的一串指令脉冲按照一定的顺序和分配方式，控制各相绕组的通、断电运行顺序。

步进电动机驱动装置分为两类：一类是其本身包括脉冲分配器，称为硬环分配结构，控制装置只需要发送脉冲即可，每一个脉冲即对应电动机转过一个固定的角度；另一类是驱动装置没有脉冲分配器，脉冲分配需由控制装置来完成。常用的步进电动机驱动装置为硬环分配结构。

根据电动机的定子绕组相数，脉冲分配器有相配的输出端口。脉冲分配器输出的功率极小，只有几毫安电流，不能驱动步进电动机工作，必须通过功率放大器进行放大，给步进电动机各相绕组提供足够的电流。脉冲分配器在上述多个信号的控制下，按定子各相绕组通、断电的逻辑关系，以及输出各相绕组通、断电的控制脉冲信号，输出至功率放大器，产生各相绕组的激磁电流，驱动步进电动机按一定的方式运行，按控制要求实现电动机的正、反转运行控制和定位控制等操作。

2. 功率放大器电路

功率放大电路的功用是将脉冲分配器的信号放大，形成流入定子绕组的激磁电流，定子各相绕组一般需要几安至十几安的运行电流。步进电动机在工作时，定子绕组的激磁电流工作于高速通断状态的脉冲工况条件。由于绕组在通断电瞬间有一个充放电时间过程，因而通断开关频率不能过高。这样就制约了电动机的最高运行转速，还影响了电动机的高速起动性能。

为了提高步进电动机的起动性能和运行性能，在功率放大器电路中经常使用高压驱动方法来缩短绕组充放电时间。常用的有高低压功率驱动电路与恒流斩波驱动电路。

（1）高低压功率驱动电路　图 5-36a 中，由定时电路组成了高低压驱动控制电路。V_G 端点连接直流高压电源，V_D 端点连接直流低压电源，V_{bg} 为高压脉冲放大器输出的控制脉冲，V_{bd} 为低压脉冲放大器输出的控制脉冲。定时电路控制 V_{bg} 与 V_{bd} 的时序关系如图 5-36b 所示。

当步进电动机绕组通电时，工作脉冲信号变为高电平。在工作脉冲的驱动下，定时电路控制两个脉冲放大器同时工作，输出脉冲 V_{bg}、V_{bd}，使 VT_G、VT_D 晶体管饱和导通，使高电压电流由 V_G 流入绕组，使得绕组 L 尽快达到额定值。期间电动机处于高压通电状态，

使定子励磁绕组 L 进入高速充电过程。因 I_L 处电压接近 V_G，V_D 由于 VD_2 的正向导通性质，使低压电源与电动机处于断路状态。

a) 高低压功率驱动电路

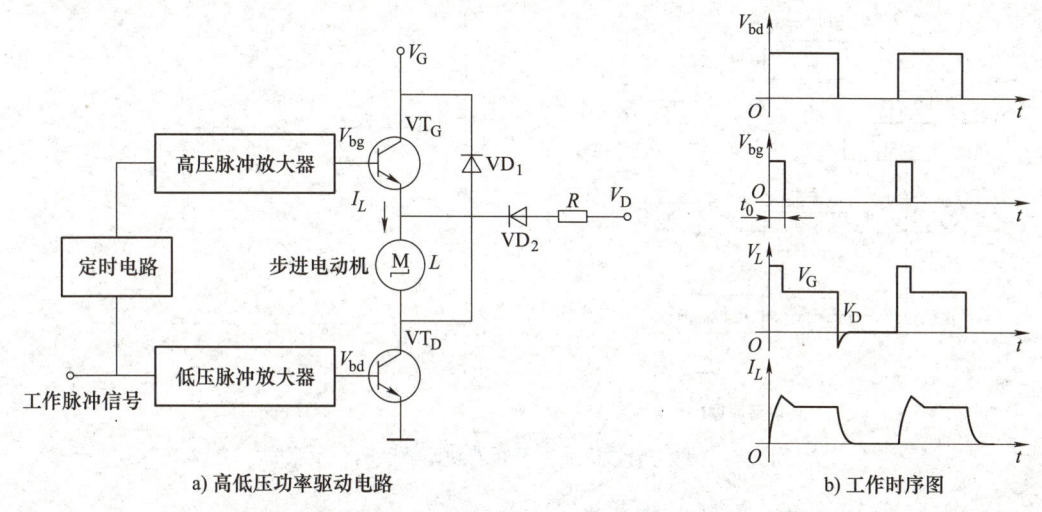

b) 工作时序图

图 5-36　高低压功率驱动电路工作原理图

当充电至某一定时段，绕组电流上升至接近额定值时，定时电路自动断开高压脉冲放大器，VT_G 晶体管截止，使高压电源断开，I_L 处电位降低，低压电源 V_D 经二极管 VD_2 加到绕组 L 上，维持 L 中的额定电流不变。工作脉冲信号变为低电平时，低压脉冲放大器输出控制脉冲 V_{bd} 随之变低，VT_D 晶体管截止，工作脉冲信号的脉宽决定了步进电动机定子绕组的总导通时间。

当工作脉冲信号变为低电平时，VT_G、VT_D 截止，储存在 L 中的能量通过 R、V_G 及 V_D 构成放电回路，R 使放电时回路时间常数减小，改善电流波形的后沿。放电电流的稳态值为 $(V_G-V_D)/(R+r)$，式中的 r 为电动机定子绕组直流电阻。

该电路由于采用高压驱动，电流增长加快，绕组上脉冲电流的前沿变陡，使电动机的转矩、起动及运行频率都得到提高。又由于额定电流由低电压维持，故只需较小的限流电阻，因而功耗较小。该电路工作时，每相绕组都需单独的高低压功率驱动电路供电，电路结构显得复杂。

（2）恒流斩波驱动电路　恒流斩波驱动也称定电流驱动或波形补偿控制驱动。这种驱动电路（图 5-37a）的控制原理是将绕组一个导通时间周期分成多个等分的小时间段，形成载波模式。绕组采用高压驱动，功率放大电路内设有绕组电流值的检测环节。在脉冲分配器控制电路作用下，绕组进入导通阶段时，VT_1、VT_2 同时导通，绕组电流开始建立，电流逐步达到给定工作电流。电流信号放大、比较环节后与设定值相比较，若超过设定值，就去封锁晶体管 VT_1 的驱动信号，VT_1 关断，绕组电流通过二极管 VD_3、电源、二极管 VD_4 形成续流回路，绕组中能量释放。当电流减小到某值时，晶体管 VT_1 又导通，绕组电流上升，到某一值时，晶体管 VT_1 关断，如此工作直到分配器信号封锁相绕组通电为止，晶体管 VT_1、VT_2 均关断。绕组中能量通过二极管 VD_3、VD_4 向电源释放，图 5-37b 所示为恒流斩波电路时序图波形，由于该电路是工作于高压通电状态，将会减小定子线圈导通时的充电动态过渡时间，有利于提高电动机的起动特性。同时该电路工作时为单电源，与高低压功率驱动电路相比，结构简单。

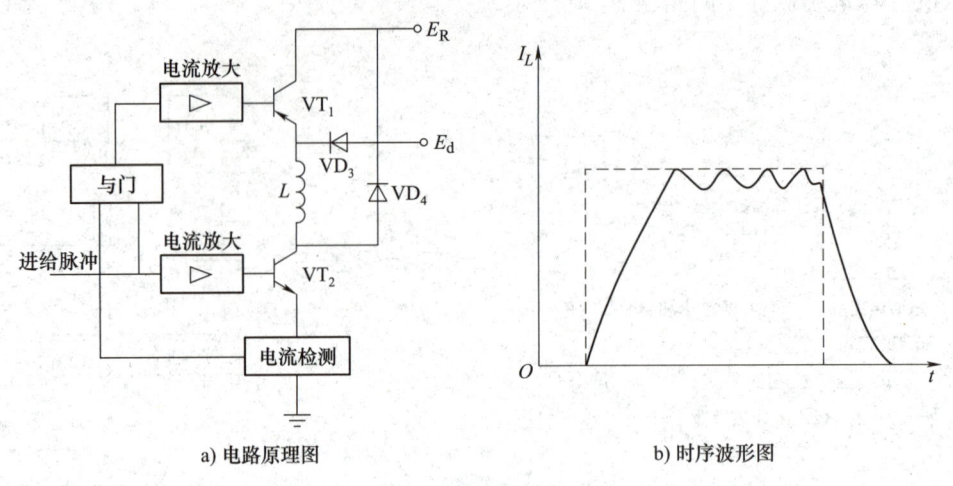

a) 电路原理图　　　　b) 时序波形图

图 5-37　步进电动机的恒流斩波功率驱动电路示意图

（二）步进电动机驱动控制电路示例

图 5-38 所示为四相步进电动机驱动控制电路，主要由 L297 和 L298 两片集成电路组成。

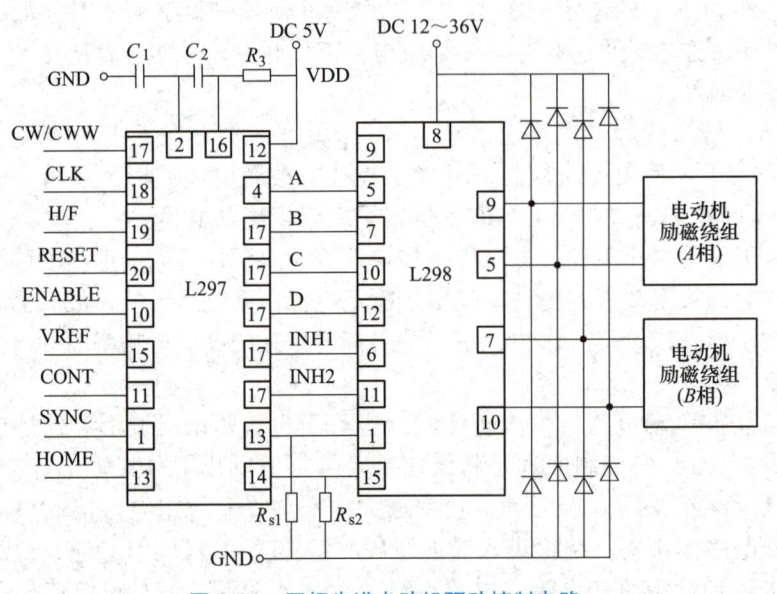

图 5-38　四相步进电动机驱动控制电路

L297 是硬环分结构形式的脉冲分配器电路。L297 的输入控制信号分成两类：其一是用于控制步进电动机的转速、转向和工作模式（全步/半步）等；其二是来自电动机工作电流采样电阻 R_{s1}、R_{s2} 的电流反馈信号。L297 引脚信号功能说明见表 5-1。L298 是工作于恒流斩波驱动方式的脉冲功率放大电路，它采用了 H 形桥式 PWN 驱动控制电路结构。由于 L298 为双单元输出驱动结构，因而它适用于单片直接驱动二相步进电动机及四相步进电动机。电路中的 8 个二极管为续流二极管，需采用快速恢复二极管。电路需采用两路供电，DC 5V 为集成电路的工作电源，电动机驱动用的电源可在 DC 12~36V 之内选择。V_{ref} 为电动机工作电流设定调节信号输入端口，其上可输入一个直流信号电压 V_{ref}，该电压值与电流反馈电阻值 R_{si} 及电动机工作电流设定值 I_o 相关，使其符合下述关系式

$$V_{ref} = I_o R_{si} \quad i=1,2 \tag{5-39}$$

式中，R_{si} 为电压电流反馈电阻值，单位为 Ω；I_o 为工作电流设定值，单位为 A；V_{ref} 为直流信号电压，单位为 V。

表 5-1　L297 引脚信号功能说明

引脚符号	功用说明	引脚符号	功用说明
CW/CWW	电平输入，控制电动机转向	HOME	电平输入，电动机复位信号输入
CLK	脉冲信号输入，控制电动机角位移	A	A 相控制脉冲信号输出
H/F	电平输入，全步/半步运行控制	B	B 相控制脉冲信号输出
RESET	电平输入	C	C 相控制脉冲信号输出
ENABLE	电平输入，使能控制信号输入	D	D 相控制脉冲信号输出
VREF	模拟电压输入，控制电动机电流	INH1	截止控制信号输出
CONT	电平输入	INH2	截止控制信号输出
SYNC	电平输入	13、14	电动机电路反馈信号输入

L298 具有 2 个 H 形桥式 PWM 功率放大电路，其驱动能力可达 36V/2A。可用于驱动步进电动机（2 个绕组串接，形成 2 相接线方式）。

五、步进电动机驱动装置应用实例

步进电动机是用于开环结构形式的伺服系统，CNC 单元在其中是完成信号源控制功能。它给出一个与步进电动机转速相对应的方波脉冲串信号和一个以电平信号表示的旋转方向，经过硬件环形脉冲分配器电路，产生所要求的各相顺序通/断电信号。信号中，方波脉冲信号的频率决定了步进电动机的转速，而电平信号的高低值分别代表两个旋转方向。步进电动机控制软件简单，占用数控系统 CPU 的时间短，可靠性高。

西门子 802S 数控系统是一种经济型数控系统，它所采用的伺服进给控制模式是开环控制，伺服执行元件选用步进电动机，其进给驱动器信号连接示意图如图 5-39 所示。整个系统分别由 CNC 单元、24V 直流电源、220V/85V 交流电源变压器、步进电动机驱动单元和五相步进电动机组成。

步进电动机驱动单元信号功用说明：J1 接线端子与 CNC 单元相连，CNC 单元输出 1 个脉冲频率可控的方波脉冲信号作为速度指令，同时输出 2 个数字电平信号完成对电动机的使能和方向控制。J2 接线端子连接五相步进电动机的定子励磁绕组。J3 接线端子通过交流电源变压器连接市电电源。

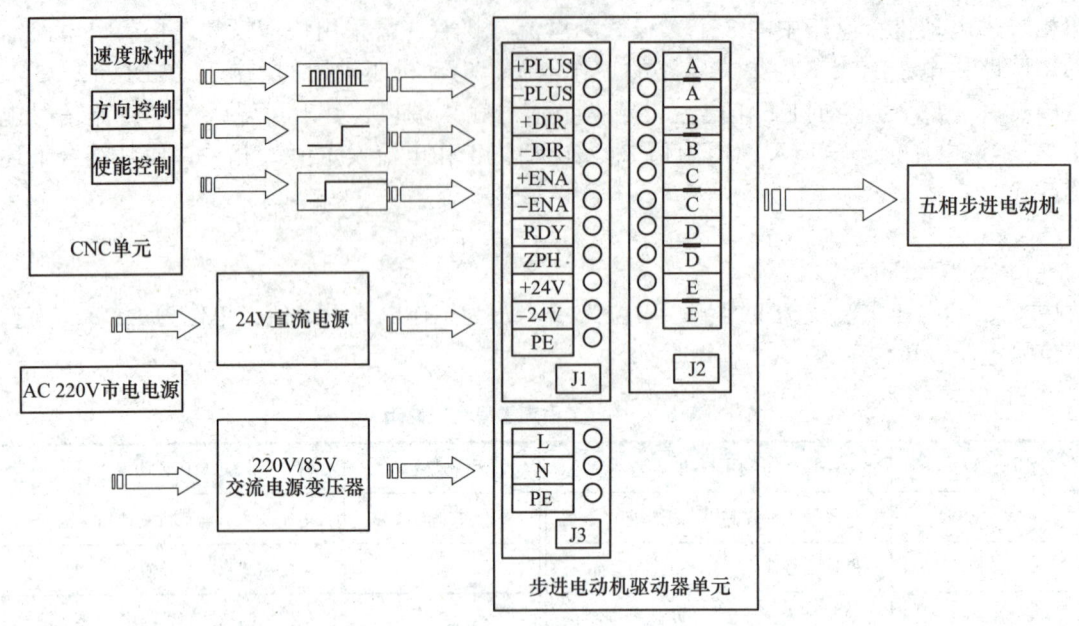

图 5-39 西门子 802S 数控系统步进电动机驱动器信号连接示意图

第五节 数控进给伺服系统

进给伺服系统是以机床坐标轴上工作台位置为控制量的自动控制系统，它根据数控系统插补运算生成的位置指令，精确地变换为工作台的位移，直接反映了机床坐标轴跟踪运动指令和定位要求，因而伺服控制是位置随动控制，其主要控制对象是数控坐标轴的进给运动与定位。

一、数控机床对进给伺服系统的要求

进给伺服系统的高性能在很大程度上决定了数控机床的高效率、高精度。为此数控机床对进给伺服系统的位置控制、速度控制、伺服电动机、机械传动等方面都有很高的要求。

（一）可逆运行

在加工过程中，机床工作台根据加工轨迹的要求，随时都可能实现正向或反向运动，同时要求在方向变化时，不应有反向间隙和运动的损失。

（二）调速范围宽

为适应不同的加工条件，数控机床要求进给速度能在很宽的范围内实现无级可调。这就要求伺服电动机有很宽的调速范围和优异的调速特性。对数控机床 $1\sim5\mu m$ 加工精度和 $0\sim24m/min$ 的进给速度范围都可满足，具体要求如下：

1) 在 $1\sim24000mm/min$ 即 $1:24000$ 调速范围内，要求进给速度稳定，无爬行现象。

2) 在 $1mm/min$ 以下时具有一定的瞬时速度，但平均速度很低。

3) 在零速时，即工作台停止运动时，要求进给电动机有电磁转矩以维持定位精度，

使定位误差不超过系统的允许范围,即电动机处于伺服锁定状态。

(三) 具有足够的传动刚性和高的速度稳定性

伺服系统应具有良好的静态与动态负载特性,即外部负载或切削条件发生变化时,伺服系统能使进给速度保持恒定。刚性良好的系统,速度受负载力矩变化的影响很小。通常要求承受的额定力矩变化时,静态速降小于5%,动态速降小于10%。

(四) 快速响应无超调

为了保证轮廓切削形状精度和加工表面粗糙度值,对位置伺服系统除了要求有较高的定位精度外,还要求有良好的快速响应特性,即要求跟踪指令信号的响应要快。这就对伺服系统的动态性能提出两方面的要求:一方面,在伺服系统处于频繁地启动、制动、加速、减速等动态过程中,为了提高生产效率和保证加工质量,要求加速度和减速度足够大,以缩短过渡过程时间,一般电动机速度由零到最大,或从最大减少到零,过渡时间应控制在200ms以下,甚至少于几十毫秒,且速度变化时不应有超调;另一方面,当负载突变时,过渡过程恢复时间要短且无振荡,这样才能得到光滑的加工表面。

(五) 高精度

为了满足数控加工精度的要求,关键是保证数控机床的定位精度和进给跟随精度。这也是伺服系统静态特性与动态特性指标是否优良的具体表现。位置伺服系统的定位精度一般要求能达到 $1\mu m$ 甚至 $0.1\mu m$,相应地,对伺服系统的分辨力也提出了要求。当伺服系统接受CNC送来的一个脉冲时,工作台相应移动的单位距离称为分辨力,也称脉冲当量。系统分辨力取决于系统稳定工作性能和所使用的位置检测元件。目前的闭环伺服系统的分辨力都能达到 $1\mu m$(脉冲当量),高精度数控机床的分辨力可达到 $0.1\mu m$ 甚至更小。

(六) 低速大转矩

低速时进给驱动要有大的转矩输出,以满足低速进给切削的要求。

二、数控进给伺服系统的结构

数控进给伺服系统分为开环控制系统和闭环控制系统两大类,闭环控制系统按位置检测的方式又可分半闭环控制系统和全闭环控制系统两种。

(一) 开环控制系统

开环控制系统采用步进电动机作为执行元件,由CNC系统、驱动装置、电动机组成,如图5-40所示。由于它没有位置反馈回路和速度控制回路,系统中存在的步进电动机失步、机械结构部件的运动误差引起的位置运动控制误差,使系统不能很好地满足数控加工的要求。同时,其输出转矩小、输出转速低,使用有一定的限制,主要应用于中档数控机床及一般的机床改造。

(二) 闭环控制系统

闭环控制系统采用直流伺服电动机或交流伺服电动机为执行元件。在闭环控制中,位置检测装置检测机床移动部件位移并将测量结果反馈到输入端,与指令信号进行比较。如果两者存在偏差,将此偏差信号进行放大,控制伺服电动机带动机床移动部件向减小位置偏差的方向进给，只要适当地设计系统校正环节的结构与参数，就能实现数控系统所要求的精确控制。

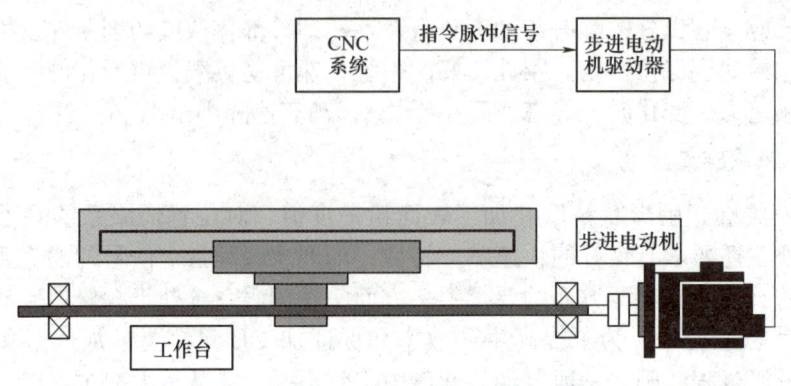

图 5-40 步进电动机开环控制系统结构框图

1. 半闭环控制系统

半闭环控制系统结构框图如图 5-41 所示。位置检测元件一般使用光电编码器，它与伺服电动机同轴安装，可获得电动机的角位移和角速度信号。数控机床的传动部件一般选用滚珠丝杠，它与电动机的连接方式有两种：一是通过齿轮传动副与电动机连接，二是丝杠与伺服电动机直接连接。

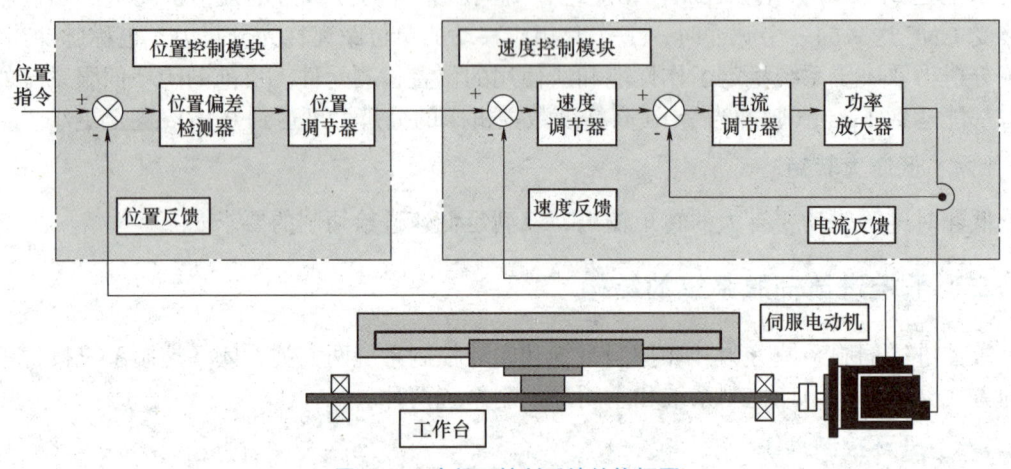

图 5-41 半闭环控制系统结构框图

传动过程中，齿轮副的传动误差和滚珠丝杠的传动误差属有变化规律的系统误差，可以由数控系统的控制软件加以补偿。

半闭环控制系统的优点是其闭环环路短（不包括传动机构），因而系统容易达到较高的位置增益，不发生振荡现象。其快速性好、动态精度高，传动机构的非线性因素对系统的影响小，因此在精度要求适中的中、小型数控机床上，半闭环控制得到广泛应用。

如果传动机构的传动误差过大或其误差值不稳定，则数控系统难以补偿。如由传动机构的弹性弯曲变形所引起的弹性间隙，因其与负载力矩有关，故无法补偿。由零部件制造误差与安装误差引起的重复定位误差以及由于环境温度与丝杠温度变化所引起的丝杠螺距误差也是不能补偿的。因此如要进一步提高精度，只能采用全闭环控制系统。

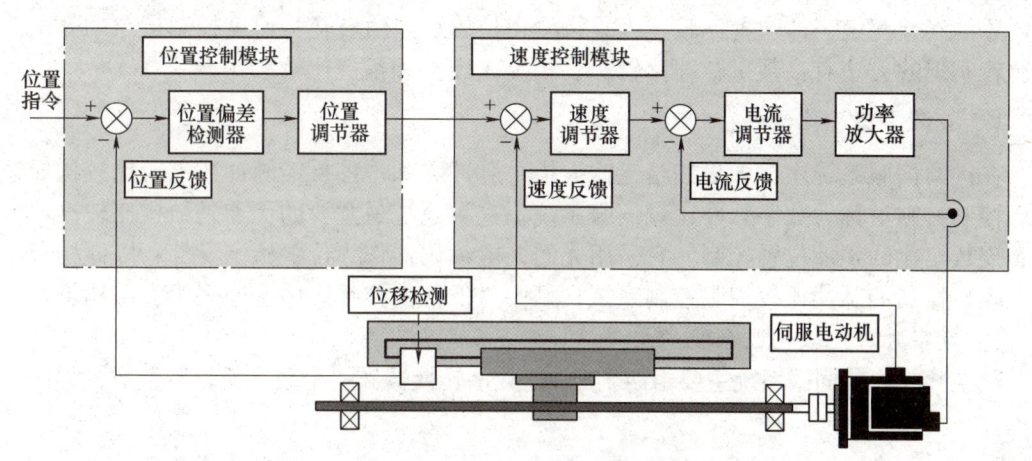

2. 全闭环控制系统

全闭环控制系统结构框图如图 5-42 所示。该系统直接在机床的移动部件上安装检测元件，可获取工作台的实际移动值，构成位置闭环。因此其检测精度不受机械部件运动精度的影响，但不能认为全闭环控制系统可以降低对传动机构的要求。闭环环路包括了传动机构，因而闭环动态特性不仅与传动部件的刚性、惯性有关，还取决于阻尼、滑动面摩擦系数等因素。而且这些因素对动态特性的影响在不同条件下还会发生变化，给位置闭环控制的调整和稳定带来了许多困难。这些困难使调整闭环环路时不得不降低位置增益，从而对跟随误差与轮廓加工误差产生不利影响。所以采用全闭环方式时必须增大系统刚性，改善滑动面摩擦特性，减小传动间隙，这样才有可能提高位置增益。全闭环控制系统主要应用在精度要求较高的数控机床上。

图 5-42 全闭环控制系统结构框图

三、数控进给伺服系统的工作原理

数控系统根据数控加工程序指令及进给运动数据（刀位坐标与进给速度），经插补运算后得到位置控制指令。位置检测装置将测得的实际位置信号反馈于数控系统，构成位置反馈控制环。位置指令与位置反馈信号比较后送入位置调节器，位置调节器按设计好的控制算法，对比较后的位置偏差信号进行处理，形成速度指令输出。这一控制功能一般是由数控系统完成的。数控系统输出速度控制指令至各坐标轴的驱动装置。

驱动装置（速度控制模块）内主要设有速度调节器和电流调节器的反馈环节。伺服电动机上的测速装置将电动机转速信号与数控系统的速度控制指令比较，构成速度反馈控制环。速度调节器按设计好的控制算法，对比较后的速度偏差信号进行处理，输出电流控制信号。电流控制信号与电动机电流反馈信号相比较，构成电流反馈控制环。电流差值信号送入电流调节器，电流调节器根据设计好的控制算法处理差值信号，输出对电力电子器件组成的功率放大器的控制信号。速度控制模块中的功率放大器在控制信号的作用下，驱动伺服电动机完成数控指令所设计的伺服运动。

组成位置环与速度环的检测装置有用于位置检测的光栅、光电编码器、感应同步器、旋转变压器和磁栅等，以及用于转速检测的测速发电机、光电编码器等。

因而从自动控制系统结构意义上来说,进给伺服系统是三环结构,三环分别为位置环、速度环和电流环。因而数控伺服系统可以分成几个功能单元,其中 CNC 系统完成伺服系统的位置控制功用,速度单元完成伺服系统的速度控制,伺服电动机是执行件,滚珠丝杠是机械传动机构,负责传递运动并完成运动形式的转化。

根据上述的分析,可知数控进给伺服系统的核心控制内容有两个:一是进给伺服系统的位置控制,二是进给伺服系统的速度控制。速度控制在驱动装置章节已有所论述,下面将重点介绍数控进给伺服系统的位置控制。

四、数控进给伺服系统的位置控制方法

位置控制技术是数控进给伺服系统的核心控制功能,是实现数控加工的最重要环节。根据自动控制理论中的负反馈控制原理,位置控制主要解决两个问题:一是理想位置与实际位置的误差测定,即位置比较;二是将测得位置误差值转化为速度控制指令的方法。位置比较实现的方法有:数字脉冲比较法、相位比较法和幅值比较法。

(一)数字脉冲比较法

在进给伺服系统中,如果按给定输入指令脉冲数和位移反馈脉冲数进行比较构成位置闭环控制,则被称为数字脉冲比较伺服系统。这种系统最主要的优点是结构比较简单,易于实现数字化的闭环位置控制。它采用光栅光电编码器作为位置检测元件,以此构成半闭环、闭环控制的脉冲比较伺服控制系统,是中、低档数控系统中普遍采用的结构形式。

1. 数字脉冲比较伺服系统的组成

数字脉冲比较伺服系统主要由两个脉冲/数字转换器和一个数字比较器组成,如图 5-43 所示。

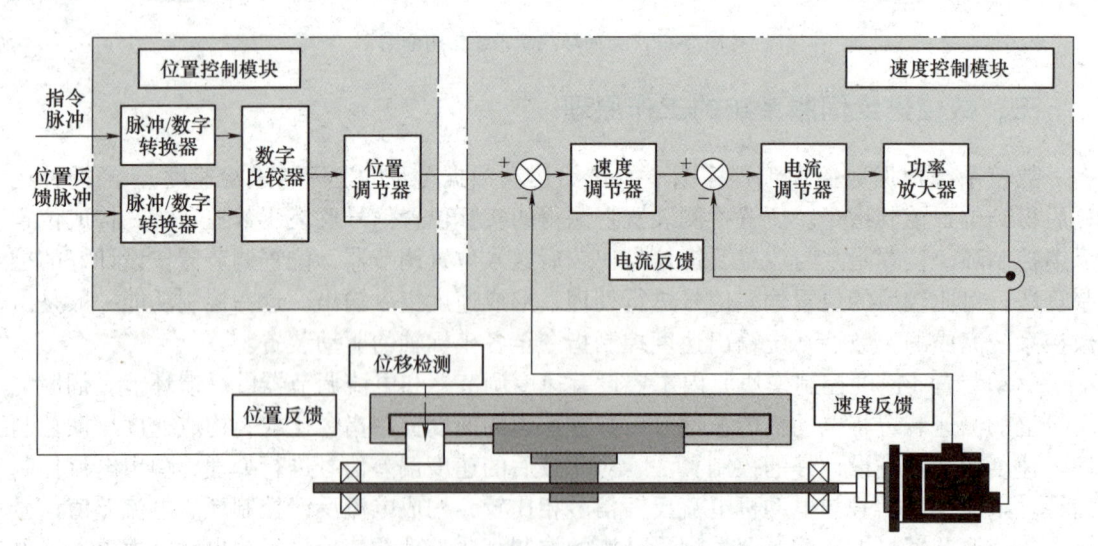

图 5-43 数字脉冲比较伺服系统结构示意图

位置检测元件可以是光栅或光电编码器。光栅一般是用于工作台的线位移测量,组成闭环控制系统。光电编码器与伺服电动机同轴安装,可直接测得电动机的角位移,组成半闭环控制系统。两个脉冲/数字转换器分别接收指令脉冲和位置反馈脉冲,在设定的时间

段中，对输入的脉冲计数。数字比较器的输入源自脉冲/数字转换器的输出，为两个指令脉冲和位置反馈脉冲的计数值。这两个计数值的差反映了指令信号与反馈信号的差值。差值的正负反映了指令信号与反馈信号的超前与滞后关系，即实际进给位移量与控制要求的进给位移量的超前与滞后关系。数字比较器将测得的差值以及差值的正负方向输出至位置调节器电路。由该电路将信号放大，并按一定的控制算法处理，变换成速度指令信号输出，成为速度控制模块的输入控制信号。

2. 数字脉冲比较伺服系统的工作原理

下面以采用光电脉冲编码器为测量元件的系统为例，说明数字脉冲比较伺服系统的工作原理。光电编码器与伺服电动机的转轴同轴连接，随着电动机的转动产生脉冲序列输出，其脉冲的频率随着转速的快慢而升降。当工作台处于静止状态时，指令脉冲 P_c 与反馈脉冲 P_f 为零，偏差 $\Delta P_e = P_c - P_f = 0$。数字比较器环节输出为零，则伺服电动机的速度给定值为零。工作台继续保持静止不动。当指令脉冲的输出 $P_c \neq 0$，在工作台尚未移动之前，反馈脉冲 P_f 仍为零。在数字比较器中，将 P_c 与 P_f 比较，得偏差 $\Delta P_e = P_c - P_f \neq 0$，若指令脉冲为正向进给脉冲，则 $\Delta P_e > 0$，由速度控制模块驱动电动机带动工作台正向进给。随着电动机运转，光电脉冲编码器将输出反馈脉冲 P_f 至比较器，与指令脉冲 P_c 进行比较，如 $\Delta P_e = P_c - P_f \neq 0$，则继续运动并不断反馈，直到即反馈脉冲数等于指令脉冲数时，即 $\Delta P_e = P_c - P_f = 0$，工作台停在指令规定的位置上。如果继续给正向运动指令脉冲，工作台继续运动。当指令脉冲为反向运动脉冲时，控制过程与 P_c 为正时基本上类似。只是 $\Delta P_e < 0$，工作台作反向进给。最后，也应在指令所规定的反向某个位置，在 $\Delta P_e = 0$ 时，准确停止。

（二）相位比较法

采用相位比较法实现位置闭环控制的系统被称为相位比较进给伺服控制系统，简称相位伺服系统。相位伺服系统将位置检测转换为相位检测，通过相位比较确定进给运动中的位置偏差，实现位置闭环及半闭环控制。

1. 相位伺服系统的组成

图 5-44 所示为相位伺服系统结构示意图。它由基准信号发生器、脉冲调相器、鉴相器、直流放大器、速度控制模块、测量元件及信号处理线路等组成。

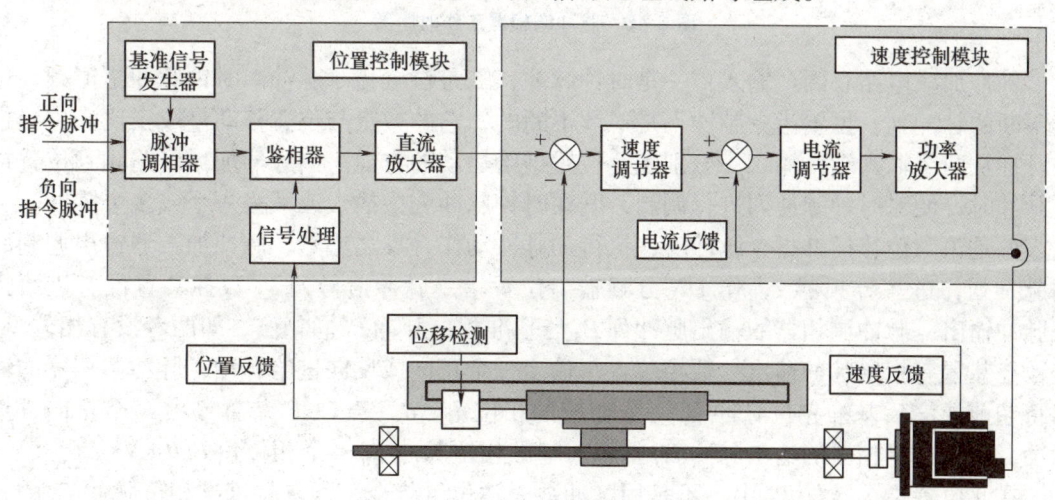

图 5-44 相位伺服系统结构示意图

（1）基准信号发生器　基准信号发生器输出的是一列具有一定频率的脉冲信号 f_0，是为伺服系统提供一个相位比较基准，常称作时钟脉冲。

（2）脉冲调相器　脉冲调相器也称数字移相器，它是将脉冲数变换成为相位移的变换器。图 5-45 所示为脉冲调相器结构示意图，图 5-46 所示为脉冲调相器的工作时序图。时钟脉冲输入分频器 1，作 1/N 分频产生基准相位脉冲列 P_0。该信号经移相 90° 变成两个相位差为 90° 的正、余弦信号 P_S、P_C，输出至旋转变压器，作为其定子绕组励磁控制信号。另一路时钟脉冲进入脉冲加减电路，与位置指令脉冲一起构成脉冲调制器。

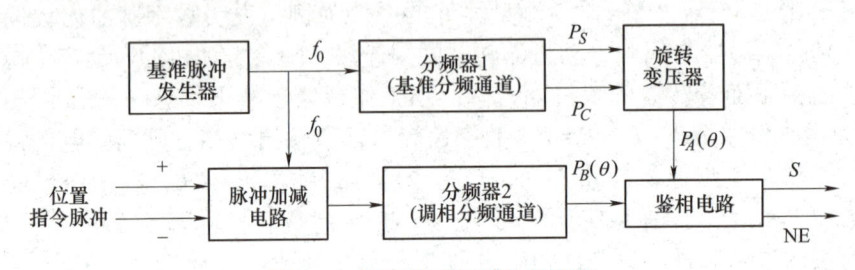

图 5-45　脉冲调相器结构示意图

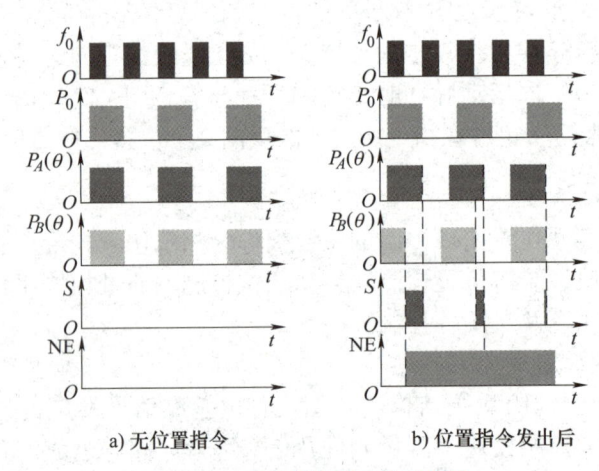

a）无位置指令　　　　b）位置指令发出后

图 5-46　脉冲调相器工作时序图

脉冲加减电路有两个输入：一是时钟脉冲，二是位置指令脉冲。时钟脉冲是恒频、连续不断的脉冲列；位置指令脉冲不是连续不断的，它的数量与位置移动量成正比。位置指令脉冲从两个输入端口输入，分别表达位置进给运动的方向。当脉冲加减电路收到位置指令脉冲时，便对时钟脉冲列进行调制，既在时钟脉冲列中插入或减去一个或多个脉冲。当输入的是正向位移插补指令脉冲时，执行加脉冲动作，反之亦然。脉冲加减器输出调制后的脉冲列，进入分频器 2，作 1/N 分频输出位置指令脉冲信号列 P_B 数控装置没有进给指令脉冲输出，脉冲调相器的输出脉冲列 P_B 与基准相位脉冲 P_0 同相位，即两者没有相位差。若数控装置有指令脉冲输出，数控装置每输出一个正向或反向进给脉冲，脉冲调相器的输出将超前或滞后基准相位脉冲 P_0 一个相应的相位角 $\Delta\theta$。若 CNC 装置输出 N 个正向进给脉冲，则脉冲调相器的输出脉冲 P_B 就超前基准相位脉冲 P_0 一个相位角 $\theta(\theta=N\cdot\Delta\theta)$。

在此位置指令脉冲 P_B 中，不是用脉冲数表达位置指令，而是将基准相位脉冲 P_0 的相位为基准,用脉冲 P_B 与脉冲 P_0 的相位差值及超前与滞后关系表达位置指令。指令信号相位脉冲 P_B 与基准相位脉冲 P_0 的相位差 θ 正比于指令脉冲数。这种数字移相技术可使原来的一个指令脉冲对应的位移量被细化。一个脉冲相当于多少相位增量,取决于脉冲调相器中的分频系数 N 和脉冲当量。

(3) 测量元件及信号处理线路 测量元件的作用是检测工作台的位移量,一般是使用旋转变压器、同步感应器等类检测元件,此时旋转变压器、同步感应器应工作在相位工作方式。信号处理线路将测量元件的输出信号滤波、整形并变换成脉冲输出。该输出脉冲 P_A 是位置反馈信号,其位置移动量被表达成与基准相位脉冲 P_0 之间的相位差。

(4) 鉴相器 鉴相器的输入信号有两路:一路是来自脉冲调相器的指令信号脉冲 P_B,其相位为 $P_B(\theta)$;另一路是来自测量元件及信号处理线路的脉冲反馈信号 P_A,其相位为 $P_A(\theta)$,代表了工作台的实际位移量。这两路信号都是用它们与基准信号之间的相位差来表达位置信息,且同频率、同周期。当工作台实际移动的距离小于位置指令脉冲要求的距离时,这两个信号之间便存在一个相位差 $\Delta\theta$,鉴相器就是鉴别相位差 $\Delta\theta$ 的电路。它的输出信号有两个:一是表达两输入信号的相位差 $\Delta\theta$;二是表达两输入信号相位的超前与滞后关系。常用的鉴相器有触发器鉴相器(门电路鉴相器)、半加器鉴相器和数字鉴相器等。

(5) 直流放大电路 鉴相器的输出信号一般比较微弱,需要放大,同时位置偏差转化成速度指令也需按一定的控制算法。所以该电路兼有放大与处理两重功能,它输出速度控制信号,再经过速度控制模块驱动电动机,带动工作台运动。

2. 相位伺服系统的工作原理

相位伺服系统利用相位比较的原理工作。当数控机床的数控装置要求工作台沿一个方向进给时,插补器或插补软件便产生一系列进给脉冲,其数量表达了工作台的位置进给量,其频率表达了工作台的进给速度。进给脉冲按正向进给或反向进给要求,分别从两个端口输出,表达了工作台的进给方向。进给脉冲首先送入伺服系统位置环的脉冲调相器。假定送入伺服系统 100 个 X 轴正向进给脉冲,进给脉冲经脉冲调相器变为超前基准信号相位角 $\theta_c=100\theta_0$ 的信号(θ_0 为一个脉冲超前的相位角),它作为指令信号被送入鉴相器作为相位比较的一个量。

在工作台运动以前,因工作台没有位移,故检测元件及信号处理线路的输出与基准信号同相位,即两者相位差 $\theta_f=0$,该信号作为反馈信号也被送入鉴相器。在鉴相器中,指令信号与反馈信号进行比较。由于指令信号与反馈信号都是相对于基准相位脉冲相位变化的信号,因此,它们两者之间的相位差就等于指令信号相对于基准相位脉冲的相位差 θ_c 减去反馈信号相对于基准相位脉冲的相位差 θ_f,即 $\Delta\theta_{cf}=\theta_c-\theta_f$。此时,因指令信号相对于基准信号超前了 $100\theta_0$,反馈信号与基准信号同相位,指令信号超前反馈信号 $100\theta_0$,即 $\Delta\theta_{cf}=100\theta_0$。鉴相器将该相位差检测出来,并作为跟随误差信号,经直流放大,变为速度控制模块的速度指令输入值,然后由速度控制模块驱动电动机,带动工作台运动,使工作台正向进给。工作台正向进给后,测量元件马上检测出此进给位移,并经过信号处理线路转变为超前基准信号一个相位角的信号。该信号被送入鉴相器与指令信号进行比较,若 $\theta_c \neq \theta_f$,说明工作台实际移动的距离不等于指令信号要求的移动距离,鉴相器将 θ_c 和 θ_f 的差值 $\Delta\theta_{cf}$ 检测出来,送入速度控制模块,驱动电动机转动,带动工作台进给;若

$\theta_c = \theta_f$，说明工作台移动距离等于指令信号要求的移动距离，此时鉴相器的输出 $\theta_c - \theta_f = 0$，工作台停止进给。如果数控装置又发出新的送给脉冲，则按上述循环过程继续工作。

（三）幅值比较法

幅值比较伺服系统结构示意图如图5-47所示。该系统由测量元件及信号处理电路、数字比较器、D/A转换器、位置调节器和速度控制模块等组成。

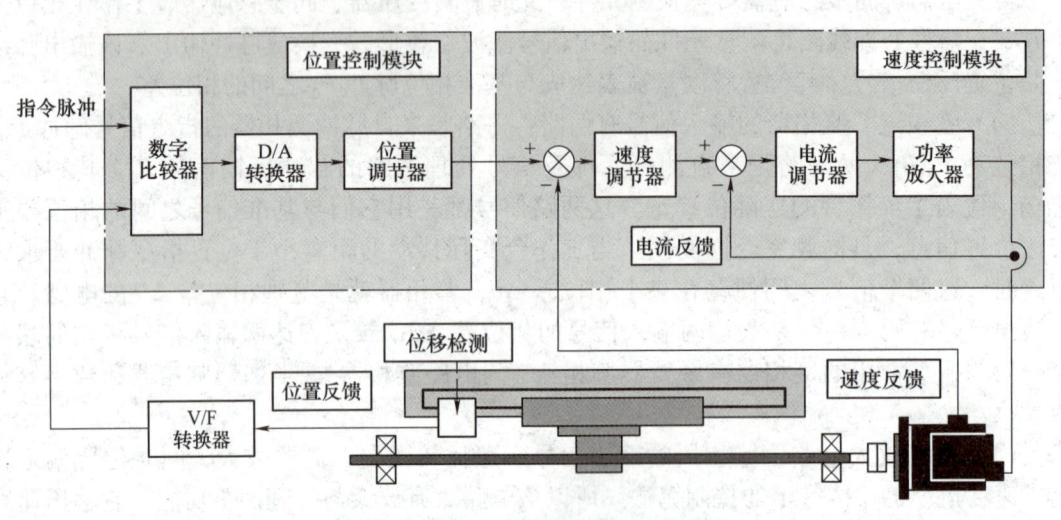

图5-47 幅值比较伺服系统结构示意图

1. 幅值比较伺服系统的组成

幅值比较伺服系统是以位置检测信号的幅值大小来反映机械位移的数值，并以此作为位置反馈信号与指令信号进行比较构成的闭环控制系统。幅值比较伺服系统的测量元件为工作在幅值方式的旋转变压器或感应同步器。

2. 幅值比较伺服系统的工作原理

进入数字比较器的信号有两路：一路来自数控装置插补器或插补软件的进给指令脉冲，它代表了数控装置要求机床工作台移动的位移量；另一路来自位置反馈信号处理电路的数字脉冲信号，它是由代表工作台位移的幅值信号经V/F转换器转换来的。V/F转换器被称为电压/频率转换器，它的输入为电压信号，输出是脉冲信号，输出脉冲信号的频率值正比于输入信号电压幅值。该系统工作前，数控装置和位置反馈信号电路都没有脉冲输出，数字比较器电路输出为零，位置控制模块无速度指令信号输出。速度控制模块无输出信号，执行元件不能带动工作台移动。当CNC系统出现进给位置指令信号时，工作台还未移动，因而数字比较器的指令输入信号脉冲数与位置反馈信号脉冲数有差值，其输出不再为零，输出速度指令信号至速度控制模块，控制执行元件带动工作台移动。随着工作台移动，以幅值方式工作的测量元件将工作台的位移检测出来，经信号处理线路转换成相应的脉冲信号，该脉冲信号作为反馈信号进入比较器与进给指令脉冲数进行比较。若两者相等，比较器输出为零，说明工作台实际移动的距离等于指令信号要求工作台移动的距离，执行元件停止带动工作台移动；若两者不等，说明工作台实际移动的距离还不等于指令信号要求工作台移动的距离，执行元件继续带动工作台移动，直到比较器输出为零时停止。

在幅值比较伺服系统中，数/模转换电路的作用是将数字比较器输出的数字量转化为直流电压信号，该信号由位置调节器处理输出，作为速度给定值加到速度控制模块输入端，由速度控制模块控制伺服电动机运动，从而驱动工作台移动。测量元件及信号处理电路将工作台的机械位移检测出来并转换为数字脉冲。

（四）数据采样式进给伺服控制系统

图 5-48 所示为数据采样式进给伺服控制系统（简称采样伺服系统）结构示意图。

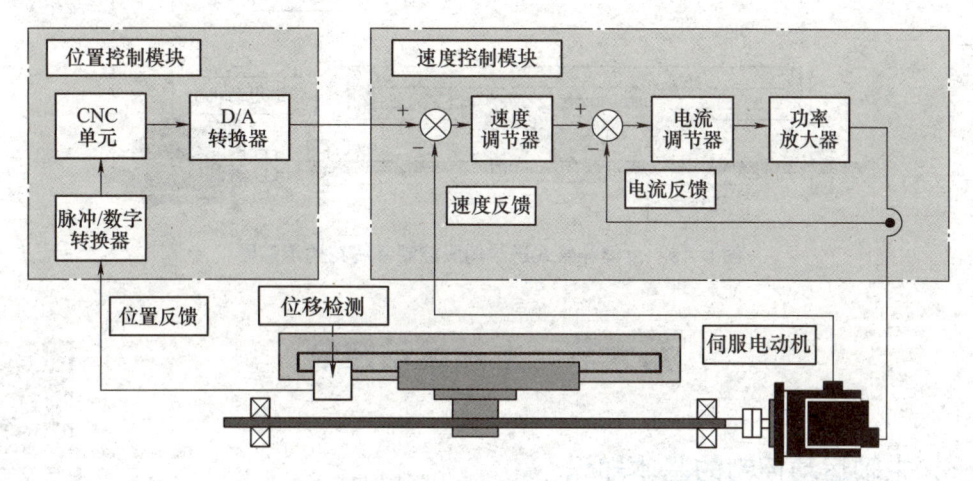

图 5-48　数据采样式进给伺服控制系统结构示意图

与前面介绍的伺服系统不同，采样伺服系统的位置环控制功能是由 CNC 单元软件和硬件两部分共同实现的。光电脉冲编码器等位置检测元件输出的位置检测脉冲信号进入脉冲/数字转换器中计数，计数值被 CNC 单元定时读取并清零。随后进行位置误差判定、控制算法处理，计算出新的速度指令输出至 D/A 转换器。D/A 转换器转换后输出速度指令电压，以驱动速度控制模块对坐标轴运动进行控制。CNC 单元所读取的数字量是坐标轴在一个采样周期中的实际位移量。

（五）反馈补偿式进给伺服控制系统

反馈补偿式进给伺服控制系统全称为反馈补偿式步进电动机进给伺服控制系统。步进电动机的主要优点是能够在开环控制方式下组成满足一定精度要求的伺服控制系统，而且系统结构简单、运行也很方便。但步进电动机组成的进给伺服控制系统，由于没有位置检测和反馈环节，无法获知是否丢步，也无法进行相应的补偿。采用图 5-49 所示的反馈补偿式进给伺服控制系统，基本可以解决步进电动机丢步和补偿问题。尽管这种系统中也装有位置测量元件，但从控制方式来看，这种系统并不属于真正的闭环控制系统。

（六）速度控制信号的实现方式

经位置控制的数字脉冲比较方法、相位比较方法或幅值比较方法获得的位置偏差信号接入位置调节器，按特定设计的控制算法，产生速度控制信号。数控系统中的位置调节器功能通常是由软件实现的，其速度指令的数字值经 CNC 单元的 D/A 转换器转换成模拟电压信号输出。信号电压规范一般是为 -10～+10V，模拟电压信号的极性代表转向，速度控制信号的正、负决定了伺服电动机的正、反转。信号幅值代表转速，速度控制信号值的大小与伺服电动机的转速成正比。

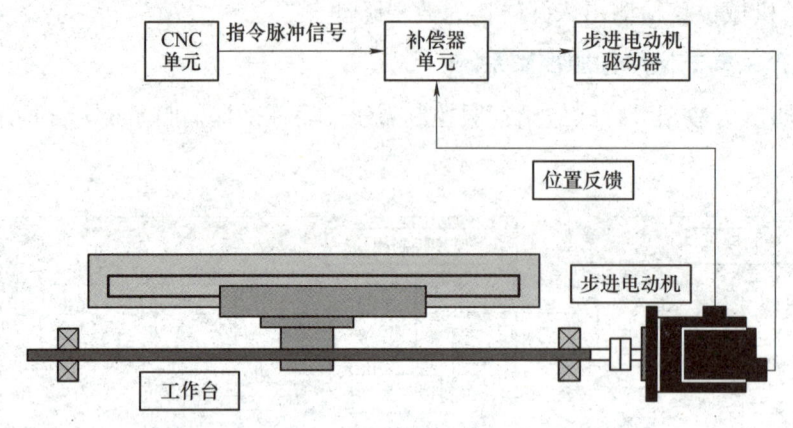

图 5-49 反馈补偿式进给伺服控制系统结构示意图

第六节 主轴运动控制

一、主轴运动控制的基本知识

（一）数控机床对主轴系统控制的要求

随着数控技术的不断发展，现代数控机床对主轴传动提出了更高的要求：

1）数控机床主轴要有较宽的调速范围并实现无级调速，以保证加工时选用合理的切削用量，从而获得最佳的生产率、加工精度和表面质量。

2）数控机床主轴要在整个范围内均能提供切削所需功率，并尽可能在全速度范围内提供主轴电动机的最大功率，即恒功率范围要宽。

3）数控机床主轴能在正、反向转动时均可进行自动加减速控制，具有四象限驱动能力，并且加、减速时间短。

4）为满足加工中心自动换刀以及某些加工工艺的需要，要求主轴具有高精度的准停控制。在车削中心上，还要求主轴具有旋转进给轴（C 轴）的控制功能。

（二）数控机床对主轴电动机的要求

为满足数控机床对主轴驱动的要求，主轴电动机必须具备下述功能：

1）输出功率大，调速范围内速度稳定，且恒功率范围宽。

2）在断续负载下电动机转速波动小，过载能力强。

3）加速时间短。

4）电动机温升低、振动与噪声小。

5）电动机可靠性高、寿命长、易维护。

（三）数控机床主轴电动机

数控机床的主轴驱动由主轴电动机和驱动装置两部分构成。可采用直流电动机及相应的驱动装置，也可采用交流电动机及相应的驱动装置。

数控机床主轴驱动用的直流电动机是电磁式直流电动机，励磁方式为他励式。为缩小电动机体积并改善冷却效果，常采用轴向强迫风冷或热管冷却方式。

数控机床主轴驱动用的交流电动机多为笼型异步电动机，并普遍采用基于矢量变换控制技术的变频器作为驱动装置。在调速性能方面，交流驱动系统已经达到甚至超过直流驱动系统的水平，同时在交流主轴电动机结构上也有了新发展，出现了一些更加适用于数控机床主轴驱动的交流电动机。

1. 输出转换型交流主轴电动机

为满足机床切削的需要，要求主轴电动机在任何刀具切削速度下都能提供恒定的功率，FANUC 公司开发出一种称为输出转换型交流主轴电动机。该电动机主要采用定子绕组连续切换的方法，其切换包括三角形—星形切换和绕组极数切换。由于每组绕组都能分别设计成最佳的功率特性，可使电动机得到非常宽的恒功率范围。

2. 液体冷却主轴电动机

液体冷却主轴电动机的结构特点是在电动机外壳和前端盖中间有一个独特的油路通道，强迫循环的润滑油经此来用于冷却绕组和轴承，使电动机可在 20000r/min 高速下连续运行。这类电动机的恒功率范围也很宽。

3. 主轴电动机的工作特性要求

主轴电动机的理想工作特性曲线如图 5-50 所示。其中，n_0 为基准速度，单位为 r/min；T 为电磁转矩，单位为 N·m；P 为输出功率，单位为 kW。由工作特性曲线可知，在基准速度 n_0 以下（1 阶段）应保持恒转矩调速（直流电动机通过调节电枢电压调速）；在基准速度 n_0 以上（2 阶段）应保持恒功率调速（直流电动机通过调节励磁电流调速）。

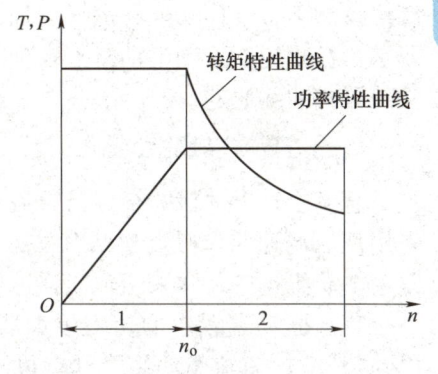

图 5-50 主轴电动机的理想工作特性曲线

（四）数控机床主轴系统结构形式

1. 主轴电动机采用无调速与齿轮换档变速相结合的形式实现主轴分段无级变速

数控机床常采用 1~4 档齿轮变速与无级调速相结合的方案，即分段无级变速。其目的在于通过齿轮减速传动，放大主轴功率以适应低速大功率切削的需要。图 5-51 所示为分别采用与不采用齿轮减速主轴的输出特性。可以看出采用齿轮变速机构后，其低速段的输出转矩增大了，但主轴的最高输出转速值也降低了。因而，往往通过扩大恒功率调速范围来提高主轴的最高输出转速。

2. 主轴电动机采用带传动形式

该类主轴使用的电动机又称宽调速电动机或强切削电动机，具有恒功率宽的特点。由于无需减速，主轴箱内省去了齿轮和离合器，主轴箱实际上成为主轴支架，简化了主传动系统，从而提高了传动链的可靠性。

a) 1:1齿轮变速　　　　　　　　b) 1:2齿轮变速

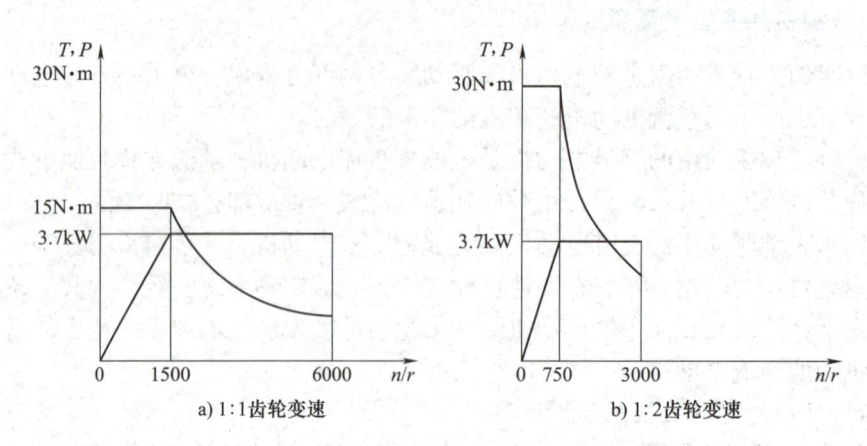

图 5-51　二档变速结构形式中主轴的输出转矩、功率与输出转速的关系

3. 主轴电动机采用电主轴结构形式

由于主轴和电动机合成一体，故此大大缩小了主轴部件的体积，由于其电动机的输出功率是转速与输出转矩的乘积，而电动机的输出转矩并不能因转速减小而增大，故此在低速段，电动机的输出功率将降低。

二、数控机床主轴电动机的驱动控制方法

根据数控机床对主轴系统的要求可知，数控机床系统除了具有调速功能，还要求机床有螺纹加工、准停功能和恒线速加工等功能。因此对主轴提出相应的进给控制和位置控制要求：在相应的主轴电动机上装配编码器作为主轴转速和角位置检测，或在主轴上直接安装外置式的编码器。

（一）直流主轴驱动装置

直流主轴电动机的结构与直流永磁式伺服电动机不同，主轴电动机输出功率大，调速采用调压调速与调磁调速结合的方式，所以一般是他励式。为缩小体积，改善冷却效果，以免电动机过热，常采用轴向强迫风冷或采用热管冷却技术。

直流驱动装置中的功率放大器有可控硅和脉宽调制 PWM 两种形式。由于脉宽调制 PWM 形式的直流驱动装置具有很好的调速性能，因而在数控机床，特别是对精度、速度要求较高的数控机床进给驱动装置上广泛使用。而三相全控可控硅形式的直流驱动装置则在大功率应用方面具有优势，因而常用于直流主轴驱动装置。

直流主轴电动机的调速方法是调压调速与调磁调速相结合。电动机额定转速 n 以下改变电枢电压 U 调速，由于电动机励磁电流不变，故电动机输出的最大转矩 M 取决于电枢电流最大值 I。对一台主轴电动机来说，最大电流为恒定时，其能输出最大转矩是恒定的。而输出功率随转速升高而增加，因此额定转速称为恒转矩调速的基速。

电动机额定转速 n 以上采用弱磁升速的方法调速，即采用调磁调速的方法，其输出的最大功率在弱磁升速调速过程中，磁通量减小为 $1/K$，相应的转数增加 K 倍，电动机所输出最大转矩则因为磁通量的减小而减小为 $1/K$，所能输出的最大功率不变，因此称为恒功率调速。

直流主轴控制系统的控制结构示意图如图 5-52 所示。主轴电动机为他励式电动机，励磁绕组由另一直流电源供电。其电枢电压调速部分与直流进给伺服系统类似，也是由电流环和速度环组成的双闭环系统，如图 5-52 的下半部分所示。由于主轴电动机的功率较大，因此主回路功率元件常采用晶闸管器件。图 5-52 的上半部分为直流主轴控制系统调磁调速部分，是电动机定子励磁绕组的控制回路。该控制回路由励磁电流设定回路、电枢电压反馈回路及励磁电流反馈回路组成。三者的输出信号经比较后控制励磁电流。当电枢电压低于 210V、电枢反馈电压低于 6.2V 时，磁场控制回路中电枢电压反馈不起作用，只有励磁电流反馈，维持励磁电流不变，实现调压调速。当电枢电压高于 210V、电枢反馈电压高于 6.2V 时，励磁电流反馈相当于开路，不起作用，而引入电枢反馈电压形成负反馈，随着电枢电压的微量提高，调节器即对磁场电流进行弱磁调整，磁场变弱、电动机转速上升。

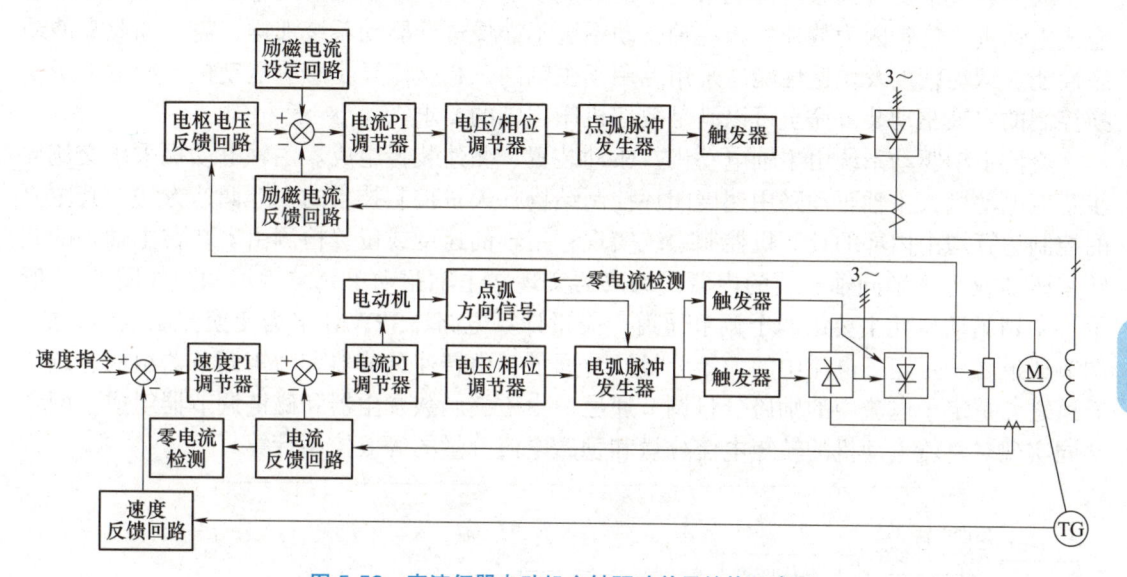

图 5-52 直流伺服电动机主轴驱动单元结构示意图

图 5-53 所示为 FANUC 直流主轴驱动器的主回路原理图。图中，两组三相全控桥式晶闸管通过反并联连接组成了可以供四象限运行的主回路，在正常情况下，驱动器可以实现再生制动。由于采用了逻辑无环流控制，所以直流主回路一般无电抗器。图中的 F1~F3 为三相电源进线快速熔断器，用于主回路的短路保护。ACR 是滤波电抗器，用于防止电网的浪涌电压与高频干扰。MCC 为三相电源主接触器，可以由外部或内部信号控制其通断。MCC 除接通三相电源主回路外，其辅助触点还用于直流主回路的能耗制动上，作为外部断电或 MCC 断开时的主轴辅助制动回路。直流主回路中的 R_{DB} 为能耗制动电阻，主要作用是在主接触器 MCC 断开或交流主回路熔断器 F1~F3 熔断时，起辅助制动的作用，确保电动机迅速停止。在正常工作时，它不起作用，制动形式为再生制动。CDI 为直流主回路电流检测元件，用于电流反馈与过电流保护回路。电阻 R_{446}~R_{448} 为电枢电压检测元件，主要作用是检测直流主回路的电枢电压。当电枢电压到达电动机额定电压时，如果电动机转速还需要提高，则可以通过励磁调节回路使系统自动进行弱磁调速。U_I、U_K 为主电动机励磁线圈电压，用于产生电动机的磁场。

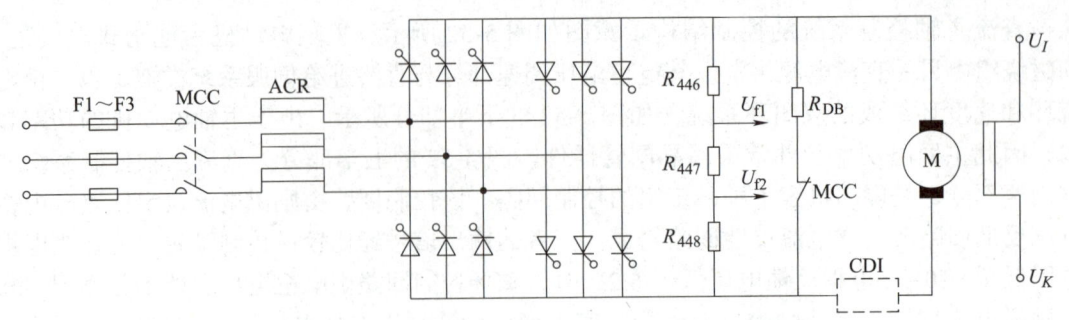

图 5-53　FANUC 直流主轴驱动器的主回路原理图

（二）交流主轴驱动装置

大多数进给交流伺服电动机采用永磁式同步电动机，但主轴交流电动机多采用异步感应式电动机，这是因为数控机床主轴驱动系统不必像进给驱动系统那样，需要如此高的动态性能、运动精度及调速性能。采用专用于主轴的三相交流异步感应电动机，配上矢量变换控制的主轴驱动装置完全可以满足数控机床主轴的要求。

交流主轴驱动系统由主轴电动机、驱动装置、测速装置组成。主轴电动机采用交流异步感应电动机，主轴驱动采用速度闭环控制结构、矢量控制技术的变频调速方法，其主要的控制运算均由内部的计算机控制系统实现；主轴的速度或位置检测由安装在主轴外的旋转编码器或与主轴同轴安装的内藏式编码器实现。主轴驱动单元结构示意图如图 5-54 所示。主轴驱动单元主要由两个调节通道、矢量计算电路、SPWM 电力变换控制电路组成。调节通道之一是定子电流中的力矩分量调节通道，由转速调节器和力矩调节器组成；调节通道之二是定子电流中的励磁分量调节通道，由磁链函数发生器和磁链调节器组成。两者共同实现对直流电动机的转矩电流分量和励磁电流分量的等效控制计算。

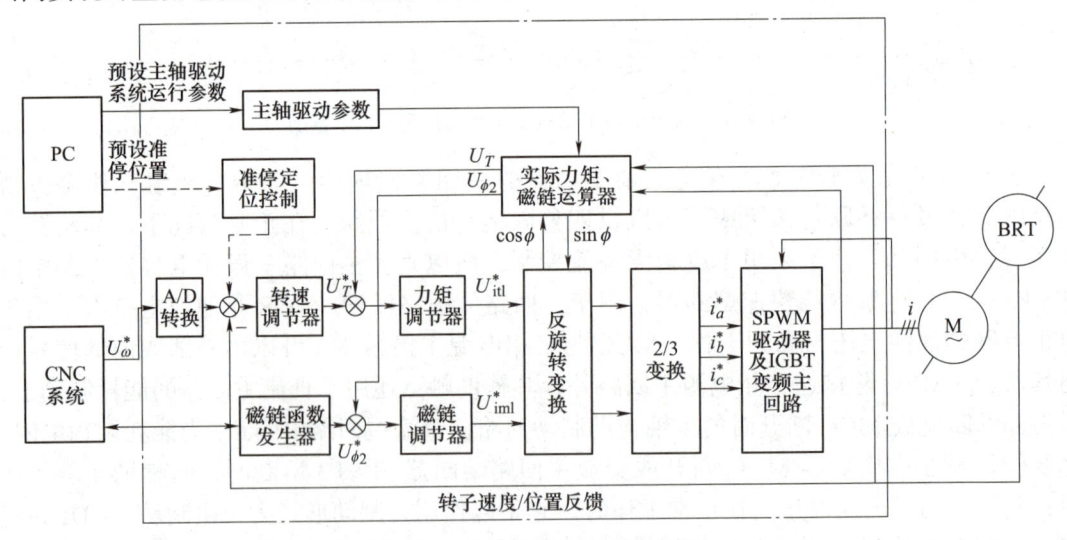

图 5-54　主轴驱动单元结构示意图

交流主轴驱动系统工作原理：CNC 系统向主轴驱动单元发出速度指令 U_ω^*，该信号经驱动单元的 A/D 转换电路形成数字信号，将该指令与测速元件测出的实际速度相比较得转速偏差，并送至速度调节器 ASR。速度调节器输出希望力矩指令 U_T^*，与转子当前

的实际力矩 U_T 相比较得到的偏差值，送力矩调节器，输出力矩控制分量指令 U_{itl}^*。磁链函数发生器运算得到希望磁链矢量 $U_{\phi2}^*$；磁链运算器将实测得的转子位置与定子电流值经计算得实际磁链值 $U_{\phi2}$ 输出。$U_{\phi2}^*$ 与 $U_{\phi2}$ 相比较得磁链偏差量，送磁链调节器输出磁链控制分量指令 U_{iml}^*。U_{itl}^* 控制矢量与 U_{iml}^* 控制矢量再经过矢量计算电路中的反旋转变换进入两相静止坐标系变量，最后经 2/3 矢量变换进入三相静止坐标系变量，得到变频装置的三相定子电流希望值 i_a^*、i_b^*、i_c^*，通过控制 SPWM 驱动器及 IGBT 变频主回路使负载三相电流跟随希望值，完成主轴的速度闭环控制。电路中的主轴驱动参数环节存储主轴驱动单元的控制参数，主轴准停控制环节是主轴准停参数设置值存储。

三、主轴分段无级变速原理

数控机床采用无级调速主轴机构，可以大大简化主轴箱结构。但低速段输出转矩常无法满足强切削转矩的要求。如单纯追求无级调速，必须增大主轴电动机功率，主轴电动机与驱动装置的体积、质量及成本都会大大增加，电动机的运行效率会大大降低。因此数控机床常采用 1~4 档齿轮变速与无级调速相结合的方案，即分段无级变速。其中变档齿轮传动结构采用 2 级传动。因而，主轴箱结构比传统机床主轴箱简单得多。变档机构常采用液压拨叉和电磁离合器。

数控加工中，主轴系统需根据加工程序中的主轴速度指令值变换主轴的输出转速，因而在无级调速主轴机构中，需使用自动换档执行部件，以实现自动变速操作功能。数控系统一般均提供四档自动变速控制功能。在数控系统的参数区设置了 M41~M44 四档所对应的最高主轴转速参数后，即可用 M41~M44 指令控制齿轮自动换档。目前自动换档的执行部件常采用液压拨叉或电磁离合器。为解决变速时出现打齿问题，在变速时，数控系统须控制主轴电动机低速转动或低速摆动速度，以实现齿轮的顺序啮合。因而，需要在数控系统参数区中设定自动换档操作时的主轴电动机转速值——低速转动速度值。

自动换档操作控制过程中，数控系统将根据当前 S（主轴速度）指令值，自动判断档位，输出所对应的 M41~M44 的换档控制代码。控制代码信号送至 PLC，PLC 对 M 控制代码进行译码后，执行相应的换档控制逻辑，控制外部电路驱动变换齿轮换档执行部件，实现自动换档操作。同时数控系统输出相应的模拟电压或数字信号设定所对应的速度。

主轴电动机的恒功率区与恒转矩区之比是重要的性能指标，有些主轴驱动采用变速电动机，不需要齿轮也可提升低速转矩、扩大主轴恒功率调速范围。例如，YASKAWA 主轴电动机内部有低速和高速两组线圈，通过对线圈的自动选择（使用接触器切换），可方便地使恒功率区与恒转矩区之比达到 1:12，低速转矩可提高 2 倍以上。

四、主轴准停控制

主轴准停功能又称为主轴定位功能，即当主轴停止时，控制其停于某固定位置，这是自动换刀所必需的功能。在自动换刀的镗铣加工中心上，通常是通过刀杆的端面键来传递切削转矩，如图 5-55 所示，锥度刀柄 1 传递的转矩是通过主轴上的键 4 啮合锥度刀柄 1 的键槽 5 来传递的。这就要求主轴具有圆周上某一特定点的准确定位功能。当加工阶梯孔或精镗孔后退刀时,为防止刀具与小阶梯孔碰撞或拉毛已精加工的孔表面,必须先让刀,再退刀,即要实现让刀功能,数控系统必须具有准确停止功能。主轴准停功能分为机械准停和电气准停。

(一) 机械准停控制

图 5-56 所示为典型的 V 形槽轮定位盘准停结构。带有 V 形槽的定位盘与主轴端面保持一定的关系。当运行 M19 指令(准停控制)时,主轴先减速至某一设定的速度值,然后当无触点开关转过定位点时,有效信号被检测到,主轴电动机立即停转并断开主轴传动链,此时主轴电动机与主轴传动件依惯性继续空转,同时准停油缸定位销伸出并压向定位盘。当定位盘 V 形槽与定位销正对时,由于液压缸的压力,定位滚轮插入 V 形槽中,准停到位信号 LS_2 限位开关有效,表明准停动作完成。这里 LS_1 限位开关为准停释放信号。采用这种准停方式,必须有一定的逻辑互锁,即当 LS_2 有效时,才能进行后续操作,如换刀等动作。而只有当 LS_1 有效时才能起动主轴电动机正常运转。上述准停功能通常是可由数控系统所配的可编程控制器完成的,机械准停还有其他方式,但基本原理是一样的。

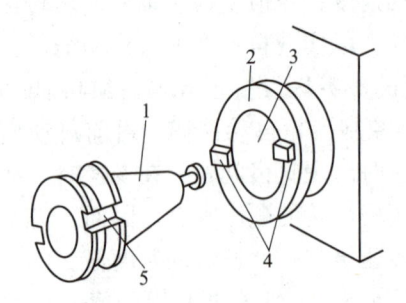

图 5-55 主轴换刀定位示意图
1—锥度刀柄 2—主轴 3—锥孔 4—键 5—键槽

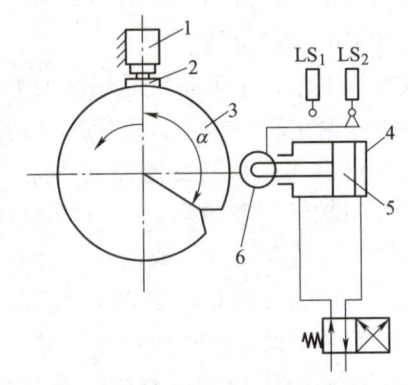

图 5-56 机械准停工作方式原理图
1—接近开关 2—接近体 3—定位盘 4—液压缸
5—活塞 6—滚轮

(二) 电气准停控制

目前国内外中高档数控系统均采用电气准停控制,采用电气准停控制能简化机械结构,提高系统的可靠性及性价比。同时电气准停可以缩短准停时间,准停时间包括在换刀时间内,而换刀时间是加工中心的一项重要指标。采用电气准停,即使主轴在高速转动时,也能快速定位于准停位置。目前电气准停控制的主流有磁敏传感器型、编码器型等。

1. 磁敏传感器型主轴准停控制

磁敏传感器型主轴准停控制由主轴驱动自身完成。当数控程序执行至 M19 指令时,数控系统只需发出主轴准停起动命令 ORT,主轴驱动完成准停后会向数控装置回答完成信号 ORE,数控系统再进行下一步的工作。磁敏传感器型主轴准停的基本结构如图 5-57 所示。

采用磁敏传感器型主轴准停控制时,主轴驱动系统的工作流程如下:当主轴转动运行中,接收到数控装置发来的准停开关信号量 ORT,主轴立即加速或减速至某一准停速度(该速度值可在主轴驱动装置中设定),转至准停位置(即磁场体与磁敏传感器对准),当磁敏传感器信号出现时,主轴驱动立即进入磁传感器作为反馈元件的位置闭环控制,目标位置为准停位置。准停完成后,主轴驱动装置输出准停完成 ORE 信号给数控装置,从而可进行自动换刀(ATC)或其他动作。磁敏传感器型主轴准停控制时序如图 5-58 所示。

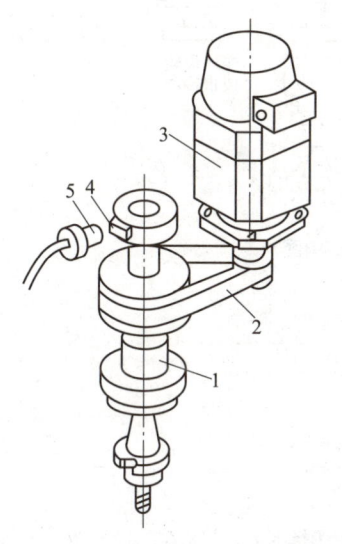

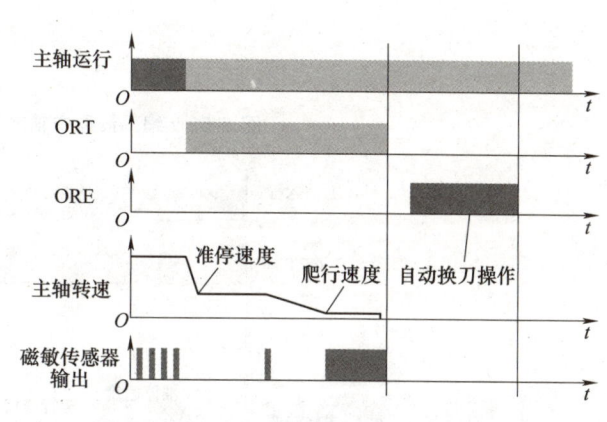

图 5-57 磁敏传感器型主轴准停的基本结构图
1—主轴 2—传动带 3—主轴电动机
4—磁场体 5—磁敏传感器

图 5-58 磁敏传感器型主轴准停控制时序图

由于采用了磁敏传感器,故应避免产生磁场的元件(如电磁线圈、电磁阀等)与磁场体和磁传感器安装在一起。磁场体(通常安装在主轴旋转部件上)与磁敏传感器(固定不动)的安装是有严格要求的,应按说明书要求的精度安装。

2. 编码器型主轴准停控制

编码器型主轴准停控制也是由主轴驱动完成的,CNC 只需发出 ORT 命令即可,主轴驱动完成准停后回答准停完成 ORE 信号。图 5-59 所示为编码器型主轴准停控制结构图。采用主轴电动机内部安装的编码器信号(来自主轴驱动装置),也可以在主轴上直接安装另外一个编码器。采用前一种方式要注意传动链对主轴准停精度的影响。主轴驱动装置内部可自动转换,使主轴驱动处于速度控制或位置控制状态。准停角度可由外部开关量(十二位)设定,这一点与磁敏传感器型主轴准停控制不同,磁敏传感器型主轴准停控制的角度无法随意设定,要想调整准停位置,只有调整磁场体与磁敏传感器的相对位置,编码器型主轴准停控制可根据具体情况选择。编码器型主轴准停控制时序如图 5-60 所示。

无论采用何种准停方案,当需要在主轴上安装元件时,都应注意动平衡问题。

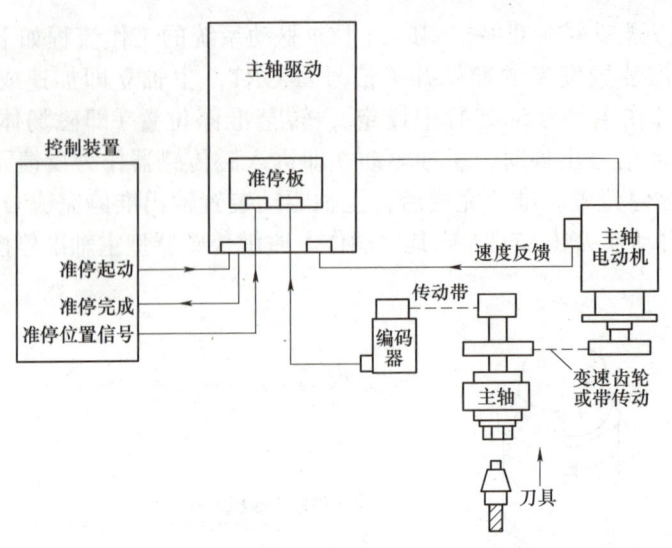

图 5-59　编码器型主轴准停控制结构图

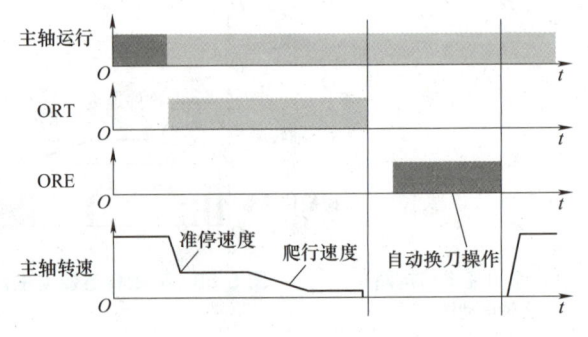

图 5-60　编码器型主轴准停控制时序图

第七节　数控伺服系统的应用

数控伺服系统的应用有两个问题需解决：一是伺服系统与数控系统的信号连接、伺服系统与市电电源的连接；二是伺服系统与机床的适配问题。前者要研究的是如何将伺服系统正确接入电气控制系统，使其可正常工作；后者是研究如何使系统正确实现控制系统的运动控制、动力输出控制、运动定位精度、运动轨迹循迹精度等要求。

一、伺服系统与数控系统的信号连接

伺服系统与数控系统的信号主要有：速度指令、位置反馈信号、系统使能信号、系统状态信号。其中，速度指令一般是模拟信号形式，由 CNC 单元中的位置控制环模块输出；位置反馈信号为脉冲信号形式，输入至 CNC 单元中的位置控制环模块；系统使能信号、系统状态信号为电平逻辑信号形式，与 CNC 单元中的 PLC 控制模块连接。目前这几种信号已使用新的传输方式，其中速度指令为数字信号形式。

图 5-61 所示为西门子 802C 数控铣床电气控制系统结构示意图。图 5-62 所示为西门子 802C 数控系统伺服驱动单元连接示意图。图 5-62 中的 CNC 单元 802C 与驱动单元

611U 的连接信号有两种：一是速度指令；二是电动机的角位移信号。

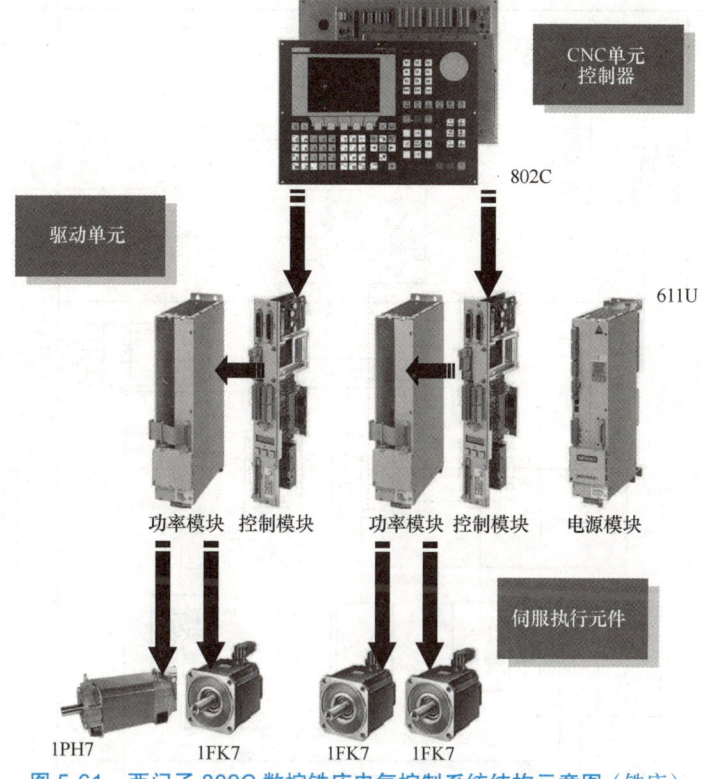

图 5-61　西门子 802C 数控铣床电气控制系统结构示意图（铣床）

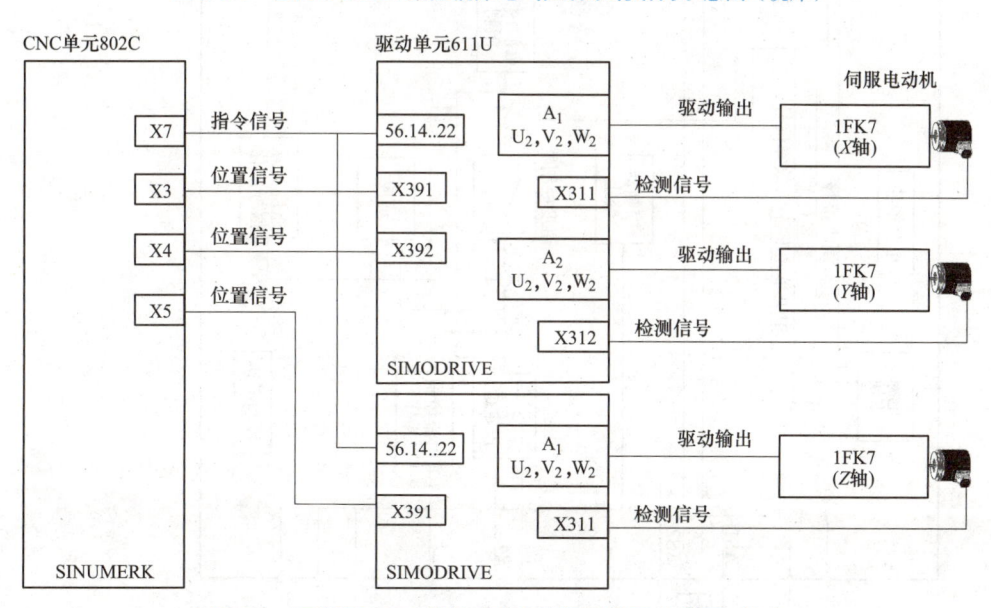

图 5-62　西门子 802C 数控系统伺服驱动单元连接图（铣床）

图 5-63 所示为西门子 611U 伺服驱动单元连接图。611U 伺服驱动单元由控制模块、功率模块、电源模块组成。图 5-63 中带有 1 号标识与 3 号标识的箭头符号所指向的端口是使能控制信号输入端口，它连接 CNC 单元中 PLC 模块的输出端口，因而是受 PLC 模块控制

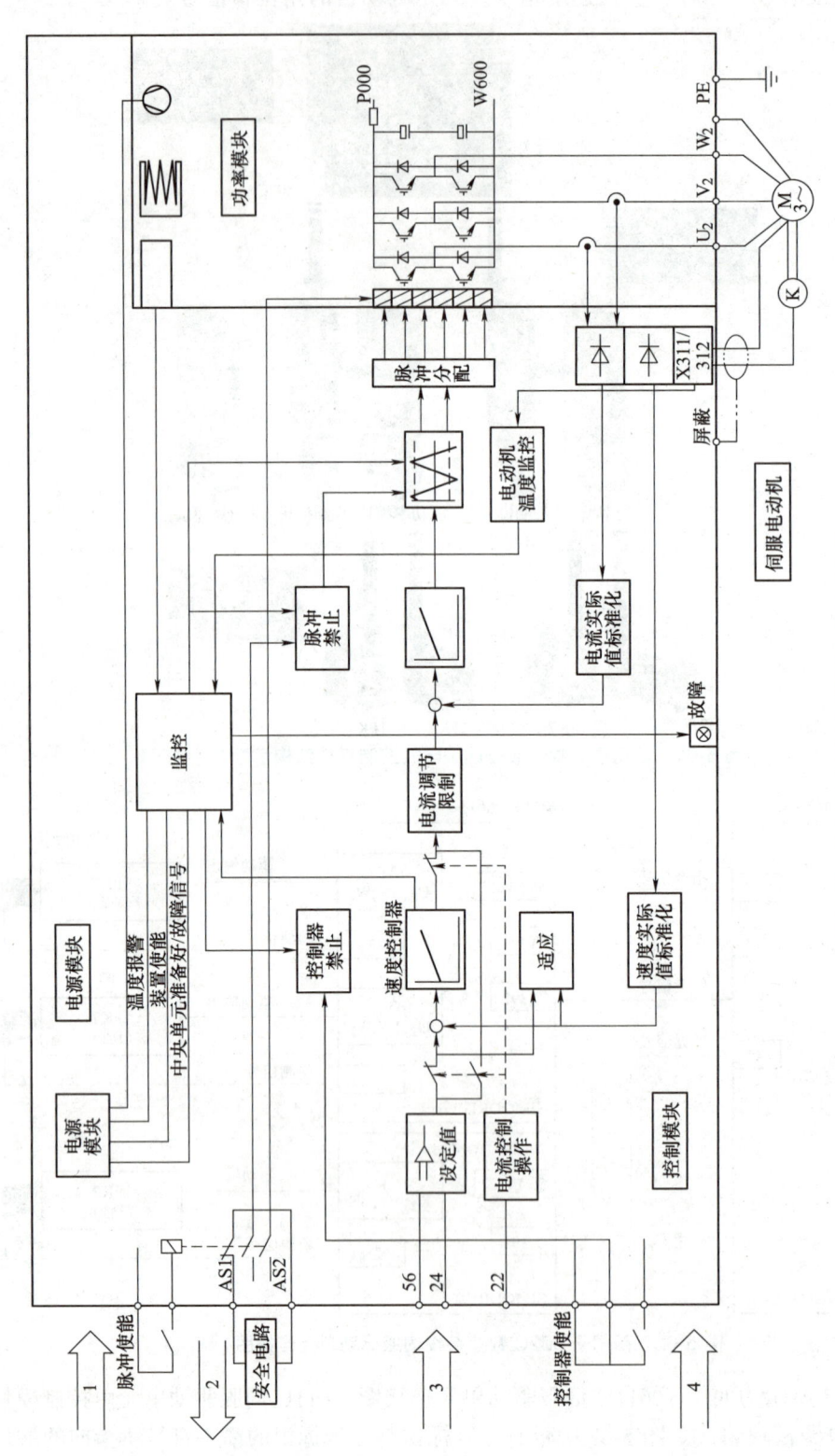

图 5-63 西门子 611U 伺服驱动单元连接图

的；4号标识的箭头符号所指向的端口是611U的输出端口，它连接CNC单元中PLC模块的输入口，因而是将驱动单元的保护电路输出信号送至PLC模块处理；2号标识的箭头符号所指向的端口是速度指令输入端口，它与CNC单元指令输出信号端口相连。

图5-64所示为SINUMERIK 840Dsl数控系统结构示意图。该系统由NCU710.3BPN数控单元（NCU）、SINAMICS S120 Combi驱动器、S-IFKT交流伺服电动机和M-IPH8主轴电动机组成的数控铣床电气控制系统。图5-65所示为SINAMICS S120 Combi驱动器连接示意图。

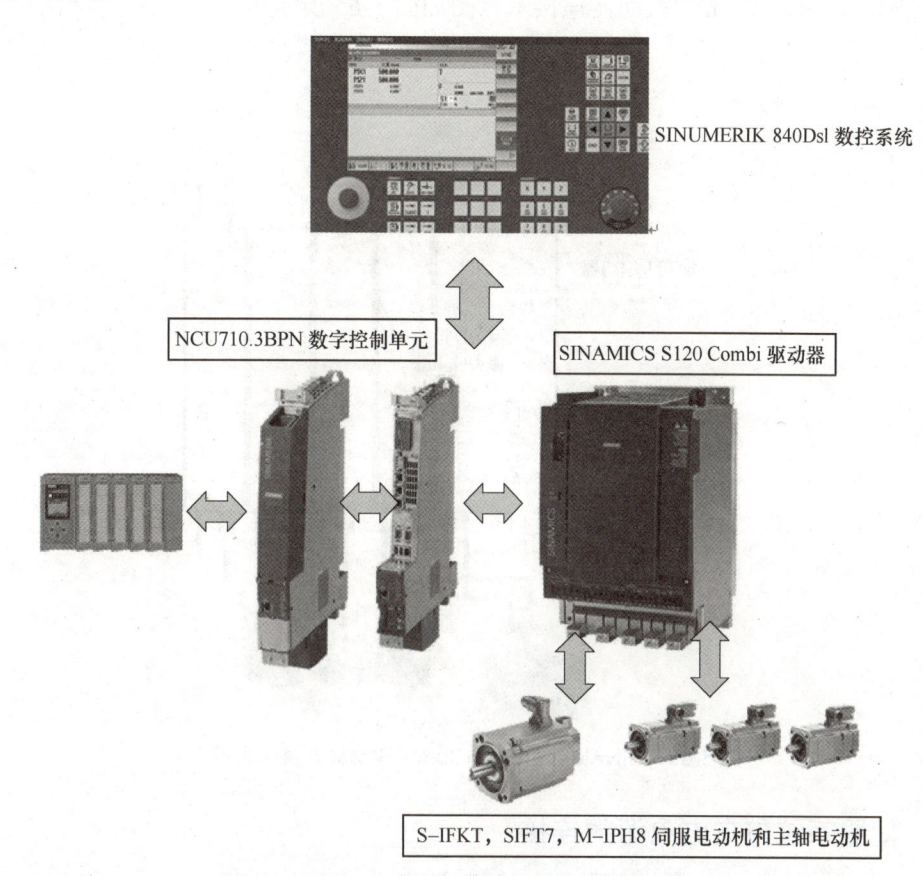

图5-64 SINUMERIK 840Dsl数控系统结构示意图

SINAMICS S120 Combi驱动器主要用于紧凑型车床和铣床，这种驱动器免去了模块键的连接，优化了驱动器的结构。SINAMICS S120 Combi驱动器配有Drive-CLiQ接口，由SINUMERIK 840Dsl数控系统的NCU模块上X100接口引出的驱动器电缆DRIVE-CLiQ连接到S120 Combi伺服驱动器的X200接口，各个轴的反馈依次接到X201~X205，各接口连接说明见表5-2。

表5-2 SINAMICS S120 Combi驱动器 Drive-CLiQ接口连接说明

Drive-CLiQ接口	连接到
X201	主轴电动机编码器反馈
X202	进给轴1编码器反馈

(续)

Drive-CLiQ 接口	连接到
X203	进给轴 2 编码器反馈
X204	对于 4 轴机床，进给轴 3 编码器反馈；对于 3 轴机床，这个口为空
X205	主轴直接测量反馈为 sin/cos 编码器，通过 SMC20 接入，此时，X220 接口为空；主轴直接测量反馈为 TTL 编码器直接从 X220 口接入，此接口为空

SINAMICS S120 Combi 驱动器连接示意图如图 5-65 所示。

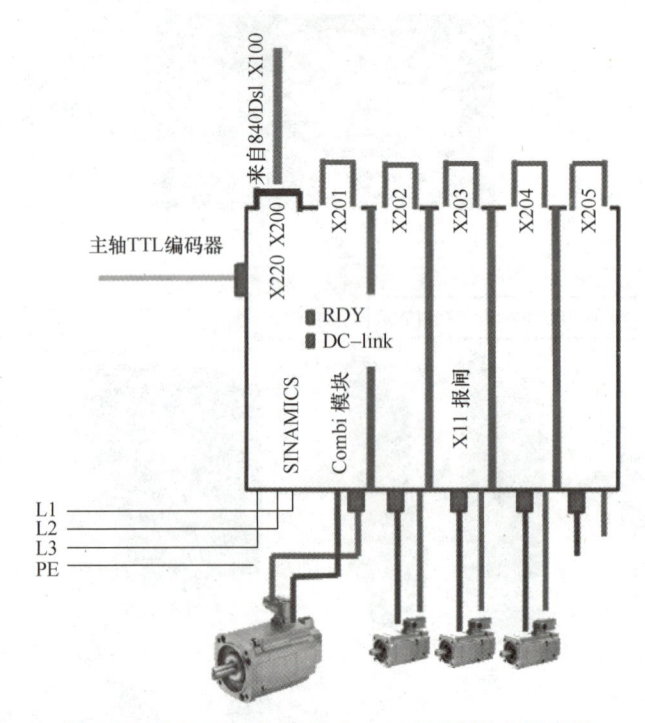

图 5-65　SINAMICS S120 Combi 驱动器连接示意图

二、伺服系统与市电电源的连接

市电电源是伺服系统供电电源，它可以通过伺服变压器给伺服系统供电或直接供电，这取决于各单元的供电电压参数要求。伺服系统的供电控制是由 CNC 单元中的 PLC 控制单元完成的。

伺服单元的供电线路采用普通的接触器控制方法，简易可靠。它的主要形式是使用数控系统中 PLC 控制模块的输出点直接控制交流接触器的励磁绕组的通断电操作，进而实现对伺服单元电源的通断控制。考虑到系统电磁兼容性要求及抗电磁干扰问题，应按产品技术要求设计好伺服单元的接地线路。

图 5-66 所示为西门子 611U 驱动单元中电源模块的连接示意图。图中，带有 1 号标识的箭头符号所指向的端口是使能控制信号输入端口，它连接数控 CNC 单元中 PLC 模块的输出端口，因而是受 PLC 模块控制的；带有 2 标识的箭头符号所指向的端口是外部供电输入端口，它通过一个交流接触器与机床配电输出端子连接。单元的保护电路输出信号

送至 PLC 模块处理。

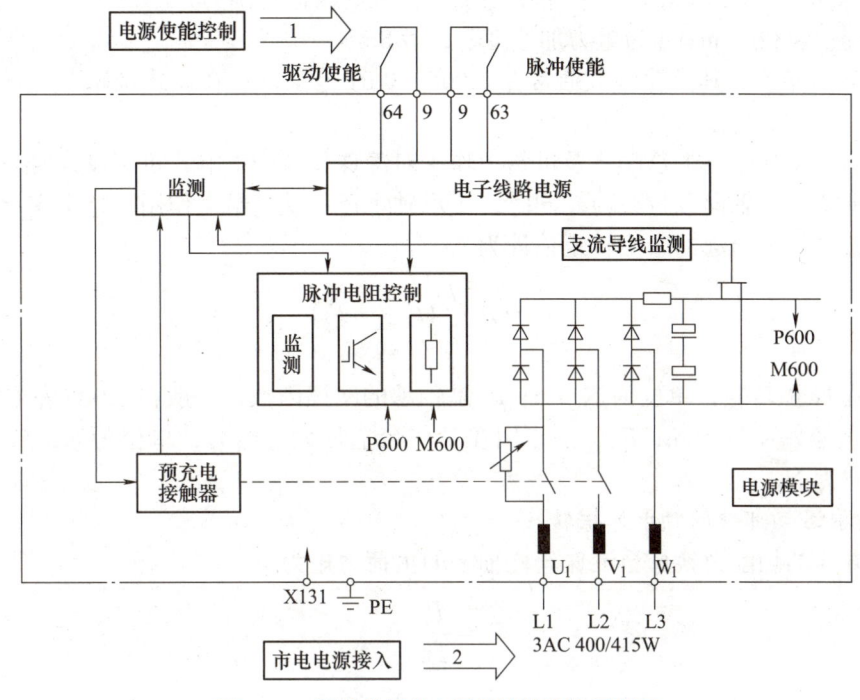

图 5-66 驱动单元中电源模块的连接示意图

三、伺服系统的运动控制要求和动力输出要求分析

数控机床伺服系统的运动控制设计应符合机床加工运动、辅助运动的要求，其动力输出应能满足加工所需值。因此，必须根据机床运动功能要求确定伺服系统的传动结构、电动机的运动参数，如转速范围、极限转速等；同时根据加工运动、加工切削用量、加工中切削力等系统负荷参数确定电动机的输出功率。

数控机床伺服系统工作时所受的负荷可分成两类：一是工作载荷，如进给伺服系统的静态载荷有源自于机床导轨动静摩擦力、支承轴承的摩擦转矩及作用在工作台进给方向的切削力等；二是动态载荷，由伺服系统折算至电动机轴上的转动惯量矩所决定。

进给伺服系统动力输出分析所涉及的机床零部件包括：滚珠丝杠螺母副、滚动导轨、联轴器和直流伺服电动机。

（一）伺服电动机静态载荷估算

静态载荷来源于三个方面：导轨的摩擦力、支承运动部件的轴承摩擦转矩和切削力。

1. 导轨的摩擦力

导轨的摩擦力取决于导向部件导轨类型。数控机床一般使用滚动导轨，其导轨与滑块间的摩擦系数相当小，导轨摩擦力换算到电动机上要求的力矩为

$$T_r = \frac{P_h}{2\pi}\mu[(m_t + m_w)g + F_r] \tag{5-40}$$

式中，μ 是导轨副的摩擦因数；T_r 是力矩，单位为 N·m；m_t 是工作台质量，单位为 kg；m_w 是工件质量，单位为 kg；F_r 是作用在工作台上的法向切削力，单位为 N；P_h 是滚珠丝杠螺纹导程，单位为 m；g 为重力加速度，$g=9.8\text{m/s}^2$。

对于滚动导轨，其摩擦因数通常在 0.005～0.01 范围内。在立式铣床上，垂直方向的切削分力一般占总切削力的 10% 左右。

为了消除滚珠丝杠的热膨胀及进给力作用对滚珠丝杠的影响，机床设计时对滚珠丝杠的支承轴承施加了轴向预拉载荷。同时，支承轴承还承受进给力作用。整个支承轴承在轴向方向上所受的力引起的摩擦转矩估计为

$$T_{rf} = \mu_b \frac{d_1}{2}(F_{t\max} + F_p) \tag{5-41}$$

式中，T_{rf} 是摩擦转矩，单位为 N·m；μ_b 是轴承的摩擦因数，一般在 0.005 左右；d_1 是轴承的平均直径，单位为 m；$F_{t\max}$ 是作用在工作台上最大进给力，单位为 N；F_p 为预拉载荷力，单位为 N。

2. 支承运动部件的轴承摩擦转矩

进给方向的切削力换算至滚珠丝杠轴上的负荷力矩为

$$T_f = \frac{P_h}{2\pi}F_{t\max} \tag{5-42}$$

式中，T_f 是轴承摩擦转矩，单位为 N·m；P_h 是滚珠丝杠螺纹导程，单位为 m；$F_{t\max}$ 是作用在工作台上最大进给力，单位为 N。

作用在丝杠上的总静态负荷为式（5-40）～式（5-42）求得的转矩之和 T（单位为 N·m），即

$$T = T_r + T_{rf} + T_f \tag{5-43}$$

在静态力矩太大的情况下，在电动机轴和丝杠之间可以采用齿轮减速装置。

（二）伺服电动机动态载荷估算

机床进给运动机械部件算到电动机轴上的总惯量包括：工作台质量和工件的质量折算至电动机轴上的转动惯量值 J_T、滚珠丝杠螺母副的转动惯量 J_B、联轴器的转动惯量 J_C、电动机轴的转动惯量 J_m。它们的计算公式为

$$J_T = \frac{1}{2}(m_t + m_w)\left(\frac{P_h}{2\pi}\right)^2 \tag{5-44}$$

$$J_B = \frac{1}{2}m_B\left(\frac{d_B}{2\pi}\right)^2 \tag{5-45}$$

$$J_C = \frac{1}{2}m_C\left(\frac{d_C}{2\pi}\right)^2 \tag{5-46}$$

$$J_o = J_T + J_B + J_C + J_m \tag{5-47}$$

式中，m_B、m_C 分别是滚珠丝杠轴的质量、联轴器的质量，单位为 kg；d_B、d_C 分别是滚珠丝杠轴的平均直径、联轴器的直径，单位为 m；J_T、J_B、J_C、J_m 是工作台和工件折算到电动机轴上的转动惯量、滚珠丝杠螺母副的转动惯量、联轴器转动惯量和电动机轴转动惯量，单位为 $kg \cdot m^2$。

（三）伺服电动机动力输出估算

由于系统中还存在一种与速度成正比的摩擦力矩——黏性摩擦力矩，因而进给伺服系统能正常工作的最小额定输出转矩应为

$$T_o = J_o \frac{d\omega}{dt} + \mu_r \omega + T_r \tag{5-48}$$

式中，T_o 是伺服电动机正常工作输出的最小额定转矩；ω 是电动机的角速度；μ_r 是黏性摩擦因数；T_r 是导轨摩擦力矩转换到电动机轴上的转矩；J_o 是换算到电动机轴上的总惯量。

从中可看出，电动机的动态负荷转矩与伺服系统运动部件的加速度及惯量成正比。如果将克服动态负荷的转矩称作动态转矩，则伺服电动机必须具有足够的动态转矩使各个运动部件具有一定的加速运动，如伺服系统的启动过程、变速过程等，以使系统能在较短的时间内达到期望的稳态速度。同时，动态转矩与静态负荷转矩之比越大，则系统的动态特性越高。因而在数控伺服系统设计要求中提出，伺服电动机的转动惯量与机械传动部件折算至电动机轴端的惯量之比为 3~4（对于大惯量伺服电动机而言）。如果惯量之比不能满足，则应尽可能地增大电动机的输出转矩，增大动态转矩与静态负荷转矩之比。

思考题

5-1 数控机床对伺服电动机有哪些要求？
5-2 数控机床驱动电动机有哪些种类？
5-3 步进电动机的结构有哪些特点？
5-4 何谓步距角？步距角的大小与步进电动机的速度控制有何关系？
5-5 步进电动机的转速和转向是如何控制的？
5-6 步进电动机有哪些运行性能？
5-7 三相交流永磁同步电动机中的"三相交流""永磁"及"同步"分别指什么？
5-8 三相交流永磁同步电动机用于进给驱动有何好处？交流伺服电动机上的转子位置检测器有何作用，该检测器有哪些形式？
5-9 某交流伺服电动机上内装有光电编码器，则该编码器在控制中有哪些作用？
5-10 数控机床对主轴电动机有何要求？主轴电动机有哪些种类？
5-11 和直流伺服电动机相比，直流主轴电动机在结构上有什么特点？
5-12 交流主轴电动机和交流伺服电动机有什么区别？
5-13 数控机床驱动装置的作用是什么？
5-14 数控机床有哪些类型的驱动装置？

5-15　简述数控机床对进给驱动和主轴驱动的要求。

5-16　步进驱动环形分配的目的是什么？有哪些实现形式？数控系统输出给步进驱动装置的信号有哪些形式？

5-17　高低电压切换，恒流斩波驱动电源对提高步进电动机的运行性能有何作用？

5-18　直流或交流伺服驱动装置的速度控制指令来自何处？以什么形式表示？

5-19　直流伺服电动机和直流主轴电动机是如何进行调速的？

5-20　交流伺服电动机和交流主轴电动机是如何进行调速的？

5-21　为什么伺服电动机驱动单元的功率放大电路常采用PWM方式，而主轴直流电动机驱动单元的功率放大路常用SCR方式？

5-22　主轴和进给驱动的控制回路有哪些调节环节？调节的目的是什么？

5-23　在数控机床中，主轴三相交流异步电动机的变频调速有哪些实现方式？

5-24　SPWM指的是什么？控制正弦波与三角形调制波经SPWM后，输出的信号波形是何形式？

5-25　交流伺服电动机（三相交流永磁同步电动机）矢量控制方式变频调速与交流异步电动机的矢量控制方式有什么根本区别？

5-26　进给伺服系统在数控机床中的主要作用是什么？它主要由哪几部分组成？试用框图表示各部分的关系，并简要介绍各部分的功能。

5-27　分析数控机床对进给伺服系统的基本要求并说明理由。

5-28　画出开环、闭环、半闭环伺服系统的结构框图，并分别说明它们的工作原理及特点。

5-29　步进电动机的驱动电路由哪几部分构成？各部分的作用是什么？

5-30　环形分配器的作用是什么？

5-31　闭环和半闭环伺服系统由哪些环节组成？

5-32　数控机床对进给伺服系统有何要求？

5-33　位置比较有哪些方法？与位置检测装置的选择有何关系？

第六章 数控机床的机械结构特点

第一节 数控机床对机械结构的要求

数控机床在发展最初阶段的机械结构与通用机床相比并无多大的区别，只是在自动驱动、变速、刀架、工作台自动转位和手柄操作等方面进行了改进。随着数控系统性能提高和新型驱动元件的出现，并考虑其控制方式和使用特点，机床的结构也进行了较大的改进。为提高生产率并延长使用寿命，数控机床机械结构应具有较高的静动态刚度、阻尼精度、较高的耐磨性且热变形小等特性；为减小摩擦、消除传动间隙且获得更高的加工精度，数控机床应采用高效传动部件，如滚珠丝杠副和滚动导轨、消隙齿轮传动副等；为改善劳动条件、减少辅助时间、改善操作性、提高劳动生产率，数控机床应配备刀具自动夹紧装置、刀库与自动换刀装置及自动排屑等辅助装置。依据数控机床的使用场合和工作特点，数控机床的结构应该满足如下要求。

（一）具有较高的机床静、动刚度

数控机床是按照数控编程或手动输入数据的方式所提供的指令自动进行加工的。由于机械结构（如机床床身、导轨、工作台、刀架和主轴箱等）的制造、装配与变形产生的误差在加工过程中不能调整与补偿，因此，必须把各处机械结构部件产生的弹性变形控制在最小范围内，以保证所要求的加工精度与表面质量。

为提高主轴的刚度，可采用三支承结构、刚性好的双列短圆柱滚子轴承和角接触向心推力轴承，以减小主轴的径向和轴向变形；为提高机床大件的刚度，可采用封闭界面的床身，并采用液力平衡减少移动部件因位置变动造成的机床变形，并对于悬臂的结构尽量减少其悬臂量；为提高机床各部件的接触刚度，增加机床的承载能力，可采用刮研的方法增加单位面积上的接触点，并在结合面之间施加足够大的预加载荷，以增加接触面积。这些措施都能有效地提高接触刚度。

为了充分发挥数控机床的高效加工能力并进行稳定切削，数控机床要在保证静态刚度的前提下提高动态刚度。常用的措施主要有增加阻尼以及调整构件的自振频率等。试验表明，提高阻尼系数是改善抗振性的有效方法。而钢板的焊接结构既可以增加静刚度、减轻结构重量，又可以增加构件本身的阻尼。因此，近年来在数控机床上采用了钢板焊接结构的床身、立柱、横梁和工作台。另外封砂铸件也有利于振动衰减，对提高抗振性也有较好的效果。

（二）减少机床的热变形

数控机床的加工对机床的热变形提出了越来越严格的要求。因为它严重地影响机床的加工精度与精度稳定性。机床产生热变形的主要因素是热源与机床的各部分之间的温差。热源一般是指切屑、电动机、传动件的摩擦、外部件的辐射等。为了减少热变形，在数控机床结构中通常采用以下措施：减少发热、控制温升和改善机床机构。在同样发热条件下，机床机构对热变形也有很大影响。

在数控机床中，轴的热变形发生在刀具切入的垂直方向上。这就可以使主轴热变形对加工直径的影响降低到最小。在结构上还应尽可能减小主轴中心与地面的距离，以减少热变形的总量，同时应使主轴箱的前后温升一致，避免主轴变形后出现倾斜。

数控机床中的滚珠丝杠常在预加载荷大、转速高以及散热差的条件下工作，因此滚珠丝杠容易发热。滚珠丝杠发热对生产造成的后果是严重的，尤其是在开环系统中，它会使进给系统丧失定位精度。目前，某些机床用预拉的方法减少滚珠丝杠的热变形。对于采取了上述措施仍不能消除的热变形，可以根据测量结果由数控系统发出补偿脉冲加以修正。

（三）减少运动间的摩擦和消除传动间隙

在数控机床运动过程中，机床精度与定位精度不仅受各零部件加工精度与装配精度、刚度、热变形的影响，也受摩擦力的影响。摩擦力太大会使机床的响应能力变弱，甚至可能出现爬行现象。所以数控机床必须采取相应方法来减少摩擦。减少运动件摩擦的一般方法是采用滑动导轨、滚动导轨与静压导轨。

在数控机床加工过程中，影响数控机床加工精度的另一重要因素是传动链间的间隙。减少这一因素的影响除了减少传动齿轮和滚珠丝杠的加工误差外，还可采用无间隙传动副。对于滚珠丝杠螺距的累积误差，通常采用脉冲补偿装置进行螺距补偿。

（四）提高机床的寿命和精度保持性

机床的寿命与精度保持性是数控机床的一个重要的指标。数控机床是一个典型的机电一体化产品，上述指标包含机械与电气两部分，除了要求电气部分有较高的可靠性外，还要求机械部分也要有较低的故障率。为保证机床长期使用而不损失精度，机床的运动部件需要有较好的耐磨性，尤其是机床导轨、进给丝杠、主轴部件等影响精度的主要零件；同时，良好的润滑是保证精度持久性的一个重要措施。除此之外，数控机床还必须满足机床工艺范围、人机关系等要求。总之，数控机床与普通机床相比，对机械结构提出了更高的要求。

（五）减少辅助时间和改善操作性能

在数控机床的单件加工中，辅助时间（非切屑时间）占有较大的比重。要进一步提高机床的生产率，就必须采取措施最大限度地压缩辅助时间。目前，已经有很多数控机床采用了多主轴、多刀架以及带刀库的自动换刀装置等，以减少换刀时间。对于切屑用量大的数控机床，床身机构必须有助于排屑。

第二节　数控机床的总体布局

在现代数控机床中，机床的布局既体现了机床的总体设计思想，又体现数控加工的特点。数控机床由各类部件组成，在进行机床总体布局时，一方面要从机床的加工原理（即机床各部件的相对运动关系）角度，结合换刀形式、加工工件的形状、尺寸和重量的因素及自动化程度等来确定机床各部件的相对位置关系与配置；另一方面要考虑机床的操作维修、外观形状、生产管理和人机关系等因素。总体布局要有全局性，如要考虑机床的制造和使用等。

一、满足多刀加工的布局

图 6-1 所示为双刀架双主轴数控机床。床身、拖板采用 45°±15′ 复合倾斜角度，配置上下对置式双刀架，既可实现单刀加工两个主轴上的零件，又可实现双刀架协同工作，还可实现多刀加工一个零件。这种布局方式配置灵活，加工效率高。

二、满足快速换刀要求的布局

一般来说，加工中心都带有刀库，但是刀库的布局在很大程度上影响了机床的布局。图 6-2a 所示为一种卧式加工中心，其刀库位于侧面，刀库回转轴线与主轴旋转轴线为垂直布置。这种结构配置使得换刀时，刀具在换刀位回转 90°，换刀机械手的轴线要与刀具的轴线平行才能实现换刀。图 6-2b 所示为一种立式加工中心，其刀库位于主轴的四周，刀库的回转轴线与主轴的旋转轴线平行。这种刀库的布局不需要完成刀具的轴向变换就能实现自动换刀，换刀效率较高。

图 6-1　双刀架双主轴数控机床

a) 卧式加工中心 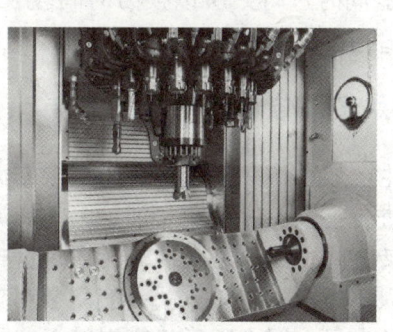　　b) 立式加工中心

图 6-2　满足换刀要求数控机床刀库布局

三、满足多坐标联动要求的布局

在加工零件过程中，特别是加工复杂零件，2 轴联动往往不能满足加工要求，如螺旋桨零件的加工就要用 5 轴联动数控机床才能完成。图 6-3 和图 6-4 是根据多轴联动的要求而布局的数控机床。在图 6-3 中，除了有 X、Y、Z 轴的运动外，在 Z 轴的下方，布置了旋转摆动工坐台，可实现五轴联动控制。在图 6-4 中，机床除了 X、Y、Z 轴的运动外，还可以实现工作台的回转和主轴头的转动。这些轴的联动可实现除装夹面外的所有面的加工。

图 6-3 五坐标联动加工中心

图 6-4 可实现多轴控制的镗铣床

四、满足快速换刀要求的布局

图 6-5 所示的加工中心采用无机械手换刀方式，这种自动换刀装置在结构上只有一个刀库，是利用机床本身与刀库的运动实现换刀的。换刀过程：首先，刀盘移动到主轴换刀位置，抓取主轴上的刀具，主轴松开刀具，主轴上升，将刀具装入刀库；随后，刀库旋转进行选刀，主轴下移，抓取刀盘上的刀具，主轴夹紧刀具，刀盘退回待机位置。无换刀机械手自动换刀结构简单，易于实现，但要求刀具轴线与主轴轴线平行。由于送刀和取刀的两个动作不能同时进行，所以换刀时间较长，一般为 10～20s，且刀库的容量有限。这种布局一般适用于中、小型数控机床。

五、满足多工位加工要求的布局

为提高生产效率，有些数控机床是根据流水线生产的原理进行布局的。依据加工工件的工艺过程进行主轴头的配置。加工工件的流转有两种方式：一种为直线流转方式，另一种为盘式流转方式。无论是直线流转还是盘式流转方式，都综合利用了装卸工件和加工工件的时间。只不过盘式流转方式一般将装料工位和卸料工位重叠布置。图 6-6 所示为多工位数控机床的布局。图中所示机床有四个工位，三个工位为加工工位，一个工位为装卸工件工位，加工工件的流转方式采用盘式。该机床可实现多面加工，装卸工件时间与加工时间重叠，因而生产率较高。

图 6-5 满足快速换刀要求的加工中心

图 6-6 多工位数控机床的布局

六、满足工作台自动交换要求的布局

为了提高数控机床的加工效率，在加工中心上经常采用双交换工作台，进行工件的自动交换，进一步缩短辅助加工时间，提高机床效率。工作台自动交换布局方式有两种：移动式双交换工作台布局和回转式双交换工作台布局，如图 6-7 所示。

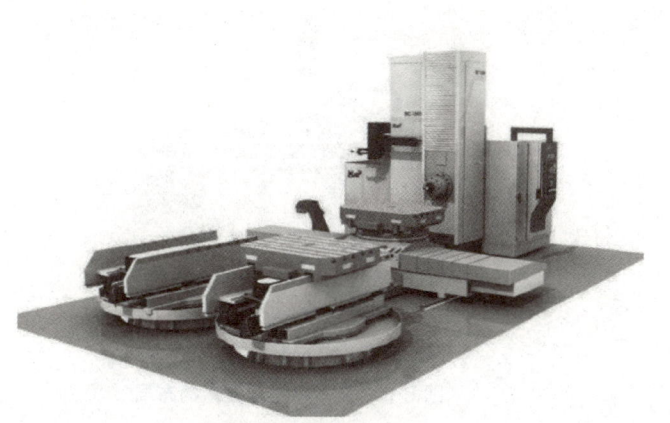

a) 移动式双交换工作台布局　　　　b) 回转式双交换工作台布局

图 6-7 双交换工作台加工中心

移动式双交换工作台布局用于工作台移动式加工中心，其工作过程是：首先在Ⅱ工位工作台上装上工件，交换开始后，松开工作台夹紧机构；交换机构通过液压缸或辅助电动机将机床上的工作台拉到Ⅰ工位上；交换机构将装有工件的Ⅱ工位工作台送到机床上并夹紧。在机床进行工件加工的同时，操作者可以在Ⅰ工位装卸工件，准备第二次交换。这样就使得工件的装卸和机床加工可以同时进行，节省了加工辅助时间，提高了机床的效率。

回转式双交换工作台布局用于立柱移动式加工中心，其工作过程是：首先在Ⅱ工位（装卸工位）工作台上装上工件，交换开始后，Ⅰ工位（加工工位）的工作台夹紧机构自动松开；交换回转台抬起，进行 180° 回转，将Ⅱ工位上工作台转到Ⅰ工位的位置并夹紧。在机床进行工件加工的同时，操作者可以在Ⅱ工位装卸工件，准备第二次交换。回转式双交换工作台的优点是交换速度快、定位精度高，对冷却、切屑的防护容易；缺点是结构较复杂，占地面积大。

七、满足加工零件不移动的布局

当机床加工的零件为大件时,由于不方便移动工件,机床采用主轴空间移动的结构布置,即通过工件不动刀具移动的方式来实现工件的加工。这种机床的布局方式有两种:悬臂式和龙门式。数控机床加工精度很大程度上取决于主轴的空间移动精度。图 6-8 所示的卧式数控机床,主轴采用悬臂式的结构,工作台固定在安装基面上。加工过程中,机床通过 X、Y、Z 轴的空间移动来实现工件的加工。

八、满足提高刚度减小热变形要求的布局

在数控机床中,热变形一直是影响机床加工精度的重要因素。在同样发热条件下,机床结构对热变形也有很大影响。目前,根据热对称原则设计的数控机床取得了良好的效果。因此,数控机床的单立柱结构有逐步被双立柱结构所代替的趋势。双立柱结构由于左右对称,受热后的主轴轴线除了产生垂直方向的平移外,其他方向的变形很小,而垂直方向的轴线移动可以方便地用一个坐标的修正量进行补偿。图 6-9 就是利用这一原理布局的数控机床。

图 6-8 工件不移动的布局

图 6-9 减小热变形要求的布局

九、并联机床的布局

并联机床一般都是基于 Stewart 平台或者其变形开发而来的。与传统机床不同,该平台没有床身、导轨、立柱和横梁等结构,其基本结构是一个活动平台、一个固定平台和长度可变的连杆。根据性能要求,连杆有 3 杆、4 杆、6 杆等。活动平台上,装有机床主轴和刀具。图 6-10 为四连杆结构。活动平台为四脚架,主轴 3 安装在四脚架的铰接点上。通过四根连杆的伸缩运动实现主轴在空间内的运动。这种结构的机床结构简单、零部件少、重量轻、刚性好、装配及维修方便、故障率低,运动速度

图 6-10 四连杆结构
1、2、4、6—动轴 3—主轴组件 5—基座

高,可达 100m/min,加速度可达 1g(g 为重力加速度)。

第三节　数控机床主传动系统

一、数控机床对主传动系统的要求

数控机床主传动系统是机床发挥功能的核心部位,它的作用是传递电动机的动力给工作台或者刀架,从而实现工件的加工。主传动系统一般由电动机、主轴、变速箱和传动链组成。其中,电动机通过传动带或齿轮驱动主轴转动,主轴再传递动力到变速箱,最终通过传动链传递给刀架、工作台等加工部位。因此,主传动系统的稳定性、精度和可靠性直接影响到数控机床的加工精度和稳定性。数控机床对主传动系统的要求如下。

(一)调速范围宽,能实现无级调速

为了加工时选用合理的切削用量,充分发挥刀具的切削性能,从而获得最高的生产率、加工精度的表面质量,数控机床的传动系统必须有更高的转速和更宽的调速范围。在实际运用中,不同用途的数控机床对调速范围的要求不尽相同。对多用途、通用性大的机床要求有较宽的主轴调速范围,既要有低速大转矩功能,又要有较高的速度,如立式卧式加工中心。而对于某些专用机床则不需要较大的调速范围,如汽车工业中普遍使用的数控钻镗床、汽车齿轮数控加工机床等。对于那些加工材料种类较多的机床,如既要加工有色金属材料,又要加工黑色金属材料的数控机床,则要求有较宽的变速范围和具备超高速切削的功能。

(二)具备较好的热稳定性

机床在切削加工中主传动系统的发热会使其中所有零部件产生热变形,破坏零部件之间的相对位置精度和运动精度,造成加工误差。热变形还会限制切削用量的提高,降低传动效率,影响生产率。为此,要求主轴部件具有较高的热稳定性,通过保持合适的配合间隙并进行循环润滑保持热平衡等措施来实现。零部件的热变形是影响加工精度与精度稳定性的重要因素。在数控机床中,电动机、主轴及其他传动件均为热源。数控机床应尽量控制温升以减少热变形,从而提高加工质量。

(三)具备较高的旋转精度与运动精度、传动平稳、噪声低

数控机床加工精度的提高与主传动系统的精度与刚度密切相关。主传动系统的精度包含旋转精度与运动精度。旋转精度是指装配后,在载荷低速转动条件下测量主轴前端和 300mm 处的径向与轴向圆跳动值。主轴的运动精度是指主轴在工作速度旋转时测量上述两项精度。主传动系统的精度通常和静止或低速状态的旋转精度有较大的差别,它表现于工作时主轴中心位置的不断变化,即主轴轴心漂移。运动状态下的旋转精度主要取决于主轴的工作速度、轴承性能和主轴部件的平衡。为了提高旋转精度,可以对主传动系统的齿轮齿面进行高频感应加热淬火,以增加耐磨性;最后一级采用斜齿轮传动,使传动平稳;采用高精度轴承及合理的支承跨距等,以提高主轴组件的刚性。静态刚度反映了主轴部件或零件抵抗静态外载的能力。数控机床多采用抗弯刚度作为衡量主轴部件刚度的指标。影

响主轴部件弯曲刚度的因素很多，如主轴的尺寸、形状，主轴轴承的类型、数量、配置形式、预紧情况、支承跨距和主轴前端的悬伸量等。

（四）具有较高的刚度与较强的抗振性

主轴的刚度和抗振性是数控机床加工精度重要的影响因素。主轴的抗振性指的是在切削加工时，主轴保持平稳运转而不发生振动的能力。主轴的刚度是指在受到外力作用时，主轴抵抗变形的能力。在切削过程中，如果主轴刚性不足，那么在切削力作用下，主轴将产生较大的弹性变形，不仅会影响加工质量，还会破坏轴承正常的工作条件，加速磨损。因此数控机床要求主轴有较高的静刚度与抗振性。

（五）具有较高的耐磨性

主轴的耐磨性是指长期保持原始精度的能力，即精度的保持性。数控加工不仅要求加工精度高，而且还要求精度的保持性好。因此，主轴的关键部位（如主轴锥孔）不仅在材料选取时考虑耐磨性，如选取40Cr、20Cr、16MNCR5等材料，还要经过良好的表面热处理，以保证主轴具有较高的精度保持性。

二、数控机床主传动系统的配置方式

数控机床主传动系统有四种配置方式，如图6-11所示。

a) 带有变速齿轮的主传动系统　　b) 通过同步带传动的主传动系统

c) 用两个电动机分别驱动主轴的主传动系统　　d) 内置电动机主轴传动机构的主传动系统

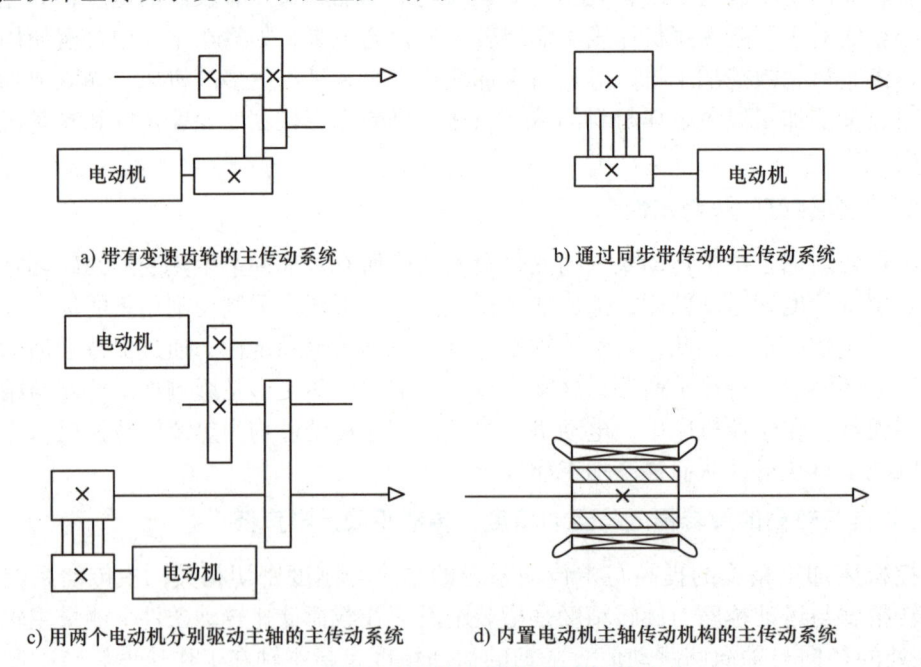

图6-11　数控机床主传动系统有四种配置方式

1. 带有变速齿轮的主传动系统（图6-11a）

带有变速齿轮的主传动系统在大、中型数控机床中较为常见。它通过几对齿轮的啮合，在完成传动的同时实现主轴的分档有级变速或分段无级变速，确保在低速时能满足主轴输出转矩特性的要求。这种系统的优点是通过齿轮传动，扩大变速范围，同时传递的转矩大小可根据齿轮副来调节；缺点是滑移齿轮的移位大都采用液压拨叉或直接由液压缸带动齿轮来实现，结构较复杂，受齿轮磨损影响，精度较差，噪声大，易发热。

2. 通过同步带传动的主传动系统（图 6-11b）

通过同步带传动的系统主要用于转速较高、变速范围不大的小型数控机床。这种系统的优点是同步带传动无滑动，传动比准确，传动效率高，可达98%以上，且使用范围广，速度可达50m/s，传动比可达10左右，传递功率由几瓦到数千瓦，传动平稳，噪声小；缺点是安装时中心距要求严格，同步带与带轮的制造工艺较复杂，成本高。

3. 用两个电动机分别驱动主轴的主传动系统（图 6-11c）

用两个电动机分别驱动主轴的主传动系统综合了上述两种传动系统的性能。这种系统的优点是两个电动机分别负责高低速的传动，增大了恒功率区，扩大了变速范围，避免了低速区转矩不够和电动机功率不能充分利用的问题；缺点是两电动机不能同时工作，是一种资源的浪费。

4. 内置电动机主轴传动机构的主传动系统（图 6-11d）

内置电动机主轴传动机构的主传动系统省去了电动机和主轴间的传动件，主轴和电动机转子装到一起，主轴只承受扭矩而没有弯矩。这种系统的优点是主轴部件结构紧凑、惯性小、质量小，可提高起动、停止的响应特性，有利于控制振动和噪声；缺点是电动机运转产生的热量易使主轴产生热变形。

三、主轴部件

（一）数控机床主轴的轴承配置形式

数控机床主轴的轴承配置形式主要有三种，如图 6-12 所示。

a) 高刚度、重载、低转速的轴承配置

b) 轻载、高速、高精度的轴承配置

c) 低速、重载、中等精度的轴承配置

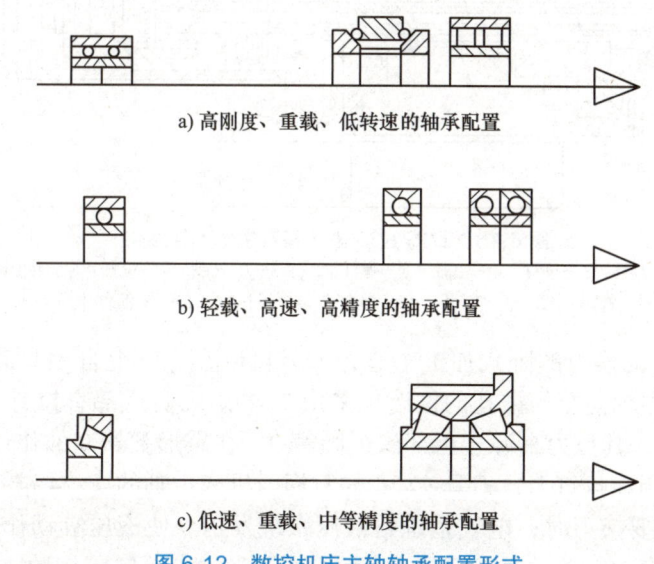

图 6-12　数控机床主轴轴承配置形式

1. 高刚度、重载、低转速轴承配置（图 6-12a）

高刚度、重载、低转速轴承配置的后支承采用一对向心推力轴承，前支承采用双列短圆柱滚子轴承和60°角接触双列向心推力轴承。这种配置形式支承刚度大，能满足强力切削的要求，但不能满足高转速的要求。

2. 轻载、高速、高精度轴承配置（图6-12b）

轻载、高速、高精度轴承配置的后支承采用向心球轴承，前支承采用一对向心推力轴承与一个向心推力轴承组合。这种配置能满足主轴高速的要求，但它的承载能力小，因此适用于高速、轻载和精密的数控机床。

3. 低速、重载、中等精度轴承配置（图6-12c）

低速、重载、中等精度轴承配置的后支承采用向心推力滚子轴承，前支承采用双列向心推力滚子轴承组合。这种配置轴向、径向的刚度高，适用于承受重载荷的场合，尤其能承受较强的动载荷，但它不能满足高转速的要求，因此适用中等精度、低速与重载的数控机床主轴。

（二）带有自动换刀的数控机床主轴结构特点

1. 主轴刀具的自动夹紧与切屑清除装置

带有自动换刀的数控机床要求主轴能自动换刀，这就要求主轴必须有特殊的结构来满足上述要求。图6-13所示为ZHS-K63主轴箱及主轴部件结构。

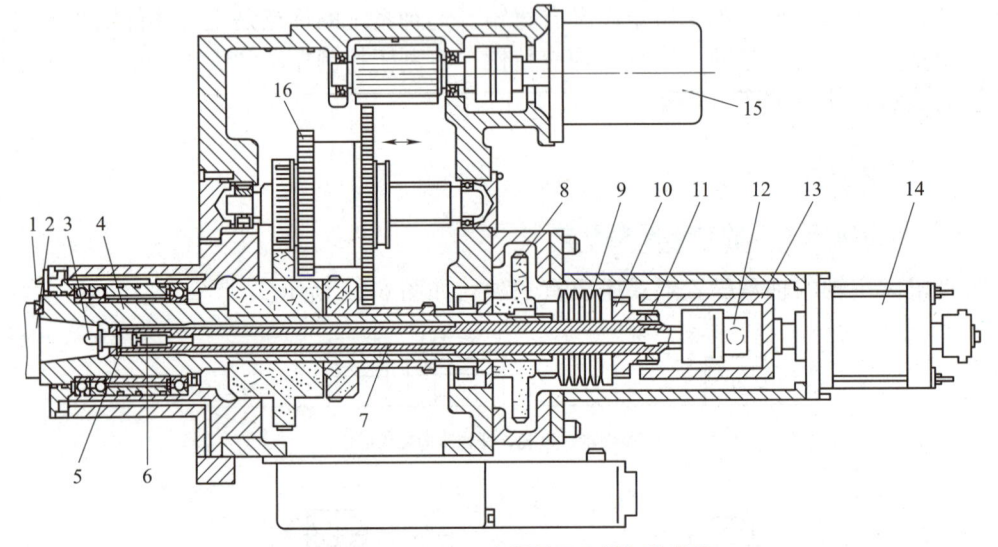

图6-13 ZHS-K63主轴箱及主轴部件结构

1—冷却液喷嘴 2—刀具 3—拉钉 4—主轴 5—弹性卡爪 6—喷气嘴 7—拉杆 8—定位凸轮 9—碟形弹簧 10—轴套 11—固定螺母 12—旋转接头 13—推杆 14—液压缸 15—交流伺服电动机 16—换挡齿轮

ZHS-K63属自动换刀的卧式加工中心，刀具可以在主轴上自动装卸。刀具的刀柄采用7∶24的锥度，主轴前端的锥孔的锥度也采用7∶24。刀具后部有拉钉3，弹性卡爪5将拉钉3紧紧地拉住，其拉力来源于后部碟形弹簧9。在碟形弹簧9的作用下，弹性卡爪始终有20kN的力作用在拉钉上，刀具7∶24的刀柄与机床主轴的7∶24锥孔紧密贴合，完成了定位动作。当需要换刀时，电气系统给液压系统发指令使液压缸动作，推杆向左移动，推动拉杆7上的轴套10，整个拉杆7向左移动，使弹性卡爪5向前移动，在弹力的作用下，弹性卡爪5自动松开，此时拉杆7继续向前移动，喷气嘴6的端部将刀柄顶松，机械手就可以将刀具取出。

自动清除主轴孔中的切屑和灰尘是换刀操作中一个不容忽视的问题。如果在主轴锥孔中掉进了切屑或其他污物，在装刀时，主轴锥孔表面和刀杆的锥柄就会被划伤，使刀杆发生偏斜，破坏了刀具正确的定位，影响加工零件的精度，甚至使零件报废。为了保持主轴锥孔的清洁，常用压缩空气吹屑。图 6-13 中，拉杆 7 的中心通道是压缩空气通道，当喷气嘴 6 将刀具顶松的同时有压缩空气喷出，将锥孔清理干净。

2. 主轴准停装置

主轴准停装置的控制在第五章中已经叙述。图 6-14 所示为典型的机械控制主轴准停装置，其准停原理如下：当主轴需要换刀时，先发出降速信号，主轴的传动路线改变，使主轴转换到最低转速运转。时间继电器延时数秒钟后，开始接通无触点开关。当凸轮 1 上的感应片对准无触点开关时，发出准停信号，使主电动机电源切断，脱开与主轴的传动联系，使主轴做低速惯性空转。再经过时间继电器的短暂延时，接通液压油，使定位活塞 3 带着滚子 5 向上运动，并紧压在凸轮 1 的外表面。当凸轮 1 的 V 形缺口对准滚子 5 时，滚子进入槽内，使主轴准确停止。同时限位开关 7 输出准停信号，表示已完成准停。如果在规定时间内限位开关 7 未发出准停信号，表示滚子 5 没有进入 V 形缺口，时间继电器将发出重新定位信号，并重复上述动作，直到完成准停为止。

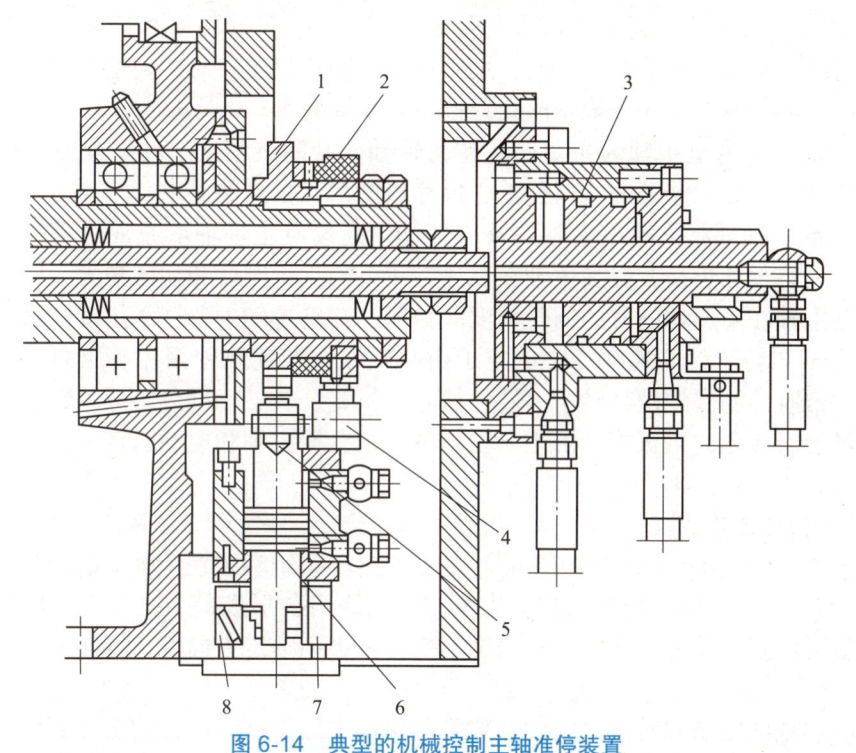

图 6-14 典型的机械控制主轴准停装置
1、2—凸轮　3—活塞　4—开关　5—滚子　6—定位活塞　7—限位开关　8—行程开关

（三）电主轴结构及工作原理

电主轴是电动机内装式主轴单元的简称，其主要特点是将电动机置于主轴内部，通过驱动电源直接驱动主轴进行工作，实现了电动机、主轴的一体化功能。电主轴的高速、高精度和无级变速更利于提高机床的品质，因而广泛应用于车、磨、钻、铣等多种机床。

1. 电主轴的基本结构

高速电主轴单元由轴壳、转轴、轴承、定子与转子等组成。图 6-15 所示为车削中心电主轴结构示意图。

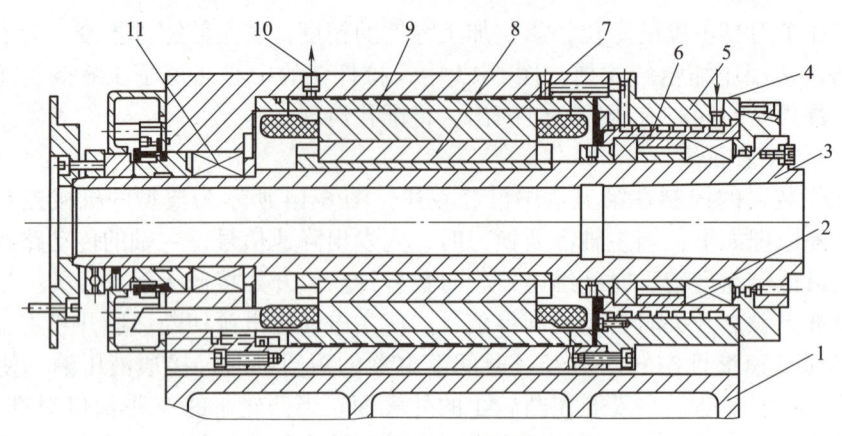

图 6-15 车削中心电主轴结构示意图

1—主轴箱　2—主轴前轴承　3—转轴　4—切削液进口　5—主轴前轴承座　6—前轴承冷却套　7—定子
8—转子　9—定子冷却套　10—切削液出口　11—主轴后轴承

（1）轴壳　轴壳是高速电主轴的主要部件。轴壳的尺寸精度和位置精度直接影响主轴的综合精度。轴壳的一端必须开放，用于加装电动机定子；对于大型或特种电主轴，轴壳两端均设计成开放型，并将轴承座孔直接设计在轴壳上。

（2）转轴　作为电主轴的主要回转体的转轴，其制造精度、动平衡性直接影响主轴的最终的精度，因此对转轴的几何公差、尺寸精度都有很高的要求。

（3）轴承　轴承是高速电主轴的核心部件。高速电主轴轴承通常采用高速角接触球轴承，轴向设有预加负荷，提高主轴在高速旋转下的支承刚度和切削精度。同时采用精密钢球提高电主轴在高速切削时的回转精度。目前，在电主轴中普遍采用混合陶瓷球轴承。

（4）定子与转子　高速电主轴的定子由高磁导率的优质矽钢片叠压而成，叠压成形的定子内腔带有冲制嵌线槽。转子由转子铁心、鼠笼、转轴三部分组成。转子主要是将定子的电磁场能量转化为机械能。由于电主轴单元是机械主轴和电动机转子的合成体，因此其精度要求高于一般主轴。

2. 电主轴的工作原理

高速电主轴的电动机部分由产生旋转磁场的定子绕组和装在主轴上的转子组成。电主轴的绕组相位互差120°，通以三相交流电，三相绕组各形成一个正弦交变磁场，这三个对称的交变磁场互相叠加，合成一个强度不变，磁极朝一定方向恒速旋转的磁场驱动转子转动。

高速电主轴的定子和转子之间的空隙是形成功率输出有效部分的主要部位。电主轴持续工作功率主要取决于电动机的机械效率和冷却效果，机械效率的高低则主要取决于轴承高速化参数 $D_m n$ 值，D_m 为轴承中径，n 为主轴转速。

电主轴是高速轴承技术、润滑技术、冷却技术、动平衡技术、精密制造与装配技术以及电动机高速驱动等技术的综合运用，其性能可通过一些技术特性参数（如型号、转速、输出功率、输出转矩等）来表示。

电主轴技术水平的高低、性能的优劣以及整体的配套水平，都直接影响着数控机床整体的技术水平和性能，也制约着数控机床的发展速度。国际上高性能、高速、高精度数控机床普遍采用电主轴单元。在多工件复合加工机床、多轴联动多面体加工机床、并联机床和柔性加工单元中，电主轴更有机械主轴不可替代的优越性。

3. 电主轴的基本参数

电主轴的性能是通过一些技术指标参数来表达的，如电主轴的型号、转速、输出功率、输出转矩等。

（1）电主轴型号 电主轴的型号一般由电主轴的代号、安装尺寸及转速代码等组成。例如，SNH 系列电主轴由安装尺寸-类别代号-主参数-设计序列号组成。

型号示例：180MCF05g-A

型号说明：180—安装尺寸为 ϕ180mm；MCF—车削机械主轴，带法兰结构；05—最高转速为 5000r/min；g—油脂润滑；A—批量衍生产品。

1）安装尺寸。安装尺寸是指主轴与机床或主机的配合尺寸，一般指外径，如型号示例中的 180 就是指外部直径为 180mm。

2）类别代号。类别代号用于反映产品的用途和特点，由 2～4 位英文字母组成，从前往后分别代表主轴驱动方式、应用领域、外形代号等含义。

应用方式说明：E—内装电动机驱动主轴，即电主轴；M—传动带或联轴器驱动主轴，即机械主轴。

应用领域说明：C—车床用主轴；X—铣床用主轴；Z—钻床用主轴；N—拉辗用主轴；M—磨床用主轴；S—试验机用主轴；L—离心机用主轴；T—特殊用途主轴。

外形代号说明：F—外形带法兰的主轴；H—电动机后置式主轴；Y—其他异形主轴。

3）主参数。主参数由数字和小写英文字母组成，总位数为 3～4 位，表示电主轴额定转速和润滑方式，转速以 r/min 表示；字母有 g、m、a 等，分别代表油脂、油雾、油气等润滑方式。

4）设计序列号。主轴代号最后一段为设计序号（可以没有），设计序号由 1 个英文字母 + 数字组成。

（2）转速 转速是电主轴的一个重要指标，电主轴的转速可在一定范围内通过变频器变频实现无级调速，电主轴转速与频率成正比关系。同步转速的计算公式为

$$n = \frac{60f}{p} \qquad (6-1)$$

式中，n 为同步转速，单位为 r/min；p 为电动机的极对数；f 为变频器的输出频率，单位为 Hz。

在电主轴的转速方面要求实际转速不得高于最高转速。

（3）输出功率 电主轴输出功率和一般的功率概念一样，指的是电主轴的做功能力。电主轴的功率的影响因素有电源的频率与电压的变化。电主轴在选择时应注意，铭牌上的功率为在标准电压与转速的条件下的输出功率。一般情况下，电主轴功率一般随转速的降低而降低，选择电主轴时是要看电主轴的性能曲线。

（4）输出转矩 电主轴的输出转矩表示的是主轴输出力的大小。在选择电主轴时，要注意两个转矩的含义，一个为最大转矩，另外一个为额定转矩。最大转矩表示电主轴的过载能力，额定转矩表示电主轴的负载能力。电主轴在运行过程中，如果超过最大转矩，

则电主轴转速会发生陡降或停转，一般最大转矩为额定转矩的 2 倍，选择时要先计算负载的转矩再选择。

（5）输出功率、转矩和转速之间的关系　输出功率、转矩和转速之间的关系为

$$M = 975P \times \frac{9.8}{n} \tag{6-2}$$

式中，M 为转矩，单位为 N·m；P 为功率，单位为 kW；n 为转速，单位为 r/min。

在实际应用中，三者的关系一般以关系图的形式给出。图 6-16 和图 6-17 所示分别为 OMLAT 公司 OMC-340-340/1350 电主轴和 GMN 公司的 HCS280g-6000/31 电主轴功率、转矩、转速关系图。两图中，S1 为连续工作制，S6 为短时工作制。图 6-16 中，主轴额定功率为 45kW，基速为 520r/min，转矩为 830N·m，最高转速为 6000r/min，最大功率/转速比达 0.1。该电主轴以 1000r/min 的转速工作时，连续转矩仍可保持近 400N·m。两电主轴具有相似功率、转矩和转速特性曲线。

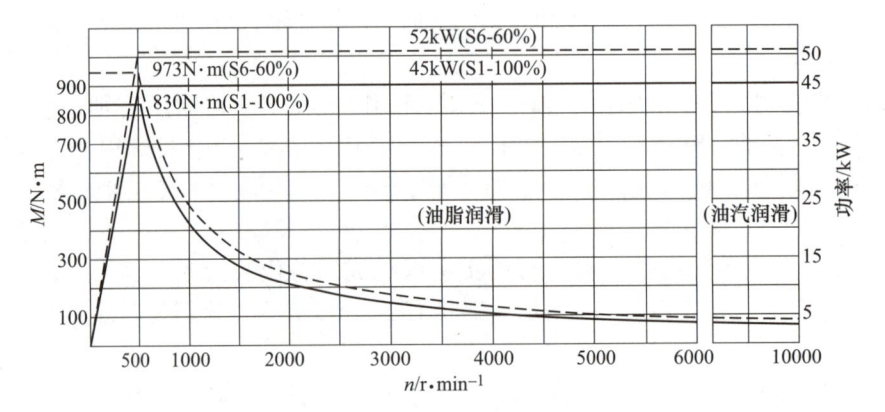

图 6-16　OMLAT 公司 OMC-340-340/1350 电主轴功率、转矩、转速关系图

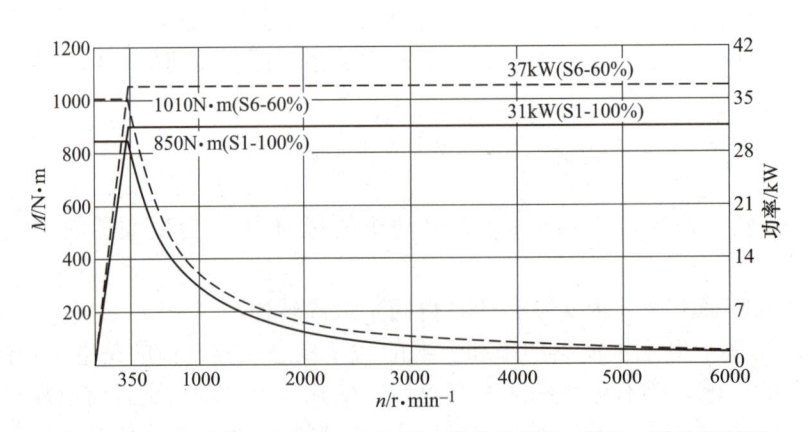

图 6-17　GMN 公司 HCS280g-6000/31 电主轴功率、转矩、转速关系图

4. 电主轴的特点

1）结构紧凑，机械效率高，噪声低，振动小，精度高。

2）易于实现高速化，动态精度和静态精度高，稳定性更好。

3）可在额定转速范围内实现无级变速，以适应各种工况和负载变化的要求。

4）利用驱动控制技术可以实现准停、准位、准速功能，能适应车削中心、加工中心及其他数控机床的需要。

5）主轴的支撑形式有高速精密滚动轴承和气静压轴承；润滑方式有油脂、油雾、油气等；电主轴的输出特性有恒转矩和恒功率两种形式，其特性如图6-18所示。

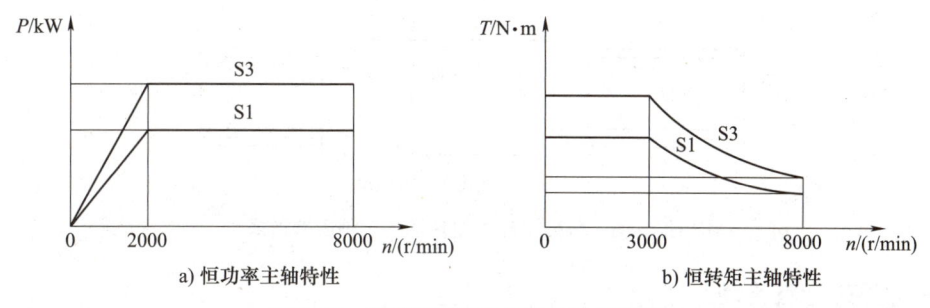

a) 恒功率主轴特性

b) 恒转矩主轴特性

图6-18　恒转矩主轴与恒功率主轴特性

第四节　数控机床进给传动系统

一、数控机床进给传动系统的要求

1. 减少运动件之间的摩擦阻力

减少运动件之间的摩擦阻力，目的是为了提高进给系统的快速响应特性。因此，减少丝杠与螺母之间的摩擦阻力是必须采取的重要措施。因为运动件之间的摩擦阻力是影响进给系统快速响应特性的重要因素。

2. 高传动精度和刚度

进给系统中，传动件的精度与刚度直接影响进给精度，所以提高传动件的精度与刚度对于数控机床来说是必不可少的。一般来说，提高进给系统的传动精度可采用的措施有：①提高传动件的制造精度；②采用同步带代替齿轮箱提升传动平稳性；③采用预紧方式提高刚度等。

3. 合理配置并减少各组件惯量

小惯量进给系统中每个组件的惯量直接影响着伺服系统的启动和制动特性，所以在满足传动件强度和刚度的要求下应尽可能将各组件进行合理配置，并减少它们的惯量。

二、数控机床进给传动系统的结构

目前的数控机床进给传动系统一般有三种配置方式：采用伺服电动机通过齿轮带动滚珠丝杠运动、采用伺服电动机直接带动滚珠丝杠运动，以及采用电机传动一体化系统，即直线电动机进给系统。现代的数控机床以伺服电动机直连滚珠丝杠为主。图6-19a与图6-19b形式进给系统中，其主体是滚珠丝杠，导向采用直线滚动导轨。图6-19c形式进给系统中，其主体是直线电动机，导向也是直线滚动导轨。由于直线滚动导轨为模块化标准件，安装方便，这里不做详细叙述，只对主体元件进行介绍。

a) 伺服电动机通过齿轮带动丝杠运动

b) 伺服电动机直接带动丝杠运动

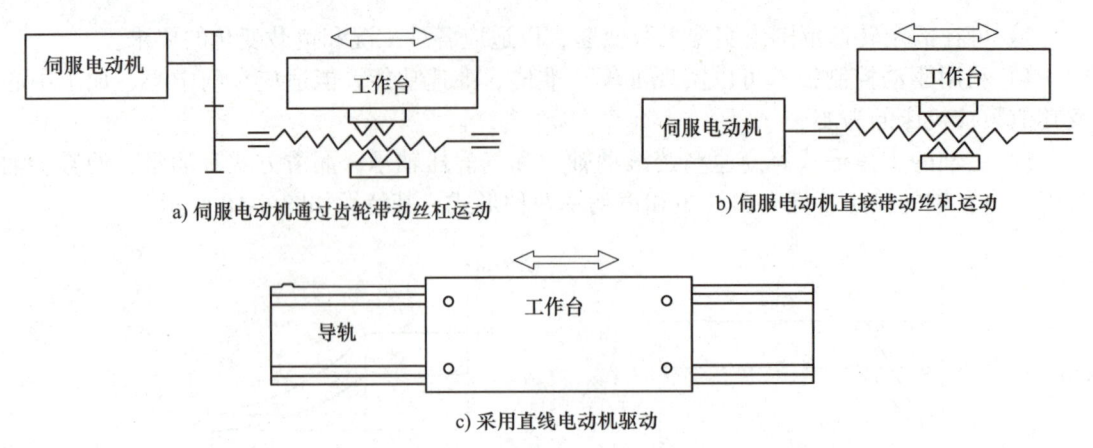

c) 采用直线电动机驱动

图 6-19　数控机床进给传动的三种配置形式

（一）滚珠丝杠传动

滚珠丝杠是数控机床伺服驱动的重要部件之一。它的优点是摩擦系数小，传动精度高，传动效率高达 85%～98%，是普通滑动丝杠传动的 2～4 倍。滚珠丝杠副的摩擦角小于 1°，因此不能自锁。如果用于立式升降运动，则必须有制动装置。其动、静摩擦系数之差很小，有利于防止爬行和提高进给系统的灵敏度；采用消除反向间隙和预紧措施，有助于提高定位精度和刚度。一般情况下，滚珠丝杠可以直接从专门生产厂家订购，无须自行设计制造。

1. 滚珠丝杠的结构

如果将滚珠丝杠机构沿纵向剖开，可以看到它主要由丝杠、螺母、滚珠、回珠器、防尘片等部分组成。丝杠和螺母之间的摩擦为滚动摩擦。丝杠、螺母、滚珠均用轴承钢制成，经淬火、磨削，达到足够高的精度。螺纹的截面为圆弧形，其半径略大于滚珠半径。按回珠方式分为内循环和外循环，如图 6-20 所示。

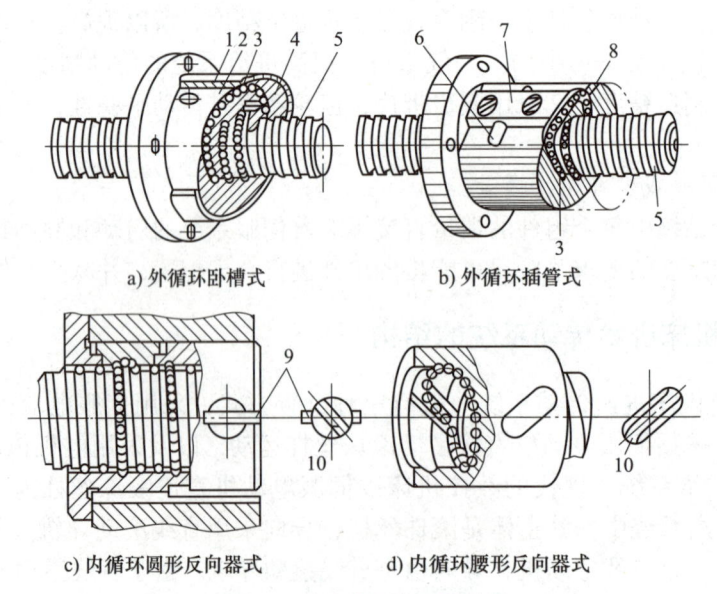

a) 外循环卧槽式　　b) 外循环插管式

c) 内循环圆形反向器式　　d) 内循环腰形反向器式

图 6-20　滚珠丝杠结构原理

1—套筒　2—螺母　3—滚珠　4—回珠器　5—丝杠　6—弯管　7—压板　8—滚道　9—凸键　10—反向键

2. 滚珠丝杠轴向间隙的消除

轴向间隙通常是指丝杠和螺母无相对转动时,丝杠和螺母之间的最大轴向窜动。除了结构本身的游隙外,还会出现弹性变形所造成的窜动。提高滚珠丝杠副精度的方法主要是消除滚珠丝杠副的间隙。

消除滚珠丝杠副间隙的方法有以下几种:

(1) 双螺母齿差间隙调整法　如图 6-21 所示,左、右两个螺母的凸缘上各有圆柱外齿轮 Z_1、Z_2,且齿差为 1,两只内齿圈 Z_3、Z_4 齿数与外齿轮的齿数相同,并用螺钉固定在螺母座的两端。调整时先将内齿圈取出,根据调整齿隙的大小使两个螺母分别在相同的方向转过一个或几个齿,这样使螺母在轴向移近了相应的距离。设外齿轮的齿数分别为 Z_1、Z_2,丝杠的螺距为 t,间隙消除量为 δ,n 为两个螺母在同一方向转过的齿数,则

$$\delta = \frac{nt}{Z_1 Z_2} \qquad (6-3)$$

这种调整方式结构复杂,但调整方便,同时可控制调整量的大小,是目前比较常用的方法。

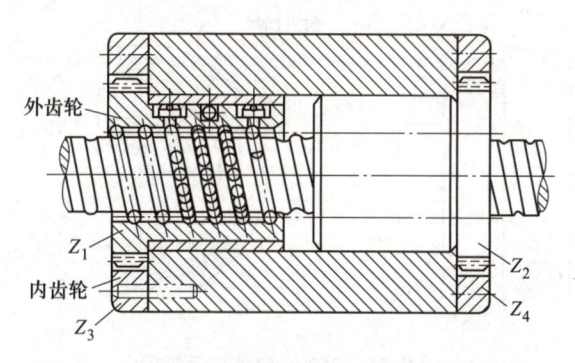

图 6-21　双螺母齿差调隙式丝杠螺母副结构示意图

(2) 双螺母垫片调隙法　图 6-22 所示为双螺母垫片调隙法示意图。这种调整方法具有结构简单、调整方便等优点,但它很难一次调整好,需要在多次的修正中将间隙修磨完毕。这种方法的实质是通过修磨垫片来调整轴向间隙。

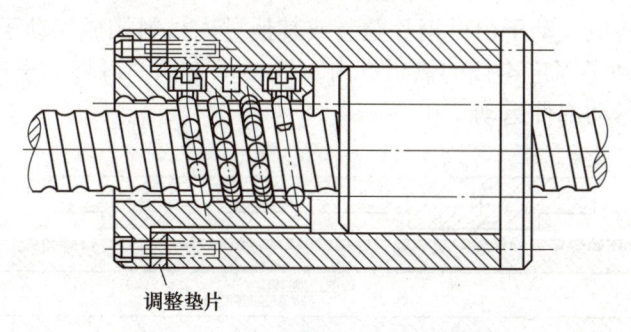

图 6-22　双螺母垫片调隙方法示意图

(3) 双螺母螺纹间隙调整法　图 6-23 所示为双螺母螺纹间隙调整法示意图。这种调整方法的实质是通过拧动圆螺母,将滚珠螺母沿轴向移动一定距离,在消隙后用双圆螺母锁紧。

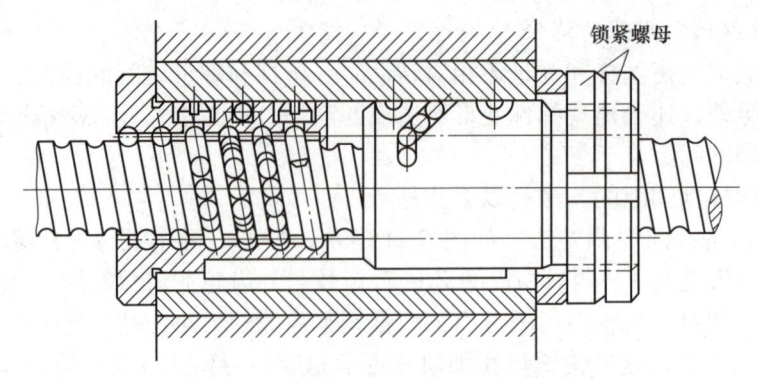

图 6-23　双螺母螺纹间隙调整法示意图

（4）单螺母消隙法　图 6-24 所示为单螺母消隙法示意图。螺母在专业生产工厂完成精磨之后，沿径向开一薄槽。通过内六角调整螺钉实现间隙的调整和预紧。这种调整结构不仅具有很好的性能价格比，而且间隙的调整和预紧也极为方便。

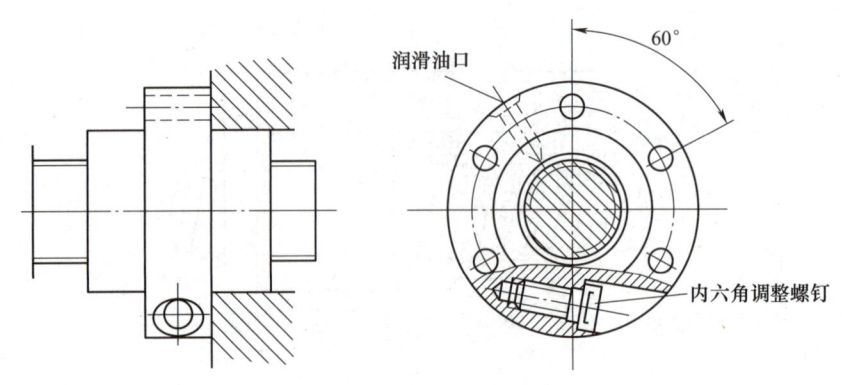

图 6-24　单螺母消隙法示意图

（二）直线电动机进给系统

1. 直流直线电动机的结构与工作原理

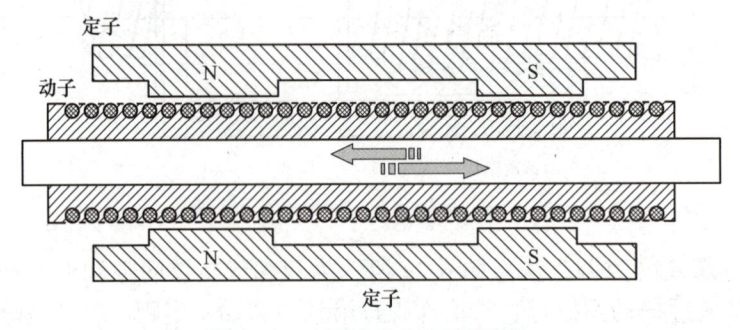

（1）直流直线电动机的结构　直流直线电动机的结构如图 6-25 所示。该电动机的定子一般由永久磁铁构成。动子由硅钢片叠装或其他导磁材料构成。动子上开有凹槽，其中嵌有动子绕组。与动子固定连接的输出杆由直线轴承支承，可将动子产生的电磁力输出，以推动刀具或机床运动部件运动。

图 6-25　直流直线电动机的结构

(2) 直流直线电动机的工作原理 当动子绕组的线圈按图 6-25 中所示方向通入直流电流时,产生了切割磁力线效应。根据左手定则,将产生向右的推力。若通入的电流方向相反,则输出电磁力的方向也将相反。因此,改变动子绕组电流的大小和方向即可控制直流直线电动机输出力的大小和方向。

2. 交流永磁同步直线电动机的结构与工作原理

(1) 交流永磁同步直线电动机的结构 交流永磁同步直线电动机的结构如图 6-26 所示,主要由定子、动子、支撑装置和检测环节四部分组成。其中,定子由硅钢片叠装构成,在其上开有线槽,槽内嵌入三相多极绕组。动子也由硅钢片叠装组成,如果涡流损耗不是特别严重,也可用电工纯铁等代替硅钢片叠装体以简化动子结构。在动子上沿运动方向等间隔安装永磁体。一般情况下,电动机支撑装置可与机床共用,如支撑工作台的直线滚动导轨等。检测环节可采用高精度光栅、磁效应检测装置等,只不过要求其响应速度比常规数控机床要高得多。

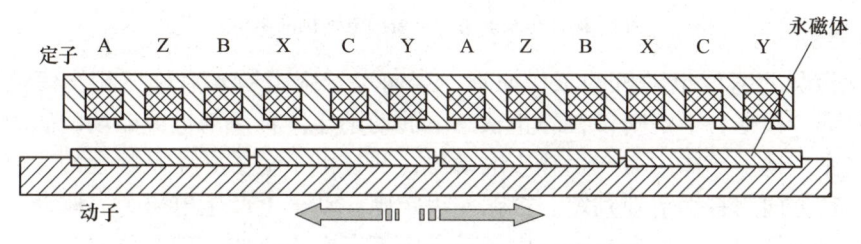

图 6-26 交流永磁同步直线电动机的结构

(2) 交流永磁同步直线电动机的工作原理 在交流永磁同步直线电动机的定子绕组中通入对称三相交流电流后,将产生沿电动机运动方向的行波磁场。该行波磁场可用一个以一定速度运动的磁铁进行模拟,如图 6-27 所示。根据磁极异性相吸的特性,定子行波磁场的磁极 N、S 将分别与动子永久磁场的磁极 S、N 相吸,行波磁场的磁极与动子永久磁场的磁极间必然存在磁拉力。这样,当定子行波磁场的磁极运动时,在各对相互吸引的磁极间的磁拉力共同作用下动子将得到一合力,该力将克服动子所受阻力(负载等)而带动动子运动。这种驱动动子克服外力而运动的力即为交流永磁同步直线电动机输出的电磁力。通过对定子行波磁场的运动进行合理控制,即可产生所要求的磁拉力带动动子平稳运动。

在图 6-27 所示结构中,直线电动机定子与动子间除了驱动机床运动所需的切向电磁力外,还存在强大的法向电磁吸力。由于电磁吸力的方向与动子运动方向垂直,因此将直接作用于机床工作台和导轨上,会对直线电动机和机床的工作产生不利影响。为消除或减小电磁吸力的不利影响,可采用多电动机对称结构,以使电磁吸力互相抵消。

3. 交流异步直线电动机的结构与工作原理

(1) 交流异步直线电动机的结构 交流异步直线电动机的结构与交流永磁同步直线电动机相类似,其定子结构基本相同,但动子结构有较大差别。机床进给驱动用交流异步直线电动机的动子一般由硅钢片叠装或其他导磁材料构成。动子上开有凹槽,其中嵌有导条或绕组,如图 6-28 所示。交流异步直线电动机的定子和动子分别与机床的固定和运动部件直接连接(对应关系视具体情况而定)。一般采用高精度光栅、感应同步器等作为检测装置,以保证闭环控制的实现。

图 6-27　交流永磁同步直线电动机的工作原理

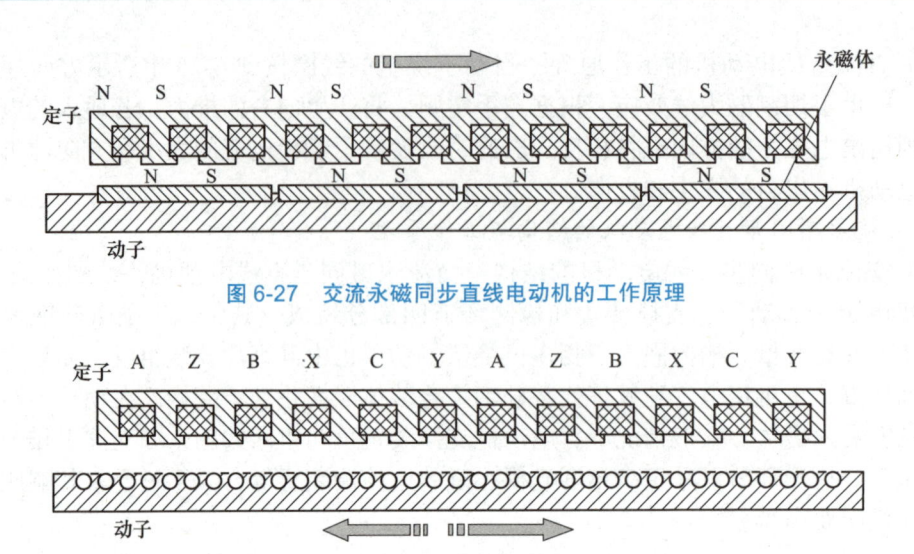

图 6-28　交流永磁异步直线电动机的结构

（2）交流异步直线电动机的工作原理　当向定子绕组通入对称三相交流电流时，将产生行波磁场。根据右手定则，在静止状态下的动子导体将切割行波磁场的磁力线。根据电磁感应定律，动子导体内会产生感应电动势，并且由于动子导体是闭合的，由此将形成感应电流，其方向用右手定则判定。根据左手定则，动子上产生电磁力，驱动其运动，运动方向与行波磁场的移动方向有关。由于动子中不存在永磁体，动子位移与定子行波磁场间不存在强制的同步关系，由此造成动子运动与定子行波磁场间存在速度差。速度差值与切割行波磁场的磁力线有关，因而也与输出转矩有关。交流异步直线电动机的工作原理如图 6-29 所示。

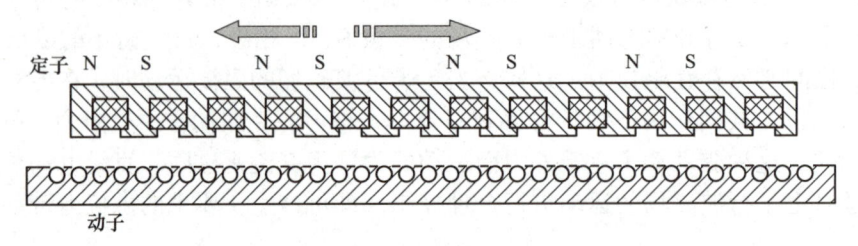

图 6-29　交流永磁异步直线电动机的工作原理

4. 直线电动机进给系统的结构

直线电动机控制的最终目标是实现对动子位置的动态和稳态高精度控制。这一目标必须通过位置闭环控制来实现。由于闭环控制的基本原理是依赖偏差（指令值与实际值之差）来消除偏差，从而使指令值与实际值一致。因此，要使位置闭环控制系统具有高的动、稳态位置控制精度，就必须能极快地消除位置偏差。也就是说，偏差消除的快慢将直接影响进给系统的位置控制精度。作为一个机电系统，要极快地消除位置偏差，不仅需要对电动机的运动速度进行控制，而且需要对电动机的加速度进行快速精确控制。在动力学系统中，为实现对加速度的快速精确控制，必须对驱动力进行快速精确控制。因此，电磁力控制是直线电动机驱动控制中的基本问题。

由直线电动机组成的进给系统示意图如图 6-30 所示。由初级部件、次级部件、线性位置测量系统、位置导向系统等组成。感应式直线电动机的初级和永磁式直线电动机的初级相同，而次级是用自行短路的不馈电栅条来代替永磁式直线电动机的永久磁钢。永磁式直线电动机与感应式直线电动机在性能与应用上各有优缺点。永磁式直线电动机在单位面积推力、效率、可控性等方面均优于感应式直线电动机，但其成本高，工艺复杂，而且给机床的安装、使用和维护带来不便。

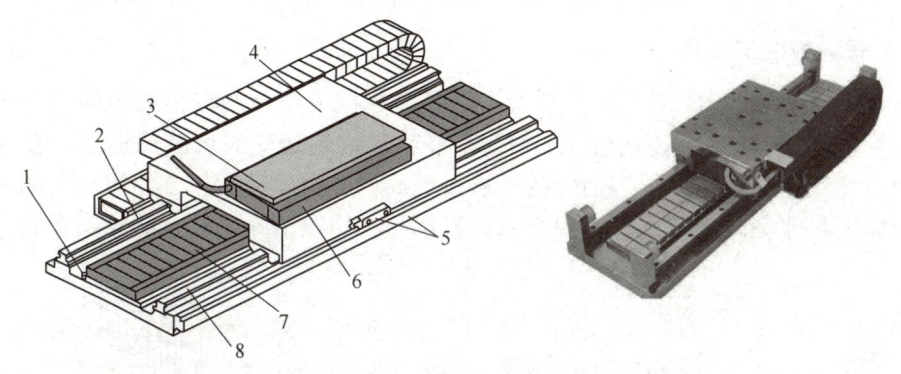

图 6-30 直线电动机进给系统

1—次级冷却板　2—滚动导轨　3—初级冷却板　4—工坐台　5—位置检测装置　6—初级　7—次级　8—滚动导轨

5. 直线电动机进给系统的优点

（1）速度高　直线电动机直接驱动工作台，无任何中间机械传动元件，无旋转运动，不受离心力的作用，易实现高速直线运动。

（2）加速度大　直线电动机的起动推力大、结构简单、重量轻，运动变换时的过渡过程短，可实现灵敏的加速和减速，其加速度高达 20g。

（3）定位精度高　直线电动机进给系统常用光栅尺作为工作台的位置测量元件，并且采用闭环控制，通过反馈，对工作台的位移精度进行精确控制，因而刚度高，定位精度高达 0.14μm。

（4）行程不受限制　由于直线电动机的次级是分段连续铺在机床床身上的，次级铺到哪里，初级就可运动到哪里，不管有多远，对整个系统的刚度不会有任何影响。

6. 直线电动机在机床上的应用

图 6-31 所示为 XH786 数控加工中心 X 轴的进给机构，驱动采用直线电动机，速度可达 70m/min。结构简单紧凑，但制造成本较高。

图 6-31　XH786 数控加工中心 X 轴的进给机构

第五节　数控回转工作台与分度工作台

讲课视频：数控机床回转工作台与分度工作台

数控机床中常用的回转工作台有分度工作台和数控工作台，它们功用各不相同。分度工作台的功能是和自动换刀装置配合使用将工件转位、换面，实现工件的集中加工。而数控工作台除了分度和转位外，还能实现数控圆周进给运动。

一、数控回转工作台

数控回转工作台的主要任务是扩展数控机床的加工范围,使数控机床除了实现 X、Y、Z 三个坐标轴的直线进给外,还可实现绕三轴的转动。数控回转工作台除了可以实现圆周进给运动外,还可以完成分度运动。数控回转工作台可分为开环与闭环两种。

(一) 开环数控工作台

图 6-32 所示为开环数控工作台结构图。开环数控工作台的转位的原理:步进电动机 3 通过齿轮 2 与 6,将动力传送到蜗杆 4,蜗杆带动蜗轮运动实现圆周运动。在这套开环数控工作台系统中,采用了很多消隙的方法以提高回转精度。齿轮 2 与齿轮 6 的啮合间隙是靠调整偏心环来消除的。蜗杆 4 采用双导程蜗杆,用以消除蜗杆、蜗轮啮合间隙。

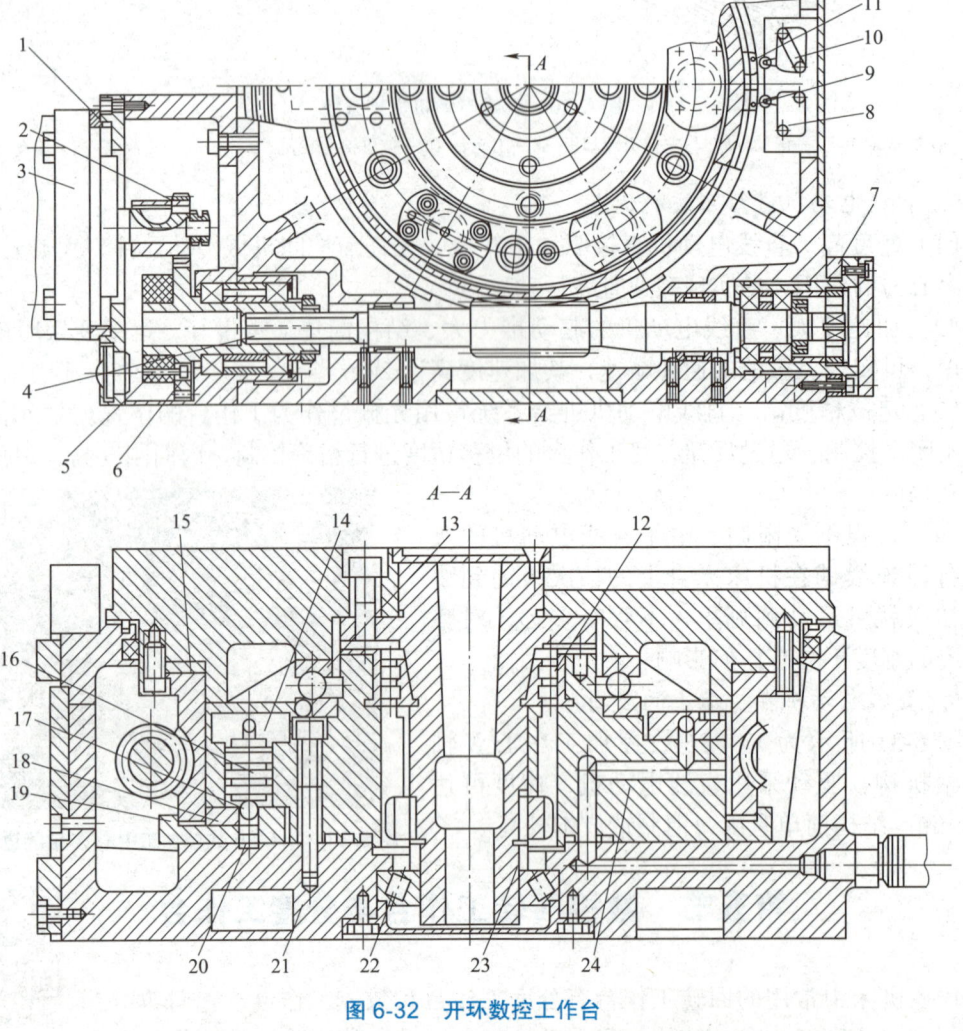

图 6-32 开环数控工作台

1—偏心环 2、6—齿轮 3—步进电动机 4—蜗杆 5—垫圈 7—调整环 8~11—限位开关
12、13—轴承 14—液压缸 15—蜗轮 16—活塞 17—钢球 18、19—夹紧瓦
20—弹簧 21—底座 22—滚锥轴 23—回转轴 24—固定支座

开环数控工作台的夹紧原理：蜗轮 15 下部的内环两面有夹紧瓦 18、19，转台的底座 21 的支座内有 6 个液压缸 14。夹紧时，上腔进油，活塞 16 下降，通过钢球 17 推动夹紧瓦 18、19，将蜗轮夹紧。当要放松时，只要卸掉液压缸 14 上腔的液压油即可。

（二）闭环数控工作台

图 6-33 所示为闭环数控工作台的结构图。从图中可以看出，闭环数控工作台与开环数控工作台大致相同，只不过在闭环数控工作台上装有测量角度的传感器 9（圆光栅或圆感应同步器）。测量值通过反馈回路反馈与指令值比较，对转动过程的误差进行修正，提高转动精度。

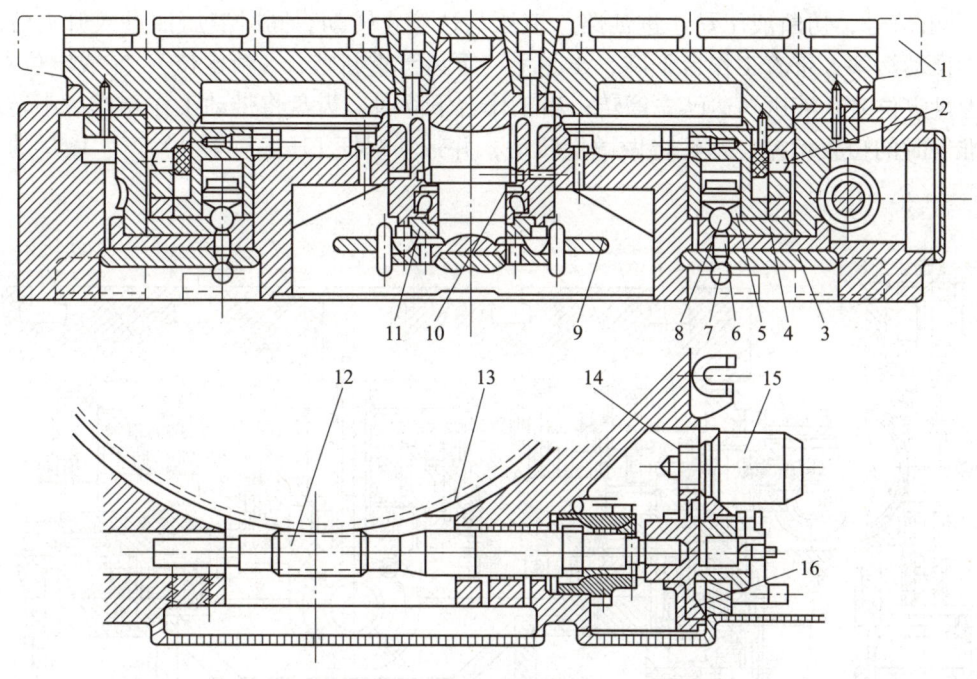

图 6-33 闭环数控工作台

1—工作台　2—镶钢滚柱导轨　3、4—夹紧瓦　5—液压缸　6—柱塞　7、8—钢球　9—圆光栅　10—轴承　11—挡圈　12、13—蜗轮蜗杆副　14、16—减速齿轮　15—直流伺服电动机

二、数控分度工作台

数控机床上的分度工作台与数控回转工作台不同，它只能完成分度运动，不能完成圆周进给。分度工作台的分度运动包括转位与定位工作。由于结构的原因，它只能对某些固定的角度进行分度。现代数控机床的分度工作台有两种形式，分别为定位销式分度工作台与鼠齿盘式分度工作台。由于鼠齿盘式分度工作台具有很高的分度定位精度，一般为 ±3″（最高达 ±0.4″），能承受很大外载，定位刚度高，精度保持性好，寿命长等优点，因而得到广泛的应用。

图 6-34 所示为鼠齿盘分度定位的分度工作台结构图。它主要由一对分度齿盘 13、14，升夹液压缸 12，活塞 8，液压马达，蜗杆蜗轮副 3、4，减速齿轮副 5、6 等组成。分度转位动作包括：①工作台抬起，齿盘脱离啮合，完成分度前的准备工作；②回转分

度；③工作台下降，齿盘重新啮合，完成定位夹紧。工作台9的升高是由升夹液压缸的活塞8来完成。当需要分度时，控制系统发出分度指令，液压油进入升夹液压缸12的下腔，于是活塞8向上移动，通过止推轴承10和11，带动工作台9向上抬起，使上、下齿盘13、14相互脱离啮合，完成分度前的准备工作。当分度工作台9向上抬起时，通过推杆和微动开关，发出信号，使液压油进入液压马达。液压马达带动蜗杆、蜗轮，经减速齿轮使工作台9进行分度回转运动。工作台分度回转角度的大小由指令给出，图6-34所示分度工作台共有八个等分，即为45°的整数倍。当工作台的回转角度接近所要分度的角度时，减速挡块使微动开关动作，发出减速信号，液压回路的回油路产生一定背压使液压马达减速；当工作台回转角度到达要求的角度时，准停挡块压合微动开关（粗定位），发出信号，切断液压马达进油路，液压马达停止转动。同时液压油进入升夹液压缸上腔，推动活塞8带着工作台下降，于是上、下齿盘重新啮合（精定位），完成定位夹紧。由于齿盘定位时，液压马达已先停转；当工作台下降时，齿盘将带动工作台作微小转动来纠正准停时的位置偏差，蜗轮将做微量转动，并带动蜗杆（压缩弹簧1）产生微量的轴向移动。

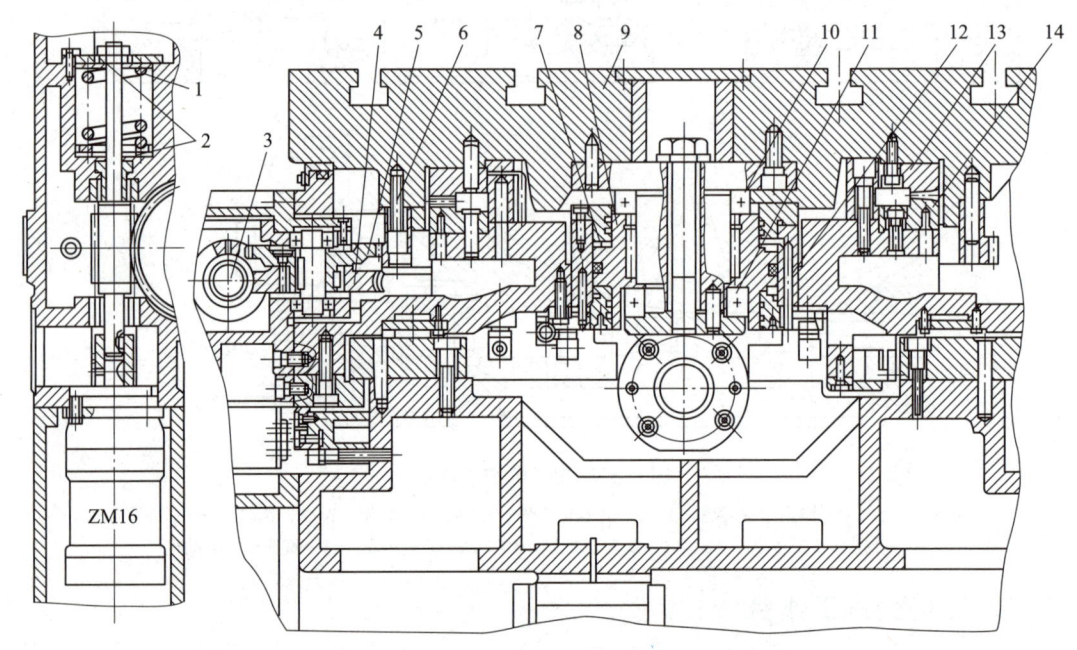

图6-34 鼠齿盘分度定位的分度工作台

1—弹簧 2—弹簧座 3—蜗杆 4—蜗轮 5、6—减速齿轮副 7—液压缸 8—活塞 9—工作台 10、11—止推轴承 12—升夹液压缸 13—上齿盘 14—下齿盘

第六节 数控机床换刀系统

一、自动换刀系统概述

数控机床的诞生在提高生产率、改进产品的质量以及改善劳动条件等方面发挥了重要的作用。为了进一步减少非切削时间，数控机床正朝着一

讲课视频：数控机床换刀系统

次装夹中完成多工序加工的方向发展。这类机床必须带有自动换刀系统，通常称为数控加工中心机床，简称加工中心。实际上，数控机床上的自动回转刀架就是一种最简单的自动换刀操作，以满足复杂零件加工的需要。除了自动更换单把刀外，在大型加工中心上还可以自动更换整个主轴箱和主轴头。自动换刀系统应当满足换刀时间短、刀具重复定位精度高、刀具存储量大、刀库占地面积小以及安全可靠等基本要求。

数控机床的自动换刀装置的结构取决于机床的形式、工艺范围及刀具的种类和数量等。在现代数控机床中，自动换刀装置的形式有多种，典型的自动换刀装置形式如下：

1. **回转刀架换刀**

数控机床上使用的回转刀架，其形式与普通的数控机床刀架相似，只不过它的换刀是自动实现的。刀架的形式可根据不同加工对象设计，可以是四方刀架，也可以是六方刀架。

2. **主轴头转位换刀**

主轴头转位换刀是一种较简单的换刀方式。它是通过常用转塔的转位来更换主轴刀具，以实现自动换刀的。在各主轴头上安装预先设置的旋转刀具，换刀时，转塔转到相应位置，传动链被接通，使相应的主轴带动刀具旋转。其余轴传动链是断开的，刀具不旋转。转塔主轴头具有操作简单、换刀可靠性高、定位误差小、换刀时间短等优点。但它也存在一些不足，如适用范围小、工序少、精度不太高等。

图6-35所示为十位转塔头外形图，目前这种较先进的转塔头的转位时间小于1s，重复定位精度为±0.002mm。图6-36所示为转塔头转位结构图。

每次转位的动作顺序如下：

1）脱开主轴传动链。液压缸4卸压，齿轮1在弹簧的推动下与主轴上的齿轮12脱开。

2）转塔头抬起。行程开关3在齿轮脱开后，控制液压阀使得液压缸5左侧进油，液压缸活塞移动，带动转塔头向右移动，直到液压缸的行程结束。鼠齿盘10脱开。

3）转塔头转位。鼠齿盘10脱开后，行程开关发信息使得转位电动机运动，通过蜗轮蜗杆机构带动槽轮机构的主动曲柄使得槽轮11转过36°。通过槽轮机构的圆弧槽完成粗定位。刀具号的选取是通过行程开关组来实现的。如果没选中刀具号，则电动机一直旋转，直到选中要求的刀具号。

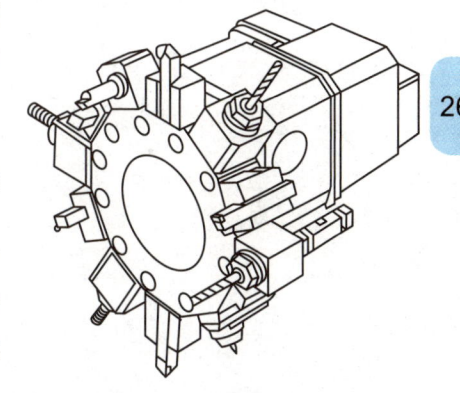

图6-35 十位转塔头外形图

4）刀具选中后，液压电磁阀动作，使得液压油进入到液压缸5的右腔，主轴头反向返回，鼠齿盘重新定位，通过液压缸压紧。

5）主轴传动。控制液压缸4的液压油动作，液压油进入液压缸4，弹簧使得齿轮1与主轴上的齿轮12啮合。转塔头转位，定位动作完成。

3. **带刀库的自动换刀系统**

带刀库的自动换刀系统由刀库和刀具交换机构组成，是加工中心机床上应用最广泛的换刀方法。在加工中心上，刀具与换刀机械手是最普遍的一种换刀机构。

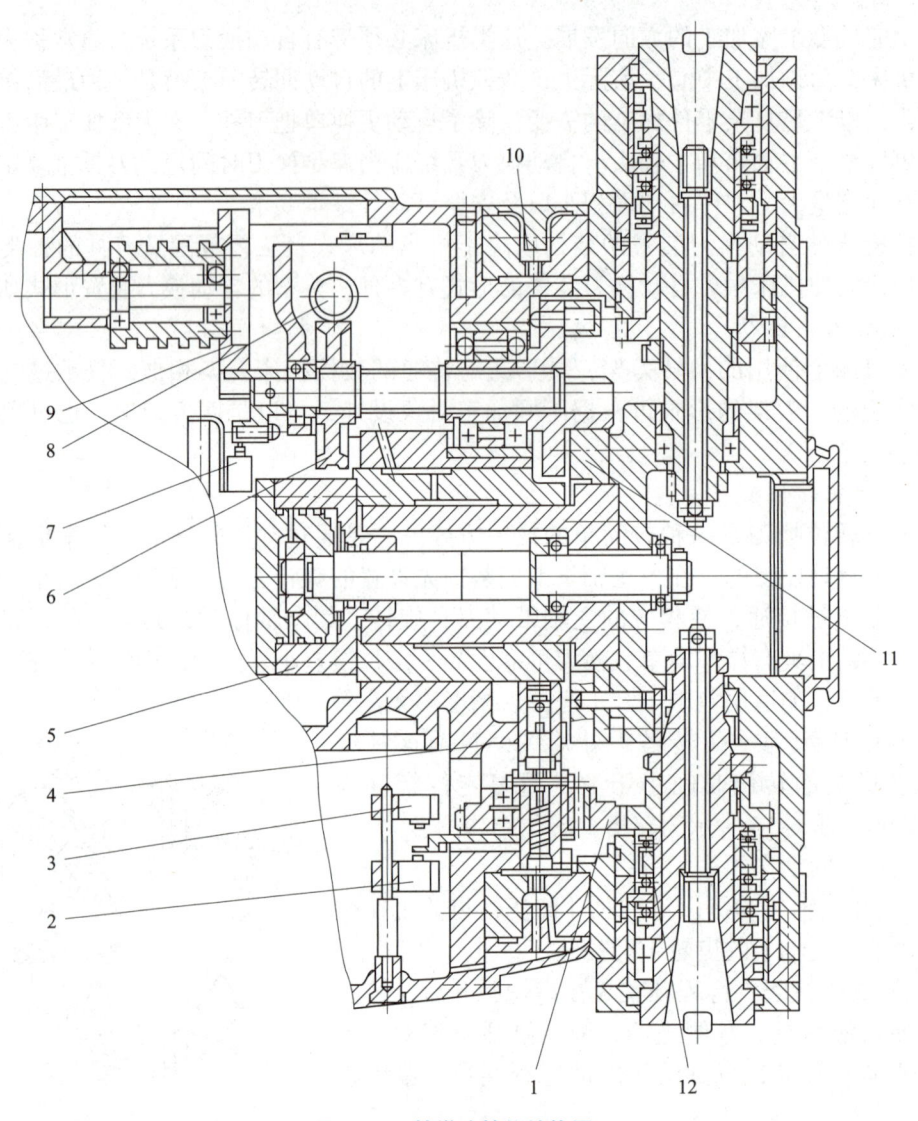

图 6-36 转塔头转位结构图

1—齿轮 2—行程开关（1） 3—行程开关（2） 4—控制液压缸 5—液压缸 6—蜗轮 7—限位开关
8—蜗杆 9—安装基座 10—鼠齿盘 11—槽轮 12—齿轮（主轴）

  带刀库与换刀机构的加工中心，其换刀过程是：首先将刀具按加工工艺顺序或任意方式装于刀库中，在刀具文件中设定刀具类型和刀号后，将刀具进行机外调整；然后进行选刀，确定程序要选的刀具号码，将它定位在固定位置，机械手动作，将刀具抓起，运动到主轴为止；换刀装置从主轴上取出刀具，交换换刀刀具并将刀具装入主轴，实现换刀。机械手将换下的刀具及时入库。

  带刀库和自动换刀系统的加工中心与转塔主轴头等换刀装置相比，其优点是，因为主轴箱只有一根主轴，所以主轴刚性好，机床加工精度就可提高；刀库库存量大，可以加工出工序复杂的工件。但它也有不足之处，就是换刀动作多，换刀时间长，系统控制复杂。

二、刀库类型与选刀方式

（一）刀库类型

1. 鼓（盘）式刀库

图 6-37 所示为刀具轴线与鼓（盘）轴线平行的鼓式刀库。刀具沿圆周排列，根据刀座结构的不同可分为径向、轴向两种布置方式。这种鼓式刀库结构简单，但刀库容量不大。

图 6-38 所示为刀具轴线与鼓（盘）轴线夹角为锐角的刀库。图 6-39 所示为刀具轴线与鼓（盘）轴线夹角为直角的刀库。这种鼓式刀库占用面积较大，刀库安装位置及刀库容量受限制。但应用这种刀库可减少机械手换刀动作，简化机械手结构。

图 6-37 刀具轴线与鼓（盘）轴线平行的鼓式刀库

图 6-38 刀具轴线与鼓（盘）轴线夹角为锐角的刀库

图 6-39 刀具轴线与鼓（盘）轴线夹角为直角的刀库

2. 链式刀库

图 6-40 所示为链式刀库。链式刀库结构较紧凑，刀库容量较大，最多可布置 120 把刀。链环可根据机床的布局配置成各种形状，也可根据换刀位置变动，有利于换刀。这种形式的取刀方式通常为轴向取刀方式。

3. 格子盒式刀库

（1）固定型格子盒式刀库　固定型格子盒式刀库的刀具分几排直线排列，由纵、横向移动的取刀机械手完成选刀运动，将选取的刀具送到固定的换刀位置上，由换刀机械手交换刀具。这种固定型格子盒式刀库具有刀具排列密集、空间利用率高、刀库容量大的特点。

图 6-40 链式刀库

（2）非固定型格子式刀库　非固定型格子式刀库由多个刀匣组成，可直线运动，刀匣可以从刀库中垂向取出。这种布置的刀库与固定型格子盒式刀库类似。

（二）选刀方式

所谓自动选刀就是换刀机械手按照数控装置的刀具选择指令，从刀库中选择各工序所用刀具的操作。自动选刀有许多选刀方式，用得最多的为顺序选刀方式与任意选刀方式。

1. 顺序选刀方式

顺序选刀方式是指根据各工序的先后次序,将与各工序对应的刀具按照工序所要求的顺序插入刀库的刀座中。这种选刀方式控制方法简单,但由于是固定工序,当加工零件发生变化时,刀具顺序应随之变化,因此刀具更换操作烦琐。

2. 任意选刀方式

任意选刀方式是指在数控机床加工过程中,根据刀具文件,通过刀具识别系统来任意选择刀具,系统事先按规定工序顺序插放刀具,这种功能在数控机床上称为任选功能。任意选刀方式有刀座编码、刀具编码和跟踪记忆等方式。

(1) 刀座编码 这种任选刀具方式,刀具没有编码,当刀具插入刀座后就具有该刀座的编码。这种选刀方式,换刀时间长,刀库运动与控制较复杂。

(2) 刀具编码 这种任选刀具方式,刀具具有编码,刀座无编码。编程时,只规定每一工序所需刀具的编码,而与刀具装入哪个刀座无关。由于每把刀具尾端均有固定编码,用过的刀具可还入刀库的任意空刀座中,但这种任选刀具方式必须有一套完善的编码管理系统。刀具编码有两种方式:接触式编码与非接触式编码。

1) 接触式刀具识别。所谓的接触式刀具识别就是信号采集用的传感部分与刀柄上的发信息部分是接触的,传感部分一般为触针,接收部分为继电器。图 6-41a 所示为接触式刀具识别装置示意图。图中,识别装置中触针的数量与刀柄上的编码环数量相等,每个触针与一个继电器相连。当刀库在转动过程中,带编码环的刀具依次通过编码识别装置时,若编码环是大直径时与触针接触,继电器通电,其数码为"1";若编码环是小直径时则不与触针接触,继电器不通电,其数码为"0"。当各继电器读出的数码与所需刀具的编码一致时,由控制装置发出信号,刀库停止运动,等待换刀。接触式刀具识别装置虽然结构简单,但由于触针有磨损、寿命较短、可靠性较差且难于快速选刀,所以在实际应用中一般采用非接触式刀具识别系统。

a) 接触式刀具识别装置示意图 b) 非接触式刀具识别装置示意图

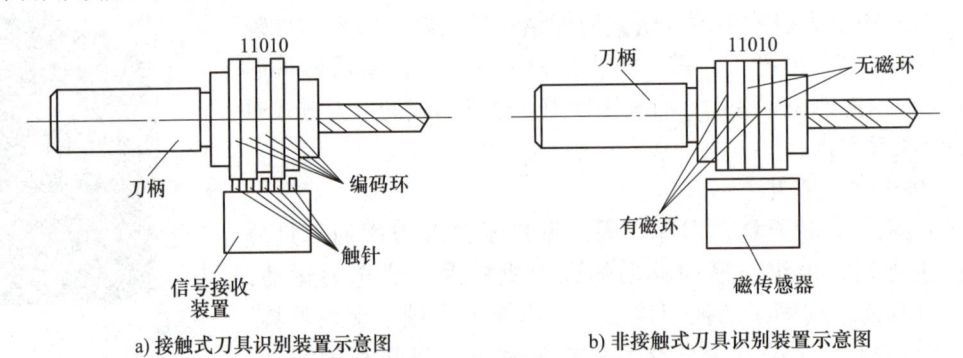

图 6-41 刀具自动识别

2) 非接触式刀具识别。非接触式刀具识别的方法一般有磁性识别和光电识别法两种。图 6-41b 所示为一种磁性识别装置示意图。编码环是由导磁材料(如软钢)和非导磁材料(如黄铜、塑料等)制成的,并且它们的直径相等,规定有磁为"1",无磁为"0"。与编码环相对应的位置是非接触式识别装置,它由磁传感器组成,在检测中,磁传感器检测到有磁的为"1",无磁的为"0"。选刀系统控制框图如图 6-42 所示。当数控装置发出 T 指令后,选刀电路驱动刀库旋转,刀具识别器对刀具上的信号——进行识别,将该信号输入信息存入刀号寄存器,然后送入符合电路与数控装置要求的刀号相比,如果和要求的一致,刀库停止旋转,刀库定位销定位,等待换刀。由于非接触式刀具识别装置与编码环不直接接触,因而无磨损、寿命长、反应速度快,适用于高速、换刀频繁的工作场合。

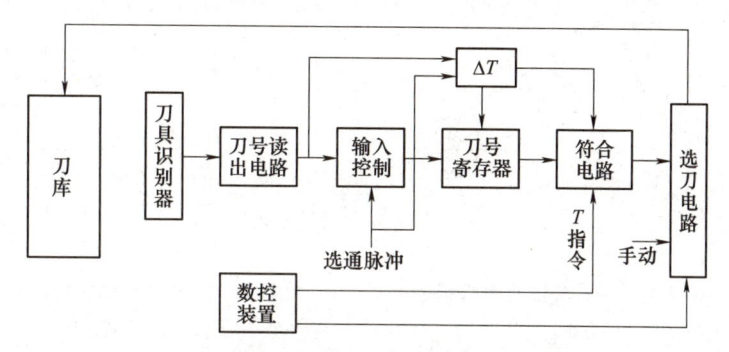

图 6-42 选刀系统控制框图

（3）跟踪记忆 这种任选方式将刀具号及其所在的刀座号对应地记忆在数控系统的存储器中,刀具任意存放,通过计算机跟踪选择。这种方式可任意取出或放回刀具,取刀与还刀较方便,但必须设有刀座位置检测装置,以检测出每个刀座的位置。此外,刀库必须设有一个机械原点（又称零位）。对于圆周运动选刀的刀库,每次选刀运动刀库正转或反转都不超过 180°。现代数控机床的选刀方式普遍采用跟踪记忆任选刀具方式。

三、换刀机械手类型与结构

换刀机械手是用来给主轴装卸刀具的机构。当主轴上的刀具完成加工后,把该刀具送回刀库,同时将下一工序所用的刀具从刀库中取出,装入主轴前端装夹刀具部位。对机械手的要求是动作迅速可靠、准确协调、换刀时间短。由于刀库与主轴的相对位置和距离不同,机械手的结构不同,换刀过程也不同。

1. 两手成 180° 的回转式单臂双手机械手

（1）两手不伸缩的回转式单臂双手机械手 如图 6-43 所示,这种换刀机械手回转时可同时抓住主轴刀具与刀库刀盘上的刀具,然后进行换刀。这种换刀机构适用于刀库中刀座轴线与主轴轴线平行的自动换刀结构,机械手回转时不得与换刀位置刀座相邻的刀具发生干涉。这种换刀方式动作快速可靠,一般换刀时间控制在 2s 以内。

（2）两手伸缩的回转式单臂双手机械手 如图 6-44 所示,这种换刀机械手在运动过程中缩回,到达转刀位置时伸出取刀,避免了换刀机械手运动过程中与刀库刀盘的运动发生干涉。这种换刀方式增加了两手的伸缩动作,换刀时间较长适用于刀库中刀座轴线与主轴轴线平行的自动换刀装置。

（3）剪式手爪的回转式单臂双手机械手 如图 6-45 所示,剪式手爪的回转式单臂双手机械手是刀座轴线与机床主轴轴线平行时的剪式机械手,取刀时用两组剪式手爪夹持刀柄。

2. 双刀库换刀机械手

图 6-46 所示为双刀库换刀机械手。它有两个单臂机械手,可同时工作。因此,具有机械手工作行程缩短,换刀时间少等优点。

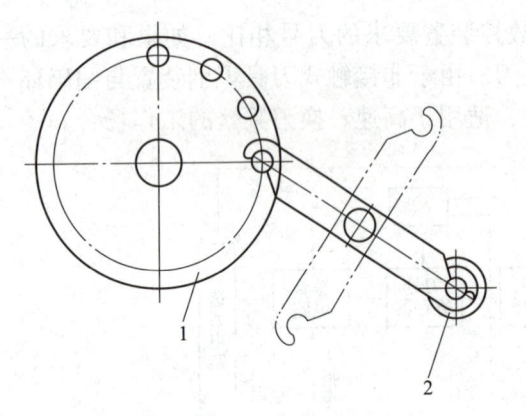

图 6-43 双手不伸缩的回转式单臂双手机械手
1—刀库 2—主轴

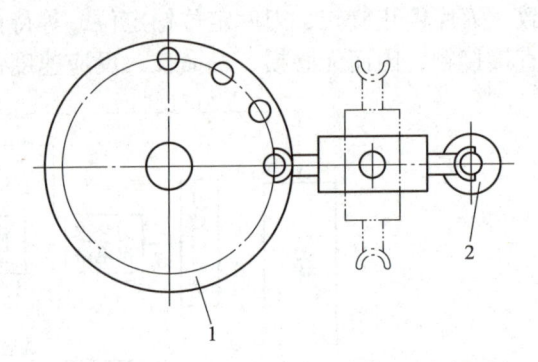

图 6-44 两手伸缩的回转式单臂双手机械手
1—刀库 2—主轴

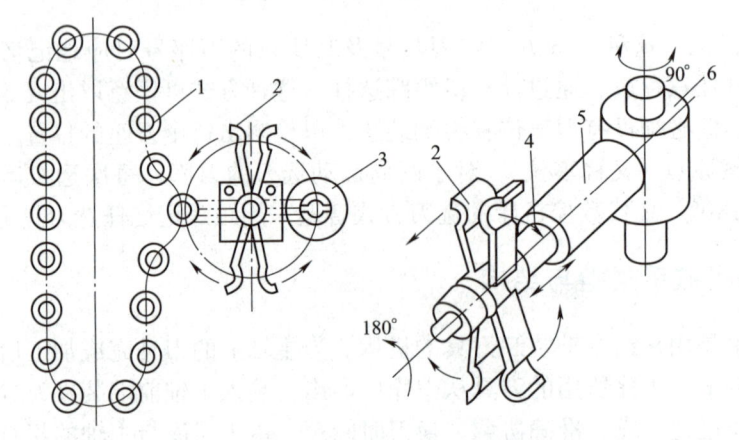

图 6-45 剪式手爪的回转式单臂双手机械手
1—刀库 2—剪式手爪 3—机床主轴 4—伸缩臂 5—伸缩与回转机构 6—手臂摆动机构

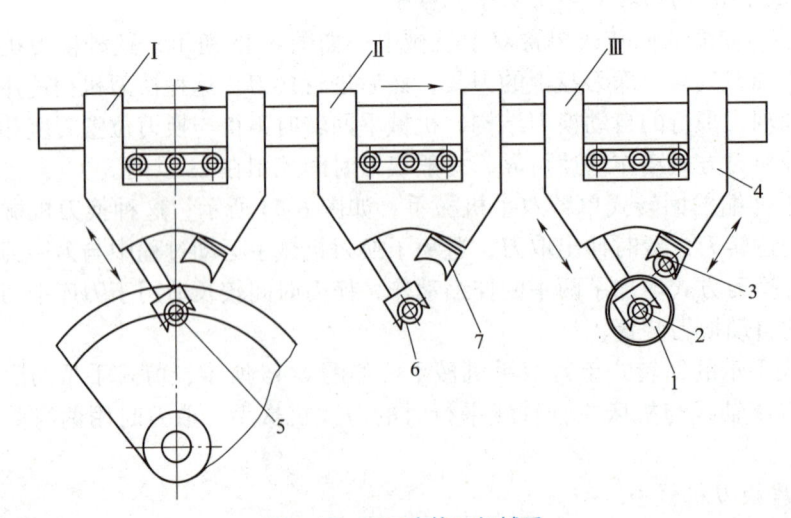

图 6-46 双刀库换刀机械手
Ⅰ—用过的刀具，并选取下一工序要使用的刀具 Ⅱ—等待与主轴交换刀具 Ⅲ—完成主轴的刀具交换
1—主轴 2—装上的刀具 3—卸下的刀具 4—手臂座 5—刀库 6—装刀手 7—卸刀手

双刀库换刀机械手换刀动作循环如下：

1）机械手移动到机床主轴处卸、装刀具，卸刀手 7 伸出，抓住主轴中的刀具 3，手臂座 4 沿主轴轴向前移，拔出刀具 3；卸刀手 7 缩回；装刀手 6 带着刀具 2 前伸到对准主轴处；手臂座 4 沿主轴轴向后退，装刀手把刀具 2 插入主轴；装刀手缩回。

2）机械手移动到刀库处送回卸下的刀具并选取继续加工所需的刀具（这些动作可在机床加工时进行）；手臂座横移至刀库上方位置Ⅰ并轴向前移；卸刀手 7 前伸使刀具 3 对准刀库空刀座；手臂座后退，卸刀手把刀具 3 插入空刀座；卸刀手缩回。刀库的选刀运动与上述相同，选刀后，横向移动到等待换刀的中间位置Ⅱ。如果采用跟踪记忆任选刀具方式，则与上述动作过程相同。这类机械手适用于距主轴较远的、容量较大的、落地分置式刀库的自动换刀装置。由于向刀库归还刀具和选取刀具均可在机床加工时进行，故换刀时间较短。

3．单臂双爪式机械手

图 6-47 所示为单臂双爪式机械手。图 6-47 中，抓刀机构 7 固定在机械手主轴 2 的端部。抓刀机构（图 6-48），由手臂、弹簧、锁紧销、活动销、V 形槽、锥销和手爪等组成，其中锥销和 V 形槽起定位作用。圆盘 14、齿轮 15 均安装在机械手主轴 2 上。当接收到 CNC 系统的换刀指令时，气缸 4 向左运动，齿轮 15 被齿条驱动，向逆时针方向转动。转位时，气缸 1 缩回状态，圆盘 14 的端面销插在齿轮 15 的槽孔内，齿轮 15 带动机械手主轴 2 转动，使得机械手爪转到抓刀位置，行程开关 17 发信息，抓刀结束，拔刀开始。气缸 1 伸出，使得机械手主轴 2 将刀具拔下，机械手主轴 2 与圆盘 14 下移，端面销齿轮 15 脱开和齿轮 10 啮合，拔刀结束。限位开关 8 发信息使气缸 6 左移，通过齿轮 10 传动，将主轴 2 旋转 180°，实现抓刀机构 7 的换位。换位结束，行程开关 12 发信息，气缸 1 缩回，齿轮 10 脱开，齿轮 15 啮合，行程开关 9 发信息表示换刀结束。气缸 4、6 复位。

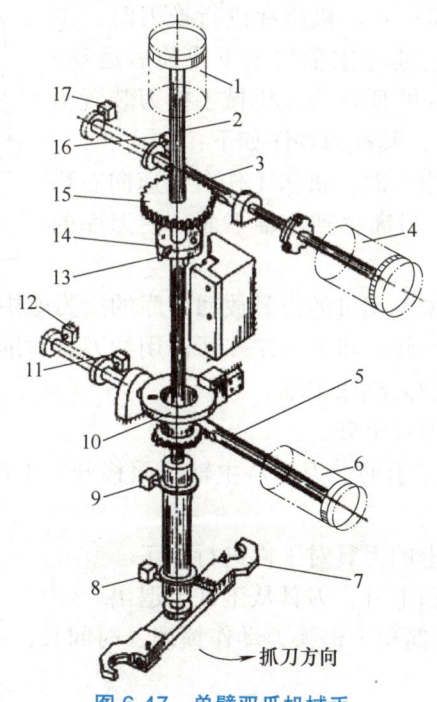

图 6-47 单臂双爪机械手

1、4、6—气缸　2—机械手主轴　3、5—轴　7—抓刀机构　8、9、11、12、16、17—行程开关
10、15—齿轮　13—柱销　14—圆盘

图 6-48 抓刀机构

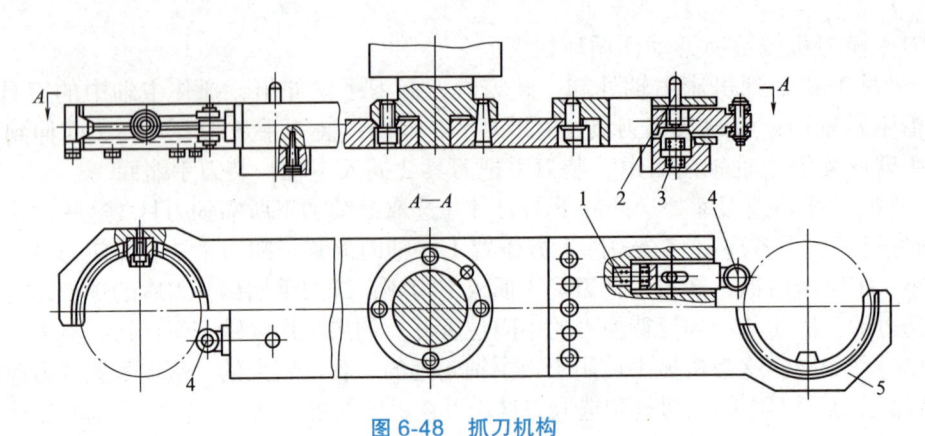

1、3—弹簧　2—锁紧销　4—活动销　5—手爪

四、数控机床刀具交换方式

一般来说，数控机床的刀具交换方式分为两类：机械手换刀与无机械手换刀。换刀的具体结构对机床的生产率和工作可靠性有着直接的影响。

1. 无机械手换刀

无机械手的换刀系统是通过主轴运动到刀库或刀库运动到主轴位置来换刀的。在结构上一定要把刀库放在机床主轴可以运动到的位置，或整个刀库（或某一刀位）能移动到主轴箱可以到达的位置，同时，刀库中刀具的存放方向一般与主轴上的装刀方向一致。机床在进行换刀时，主轴运动到刀库的换刀位置，通过主轴的上下或前后运动，直接取走或放回刀具。图 6-49 所示为无机械手换刀装置示意图，刀库可以回转与移动，其换刀顺序如下：

1）当机床接收到换刀指令时，机床工作台快速向右移动，工件从主轴下面移开，刀库移到主轴下面，使刀库的某个空刀座对准主轴。

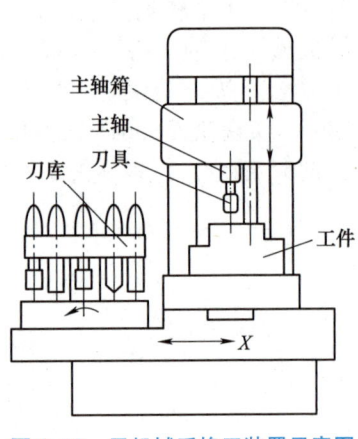

图 6-49 无机械手换刀装置示意图

2）主轴箱下降，将主轴上用过的刀具放回刀库的空刀座中。

3）主轴箱上升，刀库回转，将下一工步所需用的刀具对准主轴。

4）主轴箱下降，刀具插入机床主轴。

5）主轴箱及主轴带着刀具上升。

6）机床工作台快速向左返回，刀库从主轴下面移开，工件移至主轴下面，使刀具对准工件的加工面。

7）主轴箱下降，主轴上的刀具对工件进行加工。

8）加工完毕后，主轴箱上升，刀具从工件上退出。

无机械手换刀结构相对简单，但换刀动作烦琐、时间长，并且刀库的容量相对小。

2. 机械手换刀

机械手换刀就是利用机械手实现主轴刀具的装卸及刀库刀具的取和放。换刀机械手换刀时间短、灵活可靠，但结构较复杂。图 6-50 所示为机械手自动换刀过程示意图。

换刀过程如下：

1）换刀准备（图 6-50a）。当机床接收到换刀指令时，刀库将准备更换的刀具转到固定的换刀位置。

2）刀库、主轴抓刀（图 6-50b）。为当刀具转到换刀位后，刀库上载有换刀刀具的刀座逆时针转 90°，同时主轴箱上升到换刀位置，到达后机械手旋转 75°，分别抓住主轴和刀库刀座上的刀柄。

3）刀库、主轴拔刀（图 6-50c）。机械手抓住刀柄后，延时若干秒，刀库、主轴夹紧装置松开，刀柄自动放松，机械手向下运动，把主轴孔内和刀座内的刀柄同时拔出。

4）更换刀具（图 6-50d）。刀具完全拔出后，机械手回转 180°，实现刀具的交换。

5）刀库还刀、主轴装刀（图 6-50e）。刀具交换后，机械手向上运动，将交换位置后的两刀柄同时插入主轴孔和刀座中，延时数秒后，刀库、主轴将刀柄夹紧。

6）刀库复位（图 6-50f）。当主轴将刀柄夹紧后，机械手反方向回转 75°，回到初始位置，刀座带动刀具向上（顺时针）转动 90°，回到初始水平位置，换刀过程结束。

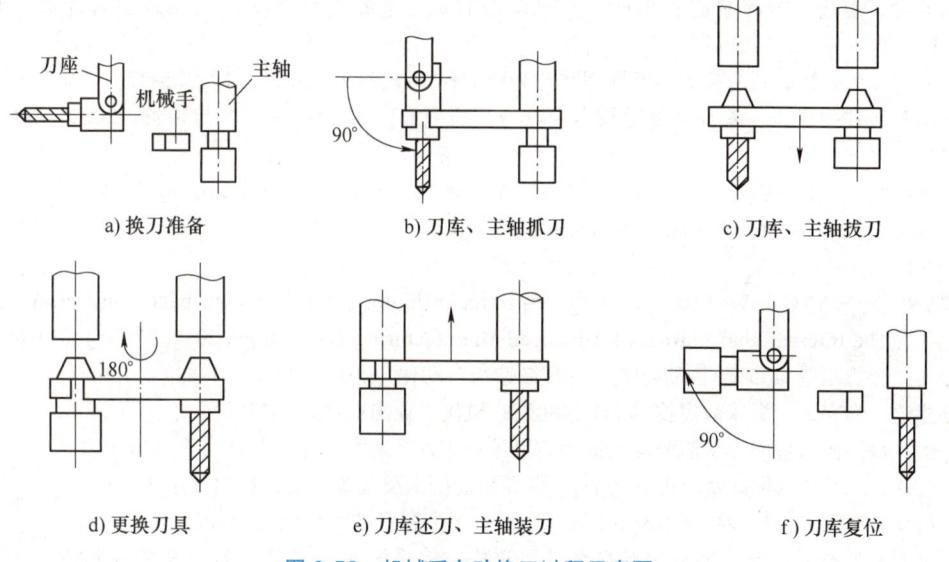

a) 换刀准备　　b) 刀库、主轴抓刀　　c) 刀库、主轴拔刀

d) 更换刀具　　e) 刀库还刀、主轴装刀　　f) 刀库复位

图 6-50　机械手自动换刀过程示意图

思考题

6-1　数控机床在结构方面应满足哪些特殊要求？

6-2　数控机床主轴变速方式有哪几种，各有什么优缺点？

6-3　数控机床主轴轴承配置形式有几种，分别适用于哪种工况？

6-4　数控机床为什么常采用滚珠丝杠副作为传动元件，滚珠丝杠的消隙方式有几种？

6-5　数控机床的导轨应满足哪些基本要求？

6-6　试简述分度工作台的工作原理。

6-7　试简述跟踪记忆任选刀具的工作原理。

6-8　试简述换刀机械手的换刀顺序。

参 考 文 献

[1] 韩振宇，李茂月．开放式智能数控机床系统 [M]．哈尔滨：哈尔滨工业大学出版社，2017．
[2] 左维，陈昌安．西门子数控系统结构及应用：SINUMERIK 840Dsl [M]．北京：机械工业出版社，2020．
[3] 陈吉红，杨建中，周会成．新一代智能化数控系统 [M]．北京：清华大学出版社，2021．
[4] 王志明．数控技术 [M]．上海：上海大学出版社，2009．
[5] 何振宇．刀具嵌入式薄膜应变传感器切削力测量系统设计理论与方法研究 [D]．太原：中北大学，2023．
[6] 肖志鹏．数控系统现场总线实时通信与精确时间同步技术的研究 [D]．武汉：华中科技大学，2009．
[7] 杨杰．数控机床在线感知与智能控制技术及应用 [J]．现代制造技术与装备，2018(1)：174-175．
[8] 黄筱调，夏长久，孙守利．智能制造与先进数控技术 [J]．机械制造与自动化，2018(1)：1-7．
[9] 周济．智能制造是"中国制造2025"的主攻方向 [J]．企业观察家，2019(11)：54-55．
[10] 闫辉．数控技术发展趋势：智能化数控系统 [J]．时代农机，2019，46(10)：1-2．
[11] 赵升吨，贾先．智能制造及其核心信息设备的研究进展及趋势 [J]．机械科学与技术，2017(1)：1-16．
[12] 杨文起．浅析智能制造装备的发展现状与趋势 [J]．时代汽车，2022，19：25-27．
[13] 马榕苓．数控机床误差补偿关键技术及其应用研究 [J]．现代制造技术与装备，2023，59(8)：114-116．
[14] MIAN N S, FLETCHER S, LONGSTAFF A P, et al. Efficient estimation by FEA of machine tool distortion due to environmental temperature perturbations[J]. Precision Engineering, 2013, 37(2): 372-379.
[15] WANG T, WANG L W, LIU Q J. A three-ply reconfigurable CNC system based on FPGA and field-bus[J]. The International Journal of Advanced Manufacturing Technology, 2011, 57(5/8): 671-682.
[16] 张曙．智能制造与i5智能机床 [J]．机械制造与自动化，2017，46(1)：1-8．
[17] 许德章，刘有余．机床数控技术 [M]．北京：机械工业出版社，2021．
[18] 赵敏．数控机床智能化状态监测与故障诊断系统 [D]．成都：西南交通大学，2011．
[19] 路松峰．NC-Link标准及应用案例 [J]．世界制造技术及装备市场，2021(1)：33-36．
[20] 吴祖育，秦鹏飞．数控机床 [M]．3版．上海：上海科学技术出版社，2000．
[21] 齐继阳，竺长安．基于通用串行总线的可重构数控系统的研究 [J]．计算机集成制造系统，2004，10(12)：1567-1570．
[22] 陶耀东，李辉．开放式数控系统跨平台技术研究与应用 [J]．计算机工程与设计，2013，34(4)：1232-1237．
[23] 左静，魏仁选，吕新平，等．数控系统软件芯片的研制和开发 [J]．中国机械工程，1999，10(4)：424-427．
[24] 于东，毕筱雪，刘劲松，等．开放式、智能化蓝天数控系统及应用实践 [J]．航空制造技术，2019，62(6)：22-29．
[25] 廖效果．数控技术 [M]．武汉：湖北科学技术出版社，2000．
[26] 宋松．FANUC 0i系列数控系统维修诊断与实践 [M]．沈阳：辽宁科学技术出版社，2008．
[27] 张曙．工业4.0和智能制造 [J]．机械设计与制造工程，2014，43(8)：1-5．
[28] 傅建中．智能制造装备的发展现状与趋势 [J]．机电工程，2014，31(8)：959-962．
[29] ZHOU B Z, WANG S L, FANG C G, et al. Geometric error modeling and compensation for five-axis CNC gear profile grinding machine tools[J]. The International Journal of Advanced Manufacturing

Technology, 2017, 92(5/8): 2639-2652.

[30] DING S, HUANG X D, YU C J, et al. Actual inverse kinematics for position-independent and position-dependent geometric error compensation of five-axis machine tools[J]. International Journal of Machine Tools and Manufacture, 2016, 111: 55-62.

[31] DING S, HUANG X D, YU C J, et al. Identification of different geometric error models and definitions for the rotary axis of five-axis machine tools[J]. International Journal of Machine Tools and Manufacture, 2016, 100: 1-6.

[32] ZHAO Y F, REN X H, HU Y, et al. CNC Thermal Compensation Based on Mind Evolutionary Algorithm Optimized BP Neural Network[J]. World Journal of Engineering and Technology, 2016, 4(1): 38-44.

[33] KIM K D, KIM M S, CHUNG S C. Real-time compensatory control of thermal errors for high-speed machine tools[J]. Proceedings of the Institution of Mechanical Engineers Part B Journal of Engineering Manufacture, 2004, 218(8): 913-924.

[34] YANG J G, YUAN J X, NI J. Thermal error mode analysis and robust modeling for error compensation on a CNC turning center[J]. International Journal of Machine Tools and Manufacture, 1999, 39(9): 1367-1381.

[35] HUANG Z G, HU T L, PENG C, et al. Research and development of industrial real-time Ethernet performance testing system used for CNC system[J]. The International Journal of Advanced Manufacturing Technology, 2016, 83(5/8): 1199-1207.

[36] 帅旗. 基于西门子840D系统的数控机床PLC应用[J]. 机械制造与自动化, 2014(5): 30-31.

[37] 张兴波, 张霞, 孙晋美. S7-300PLC在西门子840D数控机床上的应用[J]. 煤矿机械, 2018, 39(4): 106-108.

[38] 吴瑞瑞. 硅压阻式压力传感器系统设计及其温度补偿方法研究[D]. 淮北: 淮北师范大学, 2023.

[39] 闫茂松. 基于华中8型系统的机床误差补偿技术研究[D]. 武汉: 华中科技大学, 2016.

[40] 李波, 马帅, 刘强, 等. 基于深度神经网络的立式机床热误差建模研究[J]. 组合机床与自动化加工技术, 2023(5): 160-163.

[41] 兰晓林. 数控机床几何与热误差建模及实时补偿研究[D]. 兰州: 兰州理工大学, 2023.

[42] CHEN J H, HU P C, ZHOU H C, et al. Toward Intelligent Machine Tool[J]. Engineering, 2019, 5(4): 186-210.

[43] 王文辉, 周庆兵, 唐光元. 基于PCA-BP神经网络数控机床热误差建模研究[J]. 西安航空学院学报, 2023, 41(5): 27-31.

[44] 吕学祐, 郭前建, 王昊天, 等. 数控机床误差补偿关键技术综述[J]. 航空制造技术, 2022, 65(11): 104-111; 119.

[45] 王文辉, 苗恩铭, 唐光元, 等. 基于PLS-BP神经网络的数控机床热误差建模研究[J]. 重庆理工大学学报（自然科学）, 2023, 37(11): 286-292.

[46] 史小康. 数控机床的热位移建模及补偿技术研究[D]. 广州: 广东工业大学, 2021.

[47] 杨建国, 范开国, 杜正春. 数控机床误差实时补偿技术[M]. 北京: 机械工业出版社, 2013.

[48] 许琪东, 钟造胜. 多轴数控机床几何误差辨识与补偿技术研究[J]. 现代制造技术与装备, 2018(1): 45-47.

[49] 范开国. 数控机床多误差元素综合补偿及应用[D]. 上海: 上海交通大学, 2012.

[50] 张明洋, 化春雷, 徐兆成. 智能化数控机床的关键技术研究[J]. 金属加工（冷加工）, 2013(6): 18-19.

[51] 孟博洋. 基于边缘计算的智能数控系统实现方法研究[D]. 哈尔滨: 哈尔滨理工大学, 2021.

[52] 黄威然, 楼佩煌, 钱晓明. 基于实时以太网的网络化数控系统高精度时钟同步和短周期通信[J]. 计算机集成制造系统, 2015, 21(10): 2668-2676.

[53] 郭云霞，叶文华，梁睿君，等．智能机床的误差补偿技术 [J]．航空制造技术，2016(18)：40-45．
[54] 刘献礼，李雪冰，丁明娜，等．面向智能制造的刀具全生命周期智能管控技术 [J]．机械工程学报，2021，57(10)：196-219．
[55] 周俊杰，余建波．基于机器视觉的加工刀具磨损量在线测量 [J]．上海交通大学学报，2021，55(6)：741-749．
[56] 车必林．数控切削过程中的刀具破损在线监控分析 [J]．机械制造与智能化，2021(14)：56-57．
[57] 李锁．智能化数控系统体系结构及关键技术研究与实现 [D]．北京：中国科学院大学，2019．
[58] 林洁琼，马跃龙，高明辉，等．多轴机床几何误差建模与补偿技术的研究 [J]．机床与液压，2014(23)：65-70．
[59] 李伯钊．多轴联动运动控制与仿真技术研究 [D]．济南：山东大学，2019．
[60] 李小宾．智能制造技术与系统可行性分析构架 [J]．设备管理与维修，2022(16)：98-99．
[61] 程强，徐文祥，刘志峰，等．面向智能绿色制造的机床装备研究综述 [J]．华中科技大学学报（自然科学版），2022，50(6)：31-38．